DIE KULTURPFLANZE

MITTEILUNGEN

AUS DEM ZENTRALINSTITUT

FÜR GENETIK UND KULTURPFLANZENFORSCHUNG

DER

DEUTSCHEN AKADEMIE DER WISSENSCHAFTEN ZU BERLIN

IN GATERSLEBEN KRS. ASCHERSLEBEN

HERAUSGEGEBEN VON

H. BÖHME, S. DANERT, W. R. MÜLLER-STOLL, R. RIEGER, A. RIETH, H. SAGROMSKY, H. STUBBE

SCHRIFTLEITUNG: S. DANERT

BAND XVIII

MIT 92 ABBILDUNGEN, 4 TAFELN UND 27 TABELLEN

AKADEMIE-VERLAG · BERLIN

1970

Erschienen im Akademie-Verlag GmbH, 108 Berlin, Leipziger Straße 3—4

Lizenznummer: 202 · 100/460/70
Herstellung: IV/2/14 VEB Werkdruck, 445 Gräfenhainichen · 3426
Bestellnummer: 2052/18 · ES 18 G 2/22 D
EDV: 761 399 8
52,—

Inhalt

I. Originalarbeiten

Content

Содержание

I. ORIGINALARBEITEN

Die Anwendung von Triphenyltetrazoliumchlorid zur Schnellprüfung der Keimfähigkeit bei Samen von *Coffea arabica* L.

von Klaus Müntz, Harry Bergmann und Jorge Ramon Cuevas

(Eingegangen am 1. Juli 1969)

Nach Angaben von Franco (1966) keimen die Samen von *Coffea arabica* L. unter günstigsten Bedingungen innerhalb von 3 bis 4 Wochen; bei Temperaturen wenig unter 20 °C benötigen sie allerdings schon rund 3 Monate. Außerdem setzt die den Kaffeesamen umgebende pergamentartige Haut, welche dem Endocarp entspricht, der Keimung auf Filterpapier oder Quarzsand unter sterilen Bedingungen, wie sie für einen Keimtest von so langer Dauer erforderlich sind, erheblichen Widerstand entgegen (Went 1957). Einige Mißerfolge bei der Kaffeeanzucht und die Kenntnis über die wirtschaftlichen Bedingungen und Erfordernisse beim Kaffeeanbau, die wir während unseres Aufenthaltes in Kuba gewannen, veranlaßten uns, nach einer brauchbaren Methode zur Keimprüfung von Kaffee zu suchen. Der biochemische Schnelltest mit 2, 3, 5-Triphenyltetrazoliumchlorid (TTC), der besonders bei Cerealien und Samen von Forstgehölzen erfolgreich angewendet worden ist (Hartmann und Kester 1966), erwies sich auch für Kaffeesamen als geeignet, und wir konnten ein praktisch verwendbares Routineverfahren dafür entwickeln.

MATERIAL UND METHODEN

An 4 verschiedenen Saatgutproben von Kaffee prüften wir vergleichend die Keimfähigkeit unter natürlichen Bedingungen und mit dem TTC-Schnelltest. Für 2 dieser Proben setzen wir zusätzlich Keimversuche unter sterilen Bedingungen auf granuliertem Permutit in Petrischalen an.

1. Keimung unter Freilandbedingungen

Die Samen wurden direkt, nach dem landesüblichen Verfahren, in schwarze Kunststoffbeutel mit etwa 2 kg Erde als Inhalt ausgesät und an schattigem Ort zum Keimen aufgestellt. Die Beutel wurden regelmäßig mit gleichen Mengen an Wasser gegossen. In 2 Fällen konnten wir die Keimproben unter natürlichen Bedingungen in eigenen Versuchsanlagen durchführen. Die Keimprüfung der übrigen 2 Samenproben erfolgte in Anlagen der kubanischen Landwirtschaft für die Anzucht von Kaffeejungpflanzen.

2. Keimprüfung auf Permutit unter sterilen Bedingungen

Je 100 Samen von 2 verschiedenen Samenproben wurden mit 3prozentiger Fesiamonlösung 30 Minuten lang gebeizt, anschließend unter sterilen Bedingungen mehrmals mit sterilem destilliertem Wasser gewaschen und schließlich zu je 50 in großen Petrischalen auf granuliertem Permutit steril ausgelegt. In die Schalen gaben wir ausreichend Wasser für die gesamte Keimzeit, um die Schalen während des Keimvorganges nicht öffnen zu müssen.

3. Anwendung des Keimschnelltestes mit TTC

Der Test kann nicht mit ganzen Samen, sondern nur mit isolierten Embryonen sicher ausgeführt werden. Zur Isolierung der kleinen weißen Embryonen geht man folgendermaßen vor:

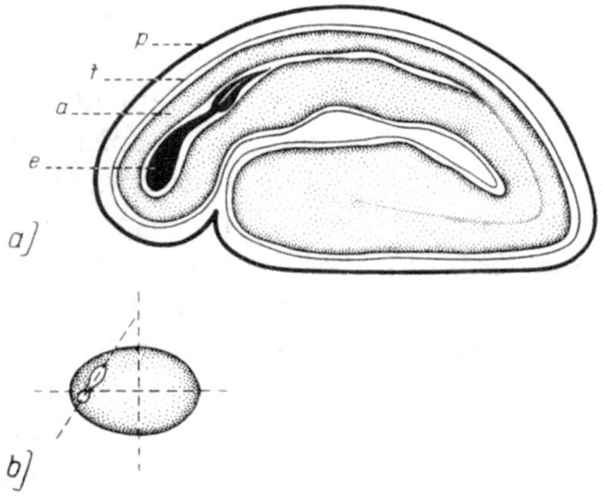

Abb. 1. Schema eines Schnittes durch den Samen von *Coffea arabica* L. *'Caturra'* (a) ausgeführt in Richtung der Embryolängsachse. (b) Lage des Embryos in Bezug auf Längs- und Querachse des Samens. *p* – pergamentartige Haut (= Endocarp) *t* – „Silberhäutchen" (= Integument) *a* – Nährgewebe (= Endosperm) *e* – Embryo

Die pergamentartige Haut und die darunter liegende silbrige Samenschale (Abb. 1) werden zunächst entfernt, ohne den übrigen Samen zu beschädigen. Die Lage des Embryos im Endosperm ist nun deutlich zu erkennen. Durch 4 senkrecht zueinander verlaufende Schnitte mit dem Skalpell in wenigstens 3 mm Abstand vom Embryo wird der den Embryo enthaltende Quadrant aus dem Samen herausgeschnitten (Abb. 2a). Die gewonnenen Samenstückchen (Abb. 2c) werden eine Nacht lang in einer Petrischale mit Wasser gequollen. Am nächsten Morgen können die Embryonen leicht aus den Samenquadranten herausgelöst werden. Durch die Embryonalhöhle ist das Endosperm in der Umgebung des Embryos zweischichtig. Mit einem angeschärften kleinen Kunststoffspatel trennt man die beiden Schichten voneinander und hebt den Embryo heraus (Abb. 2d und e). Bei Verwendung von metallenen Instrumenten treten leicht Schäden am Embryo auf. – Bis die erforderliche Anzahl an Embryonen gesammelt worden ist, bewahrt man diese auf feuchtem Filterpapier in einer geschlossenen Petrischale auf. Alle Embryonen werden schließlich gleichzeitig in eine Petrischale mit Filterpapier und einer ausreichenden Menge stets frisch zubereiteter 1prozentiger TTC-Lösung überführt. Nach wenigstens 4, besser 6 Stunden dauernder Inkubation der Embryonen mit der TTC-Lösung im Dunkeln bei 30 °C kann der Test ausgewertet werden. Als keimfähig gelten alle Embryonen, deren Keimblätter und Radiculae rot gefärbt sind. Ungefärbte Embryonen und solche, bei denen nur die Keimblätter oder nur die Radiculae angefärbt sind, werden als nicht keimfähig gerechnet.

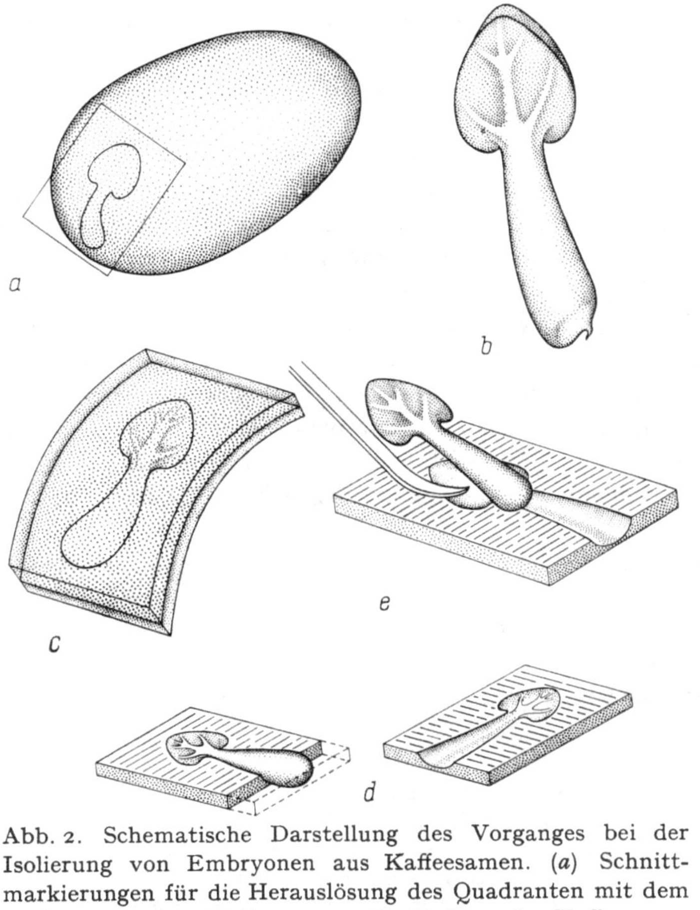

Abb. 2. Schematische Darstellung des Vorganges bei der Isolierung von Embryonen aus Kaffeesamen. (*a*) Schnittmarkierungen für die Herauslösung des Quadranten mit dem Embryo aus dem Kaffeesamen; (*b*) Embryo des Kaffees; (*c*) isolierter Quadrant mit den zwei Endospermschichten, welche in der dazwischen liegenden Embryonalhöhle den Kaffee-Embryo einschließen; (*d*) getrennte Endospermschichten mit Kaffee-Embryo; (*e*) Isolierung des Embryos mit Hilfe des Kunststoffspatels

Geht man z. B. von 100 Samen aus, so ergibt sich die Zahl der nicht keimfähigen Samen als Summe der im Keimtest als negativ gezählten Embryonen und der von vornherein als nicht keimfähig erkennbaren verletzten oder kranken Samen. Beim Herauspräparieren der Embryonen kann es auch geübten Kräften passieren, daß Embryonen verletzt werden. Auf diese Weise beschädigte Embryonen müssen durch intakte Embryonen aus anderen Samen ersetzt werden.

Bei der wirtschaftlichen Anwendung des Schnellprüfungsverfahrens mit TTC müssen die international vereinbarten Bedingungen und Regeln für die Keimprüfung eingehalten werden.

ERGEBNISSE

1. Ermittlung der Bedingungen für den TTC-Test mit Kaffeesamen

Mit nur jeweils 30 Embryonen prüften wir 5 TTC-Lösungen abgestufter Konzentrationen auf ihre Eignung für den Test. Als Kontrolle dienten Embryonen, die in kochendem Wasser abgetötet worden waren. Die Proben wurden nach 4, 6, 8 und 10 Stunden ausgezählt. Die Temperatur betrug durchschnittlich 26 °C (Zimmertemperatur in unserem Laboratorium in Kuba während der Wintermonate) und schwankte zwischen 24,8 und 27 °C.

In 1,0- und 0,5prozentigen TTC-Lösungen hatte sich nach 6 Stunden bereits das endgültige Ergebnis eingestellt. Inkubation in einem Brutschrank bei 30 °C beschleunigt die Testreaktion noch ein wenig. Bei 0,1-, 0,05- und 0,01prozentigen Lösungen verlängerte sich die Zeit bis zum Erreichen des endgültigen Ergebnisses mit abnehmender Konzentration, so daß bei 0,01prozentigen Lösungen 10 Stunden für die Beendigung des Testes nicht ausreichten. Die Kontrolle befand sich stets in 1,0prozentiger TTC-Lösung.

2. Vergleich der Keimfähigkeitswerte aus verschiedenen Prüfungen

In Tabelle 1 sind die Ergebnisse unserer vergleichenden Keimprüfungen zusammenfassend dargestellt. Die Keimprüfungen unter natürlichen Bedingungen und mit TTC ergaben sowohl in den Proben 1 und 2, die in unserem

Tabelle 1

Ergebnisse der vergleichenden Keimprüfung mit 4 verschiedenen Samenproben bei 2 bzw. 3 unterschiedlichen Prüfverfahren. Zahlenangaben in Prozent. TTC-Test im Dunkeln bei 30°C in 1prozentiger Lösung. Keimprüfung auf Permutit unter den gleichen Bedingungen wie TTC-Test

Nr. der Probe	Sorte und Herkunft	Keimprüfung mit TTC	natürliche Keimung	Keimung auf Permutit
1	'Caturra', unbekannt	1,0	0,1	0,0
2	'Caturra', Escambray 1968	82,0	82,4	68,0
3	'Caturra', San Andres 1968	86,0	84,0	—
4	'Bourbon', unbekannt, 1968	93,0	93,0	—

Institut ausgeführt wurden, als auch mit den Proben 3 und 4, bei denen die Aussaat von jeweils mehreren tausend Samen unter natürlichen Bedingungen in landwirtschaftlichen Anzuchtstationen für Kaffeesträucher geschah, gut übereinstimmende Ergebnisse von TTC-Test und natürlicher Keimung. Eine Abweichung trat nur bei der Prüfung unter sterilen Bedingungen in Petrischalen mit Permutitsand auf. Dieses Prüfverfahren ergab einen geringeren Wert als der TTC-Test und die natürliche Keimung. Die Beizung mit Fesiamon und das Entfernen der pergamentartigen Haut sind offensichtlich nicht ohne Auswirkungen auf die Ergebnisse geblieben. Außerdem entwickelten sich nach mehrwöchiger Inkubation der Samen schließlich doch in einigen wenigen Fällen Pilzbeläge an den Samen.

DISKUSSION

Beim Keimschnelltest mit 2, 3, 5-Triphenyltetrazoliumchlorid (TTC) wird diese farblose chemische Verbindung in Reaktionen, die durch Oxydoreduktasen katalysiert werden, zum rot gefärbten Formazan reduziert. Streng genommen ist die Rotfärbung der Embryonen im TTC-Test nur ein Nachweis dafür, daß die Embryonen aktive Oxydoreduktasen enthalten; jedoch ist diese Tatsache mit wenigen Ausnahmen mit der Lebensfähigkeit der Embryonen korreliert. Wie weit die Ergebnisse der üblichen Keimprüfungsverfahren mit denen aus dem biochemischen Schnelltest übereinstimmen, muß bei den verschiedenen Objekten zunächst geprüft werden. Diese Prüfung ergab mit 4 verschiedenen Kaffeesamenproben in unseren Untersuchungen gute Übereinstimmung zwischen den bei Keimung unter natürlichen Bedingungen ermittelten Keimzahlen und den Ergebnissen aus dem Schnelltest mit isolierten Kaffee-Embryonen, so daß die Erprobung des TTC-Tests für die Praxis des Kaffeeanbaus empfehlenswert und gerechtfertigt erscheint. Der experimentelle Aufwand für den TTC-Test ist nur geringfügig größer als bei der üblichen Keimprüfung im Sandbett. Dafür werden aber die Schwierigkeiten, die mit der langen Keimdauer des Kaffees auftreten, umgangen, und außerdem liegen die Ergebnisse bereits nach spätestens 2 Tagen vor. Selbst wenn die Unterschiede zwischen den mit der üblichen Methode und mit dem TTC-Test erhaltenen Keimfähigkeitswerten größer wären als in unseren Versuchen, würde die große Zeitersparnis die Anwendung des TTC-Tests in der Praxis, speziell bei der außerordentlichen Ausdehnung, die der Kaffeeanbau gegenwärtig in Kuba erfährt, sicher rechtfertigen.

Zusammenfassung

Durch Anwendung des TTC-Schnelltestes wurde versucht, ein praktisch brauchbares Keimprüfungsverfahren für Kaffeesamen zu entwickeln. Es wird eine Routinemethode zur Keimprüfung mit TTC vorgeschlagen, die mit isolierten Embryonen von Kaffee arbeitet. Dieses Verfahren wurde an 4 verschiedenen Samenproben von Kaffee überprüft. Die Übereinstimmung der Ergebnisse aus den Keimprüfungen, die vergleichend unter natürlichen Bedingungen vorgenommen wurden, mit denen des TTC-Testes war gut, so daß eine praktische Anwendung des Verfahrens für den Kaffeeanbau gerechtfertigt erscheint.

Summary

Application of triphenyltetrazolium chloride for rapid testing of the viability of seeds from *Coffea arabica* L.

Using TTC we tried to develop a useful method for testing the germination capability of coffee seeds. A routine test method for germination using TTC is suggested, which works with isolated embryos of the coffee seeds. This method was tested with 4 different samples of coffee seeds and compared with the germination of coffee seeds at natural conditions. The agreement of the results from both germination tests was very good. Therefore the application of the test with TTC is proposed for the practical coffee farming.

Краткое содержание

Применение трифенил-тетразол-хлорида для быстрого определения прорастаемости семян *Coffea arabica* L.

В поисках практически применимой методики для определения способности прорастания семян кофейного дерева разрабатывается простой тест ТТХ. Предлагается серийный метод, в котором этому тесту подвергаются изолированные зародыши кофейных зерен. Методика проверялась на 4 различных образцах семян. Совпадение результатов этих испытаний с таковыми, проведенными в естественных условиях, оказалось вполне удовлетворительным, так что практическое применение метода при разведении кофе можно считать оправданным.

Literatur

Franco, C. M., 1966: Fiziologia del cafeto. In: Cultivo y Abono del Cafeto. Hrsg. C. A. Krug und Mitarb., S. 55–72. – La Habana.

Hartmann, H. F., und Kester, D. E., 1966: Propagación de las Plantas. Principios y practicas. S. 160–164. – La Habana.

Went, F. W., 1957: The experimental control of plant growth. S. 164–165. – Waltham, Mass. USA.

Über einen extremen Fall der Benachteiligung von F_2-Maisbastarden gegenüber den Eltern bei Fritfliegenbefall

von Igor Grebenščikov

(Eingegangen am 19. Dezember 1969)

Während der Beobachtungen an Pflanzenhöhe, Pflanzengewicht und Korngewicht von einfachen F_1- und F_2-Bastarden des Gaterslebener Maissortimentes (Grebenščikov 1968) zeigte sich, daß die F_2-Werte – sowohl absolute wie auch relative – meist in der Größenordnung von $\overline{P}$-Werten lagen und mal nach oben, mal nach unten von diesen abwichen (als Beispiel Abb. 1; ähnlich war es mit anderen Merkmalen). Unter relativen Leistungen verstehen wir die in % vom Mittelwert der beiden Eltern $\overline{P}$ ausgedrückten Werte. Die Prüfung von Fritfliegenbefall (*Oscinella frit* L.) an demselben Material zeigte ein anderes Bild: die Pflanzen der F_2-Generationen in jeder Jahres- und Gruppenwiederholung wurden bedeutsam stärker beschädigt als die $\overline{P}$-Pflanzen und erwartungsgemäß stärker als die F_1 (vgl. Tab. 1 und Abb. 2).

Zur Methodik des Versuches sei hier nur das Notwendigste gesagt, im übrigen verweisen wir auf unsere Arbeit von 1968.

Im Jahre 1965 wurden also die beiden Eltern, die F_1- und F_2-Generationen in kleinen Parzellen nebeneinander angebaut. Für die F_2-Parzellen wurden je drei geselbstete Kolben von den F_1-Parzellen des Jahres 1964 genommen, die Samen vermischt und je zwei bis drei Korn je Pflanzstelle ausgelegt. Nach dem Aufgang wurden diese wie auch die F_1- und Elternpflanzen auf eine Pflanze je Pflanzstelle verzogen und damit zu Parzellen von 28 Pflanzen reduziert (Pflanzenabstand 60 × 30 cm).

Im Jahre 1966 wurde das Ganze noch einmal angebaut. Zur Auswertung kamen nur die Kreuzungen, die sowohl 1965 als auch 1966 boniturfähig waren. Die Anzahl der ausgewerteten Kreuzungen betrug 74.

Alle Kreuzungen wurden nach dem durchschnittlichen Inzuchtgrad der Eltern in drei Gruppen aufgeteilt. In die I. Gruppe kamen die Kreuzungen mit dem relativ stärksten Inzuchtgrad der Eltern (24 Kreuzungen), in die III. die mit dem schwächsten (23 Kreuzungen); die II. Gruppe hatte mittleren Inzuchtgrad (27 Kreuzungen).

Der Fritfliegenbefall der einzelnen Pflanzen wurde nach der Skala von B. Dolinka (Martonvásár) bonitiert, die uns liebenswürdigerweise von R. Winkel (damals Bernburg) mitgeteilt wurde. Diese sieht folgendermaßen aus:

FL 0 Pflanzen ohne Befall
FL 1 geringfügiger Schaden

FL 2 deutlicher Schaden, Haupttrieb noch lebensfähig

FL 3 starker Schaden, Haupttrieb zerstört, Seitentriebe werden ausgebildet.

Bonitur etwa 6 Wochen nach der Aussaat.

Um eine ganze Parzelle von 28 Pflanzen zu charakterisieren, haben wir ein Notensystem ausgearbeitet, das hauptsächlich auf dem Anteil der Stufen FL 2 und 3 beruht. Den Anteil von FL 1-Pflanzen haben wir nur dann in der Note berücksichtigt, wenn er über 20% je Parzelle lag. Es wurde also die Stärke des Befalls im Frühjahr bonitiert und nicht die endgültige Auswirkung des Schadens bei der Ernte.

Als bestmögliche Parzellen-Note (kein Befall) wurde 60 gewählt; eine Parzelle, von welcher alle Pflanzen Befallsstufe FL 2 und (oder) FL 3 hätten, wäre mit 0 zu bonitieren. Ein solches Notensystem gestattet uns eine gut differenzierte Bewertung der Parzellen-Schäden. Die Mittelwerte, die aus diesen Noten für jede Jahres- und Inzuchtgruppenwiederholung ermittelt wurden, schwankten zwischen 36 (die anfälligsten F_2-Generationen) und 58 (die besten F_1-Generationen). Eine Einzelparzellen-Bewertung mit einer Note von 10 und darunter war nur im Jahre 1965 bei wenigen F_2-Generationen beobachtet worden.

Ein wesentlicher Unterschied für die beiden Versuchsjahre bestand darin, daß die Fritfliege 1965 nicht bekämpft worden war; in diesem Jahre wurden die Parzellen zwischen dem 3. und 6. Juli bonitiert (Aussaat am 5. Mai). Im Jahre 1966 waren die Pflanzen am 18. 5. und 9. 6. mit Wofatox gestäubt worden; die Bonitur erfolgte zwischen dem 1. und 4. Juli (Aussaat am 27. April).

Tab. 1 enthält das Gesamtergebnis des Versuches bezüglich des Fritfliegenbefalls. Eine graphische Darstellung der rechten Spalte von Tab. 1 ist in Abb. 1 gegeben. Man beachte also, daß die höchste Note den schwächsten Befall bedeutet!

Für einen Versuch, dessen quantitative Auswertung auf dem Vergleich von Boniturnoten beruht, sind die verteilungsfreien statistischen Methoden besonders zweckmäßig.

Auf Grund der Zahlen in Tab. 1 prüfen wir zuerst, wie weit die Unterschiede der Generationsmittelwerte nach Inzuchtgruppen und Anbaujahren ($n = 6$) in unserem Versuch signifikant sind (Tab. 2).

Bei $k = 3$ Generationen und $n = 6$ Gruppen- und Jahreswiederholungen ergibt der Friedman-Test eine Signifikanz auf dem 1%-Niveau. Am stärksten sind die Unterschiede zwischen F_2 und F_1. Es ist noch zusätzlich zu prüfen, ob F_2 auch zu $\overline{P}$ (Elterndurchschnitt) bedeutsame Differenzen zeigt (Tab. 3).

Der Vorzeichen-Rangtest nach Wilcoxon gestattet den Schluß, daß die Elternwerte ($\overline{P}$) den F_2-Werten signifikant überlegen sind ($\alpha/2 = 2{,}5\%$). Mit derselben Irrtumswahrscheinlichkeit sind die F_1-Werte den $\overline{P}$-Werten überlegen. Die F_2-Generationen sind also im Durchschnitt des zweijährigen Ver-

Tabelle 1

Gesamtergebnis des Versuches. Befallsstärke von Fritfliege als Boniturnote (je stärker der Befall, desto kleiner die Note; die bestmögliche Note ist 60). Ohne Klammern sind die absoluten Notenmittelwerte je Inzuchtgruppe, Generation und Jahr, bis zur ganzen Note abgerundet, angegeben (FL). In Klammern stehen die relativen Notenwerte, in % vom entsprechenden Elterndurchschnitt (FL %)

Gruppe	Generation	Jahr 1965 nicht gestäubt	Jahr 1966 gestäubt	Durchschnitt der Jahre
I	$\bar{P}$	42 (100)	54 (100)	48 (100)
stärkere Inzucht	F_1	48 (114)	58 (107)	53 (110)
24 Kreuzungen	F_2	36 (86)	52 (96)	44 (91)
II	$\bar{P}$	41 (100)	55 (100)	48 (100)
mittlere Inzucht	F_1	45 (110)	57 (104)	51 (107)
27 Kreuzungen	F_2	37 (90)	54 (98)	45 (94)
III	$\bar{P}$	46 (100)	56 (100)	51 (100)
schwache Inzucht	F_1	47 (102)	57 (102)	52 (102)
23 Kreuzungen	F_2	36 (78)	52 (93)	44 (85)

Tabelle 2

Vergleich des Befalls der Generationen $\bar{P}$, F_1 und F_2 ($k = 3$) nach Inzuchtgruppen und Anbaujahren ($n = 6$) als Beispiel für Friedman-Test (Rangzahlen in Klammern)

	$\bar{P}$	F_1	F_2
I/65	42 (2)	48 (3)	36 (1)
II/65	41 (2)	45 (3)	37 (1)
III/65	46 (2)	47 (3)	36 (1)
I/66	54 (2)	58 (3)	52 (1)
II/66	55 (2)	57 (3)	54 (1)
III/66	56 (2)	57 (3)	52 (1)
ΣR	(12)	(18)	(6)

$$\chi_R^2 = \frac{12}{nk\,(k+1)}\,\Sigma R^2 - 3n\,(k+1)$$
$$= \frac{12}{6 \cdot 3 \cdot 4}\,(12^2 + 18^2 + 6^2) - 3 \cdot 6 \cdot 4$$
$$= 12^{**}; \text{ Unterschied signifikant}$$

suches bedeutsam stärker von Fritfliegen befallen worden als die F_1 (was ohne weiteres zu erwarten wäre), aber auch bedeutsam stärker als die $\bar{P}$. Wir haben zur Zeit keine Erklärung für diesen Befund; keines der anderen – von uns geprüften – Merkmale zeigte eine solche „Schwäche" in der F_2-Generation.

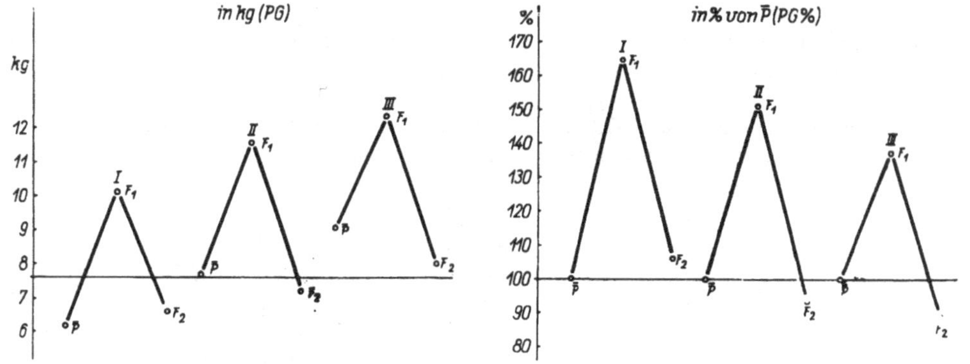

Abb. 1. Das Verhalten des Merkmals Pflanzengewicht (Gewicht von 10 Pflanzen in kg). Durchschnitt der beiden Versuchsjahre für die einzelnen Inzuchtgruppen (I – Eltern am stärksten ingezüchtet, III – am schwächsten). Links: absolute Leistungen (PG); Abszisse liegt auf der Höhe des Mittelwertes von drei Elternwerten. Rechts: relative Leistungen (PG %) jeweils in % von P̄; Abszisse liegt bei 100 % (aus Grebenščikov 1968)

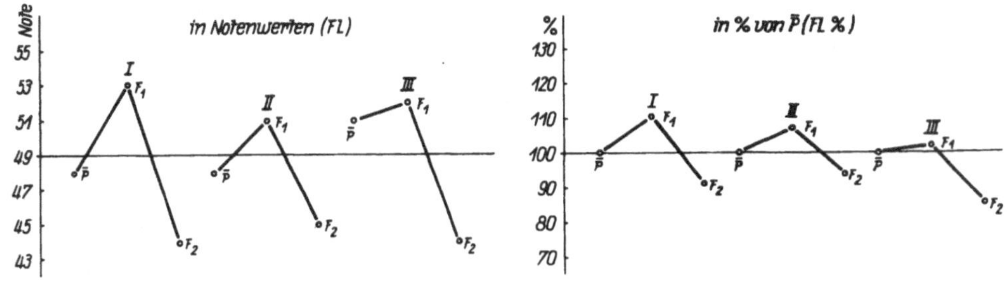

Abb. 2. Das Verhalten des Merkmals Fritfliegenbefall (Boniturnoten: 0 = stärkster Befall; 60 = kein Befall). Durchschnitt der beiden Versuchsjahre für die einzelnen Inzuchtgruppen. Links: absolute Notenwerte (FL). Rechts: relative Notenwerte (FL %) jeweils in % von P̄. Inzuchtgruppen und Abszisse wie in Abb. 1

Tabelle 3

Vergleich des Befalls der Generationen $\bar{P}$ und F_2 als Beispiel für Vorzeichen-Rangtest nach Wilcoxon ($n = 6$)

	$\bar{P}$	F_2	Diff.	Rang
I/65	42	36	+ 6	+ (5)
II/65	41	37	+ 4	+ (3,5)
III/65	46	36	+ 10	+ (6)
I/66	54	52	+ 2	+ (2)
II/66	55	54	+ 1	+ (1)
III/66	56	52	+ 4	+ (3,5)

$R_+ = 21$; $R_- = 0$* Unterschied signifikant

Es ist weiterhin interessant zu prüfen, ob der Inzuchtgrad der Kreuzungseltern einen Einfluß auf die Befallsstärke der F_2-Generationen ausübt. Ein

Friedman-Test bei $k = 3$ Inzuchtgruppen und $n = 6$ Generations- und Jahreswiederholungen ergibt keine signifikanten Unterschiede. Auch die relativen Werte (in % von $\overline{P}$) ergaben auf dem 5%-Niveau keine gesicherten Differenzen. Man kann also annehmen, daß der Inzuchtgrad der Eltern in unserem Versuch keinen wesentlichen Einfluß auf den Fritfliegenbefall ihrer Bastarde gehabt hat.

Der Vergleich von beiden Versuchsjahren zeigt schließlich, daß die Unterschiede der Parzellen-Boniturnoten bedeutsam sind. Das Jahr 1965 ist dem Jahre 1966 signifikant unterlegen: der Vorzeichen-Rangtest nach Wilcoxon bei $n = 9$ Inzuchtgruppen- und Generationswiederholungen ergibt eine Irrtumswahrscheinlichkeit von $\alpha/2 = 1\%$. Es war nichts anderes zu erwarten, denn 1966 waren die Pflanzen mit Wofatox behandelt worden. Die Differenzen der relativen Jahresboniturnoten (in % von $\overline{P}$-Noten ausgedrückt) lassen sich aber im Durchschnitt des Versuches nicht sichern. Diese Differenzen sind kleiner als bei den absoluten Werten und haben verschiedene Vorzeichen. Die Behandlung mit Wofatox im Jahre 1966 hat also im allgemeinen die Befallsstärke von Fritfliege wesentlich gemindert, aber nicht die Relation zwischen den einzelnen Generationen verschoben.

In Zusammenhang mit den Untersuchungen über den Leistungsabfall von der F_1- zur F_2-Generation ist der oben beschriebene Fall interessant als ein extremes Beispiel. Auch nicht bei anderen Fremdbefruchtern, weder bei den Kürbisgewächsen, noch bei dem Melonenkäfer *Henosepilachna elaterii* Rossi (syn. *Epilachna chrysomelina* F.), mit welchen der Verfasser mehrere Jahre gearbeitet hat, ist ihm ein solch krasser Fall von Benachteiligung der F_2-Generation gegenüber den Eltern bekannt geworden.

Zusammenfassung

Bei zweijährigen Beobachtungen von einfachen F_1- und F_2-Maisbastarden bezüglich der durch Fritfliegenbefall verursachten Schäden zeigten sich die F_2-Bastarde im Durchschnitt der Versuchsgruppen und Jahreswiederholungen signifikant stärker geschädigt als die Eltern ($\overline{P}$), und diese signifikant stärker als die heterotischen F_1-Bastarde. Der Inzuchtgrad der Eltern übte keinen wesentlichen Einfluß auf diese Reihenfolge aus. Die Bekämpfung der Fritfliege mit Wofatox in einem der Versuchsjahre hat die Reihenfolge in der Befallsstärke ebenfalls nicht geändert, obwohl der Grad der Schädigung im allgemeinen in diesem Jahre bedeutend niedriger wurde. In jedem Falle also zeigten die F_2-Bastarde die stärksten Schäden. Bei keinem der anderen geprüften Merkmale wurde solch eigenartiges Verhalten der F_2-Generation beobachtet.

Summary

On an extreme case of disadvantage of F_2 hybrids in comparison with the parents in maize when attacked by the Frit fly

In maize, two years observations were made on the damage caused by the Frit fly (*Oscinella frit* L.) in single cross F_1 and F_2 hybrids as well as in their parents ($\overline{P}$). In the average of trial groups and years, the F_2 hybrids proved most damaged, i. e., significantly more than the parents ($\overline{P}$), and these again significantly more than the heterotic F_1 hybrids. The inbreeding degree of the parents did not exert remarkable influence upon this sequence. Also the application of the insecticide ,,Wofatox" against the Frit fly in one of the years, although decreasing considerably the extent of damage in general, did not change this sequence of damage. The F_2 hybrids showed therefore the highest damage in all cases. Such a peculiar behaviour of F_2 hybrids has never been observed for any other character studied.

Краткое содержание

О случае более сильного поражения второго поколения гибридов кукурузы шведской мухой в сравнении с их родителями

Во время двухлетних наблюдений над простыми гибридами первого, второго и родительского поколений кукурузы относительно их повреждаемости шведской мухой выяснилось, что, в среднем подопытных групп и годовых повторностей, второе поколение поражалось со статистической достоверностью сильнее чем родители (средняя величина балла обоих родителей), а эти, в свою очередь, сильнее чем гетерозисное первое поколение. Степень инбридинга родителей не оказывала существенного влияния на этот порядок. Опыливание растений препаратом «Вофатокс» в 1966 г. не изменило порядка степени поражаемости, хотя общая сила поражения в этом году значительно снизилась. Итак, во всех случаях гибриды второго поколения были поражены не только сильнее чем гибриды первого поколения, но и сильнее чем соответствующие родители. Ни у одного из прочих изученных признаков не наблюдалось такого своеобразного поведения во втором поколении.

Literatur

Grebenščikov, I., 1968: Beobachtungen an Pflanzenhöhe, Pflanzengewicht und Korngewicht von F_1- und F_2-Bastarden des Gaterslebener Maissortimentes. – Z. Pflanzenzüchtung *60*, 297–314.

Sachs, L., 1968: Statistische Auswertungsmethoden. Berlin, Heidelberg, New York.

Aufnahme und Umwandlung von 1-^{14}C-Glycin und ^{35}S-Methionin sowie ihr Einbau in das Protein durch isolierte Erbsenwurzeln bei Kultur in vitro

von Conrad Polter

(Eingegangen am 29. Dezember 1969)

1. EINLEITUNG

Der Stoffwechsel von Erbsenwurzeln ändert sich unter Bedingungen, die für in vitro Kultur geeignet sind, in den ersten Tagen nach der Isolierung vom Keimling. Das Verhältnis von Zellteilungsintensität zur Intensität der Zellstreckung und Differenzierung zeigt dies deutlich (Polter 1969a). Von den oberirdischen Organen gesteuerte Prozesse, wie z. B. das sekundäre Dickenwachstum, fallen nach der Isolierung der Wurzeln weitgehend aus (vgl. Digby und Wangermann 1965, Street 1966). Diese Veränderungen der Entwicklung der Wurzeln werden vermutlich durch den Ausfall der Lieferung von Wirkstoffen und Nährstoffen aus den Blättern und Sprossen hervorgerufen. Wurzeln, die in vitro gut wachsen, wie z. B. die von Erbsen, können die für das Längenwachstum notwendigen Stoffe dagegen, soweit sie nicht aus der Nährlösung aufgenommen werden, nach einer lag-Phase synthetisieren. Die Protein-Synthese der Wurzelspitzen hängt vermutlich vom Gleichgewicht der relativen Konzentrationen der Protein-Aminosäuren ab (Street 1966). Von außen zugeführte Aminosäuren können ihre eigene Synthese und die anderer Aminosäuren hemmen und so die Proteinsynthese beeinträchtigen (Street 1966). Bei in vitro kultivierten Wurzeln äußert sich dies in Wachstumshemmungen.

In den folgenden Untersuchungen wird der Umsatz von Glycin und Methionin in Wurzelspitzen in den ersten Tagen nach Isolierung dargestellt. Erbsenwurzeln vertragen ^{12}C-Glycin sehr gut, ^{12}C-^{32}S-Methionin dagegen bei Zufuhr von außen nur in sehr geringer Menge (Polter 1969b). Die Aminosäuren, die in den hier beschriebenen Versuchen verwendet wurden, enthielten entweder ^{14}C oder ^{35}S. Wegen der etwas unterschiedlichen Strahlenhärte dieser beiden Radionuklide war damit zu rechnen, daß der an sich schon unterschiedliche Einfluß beider Aminosäuren auf das Wurzelwachstum weiter modifiziert werden würde. Deshalb wurde als Maß für die Vitalität der Wurzeln bei allen Versuchen ihre Wachstumsintensität gemessen.

2. MATERIAL UND METHODE

a) Objekt und Kulturmethode

Wurzeln von Keimlingen der Sorte 'Maiperle' wurden in vitro kultiviert (Polter 1966, 1969a). Kulturen mit ^{35}S-Methionin wurden direkt in Thermostaten gestellt, solche mit ^{14}C-Glycin innerhalb der Thermostaten in belüftbare Exsikkatoren, um CO_2 auffangen zu können. Bei einem Teil der Kulturen wurde das $^{14}CO_2$ einzelner Kulturgefäße zur Bestimmung des oxydativen Aminosäure-Umsatzes aufgefangen. Außerdem wurden Wurzeln in Spezialkolben gezogen, in denen die Kohlensäure an KOH gebunden wurde. Belüftet wurde mit CO_2-freier Luft. Der Zeitpunkt des Einbringens der isolierten Wurzelspitzen in die sterile Kulturlösung ist der Versuchsbeginn.

b) Reinigung und Präparation der Wurzeln

Zur Entfernung nicht aufgenommener radioaktiver Substanz wurden die Wurzeln im Sieb 5 min. mit Leitungswasser und mit 100 ml dest. Wasser gewaschen. Der „Reinheitsgrad" der Pflanzenorgane nach einem Fütterungsversuch mit radioaktiven Verbindungen ist schwierig zu beurteilen, beeinflußt aber die Genauigkeit, mit der der pool der freien radioaktiven Verbindung bestimmt wird, wesentlich. Methodische Unterschiede in der Verfahrensweise verschiedener Autoren sind beträchtlich (z. B. Ratner und Böszörmenyi 1959, Fekete et al. 1967), woraus deutlich zu entnehmen ist, wie problematisch die Reinigung der Pflanzenteile z. B. bei Versuchen mit radioaktiven Aminosäuren ist. Außerdem geben verschiedene Pflanzengewebe aufgenommene Aminosäuren verschieden leicht wieder ab (Wright 1962, Scheuermann 1964). Die von mir angewendete Methode stellt einen für mein Objekt geeigneten Kompromiß dar.

Nach der Reinigung wurden die Wurzeln mit leicht dekontaminierbaren Messern in Segmente zerlegt und eingefroren. Folgende Segmente wurden gewonnen: I = 0–2 mm, II = 2–5 mm, III = 5–10 mm, IV = Wurzelrest.

c) Ermittlung der Zellenzahl

Die Wurzeln wurden wie beschrieben (Polter 1966, 1969a) mazeriert und ihre Zellen ausgezählt.

d) Fraktionierung aufgenommener Radionuklid-Aktivität

„Lösliche" und eingebaute Radioaktivität der Wurzeln wurden mit Äthanol von 0 °C getrennt. Dazu wurden Segmente mit 96%igem Äthanol abgetötet, gemörsert und nacheinander mit 80%igem (4 Std.) und 70%igem (4 und 12 Std.) Äthanol extrahiert. In der Zentrifuge wurde abgetrennt (20000 g). Die vereinigten alkoholischen Lösungen wurden auf bestimmte Volumina aufgefüllt. Bestimmt wurden Radioaktivität, Gesamt-Aminosäure-Gehalt und die Menge einzelner chromatographisch abgetrennter Aminosäuren der Lösungen. Das Sediment wurde noch einmal mit 70%igem Äthanol unter Zusatz von 0,1% Glycin und Serin gewaschen. Die Radioaktivität dieses Überstandes war ein Maß für die Qualität der Trennung. Sie betrug meist weniger als 2% der zuvor extrahierten Radioaktivität. Das Protein wurde aus dem Rückstand in 24 Std. mit 0,5%iger NaOH bei 35 °C unter gelegentlichem Schütteln gelöst, die Lösung abzentrifugiert und das Protein wie üblich mit volumengleichen Mengen 10%iger Trichloressigsäure gefällt. Der Niederschlag wurde 15 min. mit heißer 5%iger Trichloressigsäure behandelt. Der nach dem Abtrennen in 0,5%iger NaOH gelöste Rückstand diente zur Bestimmung der Protein-Mengen und ihrer Radioaktivität.

e) Messung der Radionuklid-Aktivität

Die Radioaktivität wurde mit dünnwandigen Geiger-Müller-Zählrohren gemessen. Von Nährlösungen und alkoholischen Extrakten ließen sich ohne höhere

Temperatur Präparate guter Oberflächenbeschaffenheit anfertigen, bei denen die Selbstadsorption noch nicht berücksichtigt werden mußte (hinsichtlich der Messung selbst, vgl. Wollgiehn und Parthier 1964). Alle Lösungen wurden zur Messung soweit wie möglich verdünnt. Atmungskohlensäure wurde wie üblich nach dem Auffangen in NaOH als Bariumkarbonat gefällt. Der Niederschlag wurde mit Wasser und Alkohol gewaschen und bei 200 °C getrocknet. Es wurde die übliche Selbstadsorptionskorrektur ausgeführt.

Zur Bestimmung der „spezifischen Radioaktivität" von einzelnen Aminosäuren des Proteins wurde dieses hydrolysiert; die Aminosäuren wurden papierchromatographisch getrennt, eluiert und je die Hälfte der Eluate diente zur Bestimmung der Radioaktivität und der Menge der Aminosäuren.

f) Bestimmung des Proteins und der ninhydrinpositiven alkohollöslichen Stoffe

Protein-Bestimmungen wurden nach der Methode von Lowry et al. (1951) durchgeführt, einige Stichproben auch mit der Kjeldahl-Technik nach Klingmüller (1950). Protein-Präparate zur Aufstellung von Eichkurven wurden aus Erbsenwurzeln isoliert und gereinigt (nach mehrfachem Umfällen wurde der Protein-Niederschlag mit Äthanol, Äthanol/Äther, Äther, Aceton je mehrfach gewaschen).

Die Bestimmung der ninhydrinpositiven Stoffe erfolgte nach der Methode von Boissonas (Dörfel 1959). Zur Entfernung der Ammonium-Verbindungen wurden die Proben vorher auf gereinigtem Papier mit alkoholischer KOH behandelt. Die Ergebnisse der Bestimmungen waren besonders gut reproduzierbar, wenn die zur Aufstellung der Eichkurven dienende Aminosäure-Lösung auf dem gleichen Papier wie die Probe der KOH-Behandlung unterworfen wurde. Die Extinktionen abgestufter Mengen von Test- und Probenlösung wurden direkt aufeinander bezogen. Als Bezugsstandard diente Leucin-Lösung.

g) Konzentration und Reinheit der markierten Aminosäuren

Von 1-^{14}C-Glycin wurden Lösungen mit 0,38 μC/ml, bzw. 105 μg/ml verwendet. Vom Methionin wurde 0,20 μC/ml eingesetzt. Die Stoffkonzentration wurde vom Hersteller nicht angegeben; sie lag nach eigenen Ermittlungen in der Größenordnung 5 μg/ml. Glycin war frei von fremden Stoffen und Radionukliden (Chromatographie, Radioautographie, Messung der Strahlenhärte). Methionin war zwar frei von fremden Stoffen (geringe Mengen von Oxydationsprodukten entstanden erst während der Trennung), enthielt aber schwache Radionuklid-Verunreinigungen härterer Strahlung und geringer Halbwertszeit, vermutlich ^{32}P. Da vollständige Entfernung nicht gelang, wurden die Präparate nur verwendet, wenn diese Aktivität abgeklungen war.

3. WACHSTUMSINTENSITÄT VON WURZELN BEI KULTUR IN LÖSUNGEN MIT RADIONUKLIDMARKIERTEN AMINOSÄUREN

a) 1-^{14}C-Glycin

1-^{14}C-Glycin beeinträchtigt in angegebener Menge und Radioaktivität das Längenwachstum von Wurzeln während 9 Tagen nicht, ebensowenig die täglichen Zuwachsraten (Abb. 1). Unter dem Einfluß der β-Strahlung bleiben die

Zellen etwas kleiner, ihre Entwicklung verläuft aber in der für kultivierte Wurzeln typischen Weise, d. h. die Zellstreckung setzt früh ein und wird früh abgeschlossen. Der Protein-Gehalt und der Gehalt an löslichen ninhydrinpositiven Stoffen werden durch die radioaktive Strahlung ebenfalls nicht verändert.

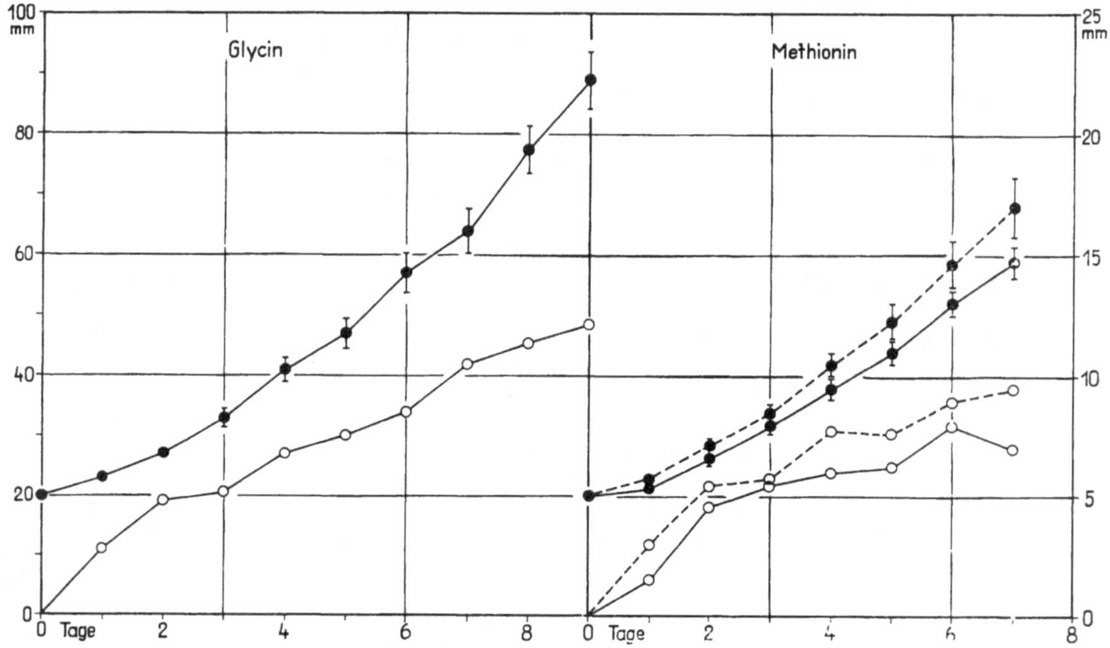

Abb. 1. Längenwachstum von Erbsenwurzeln bei Kultur in vitro in Nährlösung mit Glycin oder Methionin. Bei radioaktiver Aminosäure = Kurven ausgezogen, bei inaktiver = Kurven unterbrochen. Schwarze Symbole = mittlere Wurzellänge (Ordinatenwerte links); leere Symbole = täglicher Wurzelzuwachs (Ordinatenwerte rechts); senkrechte Strecken = Standardabweichung

b) 1-^{14}C-Glycin bei vermindertem CO_2-Partialdruck

Bekanntlich kann der CO_2-Partialdruck der pflanzlichen Umgebung den Einbau von Aminosäuren in Proteine beeinflussen (vgl. z. B. Steward und Durzan 1965, Splittstoesser 1966). Deshalb wurden Wurzeln in Lösung mit 1-^{14}C-Glycin auch in CO_2-armer Atmosphäre kultiviert. Ihr Längenwachstum war durch den CO_2-Mangel nicht beeinflußt, ihr Trockengewicht nur hin und wieder um maximal 10% erhöht, ihr auf das Frischgewicht bezogener Gehalt an Trockensubstanz sehr schwach (bis 5%) und nicht signifikant vermindert. Die bei meinen Versuchen vorkommenden Schwankungen der CO_2-Konzentration in Luft und Nährmedium beeinflussen das Wachstum von Erbsenwurzeln und den Einbau von radioaktiven Aminosäuren in ihre Proteine danach noch nicht.

c) ^{35}S-Methionin

Aus Nährlösungen aufgenommenes L-Methionin hemmt das Wachstum von Erbsenwurzeln in künstlicher Kultur stark (Polter 1969b). Die als ^{35}S-Methionin verwendete Stoffmenge hätte aber als inaktive Verbindung höchstens eine ganz geringe Beeinflussung des Wachstums verursacht. Dennoch hemmt die markierte Verbindung das Wurzelwachstum in 7 Tagen bereits um etwa 12% (Abb. 1). ^{35}S-Methionin schädigte das Teilungswachstum der Wurzeln von *Vicia faba* (Scheuermann 1964); die Radioaktivität war bei diesen Versuchen allerdings wesentlich höher (10 μC/ml) als bei meinen eigenen. Trotzdem können auch die niederen von mir verwendeten Konzentrationen an ^{35}S-Methionin das Teilungswachstum beeinflußt haben. Auch der Protein-Gehalt der Wurzeln wurde ein wenig vermindert und in älteren Entwicklungsabschnitten von Wurzeln daneben auch der Gehalt an ninhydrinpositiven Stoffen. In den jüngsten Zonen der Wurzeln war letzterer dagegen schwach erhöht, vielleicht auf Grund von gehemmter Protein-Synthese. Die Vitalität von Erbsenwurzeln wird also bereits von sehr geringen ^{35}S-Methionin-Konzentrationen vermindert.

4. AUFNAHME VON 1-^{14}C-GLYCIN UND ^{35}S-METHIONIN

Die Wurzeln nehmen beide Aminosäuren in vitro schnell auf. Nach 6 Tagen Kultur befanden sich in den Wurzeln 82% der ^{35}S bzw. 95% der ^{14}C-Aktivität der Nährlösung (Abb. 2). Zum Vergleich sei erwähnt, daß in vitro wachsende Wurzeln Aminosäuren damit schneller aufnehmen als Wurzeln intakter Keimlinge (in der gleichen Zeit, in der Kulturwurzeln 93% der Radioaktivität aus der Nährlösung aufnahmen, betrug der Wert für entsprechende Keimlingswurzeln 83%). Entsprechendes gilt nach Van't Hof (1966) für die Aufnahme von ^{3}H-Thymidin.

5. $^{14}CO_2$-BILDUNG AUS 1-^{14}C-GLYCIN

Die Wurzeln oxydieren vom aufgenommenen ^{14}C-Glycin viel zu $^{14}CO_2$ (Abb. 2). In Abb. 2 sind Mindestwerte für diese Oxydation angegeben, da das erneut in den Stoffwechsel einbezogene $^{14}CO_2$ nicht bestimmt wurde. Die Oxydation der Aminosäure ist unmittelbar nach ihrer Aufnahme nachweisbar. Hierdurch bleibt ihre Konzentration in den Wurzeln unter den durch Aufnahme und Einbau bedingten Werten. Die von den Wurzeln ausgeschiedenen Mengen an $^{14}CO_2$ sind, bezogen auf die Protein-Menge, vom 3. bis 9. Tag der Kultur ähnlich (Abb. 2). Vom 5. Kulturtag ab wirkt sich die absinkende Stoffaufnahme auf die CO_2-Bildung aus. Dann wird mehr $^{14}CO_2$ ausgeschieden als der aufgenommenen Menge an 1-^{14}C-Glycin entspricht (Abb. 2). Das von den

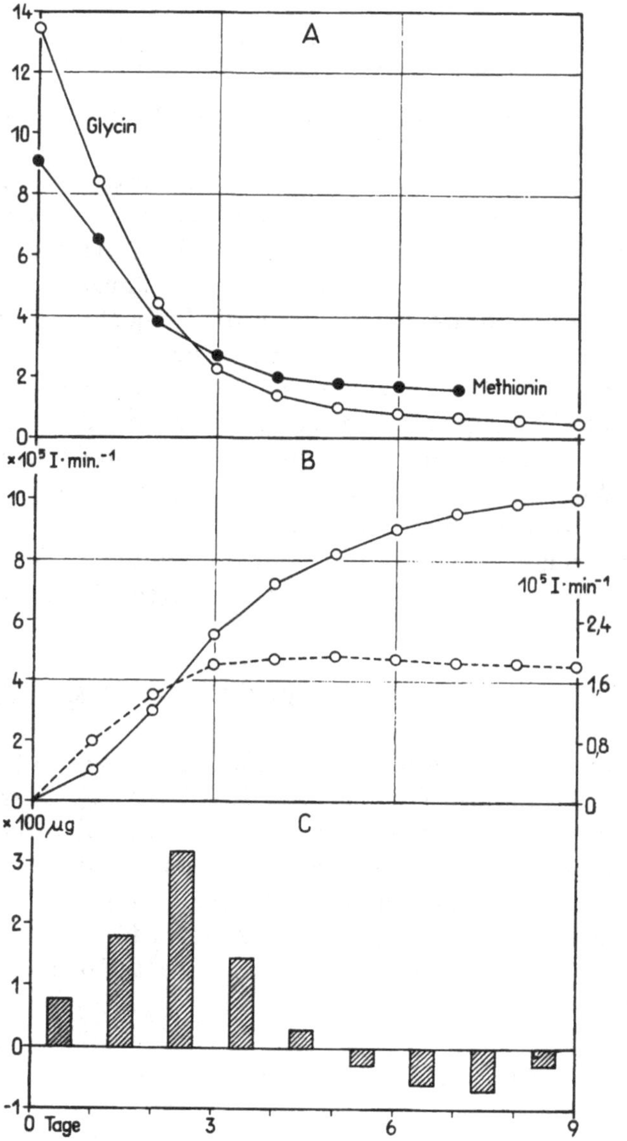

Abb. 2. A = Aufnahme von 1-^{14}C-Glycin (leere Symbole) und ^{35}S-Methionin (schwarze Symbole) durch Erbsenwurzeln. B = Umsatz von 1-^{14}C-Glycin in $^{14}CO_2$, bezogen auf die mittlere Wurzelmasse einer Kultur (Kurve ausgezogen, Ordinatenwerte links) und auf 1 mg Protein (Kurve unterbrochen, Ordinatenwerte rechts). C = Änderung der ^{14}C-Menge in den Wurzeln, dargesellt als Differenz zwischen 1-^{14}C-Glycin-Aufnahme und $^{14}CO_2$-Abgabe an aufeinanderfolgenden Kulturtagen als Glycin-Menge berechnet

Wurzeln gebildete $^{14}CO_2$ entsteht vermutlich durch mitochondrielle Oxydation des Glycin (Rautanen und Tager 1955, Smillie 1956, Das und Roy 1959). Bei Maiswurzeln erfolgt die Desaminierung von Glycin unter dem Einfluß der Blätter (Ratner und Ukhina 1963). Bei Wurzelkulturen könnte eine derartige Regulation, wenn sie überhaupt vorhanden ist, nur durch langlebige aus den Blättern stammende Verbindungen bedingt sein. Fraglich ist allerdings, ob sich Mais- und Erbsenwurzeln in dieser Hinsicht vergleichen lassen.

6. STOFFWECHSEL DER RADIONUKLIDMARKIERTEN AMINOSÄUREN IN DER WURZEL

a) Stoffwechsel von 1-^{14}C-Glycin

Erbsenwurzeln bilden aus aufgenommenem 1-^{14}C-Glycin schnell ^{14}C-Serin. Die Fähigkeit zu dieser Reaktion besitzt die Erbsenwurzelzelle in allen Entwicklungsstadien. Mit ähnlicher Geschwindigkeit bildet sie aus 1-^{14}C-Glycin nur noch $^{14}CO_2$. Wesentlich weniger Radioaktivität fand sich in einigen organischen Säuren, vor allem Äpfelsäure und in nahezu allen freien Aminosäuren. Die Reihenfolge des Auftretens der ^{14}C-markierten Verbindungen, $^{14}CO_2$, ^{14}C-Malat, ^{14}C-Aminosäuren, läßt vermuten, daß ^{14}C durch Karboxylierung in Malat eingeführt wird und über den Intermediärstoffwechsel in die Kohlenstoffskelette der Aminosäuren gelangt (Tabelle 1). Einige Aminosäuren, vor allem Asparaginsäure, sie wurde nach Serin am stärksten markiert, was auch für Sterilkulturen von *Zea, Helianthus* (Ratner et al. 1956) und Weizen (Böszörmenyi und Cseh 1962) gilt, entstehen wahrscheinlich auf direktem Wege aus ^{14}C-Serin. Die bevorzugte Umwandlung von ^{14}C-Glycin zu ^{14}C-Serin findet man auch in Sprossen von Erbsenpflanzen, in denen sie durch Auxine gesteuert werden soll (Fang und Yu 1965). Wahrscheinlich sind fast alle Pflanzengewebe zu dieser Reaktion befähigt (vgl. z. B. Zelinkova und Šorm 1956, Hauschild 1959, Byers und Bond 1960, Rabson et al. 1962, Wang und Waygood 1962, Wang und Burris 1963, Asada 1965).

b) Stoffwechsel von ^{35}S-Methionin

Nach Aufnahme von ^{35}S-Methionin wurde in alkoholischen Wurzelextrakten neben der Verbindung vor allem ^{35}S-Methioninsulfon und ^{35}S-Methioninsulfoxyd gefunden. Von verschiedenen Untersuchern wird angenommen (Sato 1958, Splittstoesser und Mazelis 1967), daß diese Oxydationsprodukte des Methionin normale Stoffwechselprodukte sind, was indes noch nicht sicher ist (Thompson 1967). Da aber ^{14}C-Methyl-markiertes Sulfoxid, als Methionin in das Protein von Keimlingen eingebaut, Methylgruppendonator sein kann (Splittstoesser und Mazelis 1967, Sato et al. 1958) und von Blättern von *Phaseolus* und *Brassica* fermentativ zu Methionin reduziert wird, erscheint es nicht unwahrscheinlich, daß es auch in vivo fermentativ gebildet werden kann. Bei den von mir untersuchten Erbsenwurzeln war die Menge der Oxydationsprodukte, bezogen auf das ^{35}S-Methionin bei länger andauernder Kultur der Wurzeln größer als bei kurzer Kulturdauer. Aufarbeitung des Pflanzenmaterials und Durchführung der chromatographischen Trennung unter Stickstoff verminderten zwar die Menge der Oxydationsprodukte, aber

Tabelle 1

Vorkommen von radionuklid-markierten Aminosäuren und Amiden in Äthanol-Extrakten und in Hydrolysaten des Proteins von in vitro kultivierten Erbsenwurzeln nach Fütterung mit 1-^{14}C-Glycin. Die Stärke der Radionuklid-Markierung der verschiedenen Substanzen ist auf Grund von Radioautogrammen nach einer Schätzungsskala von +++ über ++ und + bis zu „Spuren" abnehmend, angegeben. Ein ? hinter der Substanzbezeichnung bedeutet, daß die Radioaktivität in der betreffenden Position nicht eindeutig zu erkennen war; bei ? vor der Substanzbezeichnung ist nicht sicher, ob die vorgefundene Radioaktivität wirklich in dieser Verbindung enthalten war.

Aminosäure	im Äthanolextrakt	im Protein
Asparaginsäure	+++	+++
Glutaminsäure	+	+
Asparagin	++	o
Glutamin	Spuren	o
Lysin	+	+
Arginin	Spuren	Spuren
Threonin	++	++
Alanin	Spuren	Spuren
Valin	Spuren ?	—
Methionin	+	+
Isoleucin	+	+
Leucin	+	+
Prolin	++	++
Histidin	?	?
Tyrosin	?	?
Phenylalanin	?	?
Cystin	?	?
Tryptophan	?	?
Homoserin	+	—
? γ-Aminobuttersäure	+	—
? Dioxyphenylalanin	+	—
Glutathion	+	—

o Da nur Hydrolysate des Proteins untersucht wurden, läßt sich bei Amiden der Gehalt nicht beurteilen.

nicht so stark, wie es zu erwarten gewesen wäre, wenn diese vollständig erst während der Extraktion entstanden gewesen wären. Wenn damit auch über den Mechanismus der Entstehung beider Oxydationsprodukte des Methionin keine

Aussagen gemacht werden können, dürfte doch ein Teil von ihnen mit gewisser Wahrscheinlichkeit bereits in den unzerstörten Wurzeln vorliegen.

Cystin und drei nicht sicher identifizierte Verbindungen, darunter wahrscheinlich Homocystin, werden nach ^{35}S-Methionin-Aufnahme ebenfalls geringfügig radioaktiv. Vermutlich erfolgt der Einbau des ^{35}S in diese Verbindungen über Homocystein und Cystathionin.

7. VERTEILUNG DER ALS 1-^{14}C-GLYCIN AUFGENOMMENEN RADIOAKTIVITÄT AUF VERSCHIEDENE FRAKTIONEN

Die von den Wurzeln aufgenommene ^{14}C-Radioaktivität verteilt sich an aufeinanderfolgenden Kulturtagen in unterschiedlichem Umfang auf verschiedene Fraktionen. Aus den Veränderungen der Radioaktivitäten der unten genannten Fraktionen während bestimmter Zeiträume wurden graphisch durch Mittelbildung Tageswerte für die Radioaktivität der Nährlösung, der löslichen Substanzen und des Proteins erhalten (Abb. 3). Die Aminosäure-Aufnahme in das Gewebe wurde aus den Differenzen zwischen den Radioaktivitätsmittelwerten in der Nährlösung an aufeinanderfolgenden Tagen bestimmt, was insofern möglich ist, als bei diesen Versuchen für die Auswertung nur völlig sterile Kulturen verwendet wurden. Weil die Wurzeln aber während der Kultur radioaktiv markierte organische Substanzen in die Nährlösung ausscheiden, sind die aus der Radioaktivitätsabnahme in der Nährlösung berechneten Werte für die Aminosäure-Aufnahme etwas zu niedrig. In gleicher Weise wie die Aminosäure-Aufnahme wurde der Protein-Stoffwechsel aus den gemessenen Radioaktivitäten im Wurzelprotein ermittelt. Auch hierbei wird nur die Differenz zwischen Aminosäure-Einbau und ^{14}C-Protein-Katabolismus gemessen. Die im Tagesdurchschnitt gebildete Menge an $^{14}CO_2$ wurde als vom Luftstrom der Belüftung mitgeführtes $^{14}CO_2$ gemessen. Diese Werte sind durch die CO_2-Retention in der Nährlösung mit einem gewissen Fehler behaftet. Dieser wirkt sich allerdings nur aus, wenn sich die gebildeten Mengen an $^{14}CO_2$ stark ändern, oder wenn sich durch das Wurzelwachstum der pH-Wert der Nährlösung ändert.

Zwischen der errechneten Aminosäure-Aufnahme einerseits und der Summe der jeweils im ausgeschiedenen CO_2, in der löslichen Fraktion und im Protein vorgefundenen Radioaktivitäten andererseits ergaben sich an verschiedenen Kulturtagen in unterschiedlichem Umfang Differenzen; diese beruhten auf Verlusten bei der Präparation des Materials und auf dem Einbau von Radioaktivität in hochmolekulare Nicht-Protein-Verbindungen, z. B. Nucleinsäuren.

Der Vergleich der Tagesmittel der Radionuklid-Aktivität in der Nährlösung und im pool der löslichen Substanzen mit der Intensität der ermittelten Auf-

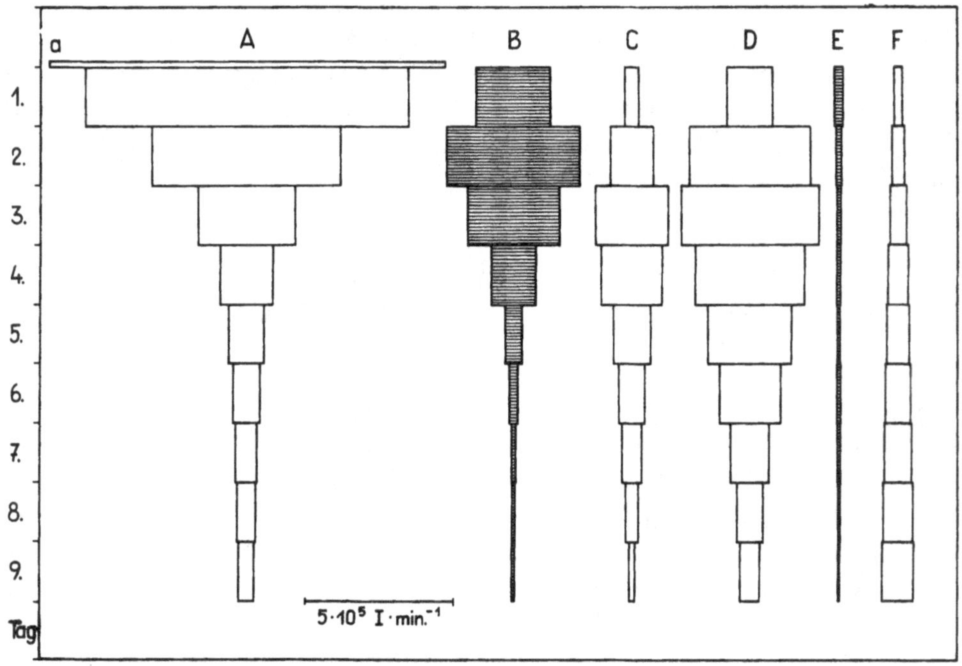

Abb. 3. Verteilung der Radioaktivität auf verschiedene Fraktionen während der Kultur von Erbsenwurzeln in Nährlösung mit 1-^{14}C-Glycin. Dargestellt ist die gemessene mittlere Radioaktivität an aufeinanderfolgenden Kulturtagen (weiße Säule) und die tägliche Änderung der Radioaktivität einzelner Fraktionen (schraffiert); die Säulenbreite entspricht der jeweiligen Impulsrate pro Minute und Kulturgefäß (siehe Meßstrecke).

A = Radioaktivität der Nährlösung (a = Aktivität unmittelbar nach Zugabe der markierten Aminosäure = Ausgangswert); B = tägliche Aufnahme von Radioaktivität durch die Wurzeln; C = täglich als $^{14}CO_2$ ausgeschiedene Radioaktivität; D = mittlere pool-Konzentration an löslicher Radioaktivität; E = mittlere tägliche Einbaurate von Radioaktivität in das Protein; F = mittlere Radioaktivität des Proteins

nahme radioaktiver Verbindungen zeigt, daß die Stoffaufnahme außer von den beiden zuerst genannten Konzentrationen von weiteren Faktoren abhängig sein muß. Obwohl den Wurzeln am ersten Kulturtag nach der Isolierung die größte Radionuklid-Aktivität in der Nährlösung zur Verfügung steht, ist die Stoffaufnahme wesentlich geringer als am 2. Tag. Unmittelbar nach der Isolierung haben die Wurzeln also nicht nur geringeres Wachstum als nach einiger Zeit (Polter 1969a), sondern nehmen auch weniger radioaktive Aminosäuren auf als am folgenden Tag. Eine gewisse Rolle wird hierbei die in den Wurzeln vorhandene Menge an nichtradioaktiver Aminosäure spielen. Wichtiger ist aber sicher, daß sich die isolierten Wurzeln in der fraglichen Zeit auf die Stoffaufnahme aus der Nährlösung und deren Konzentrationen an Nährstoffen umstellen.

Vom zweiten bis vierten Kulturtag vermindert sich die Stoffaufnahme der Wurzeln von Tag zu Tag in gleichem Verhältnis wie die Radioaktivität der Nährlösung. Dann sinkt die Stoffaufnahme stärker ab als die Restaktivität im Kulturmedium. Bei der Beurteilung dieser Erscheinung ist zu berücksichtigen, daß die von der Wurzel während der Kultur ausgeschiedenen Stoffe wahrscheinlich nicht sämtlich mit gleicher Geschwindigkeit wieder aufgenommen werden.

Auch die Höhe der pool-Konzentration an löslichen Verbindungen in der Wurzel dürfte die Radioaktivitätsaufnahme zu verschiedenen Zeitpunkten nach Beginn der Kultur mit radioaktiver Aminosäure unterschiedlich beeinflussen. Diese pool-Konzentration selbst ist aber natürlich von der Stoffverteilung in der Wurzel und vom katabolischen Verbrauch von aufgenommenen und in der Wurzel gebildeten radioaktiven Stoffen abhängig.

Die Höhe der von den Geweben täglich zu $^{14}CO_2$ abgebauten Radionuklidaktivität ändert sich von Tag zu Tag in gleicher Weise wie die Tagesmittelwerte für die pool-Konzentrationen an löslicher Radioaktivität. Der Einbau von Radioaktivität in das Protein ändert sich an verschiedenen Kulturtagen ziemlich wenig und zeigt keine deutlichen Beziehungen zu der pool-Konzentration an löslichen radioaktiven Verbindungen. Aus den relativ geringen Änderungen des Einbaus von Radioaktivität in das Protein erkennt man, daß ein großer Teil der Radioaktivität des pool der löslichen Substanzen in der in vitro wachsenden Wurzel keine Beziehungen zur Protein-Synthese hat und daß ein Teil des Wurzelproteins wahrscheinlich langsam metabolisiert wird. Erst am 8. Tag der Kultur, also wenn die im Versuch gefütterte Aminosäure von den Wurzeln bereits weitgehend in Synthese und oxydativem Stoffwechsel verbraucht ist, stellt die in Protein eingebaute Radionuklidaktivität die numerisch größte Fraktion der Wurzeln dar.

8. DER POOL AN LÖSLICHEN RADIOAKTIVEN SUBSTANZEN IN DEN EINZELNEN WURZELABSCHNITTEN

Alle Angaben im vorigen Abschnitt beziehen sich auf das Verhalten der in vitro wachsenden Wurzeln in toto, bestehend aus dem vom Keimling isolierten und dem in Kultur zugewachsenen Teil. Im folgenden wird das Verhalten der jüngsten Wurzelteile genauer betrachtet. In den verschiedenen Entwicklungsabschnitten der Wurzeln wird unter den gewählten Versuchsbedingungen unterschiedlich schnell ein Maximum an löslicher Radionuklid-Aktivität erreicht, und zwar in den ältesten Wurzelsegmenten am schnellsten (Abb. 4). Nach dem vierten Kulturtag nimmt der Radionuklid-Gehalt der löslichen Verbindungen in allen Wurzelsegmenten deutlich ab, zweifellos als Folge der zu diesem Zeitpunkt stark absinkenden Aufnahme radioaktiver Aminosäure. Die täglichen Änderungen der löslichen Radionuklid-Aktivität der ersten drei Wurzelsegmente lassen sich am besten erklären, wenn einerseits die zu Beginn

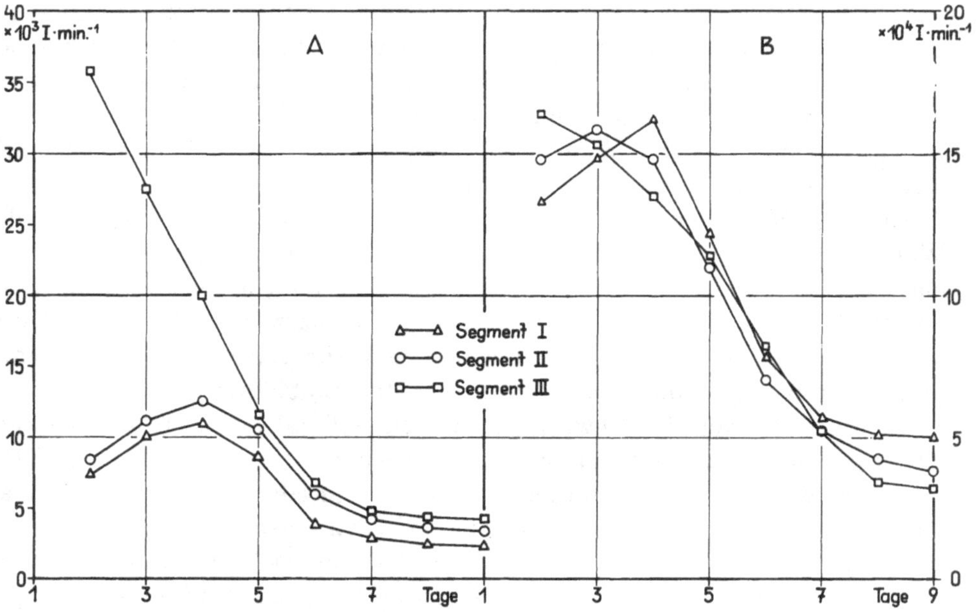

Abb. 4. Aus Erbsenwurzeln nach verschiedener Kulturdauer in Nährlösungen mit 1-^{14}C-Glycin extrahierbare lösliche Radionuklidaktivität. Dreiecke = Segment I (0–2 mm), Kreise = Segment II (2–5 mm), Vierecke = Segment III (5–10 mm). A = Radioaktivität der Wurzelsegmente aus einem Kulturgefäß, Ordinatenwerte links; B = „spezifische Radioaktivität" der löslichen Substanzen (vgl. S. 25), Ordinatenwerte rechts

der Kultur täglich sich ändernde Zuwachsgeschwindigkeit der Wurzel berücksichtigt wird und man andererseits annimmt, daß auch in der in vitro wachsenden Wurzel lösliche Verbindungen, darunter auch aufgenommene Aminosäuren, von den älteren Wurzelpartien zur Wurzelspitze transportiert werden.

Die spezifische Radioaktivität der löslichen ninhydrin-positiven Substanzen erreicht während der Kultur im Spitzensegment am langsamsten und im dritten Segment am schnellsten ein Maximum, um danach in den ersten drei Wurzelsegmenten stark abzufallen. Der verschieden rasche Anstieg der spezifischen löslichen Radioaktivität in den einzelnen Wurzelabschnitten könnte darauf beruhen, daß die älteren Wurzelteile das Glycin intensiver absorbieren als die jüngeren und daß ein Teil der löslichen ninhydrinpositiven Substanzen aus den älteren Wurzelteilen spitzenwärts transportiert wird. Vom fünften bis zum siebenten Tag der Kultur nimmt die spezifische Radioaktivität der löslichen ninhydrinpositiven Substanzen aller hier betrachteten Wurzelteile übereinstimmend stark ab. Das zu diesem Zeitpunkt neu eingestellte Gleichgewicht zwischen den verschiedenen Wachstumsvorgängen der Wurzel bei Kultur in vitro einerseits (vgl. Polter 1969a) und die gleichzeitig stark abnehmende

Radionuklid-Konzentration in der Nährlösung andererseits sind hierbei wahrscheinlich von Einfluß. Ab 8. Kulturtag enthalten die Differenzierungszone der Wurzeln (Segment III) die geringste und die Meristemzone (Segment I) die im Verhältnis höchste spezifische Radionuklid-Aktivität. Zu diesem Zeitpunkt ist wahrscheinlich die endogene Aminosäure-Synthese in der Differenzierungszone der Wurzel am intensivsten und im Spitzensegment am geringsten, wodurch die jeweils vorhandene Menge radionuklid-markierter Aminosäure in unterschiedlichem Umfang verdünnt wird. In allen drei Wurzelsegmenten erreicht die spezifische Radionuklid-Aktivität trotz der beschriebenen Unterschiede in der Größenordnung eine gleiche Intensität. Die von den Wurzeln aufgenommene radioaktive Aminosäure wird im wesentlichen wie die endogenen ninhydrinpositiven Substanzen über die Wurzel verteilt.

Wird durch in vitro wachsende Wurzeln ^{35}S-Methionin aufgenommen, ändert sich die Größe des Gesamt-pool an löslicher Radioaktivität in den Geweben mit leichter erkennbaren Beziehungen zur Stoffaufnahme und zum Einbau in das Protein (Abb. 7). In diesem Fall wird keine Radioaktivität aus der Wurzel durch oxydativen Stoffabbau entfernt, und es sind auch weniger andere Stoffumwandlungen möglich. Die hauptsächlichsten Stoffwechselprodukte des Methionin scheinen in Erbsenwurzeln (vgl. S. 29) seine oxydierten Verbindungen zu sein, die aber wahrscheinlich in den Zellen wieder reduziert werden können. Die natürliche Konzentration an freiem Methionin in den Geweben ist niedrig; dadurch kann die spezifische Radionuklid-Konzentration des Methionin verhältnismäßig rasch ansteigen. Das hat wiederum zur Folge, daß der Einbau von Radioaktivität in das Protein für den Verbrauch von löslicher Aktivität bei ^{35}S-Methionin eine größere Rolle spielt als bei 1-^{14}C-Glycin.

In den ersten Tagen der Kultur übertrifft die Aufnahme von ^{35}S-Methionin seinen Verbrauch durch Einbau in das Protein. Die auf die Menge löslicher ninhydrin-positiver Substanzen in den Wurzelabschnitten bezogene lösliche Radionuklid-Aktivität steigt dadurch schnell an. Von einem bestimmten Zeitpunkt an übertrifft aber der Einbau von Radioaktivität in das Protein die Stoffaufnahme infolge der abnehmenden Radionuklid-Konzentration in der Nährlösung, so daß sich die pool-Konzentration der löslichen Radioaktivität der Wurzel relativ schnell wieder vermindert. Wenn man die Werte für die pool-Konzentration an löslicher Radioaktivität über der Kulturdauer graphisch aufträgt, erhält man bei ^{35}S-Methionin steile Maximum-Kurven.

Die Wurzelsegmente unterschiedlichen Entwicklungszustandes erreichen auch bei Fütterung von ^{35}S-Methionin die jeweils höchste in ihnen vorkommende Menge an löslichen radioaktiven Substanzen an verschiedenen Kulturtagen, und zwar wird dieser Wert in den beiden jüngsten Wurzelsegmenten am 5., beim Wurzelsegment III aber bereits am 2. Kulturtag erreicht (Abb. 7).

Die Differenzen in den pool-Größen des ^{35}S-Methionin bei den verschiedenen Wurzelsegmenten haben vermutlich die gleiche Ursache wie diejenigen bei

Fütterung von 1-^{14}C-Glycin. Es ist allerdings auch vorstellbar, daß die Strahlung des ^{35}S durch ihre größere Härte die plasmatischen Grenzflächen stärker beeinflußt und zwar bei Segmenten unterschiedlichen Entwicklungszustandes in unterschiedlichem Umfang. Hierdurch würde ebenfalls der pool an löslichen ^{35}S-Verbindungen in den Zellen der verschiedenen Wurzelsegmente unterschiedlich beeinflußt. Auffällig ist, daß die spezifische Radioaktivität des pool der löslichen Verbindungen im zweiten Wurzelabschnitt im Vergleich mit den beiden anderen Segmenten bei ^{35}S-Methionin höhere Werte erreicht als bei ^{14}C-Glycin. Vielleicht ist in der Streckungszone (Segment II) der Wurzel die Eigensynthese von Methionin besonders gering.

9. EINBAU VON AMINOSÄUREN IN DAS PROTEIN DER VERSCHIEDENEN WURZELABSCHNITTE

Die Radioaktivität des Proteins verändert sich in den verschiedenen Wurzelsegmenten im Verlauf der Kultur in unterschiedlichem Maße (Abb. 5). Diese Veränderungen des Einbaus von Radioaktivität in das Protein zeigen Beziehungen zur spezifischen Radioaktivität verschiedener Wurzelabschnitte. Einen wesentlichen Einfluß auf die Vorgänge üben die Stoffaufnahme und die in der Wurzel stattfindenden Stoffverschiebungen aus.

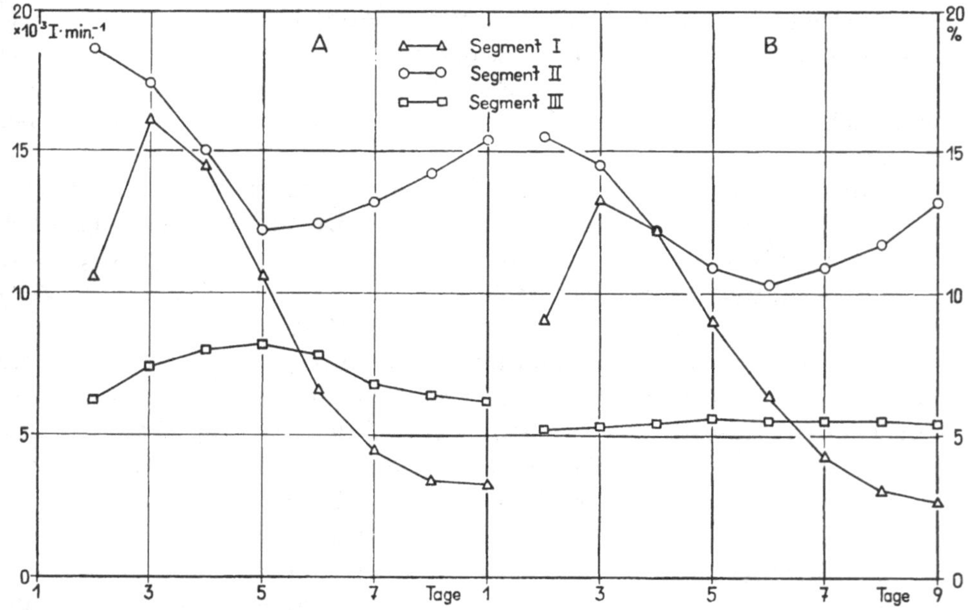

Abb. 5. Radioaktivität im Protein verschiedener Segmente von Erbsenwurzeln an aufeinanderfolgenden Kulturtagen in Nährlösung mit 1-^{14}C-Glycin. Bedeutung der Symbole wie in Abb. 4. A = auf 1 mg Protein bezogene „spezifische Radioaktivität"; B = auf den Glycin-Serin-Gehalt des Proteins bezogene ^{14}C-Glycin- und ^{14}C-Serin-Menge (vgl. S. 25)

Im Spitzensegment nimmt die spezifische Radionuklid-Aktivität des Proteins bis zum dritten Kulturtag zu und danach von Tag zu Tag deutlich ab. Sehr ähnliche Veränderungen zeigt von Tag zu Tag die spezifische Radionuklid-Aktivität der ninhydrin-positiven Substanzen (Abb. 4). Wahrscheinlich werden der Wurzelspitze in den ersten beiden Kulturtagen noch größere Mengen inaktiver Aminosäure aus den älteren Wurzelsegmenten zugeleitet. In Übereinstimmung mit dieser Vorstellung ist die spezifische Radioaktivität der löslichen ninhydrin-positiven Stoffe des Wurzelrestes (Segment IV) gerade in dieser Zeit sehr gering. An den Veränderungen des Einbaus von Radioaktivität in das Protein des Spitzensegmentes ist sicher auch die Intensität des Wachstums der Wurzelspitze an verschiedenen Kulturtagen beteiligt. Beim Einbau von Radioaktivität in das Protein wird das Maximum schon einen Tag früher erreicht als bei der spezifischen Radioaktivität der löslichen ninhydrin-positiven Substanzen.

In der Streckungszone der Wurzeln (Segment II) vollziehen sich im Verlauf der Kultur die auffälligsten Veränderungen der spezifischen Radionuklid-Aktivität. Schneller als beim Spitzensegment (I) ergibt sich hier eine hohe spezifische Aktivität in der Proteinfraktion, welche vom zweiten bis zum fünften Kulturtag, der abnehmenden Radioaktivität im pool der löslichen Substanzen folgend, wieder abnimmt. Der sehr viel schnellere Anstieg der spezifischen Radionuklid-Aktivität des Proteins in der Streckungszone gegenüber dem Spitzensegment hat sicher seine Ursache darin, daß in diesem Wurzelbereich die Stoffaufnahme intensiver erfolgt und die Wachstumsvorgänge nach der Isolierung nicht sofort unterbrochen werden, wie dies in der Wurzelspitze für eine gewisse Zeit der Fall ist. Ähnlich wie bei den Wurzelspitzen stellt sich das Maximum der spezifischen Radioaktivität im Protein auch in der Streckungszone vor dem Maximum der Radionuklid-Markierung der löslichen Verbindungen ein. Vom 5. Tag der Kultur nimmt die Radionuklid-Aktivität des Proteins der Streckungszone langsam zu, obwohl die zum gleichen Zeitpunkt ermittelte spezifische Radionuklid-Aktivität der löslichen Substanzen abnimmt. Wahrscheinlich nimmt gleichzeitig die Synthese-Intensität in diesem Wurzelabschnitt zu, d. h. es wirken sich jetzt die nach der Isolierung der Wurzeln auftretenden Wachstums- und Entwicklungsänderungen aus (vgl. Polter 1969a). Zu berücksichtigen ist ferner, daß die spezifische Radioaktivität der löslichen ninhydrin-positiven Substanzen im Wurzelrest außerhalb der ersten 10 mm der wachsenden Wurzeln bis zum fünften Kulturtag ansteigt und danach erst wieder abnimmt, weshalb die aus den älteren Wurzelteilen zur Spitze geleiteten Aminosäuren bis zu diesem Zeitpunkt zunehmend mehr Radioaktivität enthalten. Außerdem werden besonders beim zweiten und dritten Wurzelsegment mit fortschreitender Kulturdauer in zunehmendem Maße auch andere ^{14}C-markierte Aminosäuren als Glycin und Serin in das Protein eingebaut. Daneben ist sicher auch folgendes von Bedeutung: In einer bestimmten Wachstumsphase der kultivierten Wurzeln enthält die Streckungszone nur

Zellen, welche ihre ganze Entwicklung in radionuklid-haltiger Nährlösung durchlaufen haben und dadurch keinen nicht markierten Anteil in ihrem Protein enthalten.

Im dritten Wurzelsegment wird das Maximum an Radionuklid-Aktivität im Protein erst am 5. Kulturtag erreicht, wobei sich die zu verschiedener Zeit gefundenen Werte viel weniger voneinander unterscheiden als bei den ersten beiden Wurzelsegmenten (Abb. 5). Im Gegensatz zu den beiden ersten Wurzelabschnitten wird im dritten, welcher vorwiegend im Differenzierungswachstum begriffene Zellen enthält, das Maximum an spezifischer Radionuklid-Aktivität im Protein während der Kultur nur langsam erreicht, obwohl sich hier bei den löslichen ninhydrin-positiven Substanzen schnell eine hohe spezifische Radionuklid-Aktivität einstellt und diese bereits vom zweiten Kulturtag an wieder abnimmt (Abb. 4). Vermutlich ist für die Höhe der spezifischen Protein-Radioaktivität, die in diesem Wurzelbereich festgestellt wurde, die Menge der in den vorhergehenden Entwicklungsstadien in das Protein eingebauten Radionuklid-Aktivität von Bedeutung. Von der in löslicher Form in diesem Wurzelsegment vorhandenen Radioaktivität wird bei der wachsenden Wurzel wahrscheinlich nur ein Teil für den Einbau in Protein verwendet und der Rest durch Transportvorgänge entfernt oder befindet sich in einem dem Protein-Stoffwechsel unzugänglichen Zellkompartiment, vielleicht in den Vakuolen. Der verhältnismäßig geringe Einbau von Radioaktivität in das Protein während der Gewebedifferenzierung wird vielleicht durch das bei kultivierten gegenüber normalen Wurzeln weitgehend fehlende sekundäre Dickenwachstum verursacht. Die niedere spezifische Radionuklid-Aktivität im Protein des dritten Wurzelsegmentes gegenüber derjenigen des zweiten ist z. T. aber auf den geringeren Glycin-Serin-Gehalt des Proteins des Segmentes III zurückzuführen; denn ähnlich wie bei Keimlingswurzeln (vgl. Polter und Müller-Stoll 1968) enthält das Protein weniger Glycin und Serin als das der beiden ersten Segmente. Deshalb wurde nach chromatographischer Trennung von Hydrolysaten des Proteins die Radioaktivität der Aminosäuren Glycin und Serin auch auf die angenähert berechneten Mengen an Glycin und Serin bezogen (Abb. 5); dabei ergab sich, daß im dritten Wurzelabschnitt der Anteil an markierten Aminosäuren im Protein auch geringer ist als im zweiten. Im dritten Wurzelsegment muß also in den Kompartimenten der Protein-Synthese weit mehr inaktives Glycin und Serin zur Verfügung stehen und in die Proteine eingebaut werden als bei den jüngeren Wurzelsegmenten.

Bezieht man die an verschiedenen Kulturtagen im Protein vorgefundene Radioaktivität auf die jeweils zum gleichen Zeitpunkt im pool der löslichen Substanzen vorhandene Radioaktivität (Abb. 6), so erkennt man einige bereits angedeutete Beziehungen genauer. In den ersten fünf Tagen der Kultur vergrößert sich der Unterschied zwischen proteingebundener und löslicher Radioaktivität in den beiden ersten Wurzelabschnitten, wohingegen er sich im dritten Segment im gleichen Zeitraum vermindert. Diese Erscheinung läßt

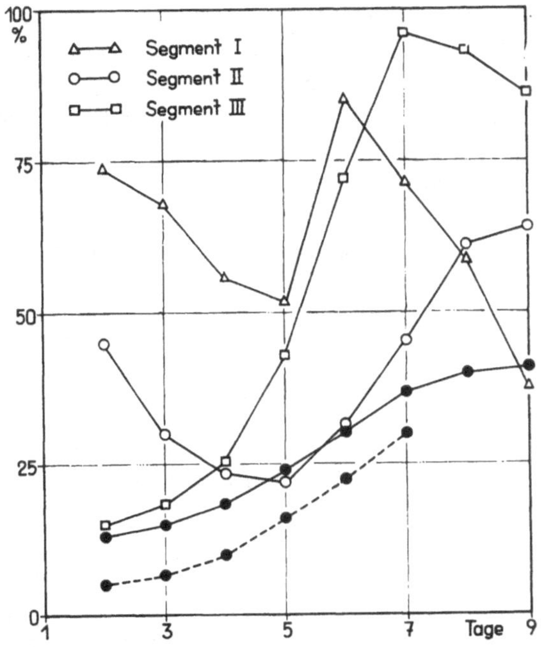

Abb. 6. Radioaktivität des Proteins verschiedener Segmente von Erbsenwurzeln an aufeinanderfolgenden Kulturtagen, bezogen auf die Radioaktivität der löslichen Substanzen und auf die Gesamtradioaktivität zum jeweils gleichen Zeitpunkt in Prozent. Leere Symbole = Radioaktivität des Proteins der Wurzelsegmente, bezogen auf die lösliche Aktivität; schwarze Symbole = dgl., bezogen auf die Gesamtradioaktivität; ausgezogene Linien bei 1-^{14}C-Glycin-Fütterung; unterbrochene Linie bei ^{35}S-Methionin-Fütterung

sich am besten dadurch erklären, daß aufgenommene und teilweise umgebaute Aminosäure von den älteren zu den jüngeren Wurzelteilen transportiert wird und dieser Stoffstrom nach Isolierung der Wurzeln wieder schneller einsetzt als das Wurzelwachstum; andererseits könnte man auch wesentliche Unterschiede in der Fähigkeit zur Stoffaufnahme bei den verschiedenen Wurzelabschnitten als Erklärung annehmen. Nach dem 5. Kulturtag, wenn die Aufnahme von Radioaktivität wegen der starken Verminderung der Konzentration an markierter Aminosäure im Medium schon stark zurückgegangen ist, vermindert sich in allen Wurzelsegmenten die Differenz zwischen proteingebundener und löslicher Radioaktivität. Im Spitzensegment wird sie allerdings nach dem 6. Tag wieder größer, da vermutlich immer mehr inaktive Aminosäure zugeleitet wird.

Die insgesamt von der Wurzel in das Protein eingebaute Radioaktivität, jeweils bezogen auf die Gesamt-Radioaktivität der Wurzel, vergrößert sich bis zum achten Tag der Kultur. Dann ist ein Gleichgewicht erreicht, und der Prozentsatz der eingebauten Radioaktivität nimmt im ganzen nicht mehr zu, da dem Einbau in den jüngeren Wurzelteilen ein entsprechender Stoffwechsel in den älteren Abschnitten gegenübersteht (Abb. 6). ^{35}S-Methionin-Radioaktivität wird langsamer als ^{14}C-Radioaktivität nach 1-^{14}C-Glycin-Fütterung im Wurzel-Protein eingebaut, im übrigen aber in gleicher Weise (Abb. 6). Der Einbau der Radioaktivität von ^{35}S-Methionin ist bei den ersten drei Wurzelsegmenten viel weniger als der bei 1-^{14}C-Glycin vom pool der löslichen Radioaktivität abhängig (Abb. 7). Bis zum 4. Kulturtag wird ^{35}S-Methionin deutlich

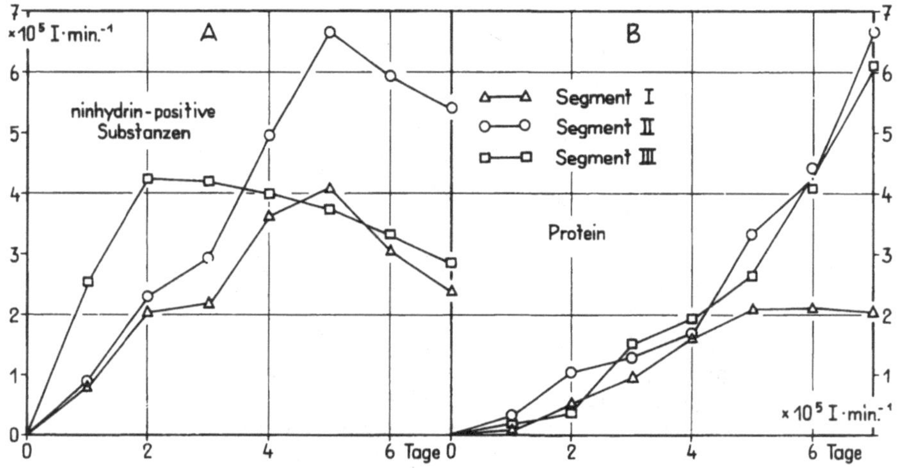

Abb. 7. Radioaktivität in der löslichen Fraktion und im Protein von Erbsenwurzeln nach Kultur in Nährlösungen mit ^{35} S-Methionin. Bedeutung der Symbole wie Abb. 4. A = „spezifische Radioaktivität" der löslichen ninhydrinpositiven Substanzen (vgl. S. 25); B = dgl. im Protein

langsamer in das Protein des zweiten und dritten Wurzelsegmentes eingebaut als in den folgenden Tagen. Da die pool-Konzentration an löslichen radioaktiven Substanzen zu diesem Zeitpunkt schon abnimmt, kann für den intensiveren ^{35}S-Methionin-Einbau nach dem vierten Kulturtag nur das veränderte Wurzelwachstum maßgebend sein. Beim Spitzensegment folgt allerdings der ^{35}S-Methionin-Einbau in das Protein der Veränderung der pool-Konzentration an löslicher Radioaktivität. Eine mögliche Erklärung wäre folgende: Soweit beim zweiten und dritten Wurzelabschnitt die lösliche Radioaktivität keine Beziehungen zum Einbau von Radioaktivität in das Protein hat, könnte jene in den Vakuolen lokalisiert sein, weil im ersten Segment ein Teil der Zellen noch keine Vakuolen besitzt.

10. DISKUSSION

Zellenzahl und Proteingehalt von Wurzelsegmenten, untersucht an verschiedenen Kulturtagen nach der Isolierung der Wurzelspitzen vom Keimling, zeigen, daß sich Stoffwechsel und Wachstum der in vitro zuwachsenden Wurzelteile anfangs verändern, und zwar solange, bis die Wurzeln an die Bedingungen der Kultur angepaßt sind (Polter 1969a). Als äußerlich auffälligste Erscheinung unterbleibt dabei, wie bereits einleitend erwähnt wurde, das vom Sproß gesteuerte Dickenwachstum der Wurzel (Digby und Wangermann 1965).

Soll mit radionuklidmarkierten Aminosäuren ermittelt werden, welchen Anteil der Protein-Stoffwechsel an den Veränderungen nach Isolierung der Wurzeln vom Keimling hat, ist zu berücksichtigen, daß die Aminosäuren bei Zugabe zur Kulturlösung an sich und durch ihre β-Strahlung einen gewissen Einfluß auf das Verhalten der Wurzeln ausüben (Polter 1969b). In Mengen, welche bei inaktiver Substanz noch nicht wachstumsschädigend wirken, verändert 1-^{14}C-Glycin das Wurzelwachstum auch nicht. In einem Konzentrationsbereich, in welchem sich markiertes Glycin noch indifferent verhält, wird indessen das Längenwachstum der Erbsenwurzeln durch ^{35}S-Methionin bereits deutlich gehemmt.

Für die unterschiedliche Wirkung der beiden Radionuklide können im wesentlichen drei Faktoren verantwortlich sein. Von gewisser Bedeutung ist sicher die gegenüber ^{14}C etwas härtere Strahlung von ^{35}S. Daß ^{35}S in einer Aminosäure enthalten ist, die auch inaktiv in relativ geringer Konzentration bereits wachstumshemmend wirkt, dürfte wichtiger sein, besonders wenn beide Faktoren, Stoffkonzentration und Strahlungsaktivität sich in ihrer Wirkung addieren können. Von noch größerer Bedeutung ist wahrscheinlich aber, daß bei 1-^{14}C-Glycin die Radioaktivität durch $^{14}CO_2$-Bildung kontinuierlich aus den Geweben entfernt wird, während bei ^{35}S-Methionin der Stoffwechsel zu Verbindungen führt, die im Gewebe verbleiben und es durch ihre Strahlung weiterhin belasten. Die Intensität der $^{14}CO_2$-Bildung durch die wachsenden Wurzeln folgt nach 1-^{14}C-Glycin-Fütterung innerhalb eines ziemlich weiten Bereiches der pool-Konzentration an Radioaktivität (vgl. Abb. 3). Für die unterschiedliche Wirkung von ^{14}C-Glycin und ^{35}S-Methionin können durchaus noch weitere Faktoren von Bedeutung sein (vgl. Partanen 1960); z. B. kann sich die Transmutation der Radionuklide auswirken (Gunckel und Sparrow 1961).

Eine Wachstumsschädigung pflanzlicher Gewebe durch radioaktive Strahlung ist auf ein komplexes Geschehen zurückzuführen. Nach Basu (1966) wirkt ^{35}S bei gleicher Radioaktivität auf bestimmte Sorten einer Art wachstumsfördernd, auf andere hemmend. Wahrscheinlich wirkt die Strahlung zum Teil über die Beeinflussung von Fermenten (Mika 1952, Goutier und Goutier-Pirotte 1961). Neben der DNS-Synthese (Van't Hof 1963) soll die Cytoplasma-Viskosität verändert werden (Baginski 1959). Bei der Wachstumsbeeinflussung der Wurzeln kann die Strahlenempfindlichkeit des Stoffwechsels bestimmter Wuchsstoffkomplexe der Pflanzen eine Rolle spielen (Maxie et al. 1965). Vor allem das Teilungswachstum wird durch radioaktive Strahlung beinträchtigt, wie aus der hohen Strahlenempfindlichkeit der Meristeme hervorgeht (Baginski 1959, Van't Hof 1963, Van't Hof und Sparrow 1963a, b, 1965, Braun 1964, Bogdanov und Borovkova 1964, Scheuermann 1964, Evans 1965). Auch durch die Beeinflussung der Anlage von Seitenwurzeln wird dieses bestätigt (Street 1966); zwischen Kernvolumen und Strahlenempfindlichkeit wurden bei pflanzlichen Geweben ebenfalls Beziehungen nachgewiesen (Van't Hof und Sparrow 1965). Da man bei pflanzlichen Organen nach Strahlenbelastung verminderte Fähigkeit, Aminosäuren in Protein einzubauen in der Regel mit entsprechender Wachstumshemmung verbunden findet (Strazhevskaja 1960), läßt sich aus der Beeinflussung des Wachstums der Erbsenwurzeln schließen, daß bei Einwirkung der in meinen Versuchen benutzten Mengen an 1-^{14}C-Glycin ihr Protein-Stoffwechsel sehr wahrscheinlich in unveränderter Form abläuft. Durch die bei den Versuchen mit ^{35}S-Methionin verwendete Substanzkonzentration und Stärke der Radioaktivität wird jedoch der Protein-Umsatz schwach gehemmt. Die Genauigkeit, mit der die quantitative Erfassung des pflanzlichen Protein-Stoffwechsels durch Messung des Einbaus radionuklidmarkierter Aminosäuren möglich ist, hängt u. a. davon ab, inwieweit diese vor dem Einbau in andere Verbindungen umgewandelt werden. Aus 1-^{14}C-Glycin bilden die Erbsenwurzeln schnell soviel ^{14}C-Serin, daß beide Aminosäuren vom Anfang des Versuches an in fast gleichem Maße in das Protein inkorporiert werden. Deshalb kann das Wurzelgewebe bei Fütterung von 1-^{14}C-Glycin in neu gebildetes Protein viel mehr Radioaktivität einbauen als bei Fütterung von ^{35}S-Methionin. Weiterhin erschwert wird die Beurteilung der Vorgänge noch dadurch, daß sich die aus Nährlösung aufgenommenen Aminosäuren wahrscheinlich über alle Zellräume verteilen, aus aufgenommenem Glycin gebildetes Serin aber wahrscheinlich in bestimmten Zellkompartimenten entsteht.

Da nach Glycin-Fütterung von mir mehr radioaktives Serin im Protein als in löslicher Form gefunden wurde, darf man annehmen, daß es vorwiegend in den Zellkompartimenten seiner Weiterverarbeitung oder in Zellräumen, von denen aus ein unbehinderter, schneller Übergang in die Zellkompartimente der Protein-Synthese möglich ist, synthetisiert wurde. Von Fang und Yu (1965) wurden nach Fütterung von Erbsensprossen mit ^{14}C-Glycin noch größere Differenzen zwischen ^{14}C-Serin im Protein und löslichem Serin beobachtet. Dies veranlaßte die Autoren zu der Annahme, daß die Glycin-Serin-Umwandlung auch noch nach dem Einbau des Glycin in das Protein vor sich gehen kann. Wenn auch für Prolin und Hydroxyprolin derartige Umwandlungen im Protein als möglich erscheinen (Lamport 1963), dürfte in diesem Fall eine solche Annahme doch entbehrlich sein, wenn sie auch natürlich nicht widerlegt ist. Zu beachten ist aber, daß Glycin und Serin zu den Aminosäuren gehören, für die nachgewiesen ist, daß die Zellen der Gewebe verschiedener Pflanzenarten eine Kompartimentierung in einen aktiven und inaktiven pool des Stoffwechsels aufweisen (Smith et al. 1961, Hellebust und Bidwell 1963, Bassham et al. 1964, Chang und Tolbert 1965). Vielleicht befindet sich der stoffwechselinaktive pool in den Vakuolen der Zellen (Aach und Heber 1967, Holleman und Key 1967). Da im ersten von mir untersuchten Wurzelabschnitt von 2 mm Länge nur ein Teil der Zellen kleine Vakuolen hat, während die übrigen Wurzelsegmente vakuolisierte Zellen enthalten, würde durch den Nachweis, daß die Vakuole das Zellkompartiment mit der stoffwechselträgen Aminosäure ist, zugleich das Sonderverhalten des ersten Wurzelsegmentes weitgehend geklärt werden. Dieser Beweis wurde in strenger Form allerdings noch nicht erbracht. Aus dem Vergleich der spezifischen Radioaktivität im pool der löslichen Substanzen und der spezifischen Protein-Radioaktivität von verschiedenen Wurzelsegmenten (Abb. 4, 5, 7) ergibt sich aber, daß die Veränderungen dieser beiden Werte beim Spitzensegment von Kulturtag zu Kulturtag eine weitgehende Parallelität zeigen. Daraus kann man folgern, daß es in diesem Wurzelsegment keinen pool stoffwechselträger, freier radioaktiver Aminosäure von nennenswerter Größe gibt; darin möchte ich indirekt einen Hinweis dafür erblicken, daß sich dieser bei ausdifferenzierten Pflanzenzellen im Normalfall wirklich in der Vakuole befindet.

Die im Differenzierungswachstum begriffenen Teile der Wurzeln von Keimlingen höherer Pflanzen gelten als Orte bevorzugter Stoffaufnahme (Potapov und Sumyanova 1966). Werden Aminosäuren oder Amide von älteren Wurzelteilen aufgenommen, so verbleiben manche ganz vorwiegend am Ort ihrer Aufnahme (Wiebe und Kramer 1954, Oaks 1966), andere werden vorwiegend zur Wurzelspitze transportiert, z. B. Asparagin in Maiswurzeln (Oaks 1966). Nach Oaks (1966) soll dies, wie an isolierten Wurzeln wahrscheinlich gemacht werden konnte, für diejenigen Aminosäuren gelten, für welche die Wurzelspitze keine ausreichende Synthese-Kapazität besitzt. Aus den täglichen Änderungen der Radioaktivität im pool der löslichen Substanzen meiner isolierten Erbsenwurzeln läßt sich die Vorstellung ableiten, daß nach 1-^{14}C-Glycin-Fütterung bei der wachsenden Wurzel ein radioaktiver Stoffstrom zur Wurzelspitze hin wenigstens neun Tage lang erhalten wird. Glycin und das aus ihm entstehende Serin gehören deshalb wahrscheinlich zu denjenigen Aminosäuren, die im Spitzenabschnitt von Erbsenwurzeln nicht in einer für die Protein-Synthese ausreichenden Menge gebildet werden können. Die niedere Glycin-Konzentration im pool der löslichen Substanzen, die in den Wurzeln von Erbsen (Lopukhina 1967) und von Mais (Ramshorn und Blohm 1968) gefunden wurde, beweist das zwar noch nicht, würde aber mit einer derartigen Vorstellung gut in Einklang stehen. Auch die Ergebnisse einer ganzen Reihe von Untersuchungen, wonach Glycin und Serin zusammen mit Alanin zu denjenigen Aminosäuren gehören, die bei Photosynthese in einer Atmosphäre mit $^{14}CO_2$ weitaus am schnellsten markiert werden und vielleicht sogar bei der Zuckersynthese eine Rolle spielen (Wang und Waygood 1962, Wang und Burris 1963, 1965a, b, Ongun und Stocking 1965a, b, Durmishidze 1965, Asada et al. 1965) können zur Unterstützung der genannten Vorstellung herangezogen werden.

Der Bereich vom 3. bis zum 13. Millimeter hinter der Spitze ist bei Keimlingswurzeln von Erbsen der Ort der hauptsächlichsten Aminosäuresynthese (Lopukhina 1967). Bei meinen in vitro kultivierten Wurzeln trifft dies sicher für den Bereich zwischen dem 5. und 10. Millimeter ebenfalls zu, wie aus dem Vergleich zwischen der gemessenen und errechneten spezifischen Radioaktivität der löslichen Substanzen nach Fütterung von 1-^{14}C-Glycin oder ^{35}S-Methionin hervorgeht (Abb. 4).

Das Verhältnis zwischen der spezifischen Radioaktivität des Proteins und derjenigen der löslichen Substanzen ändert sich in den verschiedenen Wurzelsegmenten nach 1-^{14}C-Glycin-Fütterung während einer mehrtägigen Kultur in unterschiedlicher Weise. Die spezifische Radioaktivität im Protein nimmt im Verhältnis zu derjenigen im pool der löslichen Substanzen im ersten Wurzelsegment bis zum 3. Kulturtag zu und danach wieder ab, jedoch nicht kontinuierlich. Beim zweiten Segment nimmt dieses Verhältnis vom 2. bis zum 4. Tag der Kultur ab und steigt vom 5. Tag ab linear an. Im dritten Segment erfolgt ein ständiger Anstieg, der bis zum 5. Tag nur gering ist, dann aber bis zum 8. Tag stärker wird. Dieses unterschiedliche Verhalten der drei ersten Wurzelsegmente kann man folgendermaßen deuten: Im Spitzensegment nimmt im Laufe der ersten Tage der Kultur nach Isolierung der Einbau von Radioaktivität in das Protein ständig zu, da immer mehr Wurzeln die Umstellung auf die Ernährungsbedingungen in der Nährlösung abschließen. Die Stoffaufnahme ist im Spitzensegment sehr gering, und aus den älteren Wurzelsegmenten wird in dieser Zeit noch viel inaktive Aminosäure zugeleitet. Nach dem dritten Kulturtag steigt die Radioaktivität im pool der löslichen Substanzen relativ schneller an als der Einbau von Radioaktivität in das Protein; denn das ältere Wurzelgewebe, aus dem Aminosäuren zur Spitze geleitet werden, hat dann einen Teil oder seine gesamte Entwicklung in der Nährlösung mit radioaktiver Aminosäure durchlaufen. Man kann annehmen, daß die aus den älteren Wurzelteilen zur Spitze geleiteten Aminosäuren zum Teil aus deren Protein-Metabolismus stammen. Die Veränderungen der auf die spezifische Radioaktivität der löslichen Substanzen bezogenen spezifischen Protein-Radioaktivität weist beim ersten Wurzelsegment zwischen dem 4. und 6. Tag der Kultur Unregelmäßigkeiten auf, und zwar erhöhen sich die Werte vom 5. zum 6. Kulturtag sogar geringfügig. Zeitlich parallel mit dieser Erscheinung ergaben sich entsprechende Änderungen in der Zellenzahl dieses Wurzelabschnittes. Vermutlich erhöht sich in dieser Zeit im Spitzensegment als Ausdruck der abgeschlossenen Umstellung auf die Bedingungen der Kultur die Intensität der Protein-Synthese. Beim zweiten Wurzelsegment ist bis zum 4. Tag die Aufnahme bzw. Zuleitung radioaktiver Aminosäure intensiver als der Einbau von Radioaktivität in das Protein, weshalb die spezifische Radioaktivität im Protein gegenüber derjenigen im pool der löslichen Substanzen zunächst abnimmt. Nach dem 4. Kulturtag nimmt die Aminosäure-Aufnahme wegen beginnender Erschöpfung der Nährlösung ab; außerdem treten solche

Wurzelabschnitte, die ihre gesamte Entwicklung bereits in der Kulturlösung mit radioaktiver Aminosäure durchlaufen haben, nunmehr in das Stadium der Zellstreckung ein; deshalb steigt die spezifische Radioaktivität im Protein im Verhältnis zur spezifischen Radioaktivität im pool der löslichen Substanzen stark an. Im dritten Wurzelsegment verändert sich dieses Verhältnis, wie man erwarten konnte, nur wenig, da zunächst nur solche Wurzelabschnitte in das Stadium des Differenzierungswachstums eintreten, die in früheren Stadien der Entwicklung keine radioaktiven Verbindungen einbauen konnten; an späteren Kulturtagen gelangen aber auch Wurzelgewebe in den Bereich des dritten Wurzelsegmentes, die in meristematischem Zustand in die radioaktive Nährlösung gebracht wurden oder erst in dieser entstanden sind.

Bei der Aufnahme von ^{35}S-Methionin durch die in vitro wachsenden Wurzeln ergeben sich vor allem beim ersten Wurzelsegment an den späteren Kulturtagen Abweichungen gegenüber dem Verhalten in Lösung mit 1-^{14}C-Glycin in diesen Werten; die spezifische Protein-Radioaktivität erhöht sich vor allem nach dem 5. Kulturtag im Verhältnis zur löslichen spezifischen Radioaktivität. Als Ursache hierfür kommt in Betracht, daß Methionin-Radioaktivität gegenüber der als Glycin und Serin transportierten Radioaktivität aus Glycin in der Wurzel wahrscheinlich weniger intensiv transportiert wird. Daneben dürfte ^{35}S-Methionin das Teilungswachstum der Wurzeln im Verhältnis stärker beeinträchtigen als die übrigen Wachstumsvorgänge. Die genannten relativen Veränderungen der spezifischen Radioaktivitäten im Protein und im pool der löslichen Substanzen der unterschiedlichen Wurzelsegmente an den verschiedenen Kulturtagen erlauben die Schlußfolgerung, daß die bereits früher beschriebenen Wachstumsänderungen isolierter Wurzelspitzen in künstlicher Kultur (Polter 1969a) von entsprechenden Änderungen der Intensität der Protein-Synthese im Wurzelgewebe begleitet werden und durch diese vielleicht verursacht sind.

Zusammenfassung

Erbsenwurzeln wurden in Nährlösungen nach Bonner und Addicott mit Zusatz von 1-^{14}C-Glycin oder ^{35}S-Methionin kultiviert. Es wurde die Abnahme der Radioaktivität in der Nährlösung, die Radioaktivität der ausgeschiedenen CO_2-Menge, diejenige im pool der alkohollöslichen Substanzen und im Protein an aufeinanderfolgenden Kulturtagen bestimmt. 1-^{14}C-Glycin beeinträchtigte in der beim Versuch benutzten Substanzmenge und der in ihr enthaltenen Radioaktivität das Wurzelwachstum nicht; jedoch wurde es durch die β-Strahlung von ^{35}S-Methionin bei einer Substanzmenge, die in inaktiver Form keine erkennbare Wachstumshemmung verursacht, gehemmt. Der CO_2-Partialdruck in den Kulturgefäßen beeinträchtigt das Wurzelwachstum nicht. Die Wurzeln nehmen beide Aminosäuren schnell aus den Lösungen auf, und zwar Glycin schneller als Methionin. Einen großen Teil der ^{14}C-Glycin-Radioaktivität scheiden die Wurzeln als $^{14}CO_2$ wieder aus. Die Intensität der $^{14}CO_2$-Bildung an aufeinanderfolgenden Tagen ändert sich in gleicher Weise wie die Radioaktivität des pool der löslichen Substanzen. Erbsenwurzeln bilden wie viele andere pflanzliche Gewebe aus 1-^{14}C-Glycin hauptsächlich ^{14}C-Serin. Daneben wurde ein Teil der Radioaktivität aus dem 1-^{14}C-Glycin auch in anderen Substanzen vorgefunden. ^{35}S-Methionin oxydieren die Wurzeln, vielleicht durch physiologische Vorgänge, zu Methioninsulfon und Methioninsulfoxid. Aus den täglichen Änderungen der gemessenen Radioaktivität und der spezifischen Aktivität im pool der löslichen Substanzen und im Protein kann geschlossen werden, daß die Änderungen der Wachstumsintensität, welche die Wurzeln in den ersten Tagen nach der Isolierung vom Keimling erfahren, von Veränderungen der Intensität der Protein-Bildung oder des Protein-Stoffwechsels begleitet sind.

Summary

Uptake and metabolism of 1-^{14}C-glycine and ^{35}S-methionine and their incorporation into protein by excised pea roots cultivated in vitro

Excised roots of pea seedlings were cultivated in nutrient solution according to Bonner and Addicott additionally containing 1-^{14}C-glycine or ^{35}S-methionine, respectively. The diminution of radioactivity in the culture medium, the radioactivity of CO_2-output, that of the pool of ethanol-soluble substances and that of protein were estimated during subsequent days of culture. The growth of pea roots is not diminished by amount and radioactivity involved of glycine used in experiments. But it was inhibited by β-radiation of such concentrations of ^{35}S-methionine which does not markedly influence root growth in unlabelled state. Root growth is not affected by CO_2 partial pressure present in the culture flasks. Roots take up both amino acids rapidly, glycine more quickly than methionine. A great part of the ^{14}C-radioactivity of glycine roots do put out as $^{14}CO_2$. The intensity of this output shows variations during subsequent days in the same manner as the radioactivity of the pool of soluble substances. From 1-^{14}C-glycine pea roots synthesize mainly ^{14}C-serine as known from many other plant tissues. Besides some radioactivity originating from 1-^{14}C-glycine is also found in other substances. Perhaps by physiological pathway pea roots oxidize methionine to methioninesulfone and methioninesulfoxide. The daily variation of radioactivity and specific activity of the pool of soluble substances and of protein allow the conclusion that changes in growth intensity, which occur during the first days after isolation of roots from seedling, are accompanied by variations of intensity of protein synthesis or protein metabolism.

Краткое содержание

Усвоение и превращение 1-^{14}C-глицина и ^{35}S-метионина и их вхождение в состав протеина у изолированных корешков гороха в культуре in vitro

Корешки гороха культивировались в питательном растворе Боннера и Эддикота с прибавлением 1-^{14}C-глицина или ^{35}S-метионина. Ежедневно определялись: ослабление радиоактивности в питательном растворе, радиоактивность выделенного CO_2, радиоактивность комплекса веществ растворимых в спирту и радиоактивность протеина. Глицин в применяемых дозах и с данной силой радиоактивности не оказывал отрицательного влияния на рост корешков; но метионин, благодаря своему β-излучению, угнетает рост корней в дозах, которые в неактивной форме не оказывали тормозящего действия. Давление CO_2, наблюдавшееся в опытных сосудах, не угнетало корневой рост. Корешки быстро поглощают обе аминокислоты из раствора, причем глицин быстрее, чем метионин. Значительная часть радиоактивности глицина выделяется корешками в виде $^{14}CO_2$. Интенсивность образования $^{14}CO_2$ изменяется ежедневно так же, как и у комплекса растворимых веществ. Корешки гороха, как и многие другие ткани растений, образуют из 1-^{14}C-глицина главным образом ^{14}C-серин. Часть радиоактивности глицина находится также и в других веществах. Корешки окисляют метионин, может быть физиологическим путем, до метионинсульфона и метионинсульфоксида. По данным ежедневных изменений измеряемой радиоактивности, специфической активности в комплексе растворимых веществ и в протеине можно сделать заключение о том, что изменения интенсивности роста, которые корешки испытывают в первые дни после изоляции, сопровождаются изменением интенсивности образования протеина или протеинного обмена.

Literatur

Aach, H. G., und U. Heber, 1967: Kompartimentierung von Aminosäuren in der Blattzelle. – Z. Pflanzenphysiol. *57*, 317–328.

Asada, K., K. Saito, S. Kitoh, and Z. Kasai, 1965: Photosynthesis of glycine and serine in green plants. – Plant Cell Physiol. *6*, 47–59.

Baginski, S., 1959: Recherches sur le mécanisme de l'action antimitotique du ^{32}P sur les cellules d'onion et de *Vicia faba*. – Bull. Microbiol. appl., Sér. 2, *9*, 41–48.

Bassham, J. A., B. Morawiecka, and M. Kirk, 1964: Protein synthesis during photosynthesis. – Biochim. biophys. Acta (Amst.) *90*, 542–552.

Basu, A. K., 1966: Effect of radiation from radiosulphur (S^{35}) on growth behaviour in rice. – Sci. Culture *32*, 241–243.

Bogdanov, Y. F., and T. V. Borovkova, 1964: On the study of radiostimulation of cell division I. Changes of mitotic index in pea roots after x-irradiation of seeds by comparatively small doses (Russisch). – Radiobiologija (Mosk.) *4*, 306–312.

Böszörmenyi, Z., and Edith Cseh, 1962: The effects of l-amino acids on the uptake of ^{14}C-glycine, ^{14}C-tyrosine and ^{35}S-methionine by excised wheat roots. – Acta bot. Acad. Sci. hung. *8*, 39–49.

Braun, H., 1964: Die Beeinflussung des Pflanzenwachstums durch Radionuklide im maximal zulässigen Konzentrationsbereich. – Naturwissenschaften *51*, 199–200.

Byers, E. H. jr., and T. J. Bond, 1960: Enzymatic synthesis of formylglutamic acid by a plant protein. – Nature (Lond.) *187*, 416–417.

Chang, W. H., and N. E. Tolbert, 1965: Distribution of ^{14}C in serine and glycine after $^{14}CO_2$ photosynthesis by isolated chloroplasts. Modification of serine-^{14}C degradation. – Plant Physiol. *40*, 1048–1052.

Das, N., and S. C. Roy, 1959: The oxidation of amino acids by plant mitochondria. – Ann. Biochem. *19*, 225–230.

Digby, J., and E. Wangermann, 1965: A note on the effect of the shoot and root apex on secondary thickening in pea radicles. – New Phytol. *64*, 168–170.

Dörfel, H., 1959: Proteine und ihre Bausteine. I. Aminosäuren. In: H. F. Linskens, Papierchromatographie in der Botanik. 2. Aufl., S. 148–179. Berlin, Göttingen, Heidelberg.

Durmishidze, S. V., 1965: Transformations of glycine, alanine and glutamic acid in sprouts and conductive roots of plants (Russisch). – Dokl. Akad. Nauk SSSR *163*, 1003–1006.

Evans, H. J., 1965: Effects of radiations on meristematic cells. – Radiat. Bot. *5*, 171–182.

Fang, S. C., and F. C. Yu, 1965: Influence of auxin on in vitro incorporation of glycine ^{14}C on pea shoot proteins. – Plant Physiol. *40*, 299–303.

Fekete, M., Edith Cseh, and B. Böszörmenyi, 1967: Effect of preloading on alanine absorption by wheat roots. – Physiol. Plantarum (Cph.) *20*, 400–407.

Goutier, R., et M. Goutier-Pirotte, 1961: Relation entre la désoxyribonucléase acide et la croissance tissulaire dans les racines normales et irradiées de pois. – Arch. intern. Physiol. *69*, 98–99.

Gunckel, J. E., and A. H. Sparrow, 1961: Ionizing radiations: Biochemical, physiological and morphological aspects of their effects on plants. In: Handbuch der Pflanzenphysiologie, hrsg. von W. Ruhland, Bd. *16*, S. 555–611. Berlin, Göttingen, Heidelberg.

Hauschild, A. H. W., 1959: The interconversion of glycine and serine in *Zea mays*. – Canad. J. Biochem. *37*, 887–894.

Hellebust, J. A., and R. G. S. Bidwell, 1963: Sources of carbon for the synthesis of protein amino acids in attached photosynthesizing wheat leaves. – Canad. J. Bot. *41*, 985–994.

Holleman, J. M., and J. L. Key, 1967: Inactive and protein precursor pools of amino acids in the soybean hypocotyl. – Plant Physiol. *42*, 29–36.

Klingmüller, V., 1950: Zur Technik der Mikrostickstoffbestimmung nach Kjeldahl-Parnas. – Z. anal. Chem. *131*, 17–24.

Lamport, D. T. A., 1963: Oxygen fixation into hydroxyproline of plant cell wall protein. – J. biol. Chem. *238*, 1438–1440.

Lopukhina, G. I., 1967: Free amino acids in the root system of the pea plant (Russisch, engl. Zusammenf.). – Fiziol. Rast. *14*, 675–682.

Lowry, O. H., N. J. Rosebrough, and A. L. Farr, 1951: Protein measurement with the phenol reagent. – J. biol. Chem. *193*, 265–275.

Maxie, E. C., I. L. Eaks, N. F. Sommer, H. J. Rae, and S. El'Batal, 1965: Effect of gamma radiation on rate of ethylene and carbondioxide evolution by lemon fruit. – Plant Physiol. *40*, 407–409.

Mika, E. S., 1952: Effect of indole acetic acid on root growth of x-irradiated peas. – Bot. Gaz. *113*, 285–293.

Oaks, Ann, 1966: Transport of amino acids to maize root. – Plant Physiol. *41*, 173–176.

Ongun, A., and C. R. Stocking, 1965a: Effect of light on the incorporation of serine into the carbohydrates of chloroplasts and nonchloroplast fractions of tobacco leaves. – Plant Physiol. *40*, 819–824.

– 1965b: Effect of light and dark on the intracellular fate of photosynthetic products. – Plant Physiol. *40*, 825–831.

Partanen, C. R., 1960: Amino acid suppression of radiation induced tumorization of fern prothalli. – Proc. nat. Acad. Sci. (Wash.) *46*, 1206–1210.

Polter, C., 1966: Einfluß verschiedener Kulturbedingungen auf Wachstum, Entwicklung, Sauerstoffverbrauch und andere Eigenschaften der Wurzeln von *Pisum sativum* L. – Kulturpflanze *14*, 97–127.

– 1969a: Änderungen des Entwicklungsverlaufes der Zellen von Erbsenwurzeln bei Kultur in vitro nach Erstisolierung. – Kulturpflanze *17*, 205–224.

– 1969b: Einfluß von Aminosäuren auf das Wachstum in vitro kultivierter Wurzeln von *Pisum sativum* L. – Kulturpflanze *17*, 163–178.

Polter, C., und W. R. Müller-Stoll, 1968: Die Aminosäuren-Zusammensetzung des sedimentierbaren Plasma-Proteins verschiedener Segmente der Keimlingswurzel von *Pisum sativum*. – Kulturpflanze *16*, 97–110.

Potapov, N. G., and K. E. Sumyanova, 1966: Significance of growth zones of the lupine root for absorption and transformation of nitrates (Russisch, engl. Zusammenf.). – Fiziol. Rast. *13*, 231–235.

Rabson, R., N. E. Tolbert and P. C. Kearney, 1962: Formation of serine and glyceric acid by the glycolate pathway. – Arch. Biochem. *98*, 154–163.

Ramshorn, K., und D. Blohm, 1968: Über die freien Aminosäuren von Wurzelzellen sukzessiver Entwicklungsstadien bei Keimpflanzen von *Zea mays* L. – Biol. Zbl. *87*, 207–216.

Ratner, E. I., S. F. Kolosov, S. F. Ukhina, I. N. Dobrochotova und O. N. Kazuto, 1956: Über die Assimilierung von Aminosäuren durch Pflanzen als Stickstoffquelle (Russisch). – Izv. Akad. Nauk SSSR, Ser. Biol. *6*, 64–82.

Ratner, E. I., and Z. Böszörmenyi, 1959: Mutual interaction of amino acids in their uptake by isolated wheat roots. – Acta bot. Acad. Sci. hung. *5*, 429–436.

Ratner, E. I., and S. F. Ukhina, 1963: Transformation of externally absorbed amino acids in roots of maize (Russisch, engl. Zusammenf.). – Fiziol. Rast. *10*, 393–399.

Rautanen, N., and J. M. Tager, 1955: The oxidation of amino acids by plant mitochondria. – Ann. Acad. Sci. fenn., Ser. A II, *60*, 241–250.

Sato, C. S., R. N. Byerrum, R. Albersheim and J. Bonner, 1958: Metabolism of methionine and pectin esterification in a plant tissue. – J. biol. Chem. *233*, 128–131.

Scheuermann, W., 1964: ^{35}S-Inkorporation in das Wurzelspitzenmeristem von *Vicia faba*. – Z. Naturforschg. *19b*, 434–438.

Smillie, R. M., 1956: Enzymatic activities of subcellular particles from leaves. I. The occurrence of mitochondria in green leaves of the pea plant. – Austral. J. Biol. Sci. *9*, 81–91.

Smith, D. C., J. A. Bassham and M. Kirk, 1961: Dynamic of the photosynthesis of carbon compounds. II. Amino acid synthesis. – Biochim. biophys. Acta (Amst.) *48*, 299–313.

Splittstoesser, W. E., 1966: Dark CO_2-fixation and its role in the growth of plant tissue. – Plant Physiol. *41*, 755–759.

Splittstoesser, W. E., and M. Mazelis, 1967: The metabolism of methionine in higher plants. Catabolism of the methyl groups by seedlings of various species. – Phytochem. *6*, 39–47.
Steward, F. C., and D. J. Durzan, 1965: Metabolism of nitrogenous compounds. In: Plant Physiology, a Treatise, edit. by F. C. Steward, Bd. *4* A, S. 379–686. – New York und London.
Strazhevskaya, N. B., 1960: The effect of ionizing radiation on protein exchange in nuclei, mitochondria and ergastoplasm of plant organism (Russisch, engl. Zusammenf.). – Biofizika *5*, 346–353.
Street, H. E., 1966: The physiology of root growth. – Ann. Rev. Plant Physiol. *17*, 315–344.
Thompson, J. F., 1967: Sulfur metabolism in plants. – Ann. Rev. Plant Physiol. *18*, 59–84.
Van't Hof, J., 1963: Mitotic delay following x-radiation in the meristem cells of *Pisum sativum*. – Radiat. Bot. *3*, 311–314.
– 1966: Autoradiographic evidence for a difference in ^{3}H-thymidine incorporation between intact and cultured root of *Pisum*. – Exp. Cell Res. *41*, 455–459.
Van't Hof, J., and A. M. Sparrow, 1963a: The effect of mitotic cycle duration on chromosome breakage in meristematic cells of *Pisum sativum*. – Proc. nat. Acad. Sci. (Wash.) *50*, 855–860.
– 1963b: Growth inhibition, mitotic cycle time and cell number in chronically irradiated root meristems of *Pisum*. – Radiat. Bot. *3*, 239–247.
– 1965: Radiation effects on the growth rate and cell population kinetics of actively growing and dormant root of *Tradescantia paludosa*. – J. Cell Biol. *26*, 187–199.
Wang, D., and E. R. Waygood, 1962: Carbon metabolism of C^{14}-labelled amino acids in wheat leaves. I. A pathway of glyoxylate-serine metabolism. – Plant Physiol. *37*, 826–832.
Wang, D., and R. H. Burris, 1963: Carbon metabolism of C^{14}-labelled amino acids in wheat leaves. II. Serine and its role in glycine metabolism. – Plant Physiol. *38*, 430–439.
–1965a: Carbon metabolism of C^{14}-labelled amino acids in wheat leaves. III. Further studies on the role of serine in glycine metabolism. – Plant Physiol. *40*, 415–418.
– 1965b: Carbon metabolism of glycine and serine in relation to the synthesis of organic acids and a guanosine derivative. – Plant Physiol. *40*, 419–424.
Wiebe, H. H., and P. J. Kramer, 1954: Translocation of radioactive isotopes from various regions of roots of barley seedlings. – Plant Physiol. *29*, 342–348.
Wollgiehn, R., und B. Parthier, 1964: Ein Beitrag zur quantitativen Bestimmung von Ribonucleinsäure und Protein in Blättern. – Flora (Jena) *154*, 325–348.
Wright, D. E., 1962: Amino acid uptake by plant roots. – Arch. Biochem. Biophys. *97*, 174–180.
Zelinkova, M., and Šorm, 1956: The biosynthesis of serine from glycine in higher plants. – Chem. Listy *50*, 841–843. Ref.: Ber. wiss. Biol., Abt. A *106*, 321.

Süßwasser-Algenarten in Einzeldarstellung

II. *OOCARDIUM STRATUM* NACH MATERIAL AUS KUBA[1]

von Alfred Rieth

(Eingegangen am 31. Dezember 1969)

Die Gattung *Oocardium* wurde 1849, vor 120 Jahren von Nägeli mit der Art *O. stratum* nach Material aus der Umgebung von Zürich (Schweiz) beschrieben und den Tetrasporae in der Ordnung Palmellaceae zugeordnet. Schon im gleichen Jahre nennt sie Kützing in „Species Algarum" unter „Familia XXIV, Desmidieae" und gibt in „Tabulae phycologicae" eine Abbildung. 1866 macht Kalchbrenner (nicht „Kalckbrenner" wie Donat 1928 zitiert!) einen weiteren Fundort bekannt: „In den aus Kalkgebirge kommenden Bächen bei Sz.-Olaszi sehr häufig" (aus dem Ungarischen übersetzt[2]). Material dieses Vorkommens verteilt Rabenhorst 1850/67 (unter N. 923) und gibt 1868 als bis dahin bekannte Standorte der Alge an: „in rivulis ad Turicum Helvetiae (Naegeli); in rivulo montano ad Olaszinum Scepusii (C. Kalchbrenner)." (Olaszinum Scepusii = Szepes-Olaszi = Wallendorf = Spisská/Vlachy am Hernád = Hornád; Slovakien, CSSR). Wittrock weist 1872 *Oocardium* auf der Insel Öland (Schweden) nach, ohne jedoch eine nähere Beschreibung oder Abbildung beizufügen. Kirchner bemerkt 1878, daß die Alge in Schlesien noch nicht gefunden wurde. 1881 und 1885 nennt er sie in der Familie Palmellaceae der Protococcoideae und bildet sie mit einer Figur nach Nägeli ab.

Askenasy und Förster machen 1892 einen Fundort: „An Steinen im Sturzbache bei der „Felsenmühle" unfern Kleinkems unterhalb Basel" bekannt und De Wildemann nennt 1896 (von vielen Druckfehlern entstellt) den ersten Standort für Frankreich: Martincourt, Dép. Meuse. 1897 schlägt Zopf vor, *Oocardium* mit *Sciadium, Actidesmidium, Dictyosphaerium* und *Cosmocladium* zu einer Familie: Sciadiaceen zu vereinigen, während Wille, 1897 die Gattung zu den Tetrasporaceae stellt. Sowohl Zopf als auch Wille dürften ihre Entscheidung allerdings nur aus der von Nägeli gegebenen Beschreibung abgeleitet haben, ohne die Alge selbst untersucht zu haben.

Erst Senn, 1899 befaßt sich an Hand selbst gesammelten und auch in Rohkulturen gründlich beobachteten Materials von der „Felsenmühle bei Klein-

1 Ergebnisse der 1. Kubanisch-Deutschen „Alexander von Humboldt-Expedition" 1967/68, Nr. 14.

2 Herrn Dr. Uherkowich, Szolnok, bin ich für die Revision meiner Übersetzung der *Oocardium* betreffenden Abschnitte aus Kalchbrenner's Arbeit sehr dankbar.

Kembs", „wo sie Förster entdeckte" (die Arbeit von Askenasy und Förster ist jedoch nicht zitiert!), der Gegend des Vierwaldstättersees und aus der Nähe von Grindelwald (Schweiz) eingehend mit der Morphologie und der systematischen Stellung der Art. Er kommt zu dem Schluß: „..... *Oocardium stratum* ist keine Tetrasporacee, sondern eine Desmidiacee ..... die nächsten Verwandten von *Oocardium* sind *Cosmocladium* und *Cosmarium*". Senn erwähnt in seiner Arbeit auch „eine Varietät *plenum* für Skandinavien" die Wittrock beschrieben habe. Eine Quellenangabe oder Jahreszahl fehlt, Wittrock ist im Literaturverzeichnis nicht genannt. Ich konnte die Beschreibung dieser Varietät daher bisher nicht finden.

Damit war die systematische Zugehörigkeit geklärt. Lütkemüller, 1902 stimmt Senn zu: „Die Richtigkeit der Auffassung unterliegt keinem Zweifel, obwohl Zygosporen bisher nicht gefunden wurden". West und West führen *Oocardium* im 1904 erschienenen ersten Band ihrer großen Desmidiaceen-Monographie[1], lediglich Hansgirg, 1905, der zwei neue Fundorte (Wöllersdorf nächst Wiener-Neustadt und Lunz nächst Gaming) bekannt macht, trennt die Gattung trotz der klaren Angaben Senns wieder von den Desmidiaceen und ordnet sie in einer eigenen Familie „Oocardiaceae" zu, da „. . . die Bildung der Zygoten durch Kopulation . . . noch nicht nachgewiesen wurde". Diesem Vorgehen ist jedoch berechtigter Weise – wie sich 1923 endgültig erwies, als Carter das Auffinden der Zygoten bei einer Varietät „*minor*" mitteilte – niemand mehr gefolgt, wenn man eine Angabe von Adam, 1908 unberücksichtigt läßt, der ein Vorkommen von *Oocardium* unter „Chlorophyceae", die getrennt von den „Conjugateae" gehalten werden, für Irland (Provinz Leinster) erwähnt. (Leider sind solche reinen Aufzählungen von Namen, wie sie Adam bringt, ohne Fundorts- und Quellenangaben, sowie ohne nähere Charakterisierung des Materials fast wertlos).

Fast 75 Jahre blieb die Gattung nur aus dem europäischen Raum bekannt. Außereuropäische Standorte wurden erst zu Beginn der zwanziger Jahre unseres Jahrhunderts mitgeteilt. So fand Carter die Alge in einer neuen Varietät „*minor*" in einem Flüßchen unter Ponging, Abor Hills, Indien, etwa 210 m über dem Meeresspiegel und entdeckte erstmalig auch Zygoten (Carter, 1923 und ausführlicher 1926). Das den Untersuchungen zugrunde liegende Material war von Burkill zwischen 1906 und 1912 gesammelt worden, die Probe mit *Oocardium* am 21. 1. 1912.

1924 wird von Woronichin ein Vorkommen für die UdSSR im Kaukasusgebiet genannt. Er fand *Oocardium stratum* ebenfalls in einer neuen Varietät „*intermedium*" 1915 an Felsen im Fluß Dabachanka in der Nähe des Botanischen Gartens von Tiflis.

[1] 1901 war die Alge von diesen Autoren noch zu den Palmellaceae, U-Familie Glaeocystidae gestellt worden, mit Angabe eines Fundortes in England: Mid-West-Yorkshire „– on stones in stream, Gordale, abundant. Austwick".

Die im gleichen Jahr erschienene Arbeit Comère's enthält *Oocardium* nicht.

Für den amerikanischen Kontinent publizierte Smith 1933 die ersten und bisher wohl einzigen Standorte aus Kalifornien (Panamint City Canyon in Travertin Inkrustationen 1930 von Dr. F. Murray Scott gesammelt und in einem kleinen Fluß der Madera Ranch bei Big Sur, Sommer 1932 gefunden).

Im gleichen Jahre teilt Krieger ein Vorkommen im Indomalayischen Gebiet, in Mittelsumatra und damit erstmalig in der tropischen Region mit. Trotzdem muß *Oocardium* auch heute noch als selten gelten. So schreiben zum Beispiel Smith, 1950: „This very rare genus ...", Fott, 1959: „die einzige Art, das seltene *Oocardium stratum* Nägeli, ..." und Bourrelly, 1966: „Le genre renferme 1 espèce et 1 variété fort rarement observées à répartition mondiale". Es ist dies besonders bemerkenswert, da die Alge so typische ökologische Bedingungen fordert, daß im voraus festliegt, an welchen Orten man sie mit Aussicht auf Erfolg zu suchen hat. Überdies tut sie ihre Anwesenheit dort dann durch die Fähigkeit zur Sinterbildung meist schon makroskopisch, zumindest aber bei Lupenvergrößerung erkennbar, kund. Erforderlich sind vor allem schnell fließendes, d. h. gut durchlüftetes, kalkhaltiges, kühles, nicht zu tiefes Wasser, wie es kleine Gebirgsbäche mit starkem Gefälle, namentlich an überrieselten Felsstufen, in kleinen Wasserfällen oder in der Spritzwasserzone von Wasserfällen aufweisen. Die Lichtintensität scheint weniger ausschlaggebend, wenngleich direkte Besonnung wohl meist gemieden wird. Nur Senn (l. c.) schreibt: ,,Alle von mir beobachteten Standorte liegen sehr sonnig ...", während Donat, der 1928 eine Verbreitungskarte der Art zusammenstellte, von „Halbschatten" spricht. Wie die Einstufung der Art als „vorwiegend subalpin" bei diesem Autor – Krieger, 1937, schreibt irrigerweise unter Berufung auf Donat sogar „alpin" – zustande kommt, ist nach Lage der Fundorte unverständlich, wenn man wie üblich (zum Beispiel Walter, 1968) als „subalpin" die Stufe zwischen „alpin" und „montan" bezeichnet.

Interesse beansprucht *Oocardium* vor allem durch für eine Desmidiacee ungewöhnliche Eigenschaften:

1. Das Vorkommen in schnell fließenden Bächen (Krieger, 1937: „In schnell fließenden Bächen können sich Desmidiaceen nicht halten; sie fehlen daher meist vollständig ... Eine Ausnahme machen einige Closterien, die sich durch Gallertfüße festhalten können. Als einzige festgewachsene Desmidiacee sei *Cosmarium Ruttneri* aus Sumatra ... genannt, das dort in schnell fließenden Bächen durch Gallertstiele an Pflanzenteilen befestigt ist".)

2. Die Calciphilie. (Carter, 1923: „Its preference for situations in which an abundance of lime is available is rather peculiar, since the majority of Desmids strictly avoid such localities.")

3. Die eigenartige Koloniebildung verbunden mit Kalktuffablagerung. Mit dieser auch geologisch bedeutsamen Fähigkeit zur Sinterbildung der Alge (wenn allerdings Fott, 1959 schreibt: „... warzige Krusten, die jedes Jahr bis zu 5 cm an Dicke zunehmen können", beruht dies sicher auf einem Versehen, Carter, 1923, gibt nämlich an: „A layer of lime as much as. 5 cm thick may be

deposited in a single year", also 0,5 cm!), die bereits Senn (l. c.) zu Untersuchungen anregte, hat sich experimentell besonders eingehend Wallner, 1933, 1934, 1935, 1936 beschäftigt. Sein Material stammte aus Oberbayern, wo er die Alge weit verbreitet an insgesamt 29 Standorten fand, von denen jedoch nur zwei etwas näher beschrieben sind: „... im Drumlinggebiet zwischen Seeshaupt und Weilheim ..., westlich vom Starnberger See (Oberbayern) in einigen tuffbildenden Bächen" (Wallner, 1933) und: „*Oocardium*-Bäche östlich von Weilheim (Oberbayern)" (Wallner, 1935). Die physiologisch und morphologisch doch immerhin bemerkenswerte Sinterbildung durch *Oocardium* wird von Krieger, 1937, im allgemeinen Teil der Desmidiaceen-Monographie nicht behandelt, während über Gipskristalle bei Desmidiaceen ausführlich berichtet ist. Es findet sich nur die durch eine Abbildung nach Senn erläuterte Angabe: „Die Zelle von *Oocardium*, die Gallertschläuche produziert ..." während Senn selbst ausdrücklich betont: „Die so gebildeten Stiele sind compact, homogen, höchstens an der Peripherie etwas dichter im Gegensatz zu den Angaben Nägeli's, welcher sie als Röhren oder Scheiden beschreibt". Ich werde auf diese unterschiedlichen Meinungen noch zurückkommen. Der Widerspruch zwischen der von Wallner gemeldeten Häufigkeit von *Oocardium* in Oberbayern und den oben angeführten Zitaten, die eine Seltenheit der Alge zum Ausdruck bringen, bedarf einer Klärung. Ist *Oocardium* tatsächlich selten oder nur, wie das für zahlreiche, lange Zeit als „selten" ausgegebene Algen gilt, übersehen worden?

Wallner selbst vertritt die Ansicht, daß zwei *Oocardium*-Species existieren, das von Nägeli beschriebene *O. stratum* und eine von ihm 1936 neu aufgestellte Art *O. depressum*, die auch meist den Autoren nach Nägeli vorgelegen habe und mit *Oocardium stratum* verwechselt worden sei. Bei dem bayrischen Material handle es sich fast durchweg um die neue Art. Danach lägen die Dinge so, daß zwar *O. stratum* weiterhin als sehr selten angesehen werden muß, *O. depressum* dagegen an ökologisch geeigneten Orten häufiger aufzutreten scheint. Dabei ist allerdings zu berücksichtigen, daß solche „ökologisch geeigneten Orte" in Anbetracht der sehr differenzierten Ansprüche der Alge gebietsweise recht verschieden verbreitet vorhanden sind. Hinsichtlich der Berechtigung der Art *O. depressum* gehen die Ansichten noch auseinander. Während z. B. Jaag, 1938, sie verwendet, meint Bourrelly, 1966: „... nous pensons que l' *O. depressum* Wallner ... n'est qu'une variété ou une forme écologique d' *O. stratum*". Auf diese Frage wird später noch einzugehen sein.

Die bemerkenswerte Desmidiacee konnte im Verlauf der Humboldt-Expedition erstmals für Kuba nachgewiesen werden. Wahrscheinlich handelt es sich um den zweiten Fundort im Gebiet innerhalb der Wendekreise. (Der von Carter, 1926, mitgeteilte indische Standort liegt nach der Eintragung bei Donat, 1928, hart nördlich von 28° n. B. und damit nicht mehr wie Krieger, 1933, angibt, im tropischen Gebiet.)

Ich traf *Oocardium* vom Standlager Gupeyal, Provinz Oriente, Bezirk Yateras in südwestlicher Richtung in's Tal des Sagua de Tanamo absteigend, am 21. 1. 1968 in einem zum Einzugsgebiet dieses Flusses gehörenden Gebirgsbach. Das Gewässer kommt vom Südwesten aus einer der im allgemeinen Expeditionsbericht erwähnten, in das Lateritgebiet eingesprengten Kalkzonen und ergießt sich in einen der Quellflüßchen des Sagua de Tanamo. Von der Mündung her folgte ich dem Bachbett des tief eingeschnittenen Tälchens aufwärts, dessen Hänge mit so üppiger Vegetation bedeckt sind, daß nur im Bach selbst ein einigermaßen einfaches Eindringen und Vorwärtskommen möglich sind. Das klare, abgesehen von Kolken flache Wasser strömt über Felsstufen abwärts. Tief im Schatten liegende Abschnitte wechseln mit Stellen, die zeitweise im Sonnenlicht liegen. Wenige hundert Meter von der Mündung entfernt fand ich an einer Felsstufe eine aus kleinen wurmförmigen Kalkgebilden, vergleichbar einem Gewirr verschlungener Tropfsteinbildungen mikroskopischer Dimension, bestehende Sinterkruste. Unter der Lupe betrachtet zeigten Stückchen dieser Kruste etwa das auf den Figuren der Tafel 2 wiedergegebene Bild. Die Oberflächen der gelblich-weißen „Kalkwürmer" erwiesen sich mit zahlreichen hellgrünen Pünktchen besetzt.

Ich vermutete, daß es sich hier um *Oocardium*-Tuff handeln könnte, der mir bis dahin nur aus der Literatur bekannt war und entnahm Proben zur genaueren mikroskopischen Untersuchung. Der Fundort mag in etwa 600 m Meereshöhe liegen, die Wassertemperatur betrug 19 °C. Eine Durchmusterung des Sammelgutes am Abend im Lager unter der binokularen Lupe (Citoplast) bestätigte die Vermutung, es lagen *Oocardium*-Inkrustationen vor. Weiter zeigte sich, daß die Kolonien nicht dem felsigen Bachgrund direkt aufsitzen, sondern sich sekundär vor allem auf dort wachsenden *Cladophora*büscheln angesiedelt haben, deren Ästchen sie röhrenartig umhüllen. Die Wanddicke dieser harten Sinterröhrchen beträgt nach Stichprobenmessungen etwa 320–350 μm, das vom *Cladophora*faden durchzogene Lumen (gut sichtbar in der Fig. a u. b, Taf. 2) hat einen Durchmesser von 70–100 μm. Aus der epiphytischen Lebensweise in Verbindung mit dem Strömungseinfluß im Bach, der ein dichtes Anschmiegen an die Unterlage erzwingt, erklärt sich die Ausbildung des auf den Tafeln 1 und 2 nach Aufnahmen durch ein Citoplast dargestellten charakteristischen Habitus der Kolonien. Wie die Fig. a u. b, Taf. 2 zeigen, werden auch Köcherfliegenlarvengehäuse gelegentlich besiedelt, hier wohl eine *Mayatrichia* spec.

Es ist bemerkenswert, daß demgegenüber von den meisten Autoren der *Oocardium*-Sinter direkt dem felsigen Bachgrund aufsitzend gefunden wurde. Carter, 1926, gibt jedoch ebenfalls an, das von der Alge gebildete steinige Substrat überziehe in etwa 1 mm Dicke in das Flüßchen gefallene Blätter.

Die Kalkinkrustationen unseres Materials sind sehr hart und spröde, es ist daher kaum möglich, ohne Entkalkung Schnitte mit dem Rasiermesser anzufertigen, im Gegensatz zu den Proben, die Senn 1899 untersuchte: „. . . kann man sich ohne Mühe mit dem Rasiermesser Schnitte herstellen, da diese

Sinterbildungen an der Oberfläche noch ziemlich weich sind" (l. c. S. 85). Die Kalkröhren sind keineswegs nur aus *Oocardium*kolonien aufgebaut, sondern beherbergen eine ganz typische Lebensgemeinschaft, die auf ihre Zusammensetzung und die Wechselbeziehungen ihrer Glieder näher untersucht werden sollte. Regelmäßig finden sich in unserem Material Blaualgen, vor allem eine noch nicht weiter charakterisierte, in die Gegend von *Homeothrix* Thuret gehörende Form, die ebenfalls an der Sinterbildung beteiligt sein dürfte. (Bereits Nägeli erwähnt, daß *Oocardium* auf *Inomeria Brebissoniana* wächst und Kützing schreibt: „Überzieht die vorige Alge", nämlich *Inomeria umbilicata* = *Phormidium umbilicatum* (Näg.) Gom. eine ebenfalls sich mit Kalk inkrustierende Alge).

Da eine sofortige eingehende mikroskopische Untersuchung des Fundgutes lebend unter Feldbedingungen leider nicht möglich war, wurden Proben fixiert und zwar sowohl in Pfeiffer's Gemisch als auch in Culactol (= Kupferlactophenol) und in Chromessigsäure (die zugleich Entkalkung bewirkt). Die Aufbewahrung erfolgte in Glymol (= Thymol-Glyzerin) oder in Strassburger's Gemisch. Die nach der Rückkehr von der Reise im Laboratorium an dem so gewonnenen Belegmaterial erhaltenen Untersuchungsergebnisse sollen im folgenden dargestellt werden.

1. *Die Einzelzelle*

Die Morphologie der *Oocardium*zelle entspricht, wie Senn 1899 erkannte, im Prinzip dem Grundbauplan einer (placodermen) Desmidiacee und steht der Ausprägung, wie sie bei *Cosmarium* vorliegt, sehr nahe. Man kann *Oocardium* dem „*Cosmariumtyp*" zuordnen, wenn auch die Anpassung an besondere Lebensbedingungen gewisse interessante Modifizierungen des Typus bewirkt hat. Der Definition der Symmetrieachsen, wie sie zur eindeutigen Verständigung erforderlich ist, dürfen jedoch nur der Grundbauplan, nicht die sekundären Verhältnisse abgewandelter Formen zugrunde gelegt werden. In der Literatur wird von diesem Prinzip bei der Zuordnung der Begriffe „Zellänge" und „Zellbreite" bei *Oocardium* vielfach abgewichen und dadurch Unklarheit geschaffen. Es ist daher erforderlich, die Achsenbeziehungen nochmals eindeutig festzulegen (siehe hierzu auch Rieth, 1961, S. 43–52).

Wir nennen:

Zellänge l: Die Erstreckung der Zelle in Richtung einer senkrecht zur Zellteilungsebene (Isthmusebene) die Zelle zentral durchsetzende Achse A A'.

Zellbreite b: die größte Ausdehnung der Zelle in Richtung der in der Isthmusebene liegenden, durch den Sinus gehenden Querachse B B' und

Zelldicke d: die Ausdehnung der Zelle in Richtung der auf Längs- und Querachse senkrechten, ebenfalls in der Isthmusachse liegenden Seitenachse C C' (Abb. 3, rechts oben, s. auch Rieth, 1961 Abb. 27 S. 52).

In der Literatur haben wohl nur Carter, 1923, 1926 und Woronichin, 1924, ihre Maßangaben auf diese Bauplan orientierten Definitionen bezogen, wie ein Vergleich mit den Abbildungen Carters, 1923, auf Tafel CLIX beweist, während Nägeli, Senn, Krieger und Wallner, wahrscheinlich von der Tatsache geleitet, daß so gefaßt die „Länge" der *Oocardium*zellen kleiner ist als die „Breite", von den Verhältnissen der modifizierten Form und der Lage in der Kolonie ausgehen.

Dort aber sind die Zellen so angeordnet, daß ihre Querachsen mit den radial ausstrahlenden Längsachsen der Röhren, in deren Ende sie sitzen, zusammenfallen; bezogen auf die Anhaftungsstelle der Kolonie am Substrat „liegt" also die Einzelzelle.

Daraus ergeben sich für beide Halbzellen hinsichtlich der Stellung – etwa zum Licht – gleiche Bedingungen. Auf die Lage in der Kolonie bezogene „Längen" und „Breiten" sind aber, was bei der Beurteilung der in der Literatur zu findenden Maßangaben zu beachten ist, auf die Zellmorphologie bezogen „Breiten" bzw. „Längen", während die „Dicken" in beiden Bezugssystemen übereinstimmen. Wallner, 1936, hat dies augenscheinlich übersehen und vergleicht daher die Carter'schen Werte für Länge und Breite direkt ohne „Übersetzung" mit seinen, ja anders bezogenen Messungen.

Die Habitusabbildung bei Smith 1950, Fig. 236 S. 325, ist etwas irreführend. In dem dort unter A dargestellten Kolonieast sind die Einzelzellen nämlich so orientiert, daß sich ihre Längsachse mit der Röhrenlängsachse deckt. Im Gegensatz zu der von allen früheren Autoren geschilderten und auch von mir an dem kubanischen Material festgestellten Orientierung, sind danach die *Oocardium*-Individuen unsymmetrisch mit einer Halbzelle, nicht aber symmetrisch, mit einer Hälfte beider Halbzellen in der Wohnröhre inseriert. Überdies ist an den gezeichneten Exemplaren in Abweichung von den Verhältnissen bei dem bisher bekannten Material tatsächlich die ,,Zellänge" größer als die ,,Zellbreite". Der in der ersten Auflage des Werkes (Smith 1933) zu der gleichen Abbildung (405, S. 581) zu findende klärende Hinweis, daß diese ungewöhnliche Orientierung nur bei den ,,wenigen vegetativen Zellen der Panamint City Aufsammlung" beobachtet wurde, fehlt in der Auflage von 1950. Der unkundige Leser erhält dadurch eine falsche Vorstellung der normalen Lageverhältnisse, der kundige aber vermutet eine fehlerhafte Darstellung. Es wäre außerordentlich interessant zu wissen, ob tatsächlich in Panamint City eine Population mit einheitlich anders orientierten Zellen vorliegt.

Die Größenverhältnisse der Zellen der *Oocardium*-Population aus Gupeyal sind nach Messreihen der Kardinalgrößen l, b und d in Abb. 1 so zusammengestellt, daß auch die Variabilitätsspannen ersichtlich sind. Zum Vergleich wurden die in der Literatur zu findenden Werte eingetragen, denen jedoch in keinem Falle eine umfangreiche Anzahl von Messungen zugrunde liegen dürften, die „von . . . bis . . ." Angaben können daher nicht als Maß der Gesamtvariabilität interpretiert werden. Es ist unserer Übersicht zu entnehmen, daß die

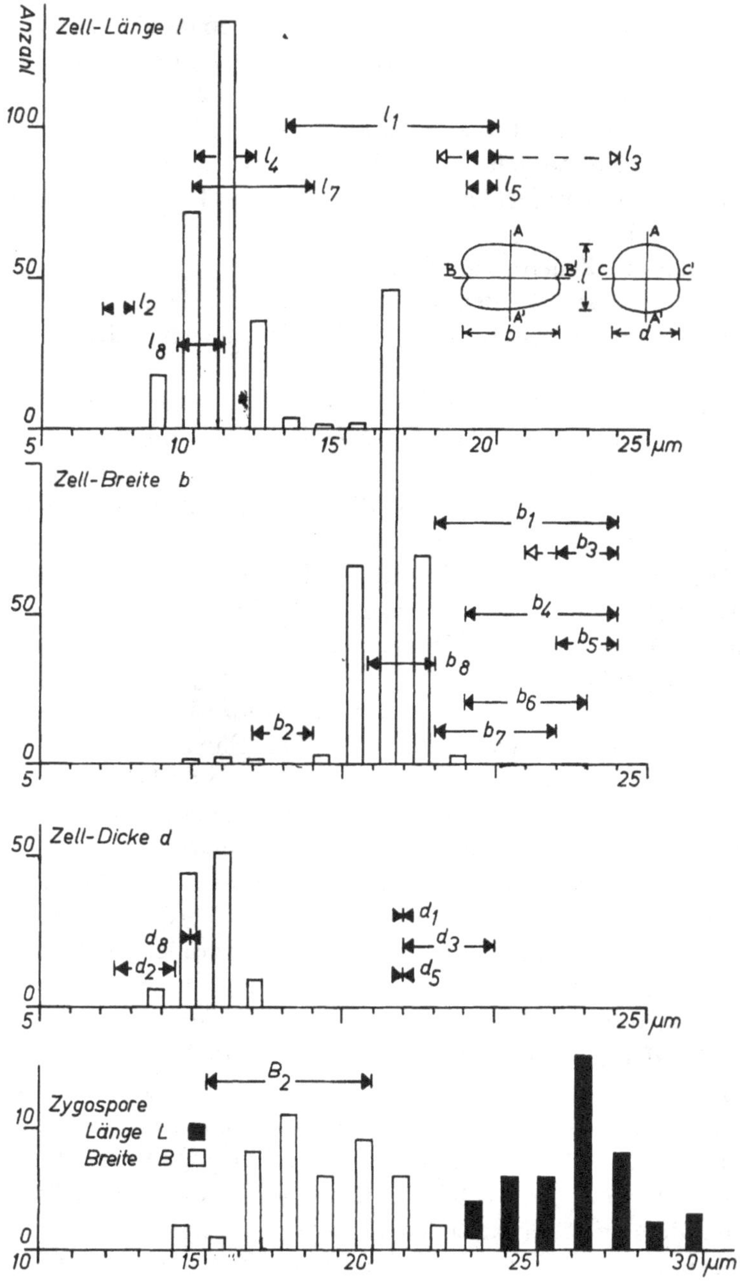

Abb. 1. Größenverhältnisse bei *Oocardium stratum* Näg. nach der Population des kubanischen Materials. Zum Vergleich sind die in der Literatur zu findenden Werte eingetragen. Es bedeuten: l = Zellänge, größter Durchmesser in Richtung der Längsachse A A' gemessen; b = Zellbreite, größter Durchmesser in Richtung der Querachse BB' gemessen; d = Zelldicke, größter Durchmesser in Richtung der Seitenachse CC' gemessen (zur Erläuterung vergleiche

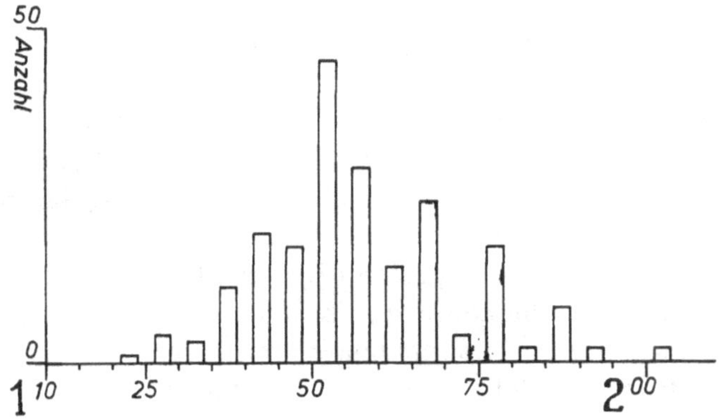

Abb. 2. *Oocardium stratum* Näg. nach kubanischem Material.

Verhältnis Breite : Länge der Zellen $\frac{b}{l}$

Individuen des Standortes bei Gupeyal vor allem in den Breiten-, teilweise aber auch in den Längenmaßen eindeutig unterhalb der für den Typ angegebenen Werte liegen und zwischen diesen und den von Carter für die von ihr beschriebene Varietät *minor* genannten Größen vermitteln. Lediglich die von Krieger, 1933, und Wallner, 1936, mitgeteilten Zell-Längen bewegen sich in dem von uns gefundenen Bereich. Die Zell-Dicke d ist leider nur bei wenigen Autoren vermerkt. Unsere Werte liegen hier erheblich unter den von Senn, Carter und Wallner genannten Größen. Sie stimmen aber für alle Kardinalachsen (l; b; d) überraschend gut mit den von Woronichin für seine Varietät *intermedium* genannten Messungen (l_8; b_8; d_8, Abb. 1) überein. Wenn man eine nur auf Größenunterschiede gegründete Unterscheidung akzeptiert, was mir dann gerechtfertigt erscheint, wenn das Variabilitätsmaß der diagnostisch wichtigen Größen bestimmt wurde, wäre das kubanische Material danach eindeutig der Varietät *intermedium* zuzuordnen.

Fortsetzung der Unterschrift zu Abb. 1

man die schematische Figur rechts oben!) L = Zygosporenlänge B = Zygosporenbreite

l_1; b_1; d_1: Werte für „*O. stratum*" nach Carter, 1923
l_2; b_2; d_2; B_2: Werte für „*O. stratum*" var. minor nach Carter, 1926
l_3; b_3; d_3: Werte für „*O. depressum*" nach Wallner, 1936
l_4; b_4: Werte für „*O. stratum*" nach Wallner, 1936
l_5; b_5; d_5: Werte für „*O. stratum*" nach Senn, 1899
b_6: Wert für „*O. stratum*" nach Nägeli, 1849
l_7; b_7: Werte für „*O. stratum*" nach Krieger, 1933
l_8; b_8; d_8: Werte für „*O. stratum*" var. *intermedium* nach Woronichin, 1924

2. *Die Zygospore*

Die Konjugation bei *Oocardium stratum* wurde erstmals von Carter bei der Varietät *minor* beobachtet und abgebildet (Carter, 1923, S. 205, Taf. CLXVII: Fig. 1–4). Die Zygoten werden so beschrieben: „rectangular or polyhedral with several large mamillate projections, membrane smooth". Smith, 1933, bringt die Zeichnungen zweier Zygoten (Fig. 405, D–E; in die zweite Auflage 1950 als Fig. 236, D–E übernommen), von denen es im Text heißt: „. . . are quadrangular and with several mamillate protuberances", und gibt 1933 an, daß Zygoten in beiden kalifornischen Aufsammlungen zahlreich auftreten.

Weitere Mitteilungen über Zygotenfunde, namentlich auch bei der Art selbst sind mir nicht bekannt. Es ist daher bemerkenswert, daß in dem kubanischen Material Konjugationsstadien ziemlich häufig vorkommen, völlig ausgebildete Zygoten sind dagegen seltener. Augenscheinlich wurde zur Sammelzeit der Beginn einer Periode sexueller Fortpflanzung gefaßt. Auffallenderweise finden sich Paarungsgruppen und Zygoten stets in „Nestern" zusammenliegend und mehr im Innern der Inkrustationen, nicht an der unmittelbaren Oberfläche in der Zone der vegetativ aktiven Zellen. Um durch die Präparation bedingte Verlagerungen kann es sich jedoch kaum handeln.

Die Konjugationspartner liegen in der Regel, wenn auch nicht ausnahmslos, gekreuzt so gegeneinander, daß sowohl ihre Längs- als auch ihre Quer- und Seitenachsen jeweils einen Winkel von 90° miteinander bilden (Abb. 3, Fig. f u. g; Abb. 4, Fig. 2a u. 2b). Wie auf der schematischen Zeichnung Abb. 4 Fig. 2a u. 2b, auf der zwei konjugierende Zellen als Achsenmodelle dargestellt sind, hervorgeht, kann in diesen Fällen streng genommen nicht mehr von isogamer Konjugation gesprochen werden, denn die beiden Partnerzellen verhalten sich ja hinsichtlich der Öffnungsweise nicht völlig gleich. Zwar erfolgt das Auseinanderklappen der Zellhälften jeweils in der Isthmusebene, in einem Falle jedoch durch Drehung um den Punkt B der Querachse (Abb. 4 Fig. 2a), beim anderen Partner aber durch Drehung um den Punkt C der Seitenachse (Abb. 4 Fig. 2b). Der jeweils einen Gameten darstellende Zellinhalt tritt aus den so auseinanderweichenden Schalenhälften hervor und vereinigt sich mit dem Inhalt der Partnerzelle. Die leeren Elternmembranhälften haften fast stets selbst alten Zygoten noch fest an (Abb. 3, Fig. i u. k). Junge Zygoten können als mamillat bis höckerig bezeichnet werden. Im fertig ausgebildeten Zustand herrschen jedoch – bei einer gewissen Variabilität der Gestalt – glatte Formen vor, mit etwas abgerundet rektangulären Querschnitt. Eine Tendenz zur Markierung von zwei Abschnitten (Abb. 3 Fig. K) kann in Ausnahmefällen zur völligen Durchtrennung und damit zur Bildung von zwei Zygoten durch ein Elternpaar führen, wie es bei manchen Desmidiaceen, beim „Doppelzygoten-Typus" die Regel ist. In unserem Falle ist jedoch nicht bekannt, ob beide Schwesterzygoten voll entwicklungsfähig sind. Gelegentlich beteiligen sich

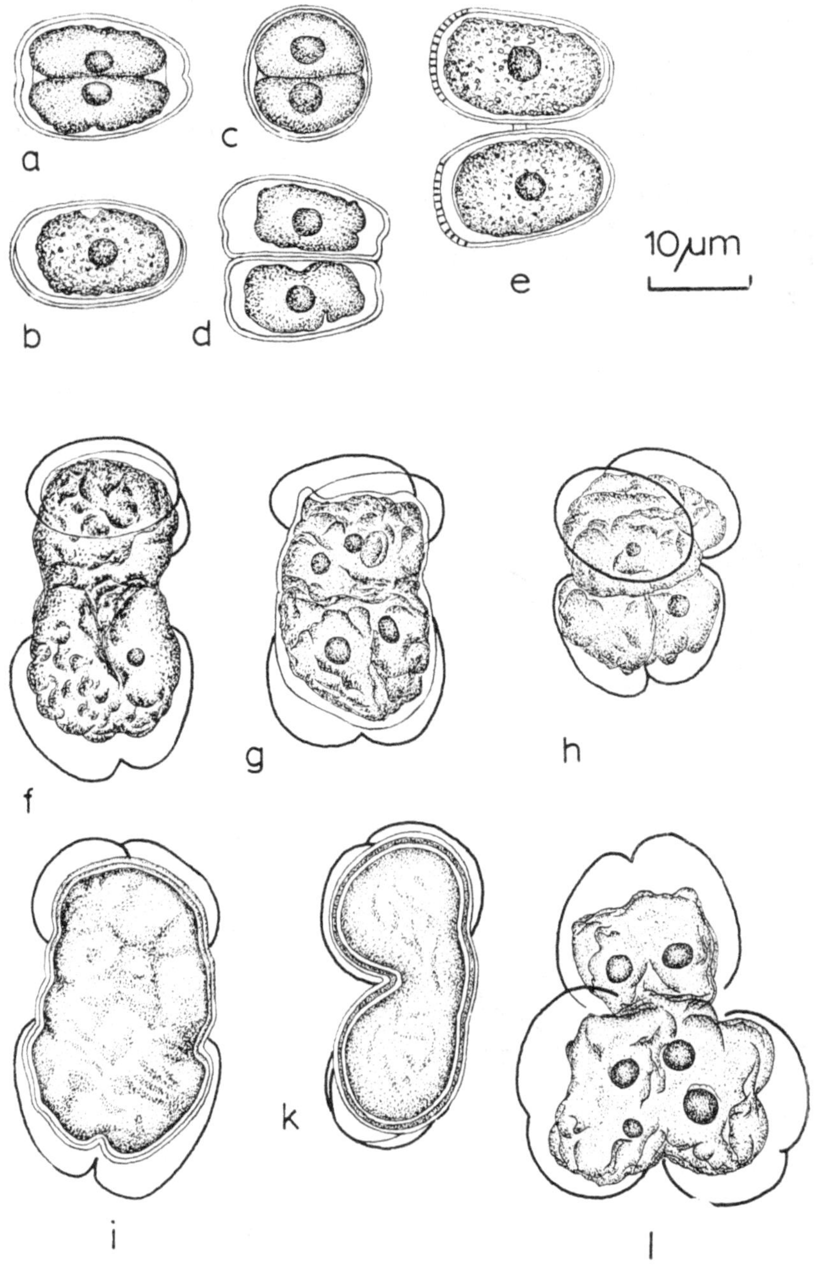

Abb. 3. *Oocardium stratum* Näg. nach kubanischem Material.

Fig. a–c	Vegetative Zelle in drei verschiedenen Ansichten
Fig. d	Zelle kurz nach der Teilung
Fig. e	Vermutlich frühes Kopulationsstadium
Fig. f–h	Konjugationsstadien
Fig. i u. k	Zygosporen
Fig. l	Konjugation von 3 Partnern

auch drei Zellen an der Zygotenbildung, auf Taf. 3, Fig. d u. Abb. 3, Fig. 1 sind solche Fälle dargestellt. Auch hier ist an fixiertem Material leider nicht zu klären, wie sich diese primär ja dreikernigen Gebilde weiter verhalten.

Es besteht für mich kein Zweifel, daß bereits Senn, 1899, Zygoten beobachtet hat. Seine Fig. 27, Taf. III zeigt klar eine Zygospore des eingeschnittenen Typs, wie er auch in unserem Material vorkommt (Abb. 3, Fig. K). Da jedoch augenscheinlich die Mutterzellhüllen fehlten, konnte sich Senn nicht sicher sein und schreibt: „In Material, das ich im April 1898 sammelte, fanden sich zwei merkwürdige, jedenfalls zu *Oocardium* gehörende Gebilde, die ich als

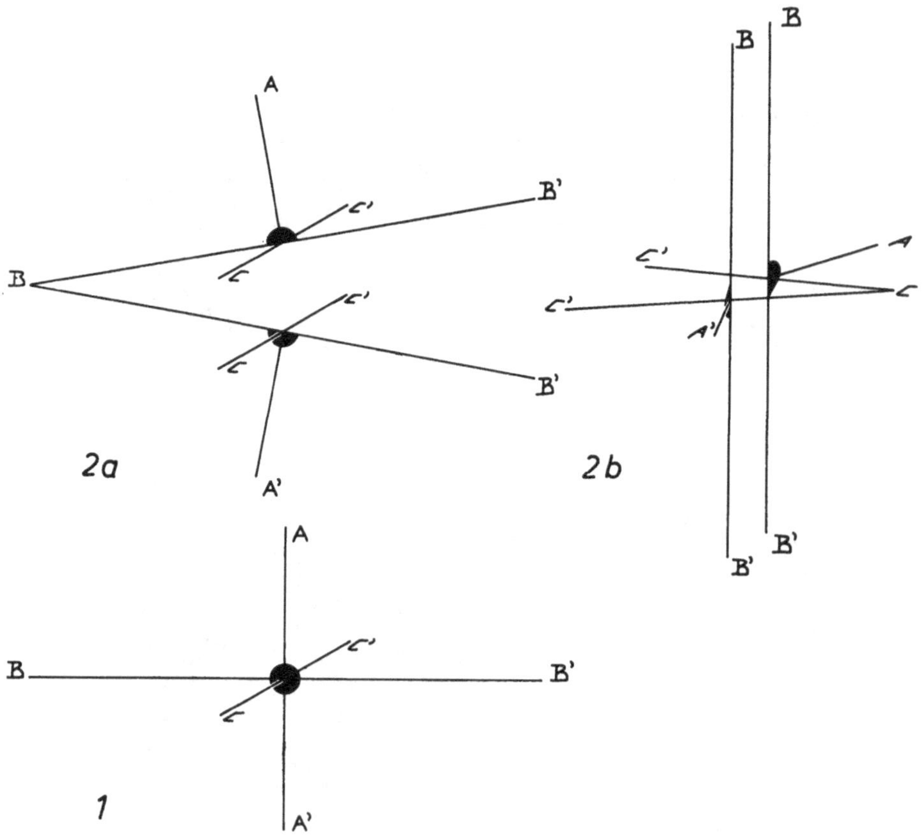

Abb. 4. *Oocardium*-Achsenlage bei der Konjugation
Die Zelle ist schematisch nur durch ihre drei Hauptachsen dargestellt. Fig. 1: Die drei Hauptachsen der vegetativen Zelle: AA′ Längsachse BB′ Querachse CC′ Seitenachse BC′ B′C Isthmus-Ebene
Fig. 2a u. 2b: Kreuzweise Lage der konjugierenden Partner. Beide Zellen (2a u. 2b) öffnen sich in der Isthmus-Ebene. Bei 2a liegt der Drehpunkt auf der Querachse BB′, bei 2b dagegen auf der Seitenachse CC′. Im ersten Falle weichen bei der Öffnung die Seitenachsen CC′ parallel auseinander, im zweiten jedoch die Querachsen BB′

Keimungsstadien von Zygoten auffassen möchte. Ohne auf ihre Beschreibung näher einzugehen, verweise ich auf die Abbildungen ...".

Die fertig ausgebildete Zygote ist von einer dreischichtigen unskulpturierten Membran umgeben, deren Mittelschicht bläulich gefärbt erscheint, die Spore insgesamt hat eine etwa dunkel sepiagrüne Tönung. Diese Angaben beziehen sich auf fixiertes Material, jedoch dürfte die Färbung im Leben ähnlich sein. Carter, 1926, beschreibt die Zygoten, augenscheinlich ebenfalls nach fixiertem Material, als „tief oliv-braun".

3. Kolonienbildung

Die durch Gallertausscheidung der Einzelzellen bewirkte Bildung polsterartiger, viele Individuen umfassenden Stöcke, ist von allen Autoren, die sich mit der Alge beschäftigten, festgestellt worden. Auch über das Entstehen der dichotomen Vergabelungen als Folge der Zellteilung senkrecht zu den radial ausstrahlenden Kolonie-Achsen besteht keine Meinungsverschiedenheit. Nicht eindeutig geklärt erscheint jedoch, wie eine Durchsicht der Literatur zeigt, die Frage zu sein, ob die Gallertausscheidung in Form massiver Stiele oder in Form von Schläuchen erhärtet, ob das Gerüst der Stöcke also eine Stab- oder eine Röhrenkonstruktion darstellt. Es besteht gar kein Zweifel, daß die Kalkinkrustationen von Röhren durchzogen werden (bzw. aus Kalkröhren bestehen, s. unten!), die Frage aber, ob diese Röhren durch Niederschlag von Kalk auf der Oberfläche von Gallertzylinder darstellenden Stielen oder durch Kalkimprägnation hohler Gallertschläuche entstehen, ist nicht eindeutig beantwortet. So spricht Nägeli, 1849 von „... dicken, röhrenförmigen, wiederholt verästelten Stielen ..." oder sagt: „... erkennt man gallertartige Scheiden ..." aber auch: „Wenn man eine dünne oberflächliche Schicht ... abschneidet, so sieht man die Zellen in der Regel zu zwei in einer ziemlich engen Blase, welche das scheidenförmige Ende der Stiele ist, ...". „Nach der Teilung bildet jede der beiden Tochterzellen einen gallertartigen Stiel". Senn, 1899, betont demgegenüber eindeutig: „Die ... Stiele sind compact, homogen, höchstens an der Peripherie etwas dicker, im Gegensatz zu den Angaben Nägeli's, welcher sie als Röhren oder Scheiden beschreibt". „Die Stiele von *Oocardium* sind im Gegenteil lange, homogene Stränge". Auch Lütkemüller, 1902, vertritt die Auffassung: „... bei *Oocardium* liegen die Zellen an der Oberfläche der Kolonie, an den Enden langer und dicker verzweigter, von Kalkröhren umgebener Gallertstiele". Auf dem gleichen Standpunkt steht noch Carter, 1923: „Cells embedded in the ultimate ends of branched gelatinous strings, each strand of which is surrounded by a hollow cylinder of lime, ...".

Wallner, der als erster sehr sorgfältige, umfangreichere experimentelle Arbeiten unter Verwendung von Kulturen zur Biologie besonders der von ihm beschriebenen Art *Oocardium depressum* durchführte, bestätigt die Vorstellung, daß die Zellen auf Gallertstielen sitzen. An in Kultur aus „Wanderzellen" gezogenen Kolonien, die sich mangels Anhaftungsmöglichkeit isodiametrisch als Kugeln entwickeln, findet er: „Die Homogengallerte ... durchsetzt den Innenraum der Kugel in annähernd radial angeordneten „Gallertsäulchen" ..., welche sich gabelig verästeln. Die Verästelungsstellen markieren jeweils den Eintritt einer Zellteilung". „... lassen hierbei ihre gallertigen Verbindungsstränge im Kugelhohlraum ohne weiteres erkennen". Die Homogengallerte wird von den basalen Hälften der Zelle gebildet. Hinsichtlich der *Oocardium*-Röhren ist gesagt: „... sind keine selbständigen Gebilde, sondern entstehen unter dem Einfluß der Alge durch röhrenartige Weiterführung des Wachstums von Kalkspatkristallen".

Mit Krieger, 1937, beginnt in der Literatur eine Änderung der Darstellung der Verhältnisse, ohne daß ersichtlich wäre, auf welche Originaluntersuchungen sich der Wandel der Auffassung stützt. Krieger selbst kombiniert die „Schlauch"- und die „Stiel"-Interpretation und schreibt unter Verwendung einer im Sinne seiner Vorstellung geänderten Abbildung „nach Senn": „Die Zellen von *Oocardium* scheiden Gallertröhren aus, die später mit Kalk inkrustiert sind, und in denen sich die Zellen dadurch immer an der Oberfläche halten, daß sie den Innenraum der Röhren mit Gallerte ausfüllen (Fig. 6 E)".

Fritsch, 1948, ist von der Krieger'schen Vorstellung noch unbeeinflußt und sagt: „Each individual is thus situated at the end of a cylinder of mucilage ..., the envelope of lime ..., being precipitated from the water as result of the assimilatory activity of the cell. The latter secretes mucilage below in the same measure as the lime-envelope lenghtens, so that it always lies at the aperture of the tube". Bei Smith, 1950 findet sich jedoch (unter Berufung auf Lütkemüller und Senn!) dann schon: „The colonial matrix consist of more or less parallel, dichotomously branched, broad gelatinous tubes". Diese Vorstellung von Gallertröhren wird in der Folge bis in die neueste Zeit übernommen, so bei Fott, 1959: „... Zellen, die einzeln oder zu zweit an den Enden röhrenförmiger, dichotom verzweigter Gallertstiele sitzen" und von Bourrelly, 1966: „... montre des tubes cylindriques ... les tubes creux, gélatineux, sont imprégnés de calcaire et contiennent á leur sommet une cellule en forme de *Cosmarium*. Cette cellule ... est placée dans son tube, comme un oeuf dans un coquettier ...". Mägdefrau 1967 hingegen gibt die alte Auffassung wieder, wenn er schreibt: „*Oocardium* ... sitzt auf einem Gallertstiel, der von einer Kalkhülle inkrustiert wird." Wie diese Beispiele zeigen, liegen über die Natur der Stiele sich widersprechende Angaben vor, die aber, abgesehen von offensichtlich literarischen Fehlinterpretationen, auf durchaus sorgfältige Beobachter zurückgehen. Wir haben daher dieser Frage besondere Aufmerksamkeit geschenkt. An mit Milchsäure (1% wässrige Lösung) entkalktem und dann gefärbtem Material konnte eindeutig festgestellt werden, daß die Stiele von Röhren gebildet werden, wie dies bereits Nägeli 1849 angibt und Bourrelly 1966 sehr anschaulich schildert, aber schlecht abbildet. Als zur Färbung sehr geeignet erwies sich eine wässerige Lösung von Nilblausulfat, in der die Schläuche zart violett, die stellenweise vorhandenen Inhaltsmassen blauviolett, der Inhalt der Zellen aber blau hervortreten. Wässerige Vesuvinlösung färbt die Schläuche leicht braun, den Inhalt kräftig braun, während Rutheniumrot die Stielröhren nicht oder nur sehr schwach tingiert; lediglich gallertige Inhaltsreste werden leuchtend rot. Es ist bemerkenswert, daß in Nilblausulfat gelegentlich auch Strukturen sichtbar sind (Taf. 4), die etwa den von Nägeli l. c. (Taf. III, A, fig. e u. f) gezeichneten „Quersepten" entsprechen. Wenn sie auch nicht in so vollständiger, regelmäßiger Anordnung ausgeprägt sind, wie es die sicherlich etwas schematisierte Darstellung Nägeli's erwarten läßt, zeugt ihr Vorhandensein, das in der Folge bestritten worden war – so schrieb Senn 1899: „Auch von den in Nägeli's Figur f angedeuteten Quersepten der Gallertfäden konnte ich nichts bemerken. Diese Angaben fußen jedenfalls nicht auf directer Beobachtung, sondern auf Analogieschlüsse mit den Gallertbildungen von *Mischococcus*" – für die Beobachtungskunst der klassischen Autoren.

Es stellt sich jetzt die Frage: Wie kommen diese als „Quersepten" bezeichneten Strukturen, die sich übrigens auch in der Zeichnung bei Smith 1933 und 1950 finden, zustande, die sich stets an Gabelstellen[1] der Gallertröhren finden? Jede Verzweigung der röhrenförmigen Stiele ist die Folge einer Teilung der die Röhre bildenden *Oocardium*zelle. Die Entstehung der „Quersepten", bei denen es sich natürlich nicht um echte Querwände handeln kann, muß daher in Verbindung mit dem Zellteilungsvorgang stehen. Durch genaue Beobachtung läßt sich gelegentlich an günstigen Entwicklungsstadien feststellen, daß auch bei *Oocardium*, wie bei *Cosmarien*, die Zellteilung mit einer Häutung der neugebildeten Tochterzellhälften verbunden ist. Zunächst wird bei diesem Vorgang eine wachstumsfähige „Erstlingswand" angelegt, in deren Schutz dann die endgültige Wand aufgebaut und schließlich die Primärwand abgestoßen wird (Abb. 5, Fig. a). In der Regel vergallerten die abgestreiften Erstlingshüllen augenscheinlich rasch und entziehen sich damit der Beobachtung. An gefärbten Präparaten treten sie, wenn ein bestimmtes Stadium gefaßt wurde, jedoch gelegentlich hervor (Abb. 5b; Taf. 4). Mit großer Wahrscheinlichkeit sind die – nicht ganz zutreffend – „Quersepten" genannten Strukturen auf diese Häutungsüberreste zurückzuführen.

Nachdem sich so die alten Angaben über das Vorkommen von „Quersepten" nun im gewissen Umfang doch bestätigten, möchte ich auch die so klaren Angaben Senn's und anderer bis zu Wallner (siehe oben!) über massive Gallertstränge als Stiele, trotz des Nachweises, daß es sich in unserem kubanischen Material eindeutig um als Röhren ausgebildete Stiele handelt, nicht

[1] Septen auch in glatten Röhrenstücken zwischen den Verzweigungsstellen, wie sie bei Nägeli zusätzlich gezeichnet sind, habe ich nie gesehen. Melchior und Werdermann 1954 (S. 102, Fig. 34 G) übernahmen die alte Abbildung Taf. III, A Fig. e von Nägeli, obgleich sie zu diesem Zeitpunkt hinsichtlich der Septen als irrig angesehen werden mußte.

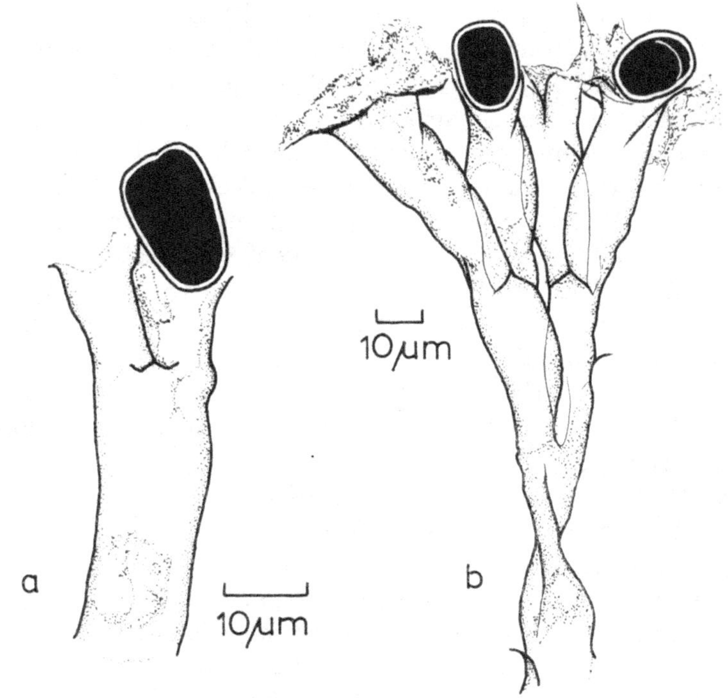

Abb. 5. Aus vergabelten, röhrenförmigen Stielen zusammengesetzte Ästchen von *Oocardium*polstern (nach entkalktem mit Nilblausulfat gefärbtem Material)

ohne weiteres als irrig ansehen, vielmehr die Möglichkeit offen lassen, daß die Meinungsverschiedenheiten mit dem im nächsten Abschnitt behandelten Problem zusammenhängen, ob in der Gattung eine oder zwei Arten existieren.

GLIEDERUNG DER GATTUNG *OOCARDIUM*

Wie oben bereits kurz erwähnt, gilt die Gattung als monotypisch mit einer Art: *O. stratum* Näg., von der zwei Varietäten (Bourrelly, 1966, spricht nur von einer Varietät) beschrieben sind:

1. var. *minor* Carter 1923 u. 1926 (Zell-Länge: 7,0–8,0 µm; Zell-Breite: 12,0–14,0 µm; Zell-Dicke: 7,5–9,5 µm)
2. var. *intermedium* Woronichin 1924 (Zell-Länge: 9,5–11,0 µm; Zell-Breite: 15,8–18,0 µm; Zell-Dicke: 10 µm)

Art und Varietäten unterscheiden sich zwar lediglich in den Zelldimensionen, doch zeichnet sich eine Gruppenbildung einigermaßen klar ab (siehe Abb. 1). Außer dem Originalmaterial Woronichin's und unserer kubanischen Form dürfte auch das *Oocardium* Krieger's aus Sumatra, das als „zwischen dem

Typus und der var. *minor*“ stehend angegeben wird, zur var. *intermedium* gehören.

Die Berechtigung der von Wallner, 1936, unterschiedenen Species *O. depressum* ist umstritten. Es fragt sich aber, ob der überwiegend ablehnenden Haltung der neueren Autoren (siehe oben!) zugestimmt werden muß. Wallner, 1936, nennt als Unterscheidungsmerkmale:

a) Zelldimensionen. *O. stratum* soll in Richtung der Längsachse stärker gestauchte Zellen als *O. depressum* haben. Beide Formen müßten sich danach im Wert für das Verhältnis Zellbreite : Zellänge $\left(\frac{b}{l}\right)$ unterscheiden. Wenn man die von Wallner gegebenen Messungen zugrunde legt, ergibt sich folgendes:

   O. stratum b = 19–24 μm; l = 10–12 μm $\frac{b}{l}$: 1,90–2,00

   O. depressum b = 22–24 μm; l = 19–20 μm $\frac{b}{l}$: 1,16–1,20

   Für die Formen, die Senn und Carter als *O. stratum* einordneten, von Wallner aber zu *O. depressum* gestellt werden, errechnet sich $\frac{b}{l}$ als 1,16–1,20, beziehungsweise 1,20–1,38. Die von Krieger für Material aus Sumatra genannten Zelldimensionen liefern Werte von 1,30–1,21, während die Größenangaben Nägeli's in der Originalbeschreibung von *O. stratum* (Zellen 19–23 μm lang, „etwas mehr als halb so breit“) ein Verhältnis von etwa 1,60–1,90 anzunehmen berechtigen. Danach läge also das Breiten- : Längenverhältnis für Zellen von *O. stratum* im Bereich von 1,6–2,0, für *O. depressum* aber etwa zwischen 1,10 und 1,50. Dabei ist allerdings zu berücksichtigen, daß diesen Berechnungen nur die summarischen „von . . . bis . . .“ Angaben der Autoren für die Zelldimensionen zugrunde gelegt werden konnten, da, wie oben bereits erwähnt, größere Meßreihen der Kardinalwerte fehlten. Bei der Population aus Kuba war es dagegen möglich, ein umfassenderes Zahlenmaterial auszuwerten. Für das Längen- : Breitenverhältnis fand sich daraus die in Abbildung 2 dargestellte Verteilung mit einem mittleren Wert von 1,55 und Grenzwerten von 1,23 und 2,00.

b) Inkrustationsweise. Die durch *O. stratum* gebildeten Kalkpolster zeigen im Gegensatz zu den Kolonien von *O. depressum* keine isolierten, jeweils von einer Zelle gebildeten Kalkröhren, sondern Inkrustationen, die von röhrenartigen Gängen durchsetzt sind.

   Dieser Unterschied tritt in Aufsichtsbildern sehr klar hervor. Bei *O. depressum* erscheint darauf die einzelne Zelle von einem Kalkwall, der Röhrenwand, umgeben (Abb. 3 bei Wallner, 1933), den Oberflächen von *O. stratum* – Lagern fehlen diese auffälligen hellen Höfe um die Einzelzellen (Abb. d, Taf. 1).

c) Ausbildung der Chloroplasten. Die Chromatophoren von *O. depressum* haben eine durch leistenförmige Lappen gegliederte Oberfläche wie das in opti-

schen Längsschnitten, in Seitenansicht hervortritt (bei Aufsicht auf die Kolonieoberfläche) (Fig. 33, Senn, 1899). Die Vorderansicht der Zelle läßt erkennen, daß beide Chromatophoren in der Sinus-Isthmus-Ebene nicht lückenlos aneinandergrenzen, sondern rechts und links je ein etwa kugelförmiger Raum ausgespart bleibt. Der – auf die Lage der Zellen in der Kolonie bezogen – untere, also lichtabgewandte Raum, beherbergt den Zellkern (Fig. 31, Senn, 1899). Die Zelle von *O. stratum* hingegen bildet in der Regel nur einen, den basalen „Zellsaftraum" aus, eine Oberflächenvergrößerung der Chloroplasten durch Auflösung in Lappen fehlt.
Es ist interessant festzustellen, welche Abwandlungen des Grundbauplanes die Anpassung an einen durch besondere Bedingungen ausgezeichneten Biotyp bewirkte. Während der Typenbauplan einer *Cosmarium*zelle mindestens 3 Symmetrieebenen (Frontalebene, Seitenebene u. Isthmusebene) aufweist, ist diese Zahl bei *Oocardium* auf 2 (Frontalebene, Isthmusebene) reduziert. Die Seitenebene hat durch die mit der Seitenlage und der Inkrustation zusammenhängende Herzform der Zelle und der Verlagerung des Kerns aus dem Zentrum, ihre Funktion als Symmetrieebene verloren. Wo bei *Cosmarium* geflügelte Chloroplasten vorkommen, erfolgt die Ausbildung der Rippen parallel zur Zellängsachse. Die typische Querschnittsternfigur tritt daher in Scheitelansicht auf. *O. depressum* jedoch zeigt Chromatophorenflügelung, die von einer zur Zellquerachse parallelen Chloroplastenachse radial ausstrahlt. Der sternförmige Querschnitt erscheint in Seitenansicht der Zellen. Ob diese zweifellos zur Einfallsrichtung des Lichtes in Beziehung stehende Verlagerung durch Drehung der ganzen Chloroplasten zustande kommt, oder ob die Rippen am lagemäßig unveränderten Chromatophor in um 90° gedrehter Lage angelegt werden – was unwahrscheinlicher ist – wurde bisher wohl nicht untersucht.

d) Farbe der Chloroplasten. Sie soll bei *O. depressum* „hell- bis gelbgrün" sein, im Gegensatz zu „dunkelgrün" bei *O. stratum* und bereits „ein gutes Merkmal zur Unterscheidung beider Arten in der Natur auf größere Entfernungen hin" (Wallner, 1936) bieten.

Prüft man die von Wallner herausgestellten Merkmale und wertet die aufgezeigten Unterschiede nach dem Maßstab, der bei Desmidiaceen üblicherweise bei der Abgrenzung von Taxa angelegt wird, so ist meines Erachtens festzustellen, daß sie für eine Unterscheidung von zwei Arten in der Gattung *Oocardium* durchaus hinreichend sind. Dabei dürften die unter b) und c) genannten Charakteristika ausschlaggebend sein. Die Zellform, ausgedrückt im Breiten- : Längenverhältnis konnte nur solange als differentialdiagnostisch bedeutsam gelten, bis unser kubanisches Material vorlag, das nach Inkrustationstyp und Chloroplastenausbildung eindeutig zu *O. stratum* gerechnet werden muß, im Verhältnis $\frac{b}{l} = 1{,}55$ aber eine klare Übergangsstellung zwischen *O. depressum* und *O. stratum* behaupten würde. Das von Wallner gewählte spezifische

Epitheton „*depressum*“ ist nach dem oben Gesagten allerdings nicht sehr glücklich, als gültig veröffentlicht muß es jedoch akzeptiert werden.

Zum Entwicklungsrhythmus der Alge liegen bisher nur wenige und uneinheitliche Angaben vor. So weist Kalchbrenner darauf hin, daß sich *Oocardium* nach seinen Beobachtungen gegen Winter in bester Entwicklung befindet, die apfelgrünen Krusten im Sommer jedoch rötlich und zum größten Teil vernichtet werden. Woronichin fand sie bei Tiflis im Dezember und unser kubanisches Material ist ebenfalls in der kühleren Jahreszeit gesammelt. Wallner (1933) dagegen schreibt: „Im Sommer 1929 fand der Verf. . . . zahlreiche Kalkpolster von *Oocardium stratum*, die dicht mit den Zellen dieser Alge bedeckt waren.“ Da der Autor aber 1936 angibt, alle von ihm bis 1934 genannten *Oocardium*-Fundorte bezögen sich auf *O. depressum*, muß mit der Möglichkeit gerechnet werden, daß der Unterschied auf einem verschiedenen jahreszeitlichen Rhythmus der beiden Arten beruht.

Zusammenfassung

Es wird erstmalig das Vorkommen der seltenen und interessanten sinterbildenden Alge *Oocardium stratum* in der Varietät *intermedium* auf der Insel Kuba in einem Gebirgsbach der Provinz Oriente nachgewiesen. In einer kritischen Literaturübersicht wird auf offene Probleme hingewiesen. Die Gliederung der Gattung in zwei Arten *Oocardium stratum* Nägeli 1849 und *Oocardium depressum* Wallner 1936 wird befürwortet.

Summary

Monographs of freshwater- algae species.
II. Oocardium stratum substantiated on material from Cuba

The occurrence of the rare and interesting Alga *Oocardium stratum* is recorded for the first time in a mountain streamlet of the Isle of Cuba (Province Oriente). In a critical survey of the literature open problems are discussed. The classification of the genus *Oocardium* in two species *Oocardium stratum* Nägeli 1849 and *Oocardium depressum* Wallner 1936 is advocated.

Краткое содержание

Описание отдельных видов пресноводных водорослей.
II. *Oocardium stratum* по материалам с Кубы

Впервые приводятся данные о редкой и интересной, образующей известковую »накипь«, водоросли *Oocardium stratum* с острова Кубы, которая была найдена в горном ручье в провинции Ориенте. Дается критический обзор литературы с указаниями на еще невыясненные проблемы. Автор разделяет точку зрения, согласно которой род делится на два вида: *Oocardium stratum* Nägeli 1849 и *O. depressum* Wallner 1936.

Literatur

Adams, J., 1908: A synopsis of Irish Algae, Freshwater and Marine. – Proceedings of the Royal Irish Academy *XXVII* Sect. B, Nr. 2, 11–60. (S. 34).

Askenasy, I., und F. Förster, 1892: Beiträge zur badischen Algenflora. – Mitteilungen des Badischen Botanischen Vereins *101*, 1–6 (S. 3).

Bourrelly, P., 1966: Les Algues d'eau douce, Tome I: Les Algues Vertes. – Paris. (S. 428, 429; Taf. 98).

Carter, N., 1923: In West, W., and G. S. West: A Monograph of the British Desmidiaceae Vol. V. –London. (S. 203–206, Taf. CLIX, Fig. 1–8; Taf. CLXVII Fig. 1–4).

– 1926: Freshwater Algae from India. – Records of the Botanical Survey of India *IX*, N°. 4, 263–302. (S. 295; Taf. Fig. 21–24).

Comère, J., 1901: Les desmidiées de France. – Toulouse. 224 S. 15 Taf.

Donat, A., 1928: Verbreitung einiger Desmidiaceen II. – Die Pflanzenareale. Herausgegeben von Hannig, E., u. H. Winkler. 2. Reihe, Heft 3. – Jena. (S. 20, 21; Karte 24).

Förster, 1892: Siehe Askenasy – Förster (1892)!

Fott, B., 1959: Algenkunde. – Jena (S. 319).

Fritsch, F. E., 1948: The structure and reproduction of the Algae, Vol. I. – Cambridge. (S. 359).

Hansgirg, A., 1905: Grundzüge der Algenflora von Niederösterreich. – Beih. Bot. Centralbl. *XVIII*, 2. Abt. 417–522 (S. 470–471).

Jaag, O., 1938: Die Kryptogamenflora des Rheinfalls und des Hochrheins von Stein bis Eglisau. – Mitt. d. Naturf. Ges. Schaffhausen *XIV*, 1–158 (S. 44, 45).

Kalchbrenner, K., 1866: A szepesi moszatok jegyzéke. Math. Term. Közl. Magy. Tud. Akad. *IV* (1865–1866), 343–365 (S. 358, 359).

Kirchner, O., 1878: Algen, in: Cohn, F.: Kryptogamen-Flora von Schlesien, Bd. 2, 1. Hälfte. – Breslau. (S. 12).

Kirchner, O., 1891: Die mikroskopische Pflanzen- und Thierwelt des Süßwassers, Teil I. Die mikroskopische Pflanzenwelt des Süßwassers. 2. Aufl. – Hamburg. (S. 17). (1. Aufl. 1885).

Krieger, W., 1933: Die Desmidiaceen der Deutschen Limnologischen Sundaexpedition. In: Tropische Binnengewässer, Herausgeg. von A. Thienemann III, 129–230, Taf. III–XXVI. (S. 190, Taf. XXV, Fig. 6) (Archiv f. Hydrobiol. Suppl.-Bd. *XI*).

Krieger, W., 1937: Die Desmidiaceen. In: Dr. L. Rabenhorst's Kryptogamenflora von Deutschland, Österreich und der Schweiz. Bd. 13, 1. Abt. 1. Teil. – Leipzig, (S. 16; 20; 68; 97; 109).

Kützing, F. T., 1849: Species Algarum. – Lipsiae (S. 196).

– 1850–1852: Tabulae phycologicae oder Abbildung der Tange. II. Bd. – Nordhausen. (S. 26; Taf. 83, Fig. V).

Lütkemüller, J., 1902: Die Zellmembran der Desmidiaceen. – Beitr. z. Biol. d. Pflanzen *8*, 347–414. (S. 360–362, 364 u. 365, Taf. XVIII, Fig. 37, 38; Taf. XIX, Fig. 4–6).

Melchior, H., und E. Werdermann, 1954: A. Engler's Syllabus der Pflanzenfamilien Bd. I. – Berlin (S. 102).

Mägdefrau, K., 1967: In: Lehrbuch der Botanik für Hochschulen. – Jena (S. 409).
Nägeli, C., 1849: Gattungen einzelliger Algen. – Zürich. (S. 74–76, Taf. III, A).
Nordstedt, C. F. O., 1896: Index Desmidiacearum citationibus locupletissimus atque bibliographia. – Berolini.
– 1908: Desgl. Supplementum. – Berolini.
Rabenhorst, L., 1850–1867: Die Algen Sachsens, resp. Mitteleuropa's. Gesammelt und herausgegeben von Dr. L. Rabenhorst. – Dresden.
– 1868: Flora Europaea Algarum Aquae dulcis et submarinae, Sectio III. – Lipsiae. (S. 13 und 53).
Rieth, A., 1961: Jochalgen (Konjugaten). – Sammlung: Einführung in die Kleinlebewelt. – Stuttgart.
Senn, G., 1899: Über einige coloniebildende einzellige Algen. – Botan. Ztg. *57*, 39–104. (S. 81–89, Taf. III).
– 1899: *Oocardium stratum*, eine sinterbildende Alge. – Zeitschr. f. Naturw. *72*, 221–222.
Smith, G. M., 1933: The fresh-water algae of the United States. – New York. (S. 580, 581).
– 1950: The fresh-water algae of the United States. – New York. Second Edit. (S. 325, 326).
Wallner, J., 1933: *Oocardium stratum* Naeg., eine wichtige tuffbildende Alge Südbayerns. – Planta *20*, 287–293.
– 1934: Über die Beteiligung kalkablagernder Pflanzen bei der Bildung südbayrischer Tuffe. – Bibliotheca Botanica, Heft 110.
– 1936: Zur Kenntnis der Gattung *Oocardium*. – Hedwigia *75*, 130–136.
Walter, H., 1968: Die Vegetation der Erde, Bd. II. – Jena. (Abb. 327; 397).
West, W., and G. S. West, 1901: The Alga-Flora of Yorkshire. – Botanical Transactions of the Yorkshire Naturalist' Union *5*, Leeds (S. 130).
– 1904: A Monograph of the British *Desmidiaceae*. Vol. I. – London. (S. 28).
De Wildemann, E., 1896: Matériaux pour la flore algologique du département de la Meuse (France). – La Notarisia, Vol. *XI* de la Série Notarisia-Neptunia 65–72 (S. 69).
Wille, N., 1897: *Chlorophyceae*. In: Engler, A., und K. Prantl: Die natürlichen Pflanzenfamilien I. T., 2. Abt. – Leipzig.
Wittrock, V. B., 1872: Om Gotlands och Ölands sötvattens-Alger. – Bihang till K. Svenska Akad. Handlingar *1*, Nr. 1, 3–72, (S. 28).
Woronichin, N. N., 1924: Algae nonnullae novae e Caucaso. VI. *Desmidiaceae*. – Notulae systematicae ex Instituto Cryptogamico Horti Botanici Republ. Rossicae *III*, 102–106, (S. 106).
– 1926: Beiträge zur Kenntnis der Süßwasseralgen des Kaukasus. VII. *Desmidiaceae*. – Journal de la Société Botanique de Russie *11*, 49–86 (S. 83–84 u. Abb. 15a, c).
Zopf, W., 1893: Über die eigenthümlichen Structurverhältnisse und den Entwicklungsgang der *Dictyosphaerium*-Kolonien. – Beiträge zur Physiologie und Morphologie niederer Organismen. 3. Heft, 22–24 – Leipzig. (S. 22–24).

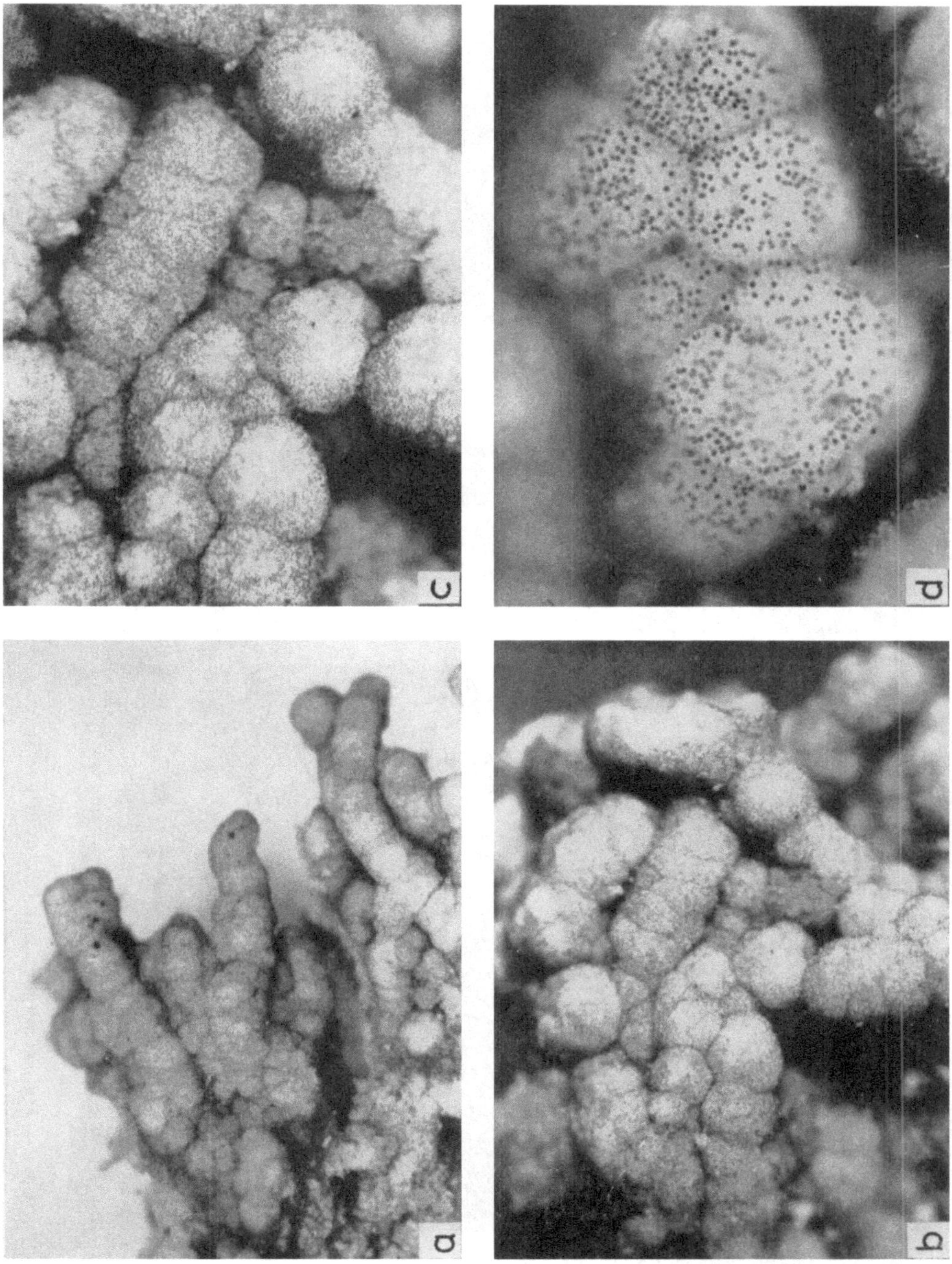

Fig. a–d: Habitus der Kolonien auf *Cladophorafäden*. Bei c und d sind die Algenzellen als dunkle Punkte klar zu erkennen

Fig. a u. b *Oocardium*kolonien auf Köcherfliegenlarvengehäusen; Fig. c u. d *Oocardium*kolonien auf *Cladophora*, ein nicht bewachsenes Thallusende ragt nach links heraus

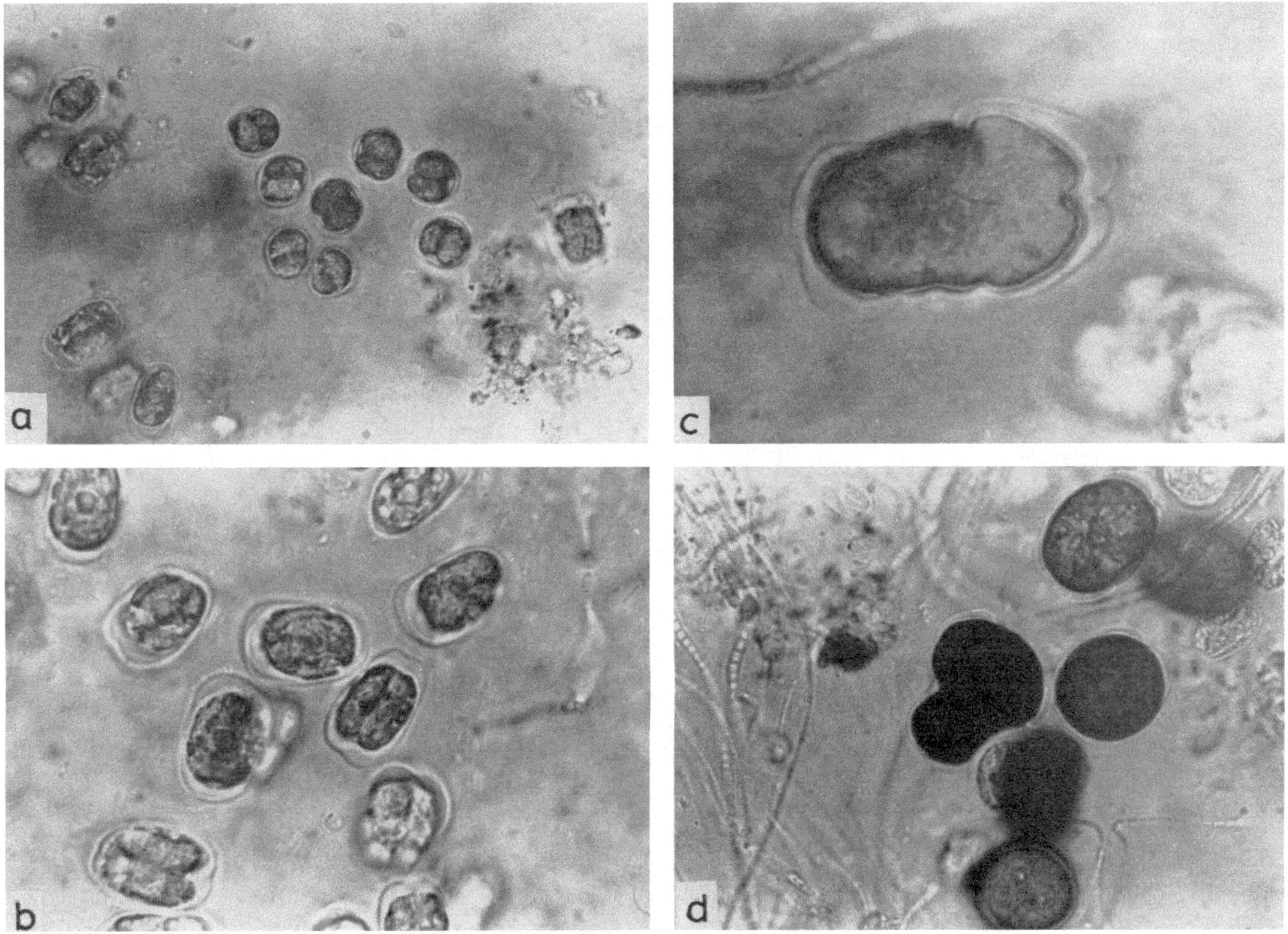

Fig. a *Oocardium*, Einzelzellen in Seitenansicht (Bildmitte); Frontalansicht (links unten) und Apikalansicht (rechts unter der Frontalansicht); Fig. b *Oocardium*zellen in Frontal- und Apikalansicht; Fig. c *Oocardium*, Zygote; Fig. d *Oocardium*, Zygoten. In der Bildmitte eine aus der Vereinigung von 3 Zellen entstandene Zygote

TAFEL 4

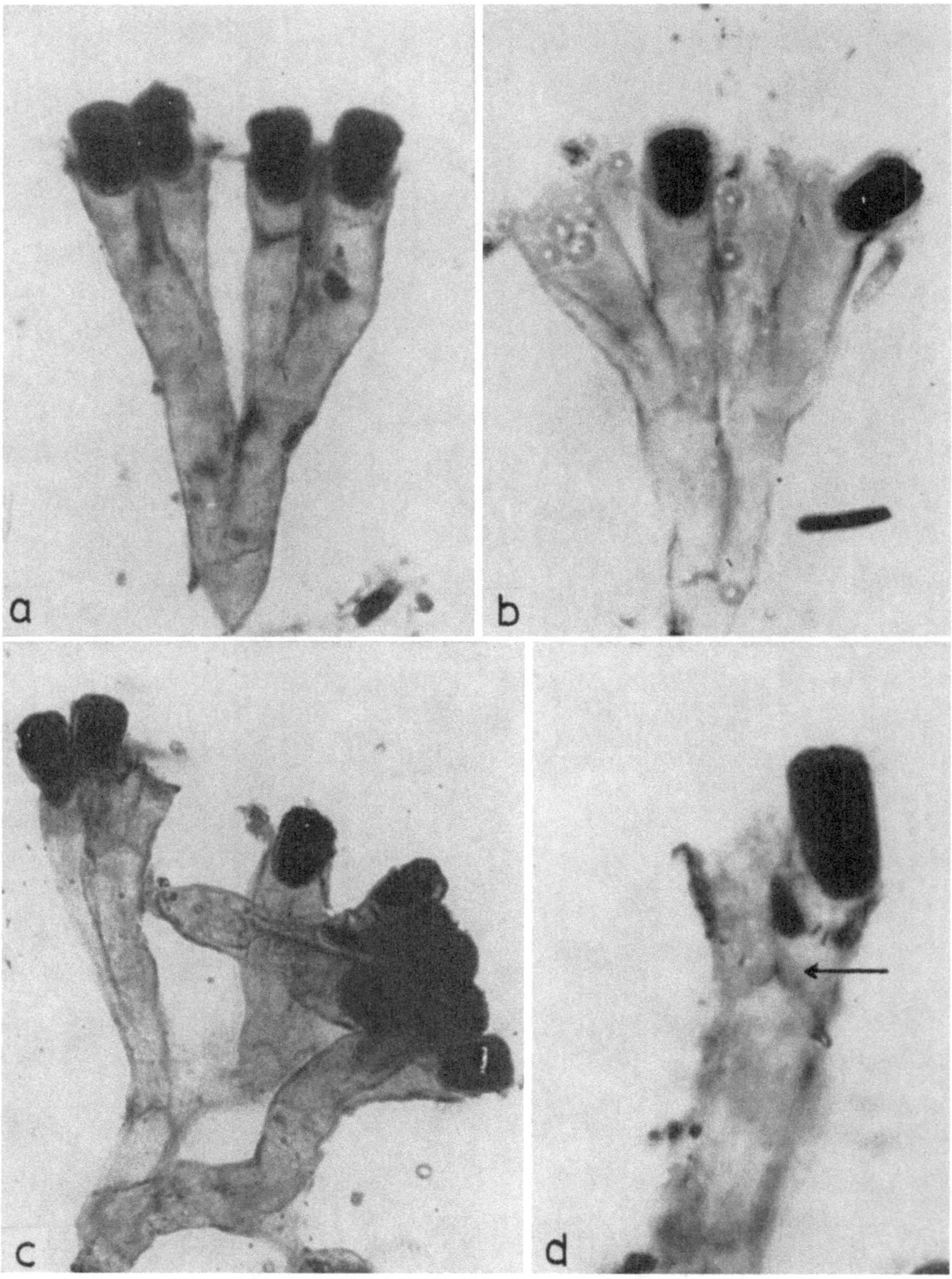

Fig. a–d Teile aus *Oocardium*kolonien nach entkalktem und mit Nilblausulfat gefärbtem Material. In Fig. b und c sind in den Schläuchen „Quersepten“ erkennbar, Fig. c zeigt Reste der bei der Häutung abgelegten Primärwände (Pfeil)

Die Typisierung von *Papaver nudicaule* L. und die Einordnung von *P. nudicaule* hort. non L.[1]

von Peter Hanelt

(Eingegangen am 31. Dezember 1969)

Manche Arten der sect. *Scapiflora* der Gattung *Papaver* zeichnen sich durch eine hochgradige Polymorphie aus. Daraus ergeben sich bei der Typisierung dieser ursprünglich in einem weiteren Sinne aufgefaßten Sippen vielfach Schwierigkeiten. Zwei formenreichen Arten der Sektion sind daher bereits eingehende Studien zu ihrer Typisierung gewidmet worden (*P. alpinum* L., Markgraf 1963; *P. radicatum* Rottb., Knaben 1958, A. Löve 1962, 1962a). Im folgenden sollen die Verhältnisse bei *P. nudicaule* L. besprochen werden, die im Rahmen einer Revision der mongolischen Taxa der sect. *Scapiflora* untersucht wurden.

Eng verbunden mit dieser Frage ist das Problem der systematischen Einordnung der Ziermohne, die ebenfalls unter dem Namen *P. nudicaule* seit langem in den Gärten zur Bepflanzung von Steingärten sowie als Rabatten- und Schnittblumen in einer Anzahl von Sorten kultiviert werden. Diese in Europa und Nordamerika vor allem in früheren Jahrzehnten beliebten Pflanzen werden heute von den Gärtnern meist als *Island-Mohne* (Pareys Blumengärtnerei, 2. Aufl., 1, 1958) bzw. *Iceland Poppy* (Bailey 1949, Cullen 1969) bezeichnet, sie gehören aber keinesfalls zu der auf Island beheimateten Artengruppe der Sektion (*P. radicatum*-Gruppe).

TYPISIERUNG VON *PAPAVER NUDICAULE* L.

Von Linné wird die Art erstmals 1748 im „Hortus Upsaliensis" erwähnt: Der diesbezügliche Protolog (S. 136) lautet: Papaver caule unifloro nudo hispido, foliis pinnato-sinuatis.
Papaver erraticum nudidicaule[2], flore flavo odorato. Dill. elth. 302 t. 224, f. 291.
Papaver erraticum, luteo flore, capite oblongo hispido. Amm. ruth. 61, n. 81.
Habitat in Sibiria
Hospitatur sub dio, perennis, flore flavo aut. albo.

[1] Teil einer 1969 an der Fakultät für Naturwissenschaften der Martin-Luther-Universität Halle-Wittenberg eingereichten Habilitationsschrift.

[2] Druckfehler (nudicaule)!

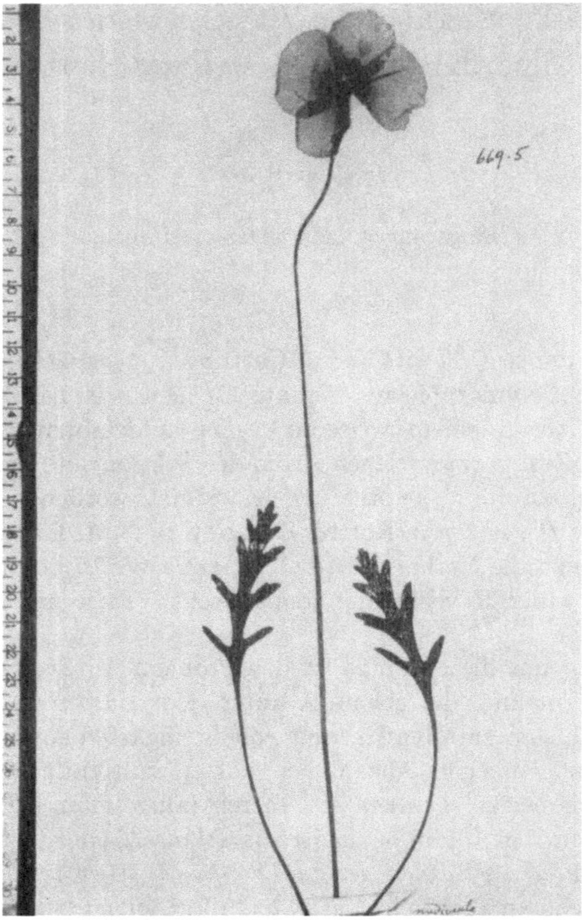

Abb. 1. *Papaver nudicaule*
aus dem Herbar Linné (669.5)

Nur geringfügig verändert (in den Bemerkungen [1] und der Artphrase) werden diese Angaben in die erste Auflage der „Species Plantarum" (1753, S. 507) übernommen, wo *P. nudicaule* in der Gruppe „capsulis hispidis" als 4. Art nach *P. alpinum* mit der Phrase „Papaver capsulis hispidis, scapo unifloro nudo hispido, foliis simplicibus pinnato-sinuatis" erscheint. In der zweiten Auflage des Werkes (1763, S. 725–726) findet sich eine gleichlautende Behandlung der Art (bei den Bemerkungen wird „Pedunculi et calyces pilosi" zugefügt), nur wird bei den Synonymen an das Zitat von Dillenius noch „Oed., Dan. t. 41" angeschlossen, von dem wir jetzt wissen, daß sich die Angabe der Art bei Oeder, Icones plantarum sponte nascentium in regnis Daniae et Norvegiae, . . . (1761) auf das (sub)arktische *P. radicatum* Rottb. s. l. bzw. auf *P. nordhagenianum* Löve bezieht (s. A. Löve 1962, 1962a).

[1] jetzt: Habitat in Sibiria. ♂ Stipulae 8 ad 9.

Im Herbarium Linné (Abb. 1) ist ein von ihm selbst als *nudicaule* bezeichneter Beleg vorhanden (669.5), der nach der zur Verfügung stehenden Fotografie aus zwei 10–12 cm langen Blättern und einem blühenden, etwa 30 cm langen Schaft (Blüte im Durchmesser reichlich 2 cm breit) besteht. Der Bogen trägt nicht den für die aus dem Botanischen Garten Uppsala stammenden Pflanzen typischen Vermerk HU, sondern ein Signum ε, das nach Savage (1945) in erster Linie die zwischen 1744 und 1745 zusammen mit Florenlisten aus Rußland erhaltenen Exsikkate bezeichnet. Wegen der verworrenen Begleitumstände, unter denen das Material nach Schweden gelangte, ist vermutlich keine genaue Datierungs- und Herkunftsangabe mehr zu erreichen. Den Angaben der Dissertation des Linné-Schülers E. Z. Tursén (Anandria, 1745) kann man entnehmen, daß das Saatgut der in Uppsala kultivierten Pflanzen der Art ebenfalls über die russischen Korrespondenten Linné's erhalten wurde. – Da die Phrase und die Bemerkungen in Linné's Protolog zu *Papaver nudicaule* Angaben über die Kapsel, den Kelch, die variierende Blütenfarbe, die Lebensdauer (und die Kultur der Pflanze!) enthalten, die nicht dem vorliegenden Herbarexemplar entnommen worden sein können, muß als wesentlichste Quelle für die Phrase das Gartenmaterial der Art aus Uppsala angesehen werden.

Genau sind wir über die Herkunft der Pflanzen aus dem Hortus Elthamensis (1732) von Dillenius orientiert, die Linné zu seiner Art stellte. Dillenius beschrieb die im Garten von J. Sherard in Eltham, Grafschaft Kent (SW-England), gezogenen Pflanzen und gab zu der oben zitierten Phrase an, daß die Samen von Heidenreich aus der Provinz Argun, also aus dem östlichsten Transbaikalien (Grenzgebiet zur innermongolischen Barga) durch die Vermittlung J. H. v. Spreckelsens, eines Hamburger Botanikers (der ebenfalls zu den Korrespondenten Linné's gehörte, Goerke 1966) erworben worden waren. Die sehr gute Abbildung der Art auf Tafel 224 (Abb. 2) zeigt eine blühende Pflanze mit einer jungen Kapsel (deren Zahl der Narbenstrahlen weicht aber von der Beschreibung auf S. 302 ab, dort 8, auf der Tafel 4!). Die Pflanze stimmt im wesentlichen mit dem Exemplar im Herbar Linné überein (vgl. Tab. 1), sie hat aber gedrängter-stehende Blattlappen, die nie sekundär eingeschnitten-gezähnt sind; das könnte allerdings auch darauf beruhen, daß es sich bei der gezeichneten Pflanze offensichtlich um ein einjähriges Exemplar handelt, bei der noch keine typischen Folgeblätter entwickelt worden sind, die sich meist durch stärkere Zerteilung und entfernter stehende Lappen auszeichnen. Es ist interessant, daß von Dillenius nach der Beschreibung der Art bemerkt wird, daß sich unter den angebauten Pflanzen einige befanden, die durch etwas breitere und behaartere Blätter und bleiche Blüten, sowie andere, die durch ockergelbe Blüten abwichen. Er wagte nicht zu entscheiden, ob diese Exemplare selbständige Arten darstellten.

Nach der Beschreibung zu urteilen (Tab. 1), stimmt auch die von J. Amman 1739 im „Stirpium rariorum ...“ nach Tagebuchnotizen Messerschmid's

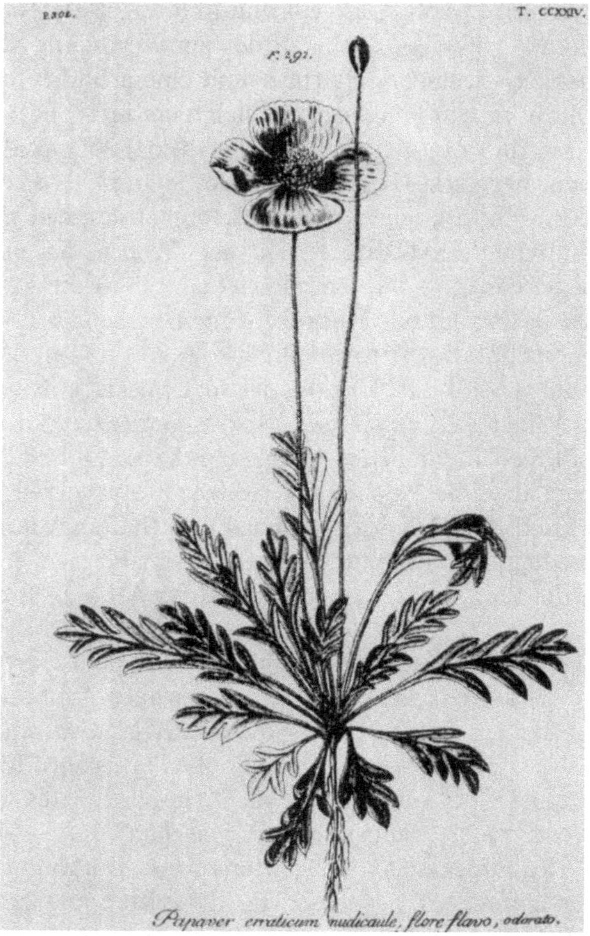

Abb. 2. Die zum Lectotyp von *P. nudicaule* gewählte Abbildung der Art aus dem „Hortus Elthamensis" von Dillenius (T. 224, fig. 291)

angeführte *Papaver*-Art mit der von Dillenius und Linné überein; von Amman selbst werden als Unterschiede gegenüber der Sippe von Dillenius dickere, ausdauernde Wurzeln (in Kultur sind diese Sippen aber stets kurzlebiger!), geruchlose Blüten und länglich-zylindrische (nicht länglich-rundliche) Kapseln genannt, auch ist die Blütenfarbe offensichtlich stets rein gelb. Fundortangaben fehlen, es ist nur notiert, daß auch Gmelin die gleichen Pflanzen an der Ingoda und Šilka (O-Transbaikalien, die Šilka ist wie der Argun ein Quellfluß des Amur) beobachtet hat. Eine weitere von Amman beschriebene Mohnsippe (no. 82, S. 63; P. erraticum, luteum flore, capite oblongo, laevi) scheint von der vorangegangenen Sippe stärker abzuweichen (sehr schwache Behaarung, Kapseln kahl, geringere Narbenstrahlenzahl, zitronengelbe Blüten), diese Pflanzen stammten vom Jenissei. Sie wurden von Linné auch nicht zu

Tabelle 1

Merkmale der Elemente von *Papaver nudicaule* L.

	Linné (Phrasen, Bemerkung, Herbar)	Dillenius (Beschreibung, Abbildung)	Amman (Beschreibung)
Lebensdauer	ausdauernd (später: zweijährig)	vielleicht einjährig	ausdauernd
Wurzel	–	relativ zart	kräftig
Blattfiedern	± entfernt, mittl. m. kurzen Seitenzähnen	gedrängter, ohne sekundäre Einschnitte	fast bis zum Grunde geteilte Blätter
Blattfarbe	–	± graugrün	dunkelgrün
Schafthöhe, cm	30	22–30	± 30
Blütenfarbe	blaßgelb oder weiß	blaß-, selten ockergelb	gelb
Blütenduft	–	vorhanden	geruchlos
Kapselform	–	rundlich-obovat (bis länglich)	± zylindrisch
Narbenstrahlen	–	8	6–8
Herkunft	Sibirien	Argun	Ingoda u. Šilka u. a.

seinem *P. nudicaule* gezogen, wohl aber später von J. G. Gmelin, der in seiner „Flora sibirica" (vol. IV, S. 180–181) die Art in einem sehr weiten Sinne auffaßt und praktisch alle sibirischen Vertreter der sect. *Scapiflora* (einschließlich der stärker abweichenden von Kamtschatka und auch solche aus China) in sie einschließt.

Zusammenfassend läßt sich also sagen, daß das Linné bei der Aufstellung von *P. nudicaule* vorgelegene Material (das eigene und das der Autoren der von ihm zitierten Synonyme) in den wesentlichen Zügen morphologisch übereinstimmt, so daß es bei einer gemäßigt weiten Artauffassung durchaus vereint werden kann: Es handelt sich bei dieser Art um eine südostsibirische Sippe mit fiederig-geteilten, ± behaarten Blättern (deren Lappen kaum sekundär eingeschnitten sind), mit relativ hohen, ca. 30 cm langen, behaarten Schäften, relativ großblütigen, meist zitronengelb- oder gelb, hin und wieder dunkelgelb- oder weiß-gefärbten Blüten, viel (8)strahligen Narben und behaarten Kapseln; ihr Vorkommen scheint an Flußläufe gebunden zu sein. *P. nudicaule* gehört zu den polyploiden Sippen der Sektion. Die hexaploide ($2n = 42$), seltener die tetraploide ($2n = 28$) Chromosomenzahl konnte für eine Reihe mongolischer Herkünfte von *P. nudicaule* (Abb. 3, 4) ermittelt werden, die in morphologischer Hinsicht mit den besprochenen südsibirischen Vertretern der Art sehr gut übereinstimmten (vgl. Tab. 2). Inzwischen ist $2n = 42$ für einige weitere mongolische *P. nudicaule*-Vorkommen bestätigt worden (Měsíček and Soják 1969).

Tabelle 2

Chromosomenzahlen von *P. nudicaule* und *P. croceum*

Art	Herkunft	x	n	2n	Herbarbeleg
P. nudicaule	zw. Chašat u. Dašinčilen, Tarnin-gol-Niederung (MVR)	4	—	28	Mong.-dt. biol. Exp. 2431/62
,,	s Cencher am Urt-Tamir (MVR)	4	14	28	Mong.-dt. biol. Exp. 3169/64
,,	w Ulan-Bator (MVR)	6	21	—	Mong.-dt. biol. Exp. 2461/62
,,	w Ich-ul, mittl. Selenga-Tal (MVR)	6	—	42	Mong.-dt. biol. Exp. 1704/64
,,	b. Chujagt (Selenga-Fähre) (MVR) sowohl orange- wie schwefel-	6	21	42	Mong.-dt. biol. Exp. 1716/64
	gelbblütige Formen	6	—	42	u. ST 1797/65
P. croceum	cv. 'Kardinal'	2	—	14	ST 1939/66
,,	cv. 'Giganteum'	2	—	14	ST 1952/66
,,	cv. 'Gartref'	2	—	14	ST 1938/66
,,	Bot. Garten Kirovsk	2	7	—	ST 1903/66

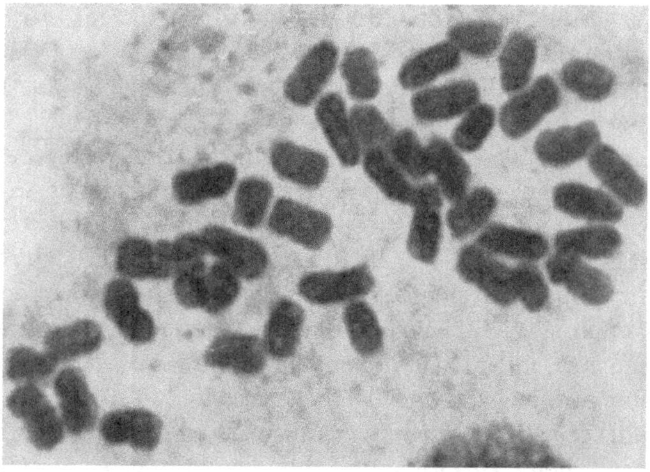

Abb. 3. Mitose-Metaphaseplatte von *P. nudicaule* (Phako), 2n = 42 (Mong.-Dt. biol. Exp. 2461/62, w Ulan-Bator) 2000 x

Die von den drei genannten Autoren beschriebenen Pflanzen sind (Tab. 1) in morphologischer Hinsicht nicht völlig übereinstimmend. Ungeachtet ihrer artlichen Zusammengehörigkeit erhebt sich deshalb die Frage der Typisierung, die vor allem im Hinblick auf eine Untergliederung der Art möglichst unzweideutig zu erfolgen hat.

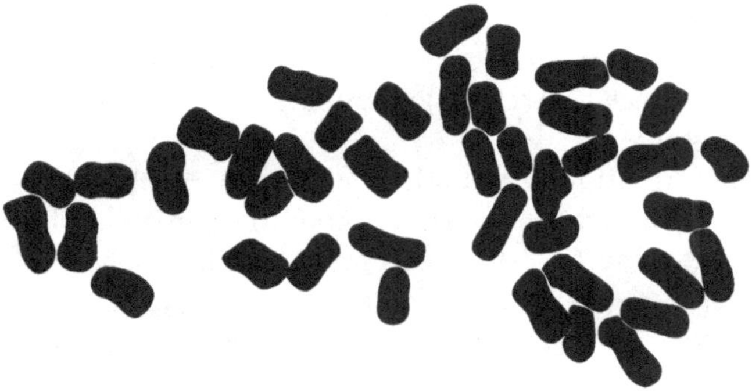

Abb. 4. Zeichnung der Metaphaseplatte von Abb. 3

Die Amman'sche Sippe scheidet mangels Beleg oder Zeichnung von vornherein aus. Nach dem „International Code of Botanical Nomenclature 1964" (Regn. Veget. 46, 1966) wird in den „Anleitungen für die Bestimmung der Typen" unter 4b gesagt: „Bei der Bezeichnung eines Lectotypus einer Art oder eines infraspezifischen Taxons sollte man unter sonst gleichen Gegebenheiten einem Exemplar den Vorzug geben gegenüber vorlinnéischen oder anderen zitierten Beschreibungen oder Abbildungen". Nun kann im vorliegenden Falle bei Linné und Dillenius von „gleichen Gegebenheiten" keine Rede sein: Der Beleg im Herbar Linné ist zwar gut erhalten, aber (Abb. 1) sehr unvollständig und seine Herkunft ist nicht bekannt[1]; obwohl der Bogen sicher vor 1753 in den Besitz Linné's gelangt ist (s. o., auch Linné's Unterschrift stimmt unter den bei Savage, 1945, abgebildeten Schriftproben am ehesten mit der von 1746 überein), hat er nicht – wie ausgeführt – als Hauptquelle für die Artphrase und für die unter *P. nudicaule* angeführten Bemerkungen gedient.

Von Dillenius liegt dagegen eine sehr gute Abbildung, eine relativ ausführliche Beschreibung und das der Abbildung zugrunde gelegene Herbarmaterial (der Typotypus, Herbar Dillenius, vgl. Druce 1907) vor, und die Herkunft des Materials ist bekannt. Topotyp-Material könnte jederzeit gesammelt werden bzw. ist sehr wahrscheinlich in sowjetischen Sammlungen bereits vorhanden. Wie Schmidt (1965) nachwies, hat Linné in dem in seinem Besitz befindlich gewesenen, jetzt in Jena vorhandenen Exemplar des Hortus Elthamensis die Abbildung dieses Mohnes eigenhändig als *nudicaule* beschriftet.[2]

[1] Pflanzen, die dem Linné'schen Herbarexemplar entsprechen und die, wie Linné schon im Hortus Upsaliensis erwähnt, in der Blütenfarbe von blaßgelb zu weiß variieren, sind von uns 1956 in der Inneren Mongolei bei Hailar in den Kiefernwäldern (*Pinus sylvestris*) der den Hailar-Fluß begleitenden Binnendünen gesammelt worden (Chin.-Dt. biol. Sammelreise 1453/56); der Pollengröße nach könnte es sich hier um eine tetraploide Population handeln.

[2] Dabei handelt es sich vermutlich um das Linné von Dillenius während seines Englandaufenthaltes überreichte Exemplar (Jackson 1926).

Es erscheint uns deshalb zweckmäßig, als Lectotyp von *P. nudicaule* die Abbildung 291 im genannten Werk von Dillenius vorzuschlagen, was – wie dargelegt – zu den Regeln (Art. 7–9) und den dazugehörigen Anleitungen nicht im Widerspruch steht.

Diese Typisierung stimmt mit älteren Ansichten über den Arttyp gut überein, so mit *P. nudicaule α commune* von Turczaninow (Flora baicalensi-dahurica, 1842–45, eine baikalisch-dahurische, gelbblühende Form) oder mit *P. nudicaule* ssp. *commune* Tolm. (Tolmačev 1930, südsibirische, gelb-, seltener weiß- oder orangeblühende Form). Diese Übereinstimmung geht aus den Beschreibungen und auch aus einigen von Tolmačev revidierten und entsprechend bezeichneten Herbarbelegen hervor (u. a. Prochanow 682, 3. 9. 1926, Borochčin-gol; Ikonnikov-Galitzky 905, 3. 9. 1926, derselbe Fundort; Molleson, 13. 7. 1902, Chandagaj).

Im Komarov-Institut für Botanik in Leningrad (LE) sind einige Belege aus dem Baikal-Raum vorhanden, die mit dem Dillenius'schen Exemplar sehr gut übereinstimmen; so z. B. Smirnov, 28. 8. 1928, vom Tal der Kochota bei Irkutsk; A. Ryšatnikov von Trojckosavsk, beides orangeblühende Pflanzen mit einer persistierenden Endborste an den Blattfiedern, wie sie auch auf der Tafel von Dillenius zu erkennen ist, oder Petruša, 11. 6. 1939, Dželtulak-Rayon (Čita) mit schwefelgelben Blüten, aber etwas entfernter stehenden und an der Basis mitunter etwas sekundär eingeschnittenen Fiedern 1. Ordnung.

Die Beimischung von orangeblütigen Formen in überwiegend schwefelgelbblühenden Populationen, wie sie Dillenius angab, konnte von uns auch in den Beständen von *P. nudicaule* im Selenga-Tal im Norden der Mongolischen Volksrepublik beobachtet werden.

Im Gegensatz zu den oben erwähnten Typisierungen bezieht sich die var. *genuinum* des *P. nudicaule* von Lundström (1923) auf die im folgenden zu besprechenden, in den Gärten ebenfalls als „*P. nudicaule*" (Island-Mohn) gezogenen Formen (Abb. 5).

DER „ISLAND-MOHN" (*P. NUDICAULE* HORT. NON L.)

Die so bezeichneten Pflanzen weichen nun in der Tat von den oben beschriebenen Formen deutlich ab: In Gatersleben wurden drei Handelssorten der Fa. F. C. Heinemann, Erfurt, (cv. 'Kardinal', cv. 'Giganteum', cv. 'Gartref') angebaut und verglichen. Als auffällige Unterschiede gegenüber den oben behandelten Mohnformen von *P. nudicaule* und den mit diesen vergleichbaren der mongolischen Kollektion des Instituts wurden festgestellt: Dunkle, braunschwarze (und abstehende) Behaarung der Kelchblätter und des Schaftes; äußerst geringe Behaarung der Blätter, bei denen nur die Blattstiele ± dicht und abstehend behaart sind und die allenfalls auf der Blattunterseite einzelne, verstreute Haare tragen; die Blattfiedern nicht ± gleichmäßig breit sondern am Grunde deutlich etwas eingeschnürt; das Fehlen zitronengelber Farbtypen bei sonst in den Blütenfarben außerordentlich variablen Beständen (so treten rein-gelb, orangegelb, weiß-, rosa- bis ziegelrot-, hellrot, scharlachrot- und dunkelrotorange-blühende Pflanzen auf). Eine karyologische Überprüfung dieser drei Sorten (sowie einer aus dem Botanischen Garten Kirovsk, UdSSR, stammenden, mit ihnen vollkommen identischen, als *P. croceum* bezeichneten Herkunft) ergab, daß es sich bei allen um diploide Typen mit $2n = 14$ handelt (Tab. 2; Abb. 6,7). Das stimmt mit fast allen bisher bekannten Zählungen überein, gleiche Ergebnisse erhielten bei der Prüfung von jeweils mehreren Gartenformen von *P.* „*nudicaule*" Ljungdahl (1922), Fabergé (1942) sowie Kawatani u. Ohno (1965)[1].

Die oben genannten morphologischen Merkmale treffen nun alle auf eine 1830 (a, b) von Ledebour beschriebene Art aus dem Altai, auf *P. croceum*, zu. Ein Vergleich der Beschreibung dieses Autors, der Tafel in seinen „Icones plantarum . . . imprimis altaicam . . ." sowie eines Fotos des Originalbelegs mit den hier diskutierten Ziermohnen ergibt eindeutig, daß die in den Gärten als *P.* „*nudicaule*" kultivierten Pflanzen zu dieser später beschriebenen Art gestellt werden müssen.

Im Gegensatz zu der Diagnose von Ledebour haben unsere kultivierten Pflanzen an ihren Blattlappen keine Endborsten; dieses Merkmal wurde aber bereits vom Autor der Art in den Bemerkungen durch „plerumque setulae terminatis, rarius muticae" abgeschwächt und Andeutungen derartiger Endborsten sind an einzelnen Pflanzen unseres Materials auch zu beobachten, so daß dieser Differenz wohl keine große Bedeutung beigemessen zu werden braucht. – Unsere Herkünfte stimmen auch sehr gut mit der von Hooker (1830) im Botanical Magazine n. s. IV (t. 3035) publizierten Beschreibung und Abbildung dieser Art überein, die Blattfiedern sind hier allerdings sehr entfernt; es dürfte der Abbildung ein Exemplar mit späteren Folgeblättern zugrunde gelegt worden sein, die auch bei unserem Material ganz entsprechend ausgebildet sind; das Ledebour'sche Material war relativ früh im Jahr gesammelt (Mitte Mai) und die Erstblätter zeichneten sich auch bei uns durch eine gedrängte Fiederstellung aus (wie Herb. Ledebour und Tafel bei Ledebour 1830a). Das im Botanischen Garten von Glasgow gezogene, im Botanical Magazine abgebildete Exemplar geht auf eine aus Dorpat von Ledebour zur Verfügung gestellte Saatgutprobe zurück; mithin handelt es sich hier ebenfalls um authentisches Artmaterial (s. Hooker 1830), so daß die im Index-Band des Botanical Magazine (1956, S. 178) vorgenommene Umbenennung der Pflanze von t. 3035 in *P. nudicaule* nicht gerechtfertigt erscheint (echtes *P. nudicaule* ist dagegen in dieser Zeitschrift wesentlich früher, 1814, vol. 39,

[1] $2n = 28$ für *P. nudicaule* hort. wurde in den „Documented chromosome numbers of plants" in Madroño 18 (1965) angegeben; es ist ausdrücklich „Common Iceland Poppy of nursery trade" vermerkt, ein Hinweis, daß sich unter dieser Bezeichnung möglicherweise mehrere verschiedene Sippen verbergen.

Abb. 5. *P. croceum*, Zierform der Art (ST 1939/66, cv. 'Kardinal')

t. 1633, von J. Sims und zwar in der zitronengelbblütigen Form abgebildet worden!).

Eine Überprüfung des Altai-Materials von *P. croceum* im Komarov-Institut (LE) zeigte, daß diese Herkünfte vollkommen mit *P. nudicaule* hort. non L. übereinstimmen; es handelt sich bei ihnen gleichfalls um großblütige, hochwüchsige, langblättrige, fast kahle Pflanzen, deren graugrüne Blätter fast nur am Stiel beborstet sind, die selten und nur wenig sekundär eingeschnittene, am Grunde in charakteristischer Weise eingeschnürte Fiedern besitzen, deren Knospen dunkel und abstehend behaart sind und deren große Kapseln flache bis gewölbte Disci mit 6–8 Narbenstrahlen tragen (z. B. Pobedimova 64v, 15. 7. 1928, Bijsker Kreis, Černyj Anuj; Šiškin, Čilikina, Sumnevič,

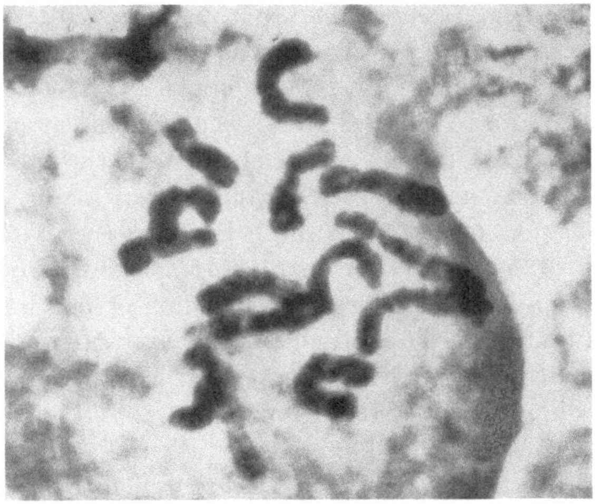

Abb. 6. Mitose-Metaphaseplatte von *P. croceum* (Phako), 2n = 14 (cv. 'Kardinal', ST 1939/66, Fa. Heinemann, Erfurt) 2000 x

4. 7. 1931, Terektinsker Geb., am Kostachta-Fluß). Eine Pollenmessung bei dem Beleg von Pobedimova 64v ergab einen Durchmesser von 23,1 μ, so daß nach den Erfahrungen an umfangreichem anderen Material auch eine karyologische Übereinstimmung dieser Wildherkünfte und des Gartenmaterials vermutet werden kann.

Die Kultur von *P. croceum* muß sich im vergangenen Jahrhundert rasch verbreitet haben, vielleicht wurde Saatgut von Ledebour mehrfach abge-

Abb. 7. Zeichnung der Metaphaseplatte von Abb. 6

geben. 1855 wurde in der damals verbreiteten Gärtnerzeitschrift „Gartenflora" (Bd. 4) unter der Rubrik „Neue Zierpflanzen" (S. 203–210) eine gefülltblühende Form dieser Art vorgestellt und bemerkt, daß sie schon lange in den Gärten eingeführt sei. Auch in der Ausgabe von „Vilmorin's Blumengärtnerei" von 1873 wird die Art als *P. croceum* bezeichnet. Es wurde aber meist schon damals nicht mehr klar zwischen *P. nudicaule* und dieser Art unterschieden, was bei der Variabilität dieser *Scapiflora*-Sippen nicht verwundert. So zieht Regel in der Gartenflora 10 (1861) *P. croceum* als Synonym zu *P. alpinum* var. *nudicaule* (die abgebildete Pflanze entspricht den heutigen Ziermohnen dieser Gruppe), ähnlich wird später in dieser Zeitschrift (Anonym., 1877) verfahren.

Die Bezeichnung *Island-Mohn* für diese Pflanzen (vermutlich im Hinblick auf die isländischen Vertreter der sect. *Scapiflora*, die aber zur nordisch-arktischen *radicatum*-Gruppe gehören) ist uns zum ersten Male in einem weiteren anonymen Beitrag „Neue Zierpflanzen“ (Gartenflora, 34, 1885, S. 26) begegnet, wo es heißt, daß so eine Gruppe von Varietäten von *P. nudicaule* bezeichnet wird, die in Wirklichkeit Kreuzungen von *P. nudicaule* und *P. alpinum* darstellen würden. Das könnte sich allenfalls auf die ± deutliche morphologische Mittelstellung des *P. croceum* zwischen echter *P. nudicaule* und *P. alpinum* beziehen, da Kreuzungen zwischen *P. alpinum* und *P. croceum* stets eine sehr hohe Sterilität der F_1- und F_2-Pflanzen ergaben (Fabergé 1944) und ebensolche bei den Bastardierungen zwischen den verschiedenen Ploidiestufen angehörenden Arten *P. alpinum* (2x) und *P. nudicaule* (4x, 6x) zu erwarten wären.

Der „Island-Mohn“ *P. croceum* muß sich in den letzten Jahrzehnten des vergangenen Jahrhunderts einer gewissen Beliebtheit erfreut haben, er wird in den Gartenzeitungen öfter erwähnt, neue Sorten erscheinen; 1893 (Anonym., Gartenflora 42) bietet J. C. Schmidt (Erfurt) eine gefüllt-blühende, orange-scharlachrote Sorte an (*P. nudicaule coccineum fl. pl.*), im selben Jahr berichten Jörns und Klar über gelb- und weiß-blühende Formen (*P. croceum virginalis*), 1898 wird erstmals eine schwefelgelbblütige Sorte empfohlen (*P. nudicaule sulphureum*), von der es allerdings nicht ganz sicher ist, ob sie zu *P. croceum* gezogen werden kann (die beigefügte kleine Abbildung zeigt eine Pflanze mit sehr schmalen, langen Blattfiedern!).

Alle diese Pflanzen, das geht auch aus späteren Angaben, etwa der ausführlichen Beschreibung Lundströms der betreffenden Gartenformen, (1923, von ihm als *P. nudicaule* var. *genuinum* bezeichnet) hervor, sind mit den heute als Island-Mohn, *P. nudicaule* hort. non L., gezogenen Formen identisch; in einigen Botanischen Gärten werden sie heute bereits unter der richtigen Bezeichnung *P. croceum* geführt.

Die Variabilität dieser Zierformen an Blütenfarbtypen, die seit der Inkulturnahme ausgelesen wurden, übertrifft die Variationsbreite dieses Merkmals, wie sie von den Wildsippen der Sektion repräsentiert wird. Als Blütenpigmente treten neben dem Nudicaulin und Flavonolen auch Anthocyane auf, die von den Wildarten bisher nur in wenigen Fällen bekannt geworden sind (vgl. Acheson et al. 1962, Hegnauer 1969 u. eigene Untersuchungen).

Es ist nicht ausgeschlossen, daß außer dieser weiter verbreiteten Sippe auch noch gelegentlich das echte *P. nudicaule* kultiviert wird; das gilt zumindest für den Anfang des vergangenen Jahrhunderts, wo in englischen Gärten diese Sippe vorhanden war (Sims in Bot. Magaz. 39, 1814); auch Hooker gibt bei der Beschreibung des *P. croceum* in der genannten Zeitschrift an (1830), daß daneben *P. nudicaule* gezogen wird. Die oben erwähnte tetraploide Form des „Iceland Poppy" von Kalifornien könnte sich ebenfalls auf diese Art beziehen.

Dieses heterogene Bild ist zweifelsohne auf mehrfache Samenimporte verschiedener *Scapiflora*-Herkünfte aus Sibirien und den angrenzenden Gebieten zurückzuführen. Es entspricht keineswegs den Tatsachen, daß nur eine einmalige Einfuhr (Heidenreich für den Hortus Elthamensis) stattfand, wie es Fabergé (1942) vermutete. Schon das Linné'sche Material ging offensichtlich auf eine davon unabhängige Quelle zurück; Gmelin schreibt 1769, daß aus China Samen von *P. nudicaule* (im weiten Sinne) nach Petersburg gelangte; die Einfuhr von *P. croceum*-Saatgut durch Ledebour nach England wurde bereits erwähnt, 1822 berichtete Sims (Bot. Magaz. 49 t. 2344), daß auch Dr. Fischer Samen seines *P. nudicaule* var. *rubro-aurantiacum* aus Transbaikalien nach England (Chelsea) versandt habe und sicher ist durch die russischen Botaniker in der damaligen Zeit auch in andere Gärten Saatgut der entsprechenden Sippen gelangt.

Der Direktion des Komarov-Instituts für Botanik in Leningrad bin ich für die Ausleihe von Herbarmaterial und die Möglichkeit zu Studien der dortigen Kollektionen während eines Arbeitsaufenthaltes 1968 zu großem Dank verpflichtet. – Die fotografischen Arbeiten führte Frau G. Terpe durch. Meiner Frau bin ich für die Mitarbeit bei den karyologischen Untersuchungen dankbar.

Zusammenfassung

Die Linné'sche Art *Papaver nudicaule* (sect. *Scapiflora*) ist eine südostsibirische Sippe, von der auf Grund ihrer morphologischen Merkmale und der Übereinstimmung des Linné vorgelegenen Materials mit rezenten, cytologisch untersuchten Aufsammlungen auf ihren polyploiden Status geschlossen wird. Als Lectotyp der Art wird die Abbildung im Hortus Elthamensis (t. 224 f. 291) von Dillenius (Argun-Herkunft) vorgeschlagen. – Sameneinfuhren von Vertretern der sect. *Scapiflora* aus Sibirien und den Nachbargebieten haben im 18. und 19. Jahrhundert mehrfach stattgefunden. Jedoch hat nur eine diploide, in den Gärten fälschlich ebenfalls meist als *P. „nudicaule"* (Island-Mohn) bezeichnete Sippe eine größere Verbreitung als Zierpflanze erlangt. Diese Sippe muß auf Grund ihrer morphologischen Charaktere und der abweichenden Chromosomenzahl zu *P. croceum* Ldb. gestellt werden; Wildherkünfte aus dem Altai, von wo die Art zuerst beschrieben wurde, stimmen in allen wesentlichen Merkmalen mit den Zierformen überein. In der Kultur hat sich bei ihr seit den letzten Jahrzehnten des vergangenen Jahrhunderts eine beachtliche Variabilität vor allem in den Blütenfarben herausgebildet, die über das für die Wildformen der Sektion typische Farbspektrum herausreicht.

Summary

The typification of *Papaver nudicaule* L. and the systematic position of *P. nudicaule* hort. non L.

Papaver nudicaule (sect. *Scapiflora*) described by Linné is a South- Siberian species which proved to be a polyploid taxon by comparing the material known to Linné with recent cytologically examined collections. As lectotype has been proposed the figure of the species in the „Hortus Elthamensis" (t. 224 f. 291) by Dillenius (plants from the Argun river). Seed imports of *Scapiflora* taxa from Siberia and neighbouring territories have happened several times during the 18th and 19th century. But only one diploid species – mostly erroneously called *P.* „*nudicaule*" (Iceland Poppy), too – has been more widely distributed in the gardens. On morphological and cytological reasons these plants must be included in *P. croceum*; spontaneous strains from the Altai mountains, from where the species had been originally described, are comparable in all essential characters to the cultivated ornamental plants. Since the last decades of the 19th century a remarkable variability especially of flower colour types has been selected in the cultivation which surpasses the colour variation of the wild taxa of the whole section *Scapiflora*.

Краткое содержание

Типизация *Papaver nudicaule* L. и таксономическое положение *P. nudicaule* hort. non L.

Описанный Линнеем *Papaver nudicaule* (sect. *Scapiflora*) рассматривается как вид юго-восточной Сибири, чьи морфологические признаки и соответствие линнеевского материала современным, цитологически изученным сборам, позволяет сделать заключение о его полиплоидности. В качестве лектотипа вида предлагается рисунок в ,,Hortus Elthamensis'' (таб. 224, фиг. 291) Диллениуса, который изображает образец с Аргуни.

Семена растений секции *Scapiflora* неоднократно завозились в течение XVIII–XIX вв. из Сибири и прилегающих к ней областей; но только одна диплоидная форма, неправильно обозначаемая в цветоводстве как *P.* ,,*nudicaule*'' (исландский мак), получила широкое распространение как декоративное растение. Эту форму на основании её морфологических особенностей и отклоняющегося числа хромосом следует отнести к *P. croceum* Ldb.; дикорастущие образцы с Алтая, откуда вид был впервые описан, вполне соответствуют во всех своих существенных признаках декоративной форме. Начиная с последних десятилетий прошлого века, в культуре появляется значительная изменчивость, главным образом в окраске цветков, которая выходит за пределы типичного спектра дикорастущих форм секции.

Literatur

Acheson, R. M. et al., 1962: Floral pigments in *Papaver* and their significance in the systematics of the genus. – New Phytol. *61*(3), 256–260.
Ammanus, J., 1739: Stirpium rariorum in imperio rutheno sponte provenientium . . . – Petropoli.
Anonymus, 1855: Neue Zierpflanzen. – Gartenflora (Erlangen) *4*, 203–210.
– 1877: Neue Zierpflanzen. – Gartenflora (Stuttgart) *26*, 279–285.
– 1885: Neue Zierpflanzen. – Gartenflora (Stuttgart) *34*, 20–27.
– 1893: Neue und empfehlenswerte Pflanzen etc. – Gartenflora (Berlin) *42*, 87–90.
Bailey, L. H., 1949: Manual of cultivated plants. – New York.
Code, International, of Botanical Nomenclature, 1966: Regn. vegetab. *46*, 402 pp.
Cullen, J., 1969: The genus *Papaver* in cultivation 1. The wild species. – Baileya *16* (3), 73–91.
Dillenius, J. J., 1732: Hortus Elthamensis seu Plantarum rariorum . . . – Londini.
Documented chromosome numbers of plants, 1965: Madroño *18* (4), 122–126.
Druce, G. C., 1907: The Dillenian herbaria. – Oxford.
Fabergé, A. C., 1942: Genetics of the *Scapiflora* section of *Papaver* I. The garden Iceland poppy. – J. genetics *44*, 169–193.
Fabergé, A. C., 1944: III. Interspecific hybrids and genetic homology. – J. genetics *46*, 125–149.
Fedde, F., 1909: *Papaveraceae-Hypecoideae* et *Papaveraceae-Papaveroideae*. – In: Engler, A., Das Pflanzenreich, Heft *40* (IV, 104). – Leipzig.
Gmelin, J. G., 1769: Flora sibirica . . ., vol. *IV*. – Petropoli.
Goerke, H., 1966: Carl von Linné. (Große Naturforscher Bd. *31*). – Stuttgart.
Hanelt, P., 1969: Revision der mongolischen Taxa von *Papaver* L. sect. *Scapiflora* Rchb. sowie Studien zur Systematik und Evolution dieser Sektion. – Habilitationsschrift, Halle.
Hegnauer, R., 1969: Chemotaxonomie der Pflanzen, *V*. – Basel und Stuttgart.
Hooker, W. J., 1830: *Papaver croceum*. The orange-flowered poppy. – Curt. Bot. Maz. n. s. *IV*, t. 3035.
Jackson, B. D., 1926: The visit of Carl Linnaeus to England in 1736. – Sv. Linné-Sällskap. Årsskr. *IX*, 1–11.
Jörns u. J. Klar, 1893: Bericht über die . . . auf den Rieselfeldern der Stadtgemeinde Berlin . . . ausgeführten Kulturversuche im Jahre 1892. – Gartenflora (Berlin) *42*, 174–177.
Kawatani, T., and T. Ohno, 1965: Chromosome numbers in *Papaver* (jap./engl.). – Bull. natl. inst. hygien. sci. *83*, 127–133.
Knaben, G., 1958: *Papaver*-studier, med et forsvar for *P. radicatum* Rottb. som en islandsk-skandinavisk art. – Blyttia *16*, 61–80.
Ledebour, C. F., 1830a: Icones plantarum novarum vel imperfecte cognientarum floram rossicam, imprimis altaicam illustranta. Centuria *II*. – Rigae-Londini-Parisiis-Argentorati-Bruxellae.
– 1830b: Flora altaica, vol. *II*. – Berolini.
Linné, C., 1748: Hortus Upsaliensis. – Stockholmiae.
– 1753: Species plantarum, ed. 1. – Holmiae.
– 1763: Species plantarum. ed. 2. – Holmiae.
Ljungdahl, H., 1922: Zur Zytologie der Gattung *Papaver*. – Sv. bot. tidskr. *16*, 103–114.
Löve, A., 1962: Nomenclature of North Atlantic papavers. – Taxon *11*, 132–138.

Löve, A., 1962a: Typification of *Papaver radicatum* – a nomenclatural detective story. – Bot. Notis. *115* (2), 113–136.
Lundström, E., 1923: Über *Papaver nudicaule* L. und *P. radicatum* Rottb. in Fennoskandia und Arktis sowie über einige mit *P. nudicaule* verwandte Arten. – Acta hort. Berg. 7, 403–430.
Markgraf, F., 1963: Die Typisierung von *Papaver alpinum* L. – Taxon *12*, 144–146.
Měsiček, J., and J. Soják, 1969: Chromosome counts of some Mongolian plants. – Fol. geobot. phytotax. *4* (1), 55–86.
Pareys Blumengärtnerei, 2. Aufl., Bd. *1*,: 1958. – Berlin – Hamburg.
Popov, M. G., 1937: *Papaver*. – In: Komarov, V. L., Flora SSSR, t. *VII*, 598–646. – Moskva – Leningrad.
Regel, E. (E. R.), 1861: *Papaver alpinum* L. var. *nudicaule* F. M. – Gartenflora (Erlangen) *10*, 118, t. 323.
Savage, Sp., 1945: A catalogue of the Linnean herbarium. – London.
Schmidt, H., 1965: Der „Hortus Elthamensis" aus der Bibliothek Carl von Linnés. – Feddes rep. *70*, 69–108.
Sims, J., 1814: *Papaver nudicaule* (β). Yellow-flowered, naked-stalked poppy. – Curt. bot. magaz. *39*, t. 1633.
– 1822: *Papaver nudicaule*, (δ) *rubro-aurantiacum*. Orange-coloured, naked-stalked poppy. – Curt. bot. magaz. 49, t. 2344.
Tolmačev, A. (Tolmatchev), 1930: *Papaver nudicaule* L. und einige verwandte asiatische *Papaver*-Formen. – Sv. bot. tidskr. *24*, 33–43.
Turczaninow, N., 1842–45: Flora baicalensi-dahurica . . . – Mosquae.
Tursén, E. Z., 1745: Anandria. – Upsaliae.
Vilmorin's Illustrierte Blumengärtnerei, 1873: Ed. J. Grönland u. Th. Rümpler. – Berlin.

Einfluß von Licht auf die Koremienbildung und ihre kreisförmige Anordnung.

II. BEI *PENICILLIUM CLAVIFORME* MUT. *OLIVICOLOR* ABÉ ET URA UND EINER VARIETÄT DAVON

von Abdul-Ghani Faraj Salman

(Eingegangen am 12. Januar 1970)

EINLEITUNG

Bestimmte *Penicillium*-Arten haben die Fähigkeit, außer Konidienträgern noch Koremien zu bilden. Die Entstehung und die Entwicklung dieser Koremien wird durch endogene und exogene Faktoren bestimmt und beeinflußt.

In einer früheren Arbeit (Faraj Salman 1968) wurde die Wirkung des Lichtes auf die Koremienbildung und ihre kreisförmige Anordnung bei dem Pilz *Penicillium duclauxi* Delacroix beschrieben. Dieser Pilz wurde auf natürlichen Nährböden, wie Biomalz-Agar und Haferflocken-Agar, kultiviert. Es ist bekannt, daß die Zusammensetzung des Nährmediums das Wachstum und die physiologischen Vorgänge bei Organismen beeinflussen kann. Da die Zusammensetzung dieser verwendeten Naturstoffe nicht genau bekannt und konstant ist, wurde versucht, den Pilz *Penicillium duclauxi* auf einem definierten Substrat zu kultivieren. Alle Bemühungen in dieser Richtung ergaben keine befriedigende Lösung. Deshalb wurden andere Pilze, die auf Mineralnähragar wachsen können, als Versuchsobjekte herangezogen. In der vorliegenden Arbeit wird über den Einfluß des Lichtes in erster Linie auf die Koremienbildung und ihre kreisförmige Anordnung bei dem Pilz *Penicillium claviforme* mut. *olivicolor* Abé et Ura und einer Varietät davon berichtet.

METHODE

Für die Pilze *Penicillium claviforme* mut. *olivicolor* Abé et Ura und seine Varietät wurde ein Mineralnährboden gewählt, dessen Zusammensetzung in der Arbeit Faraj Salman (1969) angegeben worden ist. Auch wurde dieselbe Versuchsmethodik benutzt, wie sie bei Faraj Salman 1968, 1969 beschrieben ist. Darüber hinaus notwendige spezielle Versuchsanordnungen werden bei den einzelnen Experimenten geschildert. Alle Versuche wurden 3–5 mal wiederholt.

Im Laufe der Untersuchungen mit den erwähnten Pilzen stellte es sich heraus, daß die beiden Pilze auf Licht und Temperatur sowie auf andere Außenfaktoren gleichartig reagieren. Deshalb werden in den meisten Fällen nur Angaben über das Verhalten von einem dieser beiden Pilze gemacht.

VERSUCHE UND ERGEBNISSE

Einfluß der Temperatur auf die Koremienbildung

Bei den Untersuchungen mit dem Pilz *Penicillium duclauxi* Delacroix war festgestellt worden, das rhythmische Temperaturschwankungen um 3 °C im Dunkeln in der Lage sind, eine kreisförmige Anordnung der Koremien zu verursachen. Deshalb sollte geprüft werden, ob solche Temperaturänderungen in Dauerdunkelheit einen Einfluß auf die Koremienbildung bei *Penicillium claviforme* mut. *olivicolor* Abé et Ura und seiner Varietät haben. Dazu wurde die Brutschrank-Temperatur im Rhythmus von 12 Stunden zwischen zwei festen Temperaturen gewechselt. Es zeigte sich, daß regelmäßig sich wiederholende

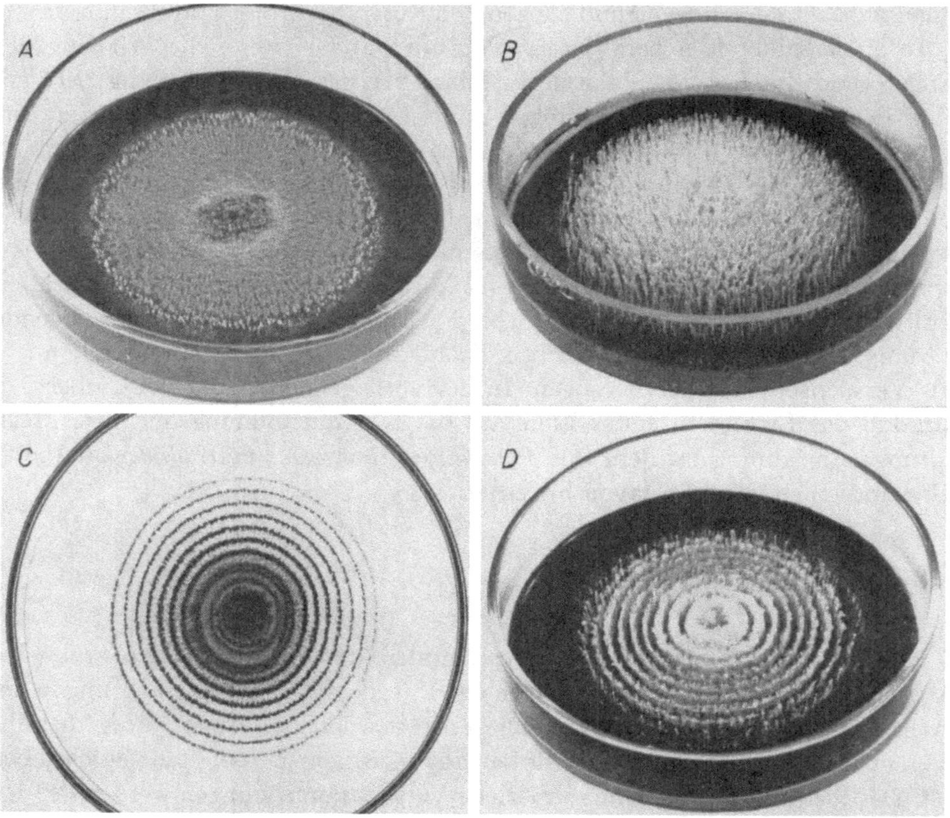

Abb. 1. Einfluß von Dauerdunkelheit und konstanter Temperatur auf die Koremienbildung. A. *Penicillium claviforme* mut. *olivicolor* Abé et Ura, B. die Varietät dieser Art (keine Zonierung, die Kulturen aus dem Dauerlicht sahen genauso aus).
Einfluß von Licht-Dunkel-Wechsel (weißes Licht) im 12 : 12-stündigen Rhythmus auf die Koremienbildung. C. *Penicillium claviforme* mut. *olivicolor* Abé et Ura, D. die Varietät dieser Art (deutliche Ringbildung, die Koremien der Varietät sind mehrfach länger als die der Ausgangsform)

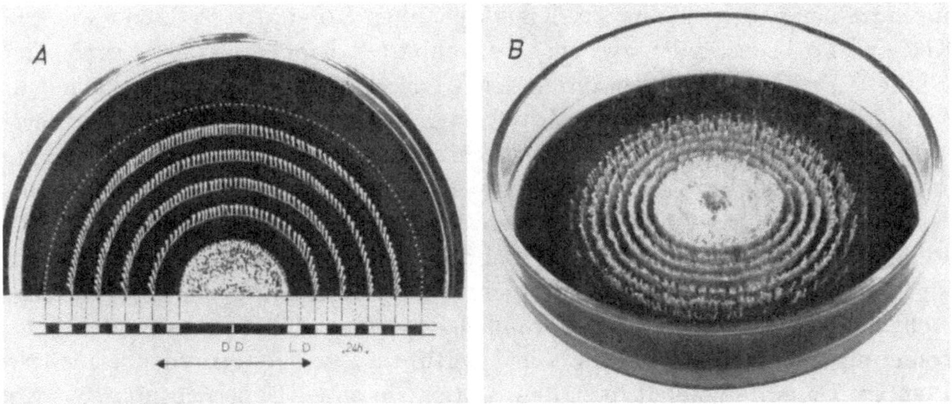

Abb. 2. A. Halb-schematische Darstellung der Verteilung der Koremien in den Licht-Dunkel-Perioden; DD = Dauerdunkel, D = Dunkelphase, L = Lichtphase, die horizontalen Pfeile weisen auf die Wachstumsrichtung des Pilzes hin. B. Zonierung der Koremien in Dauerdunkelheit, hervorgerufen durch den Temperaturwechsel im 12 : 12-stündigen Rhythmus zwischen 22 °C und 25 °C (Varietät von *Penicillium claviforme* mut. *olivicolor*)

Temperaturschwankungen um 3 °C (zwischen 22 °C und 25°C) eine ringförmige Anordnung der Koremien erzeugt hatten (Abb. 2 – B), während das Koremienlager bei konstanter Temperatur in Dauerdunkelheit vollkommen gleichmäßig ausgebildet war (Abb. 1 A u. B). Durch ähnliche Versuche mit den beiden Pilzen konnte gezeigt werden, daß auch Temperaturschwankungen um 1 °C im 12 : 12-stündigen Rhythmus eine noch erkennbare Zonierung der Koremien hervorrufen können. Auch im Dauerlicht war es möglich, bei Temperaturschwankungen eine Ringbildung zu erzeugen. Für die weiteren Versuche wurden daher, um die Temperatur konstant zu halten, zusätzliche Vorsichtsmaßnahmen getroffen (Faraj Salman 1970).

Einfluß von weißem Licht auf die Koremien- und Ringbildung

Um zu prüfen, ob weißes Licht einen Einfluß auf die Koremienbildung hat, wurde ein Teil der Kulturen unter Dauerlicht und der andere in Dauerdunkelheit gebracht. Nach mehrtägiger Versuchsdauer hatten sich in beiden Kulturen Koremien entwickelt. Sie waren unregelmäßig auf der Agar-Agar-Fläche verstreut (Abb. 1 A u. B). Es konnten keine Unterschiede in der Koremienlänge oder in der Koremiendichte zwischen den Dunkel- und Hellkulturen festgestellt werden. Um die Lichtwirkung näher zu analysieren, kamen Kulturen in 12 : 12-stündigen Licht-Dunkel-Wechsel, daneben wurden Kontrollen in demselben Thermostaten dunkel gehalten. Nach 10-tägiger Versuchsdauer waren die Koremien der Kulturen, die im Licht-Dunkel-Wechsel gestanden hatten, in konzentrischen Kreisen angeordnet (Abb. 1 C u. D). Die Kontrollen dagegen waren ohne jede Ringbildung. Jeder Koremienring bestand überraschenderweise aus einzelnen nebeneinander im Kreis stehenden Koremien, so daß er wie eine Kette wirkte. Die Stellen zwischen benachbarten Ringen waren koremienfrei. Ähnliche Ergebnisse wurden durch den Wechsel von Licht und Dunkelheit im 8:16-, 4:20- und 2:22-Stunden-Rhythmus erzielt. Die Länge der Lichtphase eines Licht-Dunkel-Zyklus kann noch kürzer gehalten werden, wenn die Lichtintensität hoch genug ist und die Licht- + Dunkelperiode nicht unter 24 Stunden liegt. Auch sehr kurze Lichtgaben, wie solche mit einem Photoblitzgerät, können eine erkennbare Zonierung bei diesen Pilzen hervorrufen, wenn sie im Wechsel mit Dunkelheit stehen (Licht- + Dunkelperiode = 24 Stunden). Licht-Dunkel-Gaben im 24:24-Stunden-Rhythmus führten zu undeutlicher Zonierung des Koremienlagers. Die Überführung von Kulturen, die mehrere Tage in Dauerdunkelheit gehalten waren, in eine Dauerlichtphase, sowie der Übergang in umgekehrter Richtung, induzierte nur einen einzigen Ring.

Um zu untersuchen, in welcher Phase (Dunkel- oder Lichtperiode) die Koremienentwicklung stattfindet, wurde wie bei *Penicillium duclauxi* (Faraj Salman 1968) die Glasnadel-Technik verwendet. Dazu kamen beimpfte Petrischalen in 12 : 12-stündigen Licht-Dunkel-Wechsel, dann wurden regelmäßig am Anfang und am Ende der Lichtperiode an der Myzelfront sterilisierte Glasnadeln in den Agar gesteckt. Nach mehrtägiger Versuchsdauer war folgendes zu beobachten: 1) Jede Licht-Dunkel-Periode induziert nur einen Ring, in anschließendem Dauerdunkel setzt sich die Rhythmik der Ringbildung nicht fort. 2) Das Licht wirkt nur auf junges Myzel ein. Die lichtempfindlichste Stelle des Myzels liegt bei den benutzten Versuchsbedingungen etwa 0,5 mm hinter dem Thallusrande. 3) Die ringförmig angeordneten Koremien der Licht-Dunkel-Kulturen befinden sich nicht innerhalb der Lichtphase, wie es bei *Penicillium duclauxi* der Fall ist, sondern an der einen Übergangsstelle von Dunkelheit zu Licht, nie bei der von Licht zu Dunkelheit. Diese Beobachtung ist in Abbildung 2A halb-schematisch dargestellt.

Abb. 3. Benutzte Versuchsanordnung für die Bestrahlung der Pilze mit Licht bei Verwendung von Interferenzfiltern.

A. Seitenansicht der Apparatur,

B. Strahlengang:

1 – Lichtquelle (Lichtwurflampe 6 V 50 W)

2 – Linsenkondensator

3 – Wärmeschutzfilter (durchfließendes Wasser)

4 – Verschluß des Strahlenganges

5 – Oberflächenspiegel

6 – Interferenzfilter, montiert in einem waagerecht schiebbaren Gehäuse

7 – Thermostat

8 – Versuchskultur

Die Versuchskulturen erhalten nur Licht, das die Interferenzfilter passiert hat und sind gegen fremdes Licht völlig geschützt

3 A

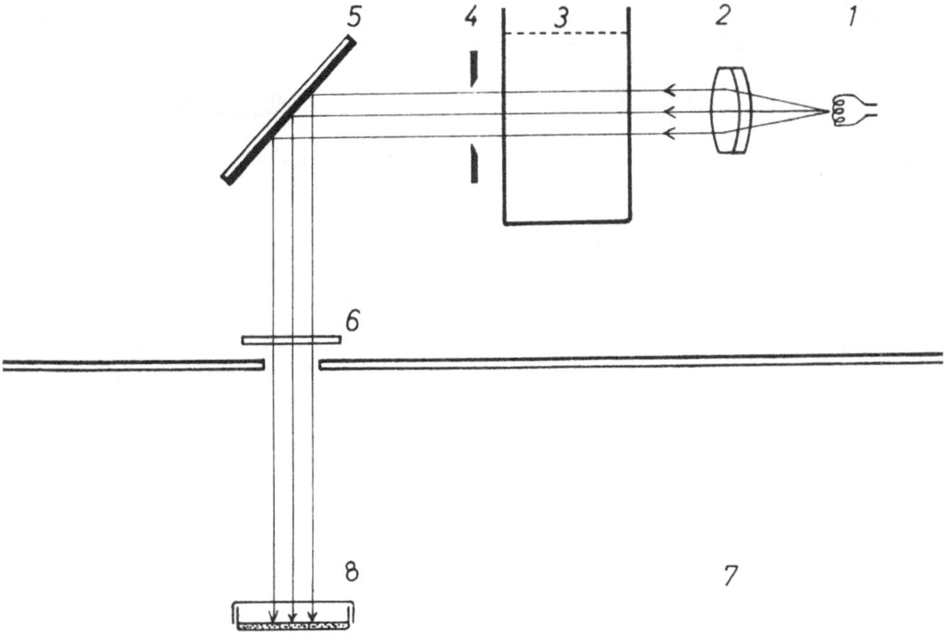

3 B

Einfluß der Lichtqualität auf die rhythmische Koremienbildung

Um Hinweise auf die das Licht perzeptierenden Pigmentsysteme zu erhalten, wurde der Einfluß von Licht verschiedener Spektralfarbe auf die Ringbildung untersucht. Zur Erzeugung farbigen Lichtes kamen Schott'sche Farbfilter zur Anwendung (die Durchlässigkeiten dieser Filter und Filterkombinationen sind in der Arbeit Faraj Salman (1968) angegeben). Die Kulturen wurden dem 12 : 12 stündigen Licht-Dunkel-Wechsel ausgesetzt. Es zeigte sich, daß langwelliges Ultraviolett, Blau und Blau-Grün, im Gegensatz zu Gelb, Orange, Rot und Ultrarot, wie weißes Licht eine Zonierung hervorruft (Abb. 4). Eine Abgrenzung des wirksamen Spektralbereiches geschah durch Verwendung von Interferenzfiltern. In Abbildung 3 ist die dabei benutzte Versuchsanordnung dargestellt. Der Spektralbereich von 350 nm bis 700 nm wurde in Abständen von 25 nm durchgetestet. Bei diesen Untersuchungen waren die Kulturen einem 8 : 16-

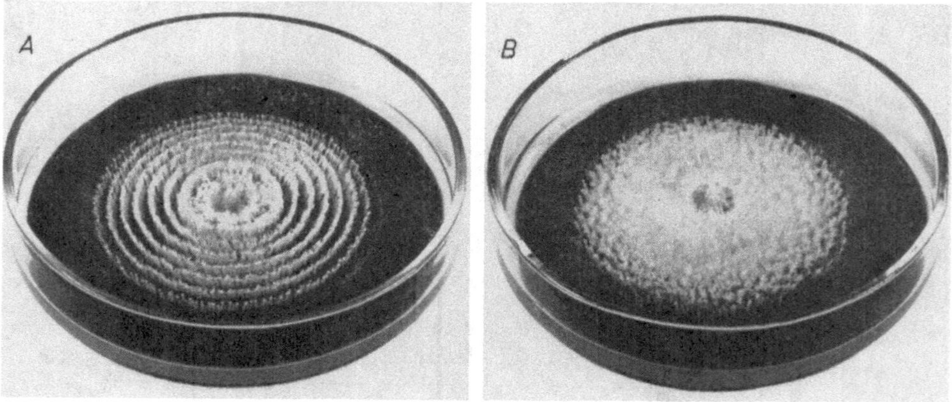

Abb. 4. Einfluß von Blau- und Rotlicht, abwechselnd mit Dunkelheit im 12 : 12-stündigen Rhythmus, auf die Ringbildung von Koremien bei der Varietät von *Penicillium claviforme* mut. *olivicolor* Abé et Ura, A. Blaulicht-Dunkel-Wechsel (Ringbildung), B. Rotlicht-Dunkel-Wechsel (keine Ringbildung)

stündigen Licht-Dunkel-Wechsel unterworfen. Neben jeder Kultur, die farbiges Licht erhielt, lag eine verdunkelte Kontrollkultur. Es zeigte sich, daß das Licht, im Bereich von 350 nm bis 525 nm abwechselnd mit Dunkelheit gegeben, eine ringförmige Anordnung von Koremien hervorrufen kann. Damit konnten die mit Schott'schen Farbfiltern erzielten Ergebnisse bestätigt werden, wonach der rote Wellenlängenbereich in Bezug auf die Induktion von Koremien denselben Einfluß hat wie Dunkelheit. Nach diesen Ergebnissen müßte eine sich wiederholende Folge von Rotlicht und Blaulicht auch eine Zonierung erzeugen können. Um das zu prüfen, kamen beimpfte Petrischalen abwechselnd im Rot- und Blaulicht von gleicher Intensität im 12 : 12-stündigen Rhythmus. Die Koremien solcher Kulturen waren ebenfalls ringförmig angeordnet. – Eine Photosensibilisierung der Pilze für Rot gelang durch Methylenblau, welches in wässriger Lösung im Rot stark absorbiert, so daß auf methylenblauhaltigem Agar eine Zonierung im Rot-Dunkel-Wechsel auftrat (Faraj Salman 1969).

Einfluß der Transpiration auf die Ringbildung

In älterer Literatur sind Angaben vorhanden (z. B. bei Munk 1912), nach denen die Zonierung bei Pilzen eine Folge des indirekten Lichteinflusses ist, weil Licht die Transpirationsintensität während der Lichtperiode verändern kann. In dem folgenden Versuch galt es, diese Annahme für die vorliegenden Versuchsobjekte zu prüfen. Die vermutlichen Transpirationsschwankungen während der Licht-Dunkel-Zyklen sollten durch eine Erhöhung der Luftfeuchtigkeit des Versuchsraumes auf 100 % vermieden werden. Dazu kamen beimpfte Petrischalen in geschlossene Glasgefäße, deren Innenwände mit nassem Filterpapier belegt worden waren. Außerdem enthielt jedes Gefäß 100 ml dest. Wasser. Ein Teil dieser Gefäße wurde dem 12:12-stündigen Licht-Dunkel-Wechsel ausgesetzt, der andere Teil kam in denselben Thermostaten, jedoch verdunkelt. Nach 10-tägiger Versuchsdauer war zu beobachten, daß die Koremien der Kulturen, die im Licht-Dunkel-Rhythmus gestanden hatten, ringförmig angeordnet waren. Die Kontrollkulturen waren zonierungsfrei. Damit war gezeigt, daß die beobachtete Ringbildung dem Lichtfaktor allein und nicht den Transpirationsschwankungen zuzuschreiben ist.

DISKUSSION

In den geschilderten Versuchen war gezeigt worden, daß bei dem Pilz *Penicillium claviforme* mut. *olivicolor* Abé et Ura und seiner Varietät, wie bei dem Pilz *Penicillium duclauxi* Delacroix, Licht für die Bildung von Koremien zwar nicht notwendig ist, daß jedoch das Licht ihre Entstehung beeinflussen kann. Bei diesen Pilzen waren die Koremien im 12:12-stündigen Licht-Dunkel-Wechsel in deutlichen konzentrischen Ringen angeordnet, zwischen denen koremienfreie Zonen lagen. Diese Anordnung war bei Temperaturkonstanz allein durch den exogenen Lichtfaktor hervorgerufen und nicht endogen gesteuert. Auch hier, wie bei *Penicillium duclauxi*, rief jede einzelne Lichtphase nur einen Koremien-Ring hervor, so daß die Zahl der Ringe der Anzahl der Versuchstage oder der Belichtungen entsprach. Ferner zeigte sich bei diesen Pilzen ebenfalls, daß nur ein bestimmtes Entwicklungsstadium der Pilzhyphen lichtempfindlich ist. Diese lichtsensible Stelle lag bei den geprüften Kulturbedingungen etwa 0,5 mm hinter der Myzelspitze. Der von dieser Myzelzone aufgenommene Lichtreiz induzierte die Anlage von Koremien, die etwa 20 bis 24 Stunden später erfolgte. Untersuchungen mit farbigem Licht ergaben, daß die Koremien-Ringbildung nur im kurzwelligen Teil des Spektrums (von 350 nm bis 525 nm) möglich war. Langwelliges Licht war unwirksam. Aus technischen Gründen wurde die Wirkung des Lichtes auf die Koremienbildung im ultravioletten Bereich noch nicht untersucht, es soll jedoch in Zukunft geschehen. Da Rot- und Infrarotlicht keinen Einfluß auf die Koremienbildung beider Pilze haben, ist die Beteiligung vom Phytochrom bei diesen Reaktionen unwahrscheinlich, vielmehr scheint ein Carotenoid oder noch eher ein Flavin lichtperzeptierendes Pigment zu sein. Über das Wirkungsspektrum für diese Reaktion soll später berichtet werden.

Zusammenfassung

Der Einfluß von Licht auf die Koremienbildung und ihre ringförmige Anordnung bei *Penicillium claviforme* mut. *olivicolor* Abé et Ura und einer Varietät davon, die auf Mineralnährboden wachsen können, wurde untersucht. Unter konstanten Bedingungen hat Licht keine Wirkung auf die Entstehung der Koremien, sowie auf ihre Länge oder Dichte, dagegen erzeugt der Wechsel von Licht und Dunkelheit im 12:12-stündigen Rhythmus, sowie in anderen Rhythmen, deren Lichtperiode sehr kurz sein kann, wobei jedoch die Summe von Lichtphase und Dunkelperiode mindestens 24 Stunden betragen muß, eine ringförmige Anordnung der Koremien. Nur kurzwelliges Licht (von 350 nm bis 525 nm) ist wirksam. Die Rhythmik ist nicht endogen bedingt. Jede Lichtperiode ruft nur einen Ring hervor. Die Induktion der Koremien während der Licht-Dunkel-Zyklen findet an der Übergangsstelle von der Licht- zur Dunkelphase statt. Die lichtempfindlichste Stelle des Pilzmyzels liegt etwa 0,5 mm hinter der Myzelspitze. – Eine ringförmige Anordnung der Koremien kann auch in Dauerdunkelheit oder in Dauerlicht durch rhythmische Temperaturschwankungen von 1°C bis 3°C erzeugt werden.

Summary

The action of light on the development and zoning of coremia.
II. *Penicillium claviforme* mut. *olivicolor* Abé et Ura and a variety of it

A study was made about the action of light on the formation and development of coremia, as well as on coremia-zoning of *Penicillium claviforme* mut. *olivicolor* Abé et Ura and a variety of it, which are grown on a definite nutrient medium. It was found that light, under constant conditions, had no favourable action on the production of coremia, on their hight or density, on the other hand alternating periods of 12 hours, or shorter durations, of light and darkness, whereby the length of each light-dark-cycle being no less than 24 hours, produced concentric zones of coremia. The effective part of the light spectrum, in the induction of coremia-zoning was between 350 nm and 525 nm. This rhythm is not endogenous. Only one ring is produced by each light exposure. The induction of coremial initials of cultures under light-dark-cycles took place at the transition point from the light- to dark-phase. The light sensitive point of fungal mycelium lies about 0.5 mm behind the colony margin. – In continuous darkness or continuous illumination zoning of coremia can be induced by temperature fluctuations in 12:12-hours rhythm within a range of 1°C–3°C (between 22°C and 25°C).

Frau Prof. Dr. H. Sagromsky danke ich für das Interesse bei der Durchführung der Versuche und ihre Hilfe bei der Anfertigung des deutschen Textes. Ferner danke ich Fräulein H. Stoll für die Herstellung der photographischen Aufnahmen.

Краткое содержание

Влияние света на образование коремиев и их кругообразное расположение. II. *Penicillium claviforme* mut. *olivicolor* Abé et Ura и его разновидность

Исследуется влияние света на образование коремиев и их кольцеобразное расположение у *Penicillium claviforme* mut. *olivicolor* и его разновидности. В постоянных условиях свет не оказывает влияния на возникновение коремиев, на их длину или плотность. Смена света и темноты в ритме 12 : 12 часов, а также и другие ритмы вызывают кольцеобразное расположение коремиев, даже если световой период очень короток, но сумма световой фазы и периода темноты составляют по меньшей мере 24 часа. Только коротковолновый свет от 350 до 525 *нм* оказывает это действие. Ритмика не обусловлена эндогенно. Каждый световой период вызывает появление только одного кольца. Индукция коремиев в течение цикла происходит при переходе световой фазы в фазу темноты. Наиболее светочувствительное место мицелия находится приблизительно на расстоянии 0,5 *мм* от его верхушки. – Кольцеобразное расположение коремиев можно получить в постоянной темноте или на постоянном свету воздействием ритмических колебаний температуры от 1° до 3 °C.

Literatur

Faraj Salman, A.-G., 1968: Einfluß von Licht auf die Koremienbildung und ihre kreisförmige Anordnung. I. Bei *Penicillium duclauxi* Delacroix. – Biol. Zbl. *87* (6), 741–756.

– 1969: In vivo Photosensibilisierung der lichtabhängigen Koremienbildung von Pilzen durch Methylenblau. – Arch. Protistenk. *111*, 264–269.

– 1970: Induktion einer endogenen Rhythmik der Koremienbildung durch Alkohol bei einer Mutante von *Penicillium claviforme* Bainier und einer Varietät davon. – Biochem., Physiol. Pflanzen *161*, 42–49.

Munk, M., 1912: Über die Bedingungen der Coremienbildung bei *Penicillium*. – Mycol. Cbl. *1* (12), 387–403.

Untersuchungen über die Beziehung zwischen Fahnenblattfläche und Einzelährenertrag bei Weizen und Gerste

von Peter Apel und Christian O. Lehmann

(Eingegangen am 16. Januar 1970)

Eine Reihe von Untersuchungsergebnissen verschiedener Autoren lassen es als weitgehend gesichert erscheinen, daß die im Getreidekorn gespeicherten Assimilate in der Phase nach dem Ährenschieben gebildet werden (Birecka u. a. 1966, 1967; Stoy 1965; Thorne 1966). Aus morphologischen und physiologischen Gründen sind hierbei die obersten Halmabschnitte, das letzte Internodium mit Fahnenblatt und Ähre, von besonderer Bedeutung. Simpson (1968) fand bei einem Vergleich der photosynthetisch aktiven Fläche des letzten Internodiums mit dem Einzelährenertrag bei 120 Weizensorten eine Korrelation von r = 0,764. Der Korrelationskoeffizient für die Beziehung zwischen Fahnenblattspreite und Kornertrag/Ähre betrug r = 0,534.

Infolge der zahlreichen Faktoren, von denen der Kornertrag abhängt, ergeben sich zwei Fragen: 1. Wieweit wird dieses Ergebnis durch die Art der Versuchsanlage bestimmt – bei Simpson Gewächshauskultur mit regelmäßiger Bewässerung und unter Vermeidung gegenseitiger Beschattung. 2. Ergeben sich solche Beziehungen auch bei Sorten, die auf dem Feld wachsen?

Das Ziel unserer Untersuchungen war es, zu überprüfen, ob bei in Freiland aufwachsenden Sorten eine vergleichbare Korrelation zwischen der Größe der Fahnenblattspreite und dem Einzelährenertrag besteht.

Es ist dabei von vornherein mit einer Anzahl von Einflüssen zu rechnen, die eine Korrelation zwischen beiden Parametern beeinflussen können.

Bei einer komplexen Analyse wären u. a. zu berücksichtigen: Sortenspezifische physiologische Aktivität (Photosyntheseleistung, Atmung), die Reaktion auf wechselnde Klimafaktoren und die „Bestandesfaktoren" (Blattstellung, gegenseitige Beschattung usw.) sowie die Dauer der Kornfüllungsphase.

MATERIAL UND METHODE

Aus dem im Jahre 1969 angebauten Weizensortiment wurden 118 Land- sowie ältere und neue Zuchtsorten des Saatweizens ausgewählt. Es waren 19 Winter- und 99 Sommerformen. Die Sorten stammten aus allen Erdteilen, es wurde kein bestimmtes Land bevorzugt. Die Ähren der Weizensorten waren unbegrannt.

Für die Messungen an Gerste wurden 50 Wintergerstensorten des Sortiments ausgewählt; dabei wurde darauf geachtet, daß möglichst alle Wintergerste anbauenden Länder mit ihren Sorten (ältere und neue Zuchtsorten) vertreten waren.

Die Sorten waren in vier Reihen auf 2 $^1/_2$ m² großen Parzellen angebaut. Einige Sommerweizen standen in einem besonderen, mit dreifachen Wiederholungen angelegten Versuch. Der Abstand der Reihen betrug 20 cm, die Körner waren einzelkornweise in einem Abstand von etwa 2–3 cm mit der Hand ausgelegt worden. Die Messungen wurden an Pflanzen der beiden Mittelreihen vorgenommen, die Randpflanzen blieben unberücksichtigt. Die Sorten, die nach den Messungen an den Fahnenblattspreiten lagerten, wurden nicht weiter untersucht.

Die Fläche der Fahnenblattspreite (F) wurde an 30 zufällig ausgewählten Fahnenblättern bestimmt und ihre dazu gehörigen Ähren markiert. Zur Vollreife der Körner wurden die Ähren geerntet und vier Tage lang bei 80 °C nachgetrocknet. An diesen Ähren wurden folgende Werte ermittelt: Gewicht der Ähren, Kornzahl je Ähre (K/Ä), Gewicht der Körner je Ähre (G/K), Gewicht von tausend Körnern (TKM).

Aus den während der Vegetationszeit vorgenommenen Bonitierungen des Sortiments wurden hier der Mehltaubefall (O = ohne Befall bis 4 = starker Befall) und die Pflanzenlänge mit berücksichtigt.

Die Berechnung der linearen Korrelationskoeffizienten sowie der Test auf Normalverteilung erfolgten auf der Anlage „Odra 1003" des Zentralinstituts für Isotopen- und Strahlentechnik der DAW in Leipzig.

Die Zuverlässigkeit derartiger relativ kleiner Stichproben wurde an den in dreifacher Wiederholung angebauten Sorten geprüft.

Sorte		F	G/K	TKM	K/Ä
'Crespo'					
Wiederholung 1		1,74	1,401	45,80	31
Wiederholung 2		1,77	1,423	46,68	30
Wiederholung 3		1,69	1,386	45,26	31
	$\bar{\bar{x}}$	1,74	1,403	45,91	31
'Carola'					
Wiederholung 1		1,91	1,555	44,84	35
Wiederholung 2		1,98	1,489	41,00	36
Wiederholung 3		2,02	1,596	43,80	36
	$\bar{\bar{x}}$	1,97	1,547	43,21	36
'Chris'					
Wiederholung 1		1,36	0,979	36,79	27
Wiederholung 2		1,38	0,983	37,90	26
Wiederholung 3		1,62	1,101	39,46	28
	$\bar{\bar{x}}$	1,45	1,021	38,05	27

Auf Grund der zwischen den einzelnen Wiederholungen auftretenden geringen Differenzen kann u. E. nach der Versuchsfehler, der sich bei der Auswertung der Messung an den Pflanzen nur einer Parzelle ergibt, toleriert werden. Hinzu kommt, daß die Untersuchungen sich hauptsächlich auf die Prüfung der Beziehungen zwischen morphologischen Größen innerhalb einer Sorte bezogen und nicht auf die Differenzierung zwischen Sorten mit sehr geringen Unterschieden in den einzelnen Merkmalen.

ERGEBNISSE

Weizen

Die Werte für die Fläche der Fahnenblattspreite, des Korngewicht/Ähre, die Kornzahl/Ähre und die Tausendkornmasse sind normal verteilt. Die Variabilität der Merkmale ist aus Tabelle 1 ersichtlich.

Tabelle 1

	normal-verteilt	$\bar{x}$	Variationsbreite	Variationsbreite in % ($\bar{x}$ = 100)
Fläche d. Fahnenbl.	ja	2,647 dm^2	1,14 ... 3,89 dm^2	43 ... 147
Korngew. Ähre	ja	1,433 p	0,528 ... 2,506 p	37 ... 175
Kornzahl Ähre	ja	32,24	16 ... 59	50 ... 180
TKM	ja	44,82 p	28,40 ... 65,16 p	63 ... 145

Folgende Korrelationen wurden berechnet:

Fahnenblattlänge	:	Fläche	r = 0,789
Fahnenblattfläche	:	Korngewicht/Ähre	r = 0,512
Korngewicht/Ähre	:	Kornzahl/Ähre	r = 0,874
Korngewicht/Ähre	:	TKM	r = 0,252
Kornzahl/Ähre	:	TKM	r = − 0,223

Der von uns unter Freilandbedingungen ermittelte Korrelationskoeffizient zwischen Fahnenblattfläche und Einzelährenertrag (0,512) ist mit dem von Simpson unter Gewächshausbedingungen ermittelten (0,534) nahezu identisch. Eine ähnliche Übereinstimmung ergab sich für die Beziehung Kornzahl/Ähre: Korngewicht/Ähre (r = 0,874 und 0,861). Für den Züchter bedeutet dies unseres Erachtens, daß die Fahnenblattfläche entweder ein ungeeignetes oder nur in Kombination mit anderen Merkmalen bedingt geeignetes Selektionskriterium darstellt.

In physiologischer Hinsicht erscheinen uns besonders die Genotypen interessant, die der – wenn auch nur lockeren – Beziehung zwischen Fahnenblattflächengröße und Kornertrag/Ähre am wenigsten entsprechen, die also von der Regressionslinie weit entfernt liegen. Es sind das Extremtypen, die entweder mit kleiner Fahnenblattfläche einen hohen Ertrag oder mit großer Blattfläche einen relativ geringen Ertrag bringen. Diese Differenzen können in einem genotypisch bedingten geringeren oder höheren photosynthetischen Leistungspotential (pro Blattflächeneinheit) bzw. in einer unterschiedlichen Reaktion auf die während der Kornfüllungsphase herrschenden Klimabedingungen ihre Ursache haben.

Vorläufige Messungen der potentiellen Photosyntheserate (Definition und Methode bei Apel und Lehmann, 1969) zeigten einen statistisch signifikanten Unterschied zwischen einer Gruppe von Sorten mit kleiner Fahnenblattfläche und rel. hohem Einzelährenertrag (zehn Sorten) und einer anderen mit großer Fahnenblattfläche und niedrigem Einzelährenertrag (sechs Sorten). Diese Untersuchungen sollen auf andere Entwicklungsstadien und andere physiologische Parameter ausgedehnt werden.

Während der Entwicklung der Pflanzen wurde der Mehltaubefall nach einem fünfstufigen Bonitierungsschema laufend festgehalten. Die Ertragsfaktoren (G/K, K/Ä und TKM) unterscheiden sich in den verschiedenen Befallsgruppen nicht.

Mehltaubefall	F	G/K	TKM	K/Ä
Bonitur:				
0 und 1	2,04	1,450	44,86	32,8
2, 3, 4	1,93	1,420	44,75	32,1

Eine Klassifizierung nach der Pflanzenlänge läßt ebenfalls keine signifikanten Unterschiede in den gemessenen Größen erkennen.

Pflanzenlänge	F	G/K	TKM	K/Ä
71–110 cm	1,97 dm^2	1,415 p	43,61 p	32,8
111–140 cm	2,04 dm^2	1,488 p	46,24 p	32,4

Signifikante Unterschiede zum Gesamtmittel weisen die Werte für eine Gruppe von sechs Landsorten auf. Sie stammen von den Canarischen Inseln, aus Indien, Tibet und dem Hindukusch.

	F	G/K	TKM	K/Ä
Gesamtmittel	2,65	1,433	44,82	32,2
$\bar{x}$ d. Landsorten	2,33	1,083	38,68	30,7

Gerste

Die Werte für die Fahnenblattfläche, das Korngewicht/Ähre, die Kornzahl/Ähre und das TKM sind normal verteilt. Die Variabilität der Merkmale ist aus Tabelle 2 ersichtlich.

Tabelle 2

	normal-verteilt	$\bar{x}$	Variationsbreite	Variationsbreite in % ($\bar{x}$ = 100)
Fläche d. Fahnenbl.	ja	1,045	0,56 ... 1,56	53 ... 149
Korngew. Ähre	ja	1,872 p	1,26 ... 2,35 p	67 ... 125
Kornzahl Ähre	ja	39,94	23 ... 56	58 ... 140
TKM	ja	47,06 p	35,51 ... 65,28 p	75 ... 139

Folgende Korrelationen wurden ermittelt:

Fahnenblattlänge	: Fläche	r = 0,911
Fahnenblattfläche	: Korngewicht/Ähre	r = 0,344
Korngewicht/Ähre	: Kornzahl/Ähre	r = 0,318
Korngewicht/Ähre	: TKM	r = 0,471
Kornzahl/Ähre	: TKM	r = − 0,391

Der wesentlich niedrigere Korrelationskoeffizient zwischen Fahnenblattfläche und Einzelährenertrag bei den Gersten im Vergleich zu den Weizen ist unseres Erachtens nicht allein auf die geringere Anzahl der untersuchten Sorten zurückzuführen, sondern hat seine morphologisch-physiologische Ursache wohl vor allem darin, daß bei der Gerste ein größerer Anteil der Assimilate von den Grannen[1] gebildet wird und die (im Gesamtmittel aller Sorten) nur knapp halb so große Fahnenblattfläche von geringerer Bedeutung für die Kornfüllung ist.

Bei einem Vergleich zwischen Weizen und Gerste fällt weiterhin auf, daß der Korrelationskoeffizient Korngewicht : Kornzahl/Ähre (Weizen : r = 0,874; Gerste : r = 0,318) bei Gerste signifikant niedriger ist.

Zwischen den Mehltaubefallsgruppen der Bonitierungen 1 und 2 resp. 3 und 4 sind keine signifikanten Unterschiede in den erfaßten Merkmalen nachweisbar. Die Gruppierung nach der Länge der Pflanzen ergibt folgendes:

Pflanzenlänge	F	G/K	TKM	K/Ä
81–110 cm	0,978 dm^2	1,695 p	43,29 p	40,2
111–130 cm	1,107 dm^2	1,955 p	50,03 p	39,5

Die Differenz im TKM ist signifikant ($\alpha = 0,01$).

[1] Alle Gerstensorten waren langbegrannt, die Weizensorten unbegrannt.

DISKUSSION

Einjährige Messungen dieser Art und die daraus abgeleiteten Beziehungen sollten nicht überbewertet werden! Sie haben zunächst nur unter den Klimabedingungen des entsprechenden Jahres Gültigkeit. Jedoch geht aus den Ergebnissen hervor, daß die Fahnenblattfläche unbegrannter Weizensorten allein kein sehr gut geeignetes morphologisches Kriterium für das Ertragspotential einer Sorte darstellt, da trotz des Vorliegens einer gesicherten Beziehung zwischen diesem Merkmal und dem Einzelährenertrag die Irrtumswahrscheinlichkeit sehr groß ist. Bei begrannten Gersten ist die Größe der Fahnenblattfläche für die Kornfüllung von untergeordneter Bedeutung.

Im Hinblick auf weitere Untersuchungen erscheint uns ein anderer Aspekt wichtig. Beim Vorliegen einer (wenn auch nicht sehr engen) Beziehung zwischen einzelnen der gemessenen Größen, dürften diejenigen Formen für eine nähere Analyse physiologischer Leistungskomponenten interessant sein, die weitab von der Regressionslinie liegen, der allgemeinen Beziehung also am wenigsten entsprechen. Es könnte auf diese Weise eine Vorselektion von Genotypen für weiterführende ertragsphysiologische Untersuchungen getroffen werden.

Fräulein Susanne Stegmann danken wir für die gewissenhafte Durchführung der umfangreichen Messungen.

Zusammenfassung

Zwischen der Fläche der Fahnenblattspreite und dem Kornertrag/Ähre besteht bei Weizen (Messung an 118 Sorten) unter Freilandbedingungen eine statistisch gesicherte Beziehung. Der Korrelationskoeffizient „r" beträgt 0,512. Eine relativ enge Beziehung ergab sich zwischen Kornzahl/Ähre und Korngewicht/Ähre (r = 0,874).

Die Messungen an 50 Gerstensorten zeigten eine geringe, wenn auch signifikante Beziehung zwischen Fahnenblattgröße und Einzelährenertrag (r = 0,344). Hier dürften die Organe der Ähre, vor allem die Grannen, von größerer Bedeutung für die Kornfüllung sein. Die Korrelation zwischen Kornzahl/Ähre und Korngewicht/Ähre ist bei diesen Gersten wesentlich geringer als bei Weizen (r = 0,318).

Summary

Studies on the relations between the size of the flag leaf
and the yield of the ear in wheat and barley

In wheat, in field conditions, a significant correlation between the size of flag leaf and grain yield/ear was found, correlation coefficient r = 0.512 (evaluation of 118 varieties). A relatively narrow correlation (r = 0.874) existed between number of grains/ear and grain weight/ear.

Fifty barley varieties showed a low but significant correlation (r = 0.344) between the size of flag leaf and yield/ear. The organs of the ear, particularly the awns, are probably more important for the grain development. There was less correlation between number of grains/ear and weight of grains/ear in these barley varieties than in wheat (wheat r = 0.874; barley r = 0.318).

Краткое содержание

О соотношении между поверхностью пластинки верхнего листа и урожайностью колоса у пшеницы и ячменя

Между поверхностью листовой пластинки верхнего листа и урожайностью отдельного колоса у пшеницы (исследовано 118 сортов) в полевых условиях найдена статистически достоверная связь; коэффициент корреляции r = 0,512. Более тесная зависимость наблюдалась между числом зерен в колосе и весом зерен колоса (r = 0,874).

Измерения на 50 сортах ячменя показали менее тесную, хотя и статистически достоверную, связь между величиной листовой пластинки и урожайностью колоса (r = 0,344). Здесь органы колоса, главным образом ости, играют очевидно более значительную роль в процессе „наполнения зерна". Корреляция между числом зерен и их весом на колос оказалась у этих ячменей значительно ниже, чем у пшениц (r = 0,318).

Literatur

Apel, P., und Chr. O. Lehmann, 1969: Variabilität und Sortenspezifität der Photosyntheserate bei Sommergerste. – Photosynthetica *3*, 255–262.

Birecka, H., and L. Dakic-Włodkowska, 1966: Photosynthetic activity and productivity before and after ear emergence in spring wheat. – Acta Soc. Bot. Polon. *35*, 638–662.

Birecka, H., J. Skupinska and J. Bernstein, 1967: Photosynthetic activity and productivity before and after ear emergence in spring barley. – Acta Soc. Bot. Polon. *36*, 388–409.

Simpson, G. M., 1968: Association between grain yield per plant and photosynthetic area above the flag-leaf node in wheat. Canad. J. Plant Sci. *48*, 253–260.

Stoy, V., 1965: Photosynthesis, respiration and carbohydrate accumulation in spring wheat in relation to yield. – Physiol. Plant. Suppl. *4*, 125.

Thorne, G. N., 1966: Physiological aspects of grain yield in cereals. – In: Milthorpe, F. L., and J. D. Ivins (Edit.), The growth of cereals and grasses, 88–105. – London.

Resistenzeigenschaften im Gersten- und Weizensortiment Gatersleben

13. PRÜFUNG VON WINTERGERSTEN-NEUZUGÄNGEN AUF IHR VERHALTEN GEGEN GELBROST, *PUCCINIA STRIIFORMIS* WEST.

von Ilse Nover[1] und Christian O. Lehmann

(Eingegangen am 16. Januar 1970)

Im Jahre 1968 haben wir das Verhalten von 478 Wintergersten-Neuzugängen in das Sortiment Gatersleben, gegenüber 15 Rassen von *Erysiphe graminis* DC. sowie fünf Rassen von *Puccinia hordei* Otth beschrieben (Nover und Lehmann 1968).

Nach einmaliger Infektion im Gewächshaus ließ sich damals noch nicht sicher beurteilen, ob unter diesen Wintergersten auch Träger von Resistenz gegen die Gelbrost-Rasse 24 vorhanden waren. Die Infektion ist inzwischen mehrfach wiederholt worden. Außerdem wurde der Befall in einem künstlich verseuchten Infektionsgarten beobachtet.

Die Ergebnisse der Prüfungen mit der Gelbrost-Rasse 24 sind im folgenden zusammengefaßt:

Hochgradige Widerstandsfähigkeit wurde in keinem Fall gefunden. Mäßig resistent waren vier von den insgesamt 478 Gersten: die spanische Sorte 'Cerro' (HOR 4047); eine Herkunft aus Turkmenien, Katalog VIR 10095[2] (HOR 4176); eine Herkunft aus Afghanistan, FAO-Sortiment Fundulea (HOR 4219) und die alte deutsche Sorte 'Blätterkinder' (HOR 1662).

In drei Herkünften lagen Gemische von anfälligen und resistenten Pflanzen vor.

Als mäßig bis stark anfällig wurden 471 Sorten bewertet.

Auf die Sorte 'Blätterkinder' ist bereits 1966 hingewiesen worden, allerdings wurde sie damals noch als hochresistent eingestuft (Nover und Lehmann 1966). Inzwischen haben wir festgestellt, daß bei einem extrem starken Infektionsdruck Gelbrost auf dieser Sorte im Stadium des Ährenschiebens auftreten kann. Das Fahnenblatt und gelegentlich auch das nächst ältere zeigen dann einen anfälligen Reaktionstyp. Das gleiche gilt für das Verhalten der Sorte 'Sämänta 26' (HOR 1338), während sich die hohe Resistenz der 1966 genannten Sorte 'Cenader Sechszeilige' (HOR 1319) sowie der Herkunft von Peloponnes (HOR 998) auch in den folgenden Jahren bestätigt hat.

[1] Sektion Pflanzenproduktion der Universität Halle

[2] Katalognummer der Gerstenkollektion des Union-Institutes für Pflanzenbau „N. I. Vavilov" (VIR), Leningrad

Summary

Resistance characters in the barley and wheat collection Gatersleben
13. Testing new introductions of winter barley for their reaction to stripe rust (*Puccinia striiformis* West.)

478 winter barley varieties, new entries into the Gatersleben collection, were tested in the greenhouse for their reaction to race 24 of *Puccinia striiformis* West. None of the varieties was highly resistant. Moderate resistance was shown by four varieties: 'Cerro' (HOR 4047), Turkmenian (HOR 4176), Afghanistan (HOR 4219) and 'Blätterkinder' (HOR 1662). Mixtures of susceptible with resistant plants were found in three samples. 471 varieties were susceptible to stripe rust.

Краткое содержание

Устойчивость гатерслебенской коллекции ячменя и пшеницы.
13. Испытание новопоступивших образцов ячменя на восприимчивость к желтой ржавчине

478 образцов озимого ячменя, поступившие в гатерслебенскую коллекцию, испытывались в условиях теплицы на их воспримчивость к 24 расам *Puccinia striiformis* West. Высокой устойчивости не проявил ни один образец. Средней устойчивостью обладали 4 образца: ‚Церро'(HOR 4047), образец из Туркмении (HOR 4176), образец из Афганистана (HOR 4219) и ‚Блэттеркиндер' (HOR 1662). Три номера оказались смесью устойчивых и неустойчивых растений. 471 образец легко заражался желтой ржавчиной.

Literatur

Nover, I., und Chr. O. Lehmann, 1966: Resistenzeigenschaften im Gersten- und Weizensortiment Gatersleben. 6. Prüfung von Gersten auf ihr Verhalten gegen Gelbrost (*Puccinia striiformis* West. syn. *P. glumarum* (Schm.) Erikss. et Henn.). – Kulturpflanze *14*, 257–262.

– 1968: – 9. Prüfung von Wintergersten-Neuzugängen auf ihr Verhalten gegen Mehltau (*Erysiphe graminis* DC. f. sp. *hordei* Marchal) und Zwergrost (*Puccinia hordei* Otth). – Kulturpflanze *16*, 231–241.

Über die physiologische Wirkung von Licht und Schatten auf *Coffea arabica* L., 'Caturra' unter Freilandbedingungen in Kuba

I. SAMENKEIMUNG UND WACHSTUM DER JUNGPFLANZEN

von Gerhard Lerch, Klaus Müntz, Harry Bergmann und Jorge Ramon Cuevas[1]

(Eingegangen am 23. Januar 1970)

1. EINLEITUNG

Die praktischen Erfahrungen aus dem Kaffeeanbau haben dazu geführt, daß die jungen Kaffeepflanzen normalerweise in besonderen Baumschulen („viveros") im Schatten herangezogen werden (Abbildung 1a). Dazu sind ausgedehnte Schattierungsanlagen erforderlich, die mit beträchtlichem Material- und Arbeitsaufwand errichtet werden müssen. Die Kaffeesamen werden zunächst in langen Beeten ausgesät. Besitzen die Keimlinge voll entwickelte und ergrünte Kotyledonen („Schmetterlingsstadium") und sind etwa 4 bis 5 cm groß, so pflanzt man sie einzeln in besondere Behälter; z. B. in Kuba in schwarze Kunststoffbeutel („bolsas") mit etwa 2 kg Erde als Inhalt (Abbildung 1b). Die Behälter werden unter der Schattierungsanlage in langen Beeten („canteros") aufgestellt. Ungefähr im Verlaufe von 3 bis 6 Monaten wachsen die jungen Kaffeepflanzen soweit heran, daß die ersten Verzweigungen erscheinen. Jetzt erst pflanzt man die jungen Kaffeesträucher in den Plantagen am endgültigen Standort aus. In der Mehrzahl der kaffeeerzeugenden Länder befinden sich auch die Kaffeeplantagen unter schattenspendenden hochwüchsigen Pflanzen (z. B. Bäume, Bananenstauden). Dagegen kultiviert man den Kaffee in Brasilien weitgehend ohne Fremdbeschattung (4, 11, 17). Auch im Zuge der außerordentlichen Ausdehnung des Kaffeeanbaus, die gegenwärtig in Kuba stattfindet, hat man viele Plantagen in vollem Sonnenlicht angelegt.

Der Kaffeeanbau ließe sich wesentlich vereinfachen und verbilligen, wenn es gelänge, die Anzucht der Sträucher ohne Schattierungsanlagen und die Kultur in Plantagen allgemein ohne schattenspendende Gewächse durchzuführen. In Forschung und Praxis hat es daher seit über 25 Jahren Versuche gegeben, Kaffee in vollem Sonnenlicht anzubauen (6, 7, 14, 15, 16). Diese Untersuchungen ergaben widersprüchliche Ergebnisse. Sicher werden in der Praxis die jeweiligen Sorten und Standortfaktoren mitbestimmen, wie weit Kaffee ohne Schatten herangezogen und kultiviert werden kann. Eine grundsätzliche Entscheidung dieser Frage dürfte aber erst durch pflanzenphysiologische Versuche unter kontrollierten Bedingungen zu erreichen sein (19).

Während eines zweijährigen Arbeitsaufenthaltes im Instituto de Biología der Akademie der Wissenschaften der Republik Kuba begannen wir mit entspre-

[1] Instituto de Biología de la Academia de Ciencias de la Republica de Cuba, La Habana.

1 a

1 b

Abb. 1. Anlage zur Aufzucht von Kaffeepflanzen
a) Gesamtansicht: Als Kulturgefäße dienen schwarze Kunststoffbeutel, die zu je 10 nebeneinander in langen Beeten (canteros) aufgestellt sind. Zur Schattierung werden über den Beeten Gestelle errichtet, die mit Palmenblättern gedeckt sind. b) Kunststoffbeutel mit junger Kaffeepflanze

chenden pflanzenphysiologischen Versuchen, über deren erste Ergebnisse in dieser Arbeit berichtet wird (12, 13).

2. MATERIAL UND METHODEN

Im Frühjahr 1968 wurde uns die wissenschaftliche Betreuung und Auswertung eines Versuches mit 432000 Kaffeepflanzen der Sorte 'Caturra' übertragen, der in der Großversuchsanlage von Wajay bei Havanna in Kuba durchgeführt wurde[1], um zu erkunden, wie weit die Kaffeeanzucht gegenüber dem einleitend beschriebenen herkömmlichen Verfahren durch Kultur ohne Schattierung oder durch direkte Aussaat der Samen in die als Kulturgefäße dienenden Kunststoffbeutel vereinfacht werden könnte. Außerdem sollte die Eignung verschiedener Bodenmischungen für die Jungpflanzenanzucht geprüft werden. Ein Jahr später konnten wir in einer institutseigenen Kleinversuchsanlage eine Reihe der Messungen unter exakteren Bedingungen wiederholen.

2.1 Versuchsanlage Wajay bei Havanna

2.1.1 Klassifikation der Versuchsvarianten

Die Pflanzen verteilten sich auf insgesamt 12 Versuchsvarianten.

2.1.1.1 Varianten der übergeordneten Klassifikation

- Anzucht ohne Schattierung in vollem Sonnenlicht; direkte Aussaat in erdegefüllte Kunststoffbeutel (I)
- Anzucht mit Schattierung; direkte Aussaat des Kaffees in erdegefüllte Kunststoffbeutel (II)
- Anzucht mit Schattierung; Aussaat des Kaffees in Beeten mit nachfolgendem Umpflanzen der Keimlinge im „Schmetterlingsstadium" in die Beutel (III)

2.1.1.2 Varianten der untergeordneten Klassifikation

Innerhalb der Varianten I bis III gab es je 4 verschiedene Bodenmischungen, die alle tropische Roterde, Typ Matanzas, mit 5% Superphosphat (NPK = 15 : 20 : 10) als Grundbestandteil enthielten und sich durch folgende Zusätze unterschieden:

- 5 Prozent Reisspelzen (A)
- 2,5 Prozent Reisspelzen + 5 Prozent Flachmoortorf (B)
- ohne Zusätze, Kontrolle (C)
- 10 Prozent Flachmoortorf (D)

[1] Die Autoren danken der Direktion des Instituto de Biología der Akademie der Wissenschaften der Republik Kuba sowie der Direktion des Vivero Gigante in Wajay bei Havanna für weitgehende personelle und materielle Unterstützung, die es ermöglichte, die umfangreichen Messungen durchzuführen.

2.1.2 Messungen über Keimung und Wachstum

Jede der 12 Varianten (IA bis IIID) wiederholte sich auf dem Gelände der Großversuchsanlage dreimal. Um den Verlauf der Keimung verfolgen zu können, wurden zwischen 2. April und 14. Mai 1968 von jeder der 8 Varianten mit direkter Aussaat (IA bis IID) wöchentlich jedesmal 2400 Kunststoffbeutel ausgezählt, die sich auf 24 Parzellen zu je 100 Beutel gleichmäßig über alle entsprechenden Beete verteilten.

Nachdem die Keimung abgeschlossen war, begannen am 29. Mai 1968 Messungen über das Wachstum und die Entwicklung der jungen Kaffeepflanzen. Die Messungen wurden in 2- bis 3-wöchigen Abständen durchgeführt und dauerten bis zum 16. September 1968. Vom 11. bis 27. Juli 1968 entfernte man allmählich die letzten Palmenblätter von der Schattierungsanlage (vgl. Abbildung 1a), so daß von dieser Zeit an alle Varianten vollem Sonnenlicht ausgesetzt waren. Folgende Kenngrößen wurden gemessen:

- Summe der Internodienlängen
- Blattlängen
- Blattbreiten
- Blattflächen (planimetrisch)
- Trockenmasse der Wurzel
- Trockenmasse der Stengel
- Trockenmasse der Blätter.

Von jeder Variante wurden für jede Messung 60 Kunststoffbeutel mit Pflanzen entnommen und die Pflanzen mit Wasser vorsichtig aus der Erde gelöst, um Verluste an Wurzelmasse zu vermeiden. Die Pflanzen wurden in die Institutslaboratorien überführt. Für die Ausführung aller Messungen einer Probenentnahme benötigten wir 2 Wochen. Bis zu ihrer Aufarbeitung bewahrten wir die Pflanzen daher im Kühlschrank bei etwa 5 °C in verschlossenen Plastebeuteln auf.

2.2 Versuchanlage im Instituto de Biología

Die Anlage umfaßte 3000 Kunststoffbeutel mit Pflanzen, die einheitlich auf tropischer Roterde, Typ Matanzas, mit Zusatz eines Standarddüngers wuchsen und sich auf eine Licht- und eine Schattenvariante verteilten (Varianten I und II). Auf spätere Düngerzugaben wurde verzichtet, ohne daß nachteilige Folgen zu beobachten waren. Die Schattierungsanlage war mit „cheese-cloth" gedeckt, um ein einheitliches Schattenfeld zu erreichen. Der relative Lichtgenuß im Schatten betrug bei hochstehender Sonne etwa 15% (Messung mit Luxmeter von Elektrophysikalische Werkstätten Berlin-Köpenick). Falls kein natürlicher Regen fiel, wurden die Pflanzen täglich einheitlich bewässert.

Die Samen von *Coffea arabica* L. 'Caturra' wurden direkt in die mit Erde gefüllten Kunststoffbeutel ausgesät. Die ersten Keimlinge erschienen am 28. 1. 1969. Der Keimungsverlauf wurde an je 900 Samen von jeder der beiden

Varianten bis zum 12. 4. 1969 verfolgt. Danach begannen wir am 28. 4. 1969 die in Abständen von 2 bis 3 Wochen wiederholten Probennahmen für physiologische Untersuchungen im Laboratorium (2). Parallel dazu bestimmten wir die gleichen Kenngrößen wie im vorhergehenden Jahr, jedoch entnahmen wir nur Stichproben von jeweils 20 Pflanzen.

Beginnend mit dem 15. Juli wurden von der einen Hälfte der beschatteten Versuchsanlage in Abständen von etwa einer Woche die drei Lagen des „cheesecloth" nacheinander entfernt, so daß dieser Teil ab 5. August der vollen Sonnenstrahlung ausgesetzt und fortan unter Sonnenbedingungen gehalten wurde. Die aus anfänglicher Schattenkultur ins volle Sonnenlicht überführten Pflanzen bilden die Variante III.

2.3. Statistisches Sicherungsverfahren

Da die institutseigene Versuchsanlage nur 2 Varianten umfaßte, genügte es, auftretende Unterschiede zwischen den beiden Varianten mit dem t-Test nach Student zu prüfen. Mit demselben Verfahren arbeiteten wir stets, wenn es sich nur um den Vergleich von 2 Varianten handelte.

Für den Vergleich der 12 Varianten aus der Versuchsanlage Wajay benutzen wir die Varianzanalyse mit zweifacher Klassifikation und anschließendem „multiple range test" nach Duncan (Duncan-Test). Theoretische Grundlagen, Anleitungen für die Berechnungen und die notwendigen Tabellen findet man bei Weber (21).

3. ERGEBNISSE

3.1 Keimung

3.1.1 Versuch in Wajay bei Havanna

Seiner Anlage nach war der Versuch dazu geeignet, Antworten auf folgende Fragen zu geben:

- Treten regelmäßige Unterschiede zwischen den Keimzahlen auf verschiedenen Bodenmischungen bei gleicher Lichtexposition auf?
- Treten regelmäßige Unterschiede zwischen den Keimzahlen bei verschiedener Lichtexposition aber gleichen Bodenmischungen auf?

Die relativ große Streuung, die in der landwirtschaftsmäßig geführten Großversuchsanlage Wajay zu erwarten war, sollte durch den großen Stichprobenumfang wenigstens teilweise ausgeglichen werden.

3.1.1.1 An vollem Sonnenlicht ergaben sich zwischen den Varianten IA und IC, IB und IC sowie IB und ID bei fast allen Auszählungen statistisch gesicherte Unterschiede der Keimzahlen in Abhängigkeit von den Bodenmischungen. Die Keimfähigkeit schien bei den Varianten mit beigemischten Reisspelzen gegenüber den Varianten ohne diesen

Zusatz vermindert zu sein (Abb. 2). Allerdings hatten die Unterschiede in allen drei Vergleichen bereits während der 2. Auszählung ihre größten Werte erreicht. Sie blieben später unverändert erhalten oder verminderten sich gegen Ende der Keimperiode sogar etwas. Gibt es tatsächlich einen Einfluß der Beimischung von Reisspelzen auf die Keimung, so beschränkte sich dieser in unserem Versuch auf die Zeit bis zum Ende der ersten zwei Wochen nach dem Auflaufen der ersten Keimlinge. Später zeigten die verschiedenen Varianten gleiche Zuwachsraten der Keimzahlen. –

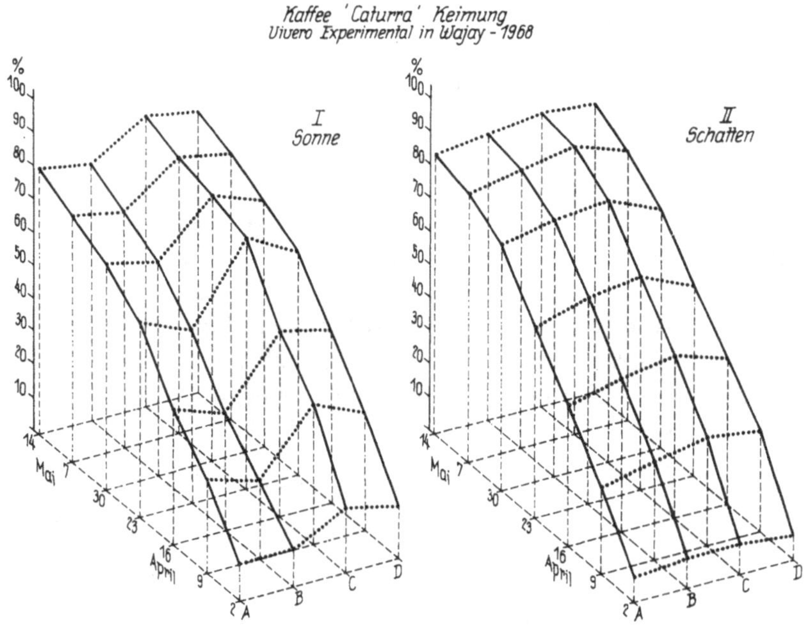

Abb. 2. Vergleich der Keimung des Kaffees in den verschiedenen Varianten aus dem Versuch in Wajay, 1968

3.1.1.2 Unter Schatten traten keine gesicherten Differenzen zwischen den Keimzahlen in Abhängigkeit von den 4 verschiedenen Bodenmischungen auf.

3.1.1.3 Zwischen Licht- und Schattenvarianten gleicher Bodenmischungen fanden wir nur einmal, beim Vergleich von IB und IIB bei der letzten Probe noch einen schwach gesicherten Unterschied. Die Keimzahl der Schattenvariante überstieg die der Lichtvariante. Bei allen anderen Varianten ergaben sich am Ende der Keimperiode keine sicherbaren Differenzen der Keimzahlen. Anfangs zwischen IC und IIC gemessene Unterschiede waren bereits bei der 3. Auszählung verschwunden.

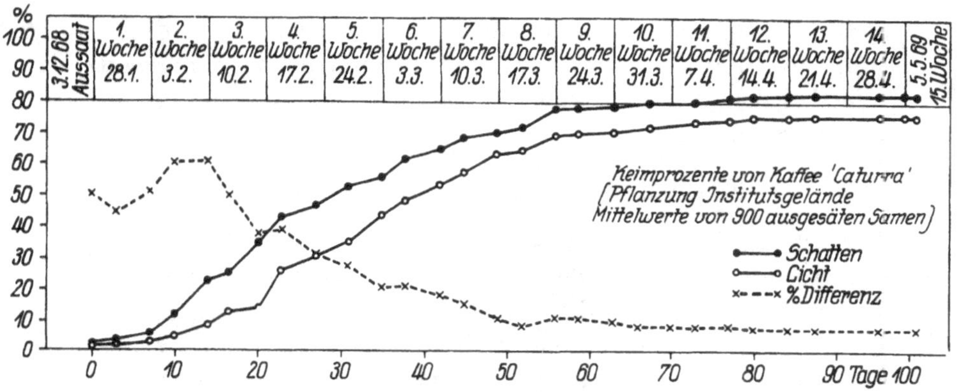

Abb. 3. Verlauf der Keimung beim Versuch im Instituto de Biología, 1969

3.1.2 Versuch im Instituto de Biología

Während der gesamten Keimperiode wies die Schattenvariante größere Keimprozente auf als die Sonnenvariante. Während der ersten zwei Wochen vergrößerte sich dieser Unterschied von 50 auf 60%, bezogen auf den Schattenwert. Am Ende der 2. Woche wurde mit 60% die größte Differenz erreicht. Von dieser Zeit an verminderte sich der Unterschied allmählich, bis er am 73. Tag nach Beginn der Zählungen mit 8% einen konstanten Wert erreichte, der auch am 105. Tage noch unverändert feststellbar war (Abb. 3). Die Schattenvariante besaß bis zur 3. Woche nach dem Auflaufen der Samen eine erheblich größere Zuwachsrate der Keimzahl als die Sonnenvariante. Am Ende der 3. Woche überwog dann aber die Zuwachsrate bei vollem Sonnenlicht, und nach 4 bis 5 Wochen nahm die Zahl der gekeimten Samen bei beiden Varianten um die gleiche Prozentzahl zu. Die Keimungsförderung unter Schatten beschränkte sich auf die Zeit bis 14 Tage nach dem Erscheinen der ersten Keimlinge über der Erdoberfläche. Die Samen waren 1 cm tief gesetzt worden. In gleicher Bodentiefe maßen wir täglich die Bodentemperaturen. Die Amplitude der Minimal- und Maximalwerte ist unter Schatten naturgemäß geringer als an vollem Sonnenlicht. Die Minimaltemperaturen wiesen erheblich geringere Unterschiede auf als die Maximalwerte.

Tabelle 1

Extreme und mittlere Bodentemperaturen in 1 cm Tiefe während der Zeit mit unterschiedlichen Zuwachsraten der Keimzahlen bei Licht- und Schattenvarianten in der institutseigenen Versuchsanlage. Angaben in °C

Tage nach Keimbeginn	Sonne min	max	Mittel	Schatten min	max	Mittel
0.–17.	14,5	24,8	19,7	16,5	21,6	19,1
0.–35.	15,0	24,7	19,8	16,8	21,4	19,1

Tabelle 1 zeigt, daß die Temperaturmittelwerte sich bei beiden Varianten während der ersten 35 Tage glichen. Die mittleren Extremwerte unterschieden sich jedoch an vollem Sonnenlicht um annähernd 10 °C, unter Schatten dagegen nur um etwa 5 °C.

3.2. Wachstum und Entwicklung

3.2.1 Versuche in Wajay bei Havanna

Ebenso wie am Ende der Keimperiode praktisch keine signifikanten Unterschiede zwischen den verschiedenen Varianten festgestellt werden konnten, ließen sich während der anschließenden Monate keine sicheren Wachstums- und Entwicklungsdifferenzen erfassen. Diese traten erstmalig bei der 5. Probeentnahme, 4 Monate nach Keimungsbeginn auf. Zu dieser Zeit hatte man die Schattierung gerade beendet, so daß die 6. und 7. Probe von Pflanzen stammen, die bereits einige Wochen lang einheitlich unter vollem Sonnenlicht wuchsen. Wir bearbeiteten daher die Ergebnisse der 5. (vom 5. 8. 1968) und 7. Probeentnahme (vom 16. 9. 1968) mit geeigneten statistischen Methoden und konnten auf diese Weise die Verhältnisse bei Sonnen- und Schattenvarianten am Ende der Schattierungsperiode mit den Verhältnissen nach 6 bis 7 Wochen des Wachstums aller Varianten an vollem Sonnenlicht vergleichen.

3.2.1.1 5. Probe

Tabelle 2 enthält Angaben über einige gemessene Größen, die dem statistischen Vergleich von Licht- und Schattenvarianten zugrundegelegt wurden, dessen Resultate in Tabelle 3 zusammengefaßt sind. Bei allen Größen fällt der Vergleich mit gesicherten Unterschieden zugunsten der Schattenvarianten aus. Die Sicherheit beträgt in mehr als 80% der Vergleiche 99% und darüber.

Tabelle 2

Vergleich einiger Kenngrößen des Wachstums von *Coffea arabica* L. 'Caturra' in vollem Sonnenlicht und im Schatten vier Monate nach Beginn der Keimung. Mittelwerte und Standardabweichungen der Daten von jeweils 50 Pflanzen aus der Großversuchsanlage Wajay bei Havanna, Probeentnahme vom 5. 8. 1968.

Varianten		Blattfläche cm^2	Trockenmassen		
			Wurzeln mg	Stengel mg	Blätter mg
	A	10,6 ± 1,1	207 ± 59	226 ± 76	52 ± 6
I	B	9,6 ± 1,0	174 ± 24	216 ± 11	47 ± 4
	C	11,4 ± 1,1	261 ± 27	266 ± 25	60 ± 6
	D	8,9 ± 0,6	194 ± 24	202 ± 24	45 ± 4
	A	16,6 ± 1,4	267 ± 30	296 ± 18	75 ± 7
II	B	15,7 ± 1,6	339 ± 53	343 ± 33	79 ± 8
	C	17,2 ± 2,9	400 ± 143	389 ± 122	90 ± 17
	D	15,5 ± 1,8	336 ± 34	297 ± 30	73 ± 7

Tabelle 3

Statistische Prüfung der Mittelwerte von Meßdaten aus Licht- und Schattenkulturen der Großversuchsanlage Wajay bei Havanna, Probeentnahme vom 5. 8. 1968, vgl. Tabelle 2. Sicherung der Differenzen mit dem t-Test nach Student, Angaben der Sicherungswahrscheinlichkeit in Prozent.*

Verglichene Varianten	Blattflächen	Trockenmassen		
		Wurzeln	Stengel	Blätter
I A – II A	99,000	95,000	99,945	97,500
I B – II B	99,000	99,945	99,945	99,000
I C – II C	97,500	99,945	99,945	99,000

* einseitige Fragestellung

3.2.1.2 7. Probe

Die Mittelwerte der gemessenen Größen aus der 7. Probe und die Ergebnisse der statistischen Prüfungen sind in den Tabellen 4 und 5 zusammengestellt. Auch nachdem die ursprünglich verschieden unter Licht oder Schatten kultivierten Varianten alle mehr als 1,5 Monate lang einheitlich an vollem Sonnenlicht weitergewachsen waren, zeigten die Kenngrößen des Wachstums bei den ehemaligen Schattenpflanzen mit gesichertem Abstand größere Werte als die ehemaligen Sonnenkulturen. Der Vergleich der beiden am besten gewachsenen Varianten aus Licht- und Schattenkulturen ergab, daß die Werte der Lichtpflanzen 83,6 bis 87,8% der Werte von Schattenpflanzen betragen, also durchschnittlich etwa 15% kleiner sind als bei Schattenkulturen. Bei der 7. Probe prüften wir außerdem die Unterschiede zwischen direkt in den Kunststoffbeuteln ausgelegtem Kaffee und den nachträglich aus besonderen Keimbeeten dorthin umgepflanzten jungen Sträuchern. Dieser Vergleich fiel statistisch gesichert zugunsten der direkten Aussaat aus. Abbildung 4 zeigt den Vergleich einiger der gemessenen Größen aller Varianten für alle Probenentnahmen und läßt erkennen, daß direkte Aussaat in die Kunststoffbeutel und Kultur im Schatten unter den Bedingungen des vorliegenden Versuches die am besten entwickelten jungen Kaffeesträucher hervorgebracht hat. Das Umpflanzen der Kaffeekeimlinge hat bei 35 bis 60% der Pflanzen Deformationen oder Verkrümmungen der Wurzel zur Folge (Abb. 5), die vielleicht die Ursache für das Zurückbleiben der Pflanzen gegenüber Kulturen mit direkter Aussaat in die Beutel darstellten.

Nur selten lassen sich beim Vergleich der verschiedenen Bodenmischungen innerhalb der Varianten der übergeordneten Klassifikation für alle gemessenen Kenngrößen des Wachstums gleichartige Unterschiede sichern, so daß kaum von einer Bodenmischung gesprochen werden kann, die den anderen überlegen

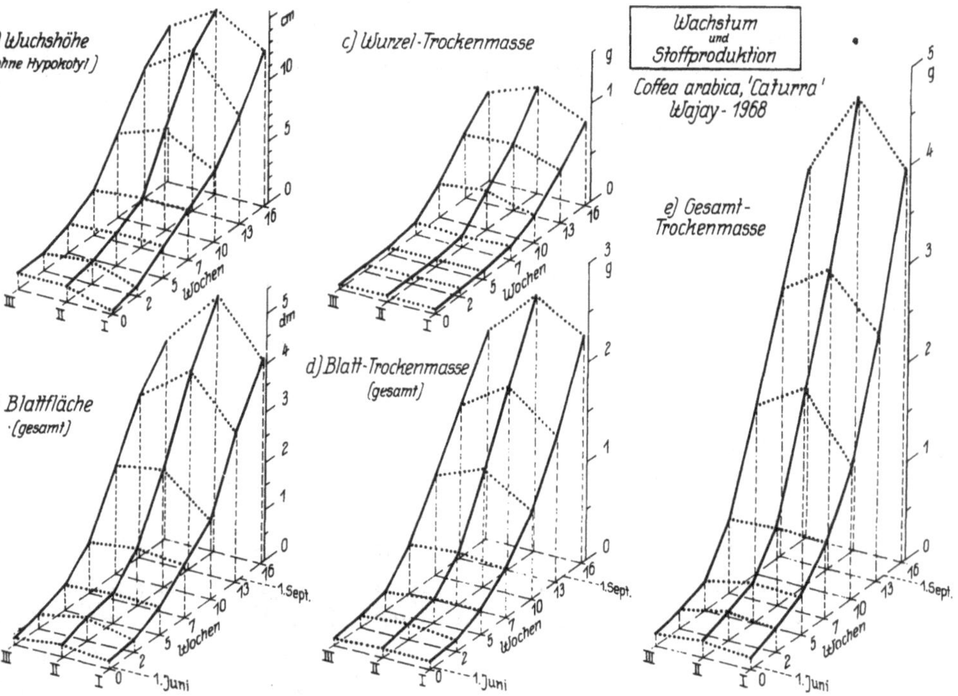

Abb. 4. Kenngrößen von Wachstum und Stoffproduktion junger Kaffeepflanzen aus dem Großversuch Wajay, 1968. Beginn der Probennahmen nach Abschluß der Keimperiode am 29. Mai 1968. Erklärungen für die Kennzeichnung der Varianten s. Text

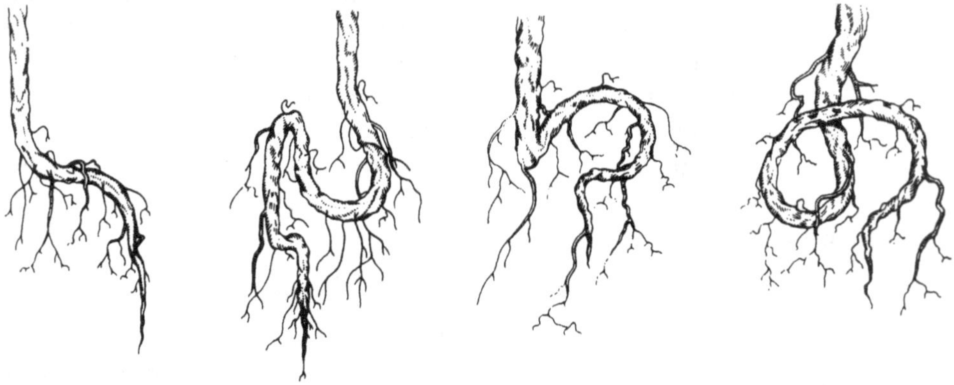

Abb. 5. Formen der Wurzelverkrümmungen bei umgepflanzten Kaffee-Keimlingen aus dem Großversuch Wajay, 1968

ist. Am ehesten manifestieren sich verschiedenartige Bodeneinflüsse bei den Sonnenvarianten; Variante IA zeigt gesichert größere Werte als Variante IB; Variante IC ebenfalls größere als IB, jedoch keine sicherbaren Unterschiede gegenüber IA; IC übersteigt ebenfalls in fast allen Werten ID. Die Bodenmischung ohne Torf und Reisspelzen begünstigt die Entwicklung der Kaffee-

Tabelle 4

Mittelwerte und Standardabweichungen der gemessenen Größen von jeweils 60 Pflanzen aller Varianten aus der Großversuchsanlage Wajay bei Havanna, Probenentnahme vom 16. 9. 1968, 5 1/2 Monate nach Keimungsbeginn.

Varianten	Stengellängen (Summe der Internodien)	Blätter				Trockenmassen		
		Blattlängen		Blattbreiten		Wurzeln	Stengel	Blätter
		rechts mm	links mm	rechts mm	links mm	mg	mg	mg
I A	90,8 ± 30,2	79,0 ± 9,8	78,3 ± 10,6	39,1 ± 2,2	39,0 ± 4,0	756 ± 136	638 ± 154	99 ± 10
I B	103,6 ± 27,3	71,7 ± 11,8	71,8 ± 10,5	34,8 ± 5,6	34,9 ± 5,3	648 ± 50	586 ± 126	82 ± 17
I C	125,6 ± 31,0	79,4 ± 7,2	78,9 ± 7,9	39,6 ± 3,3	39,5 ± 4,4	858 ± 156	812 ± 134	118 ± 14
I D	86,9 ± 25,0	72,1 ± 8,2	71,8 ± 7,9	34,8 ± 2,8	34,3 ± 2,8	788 ± 88	576 ± 90	84 ± 22
II A	159,8 ± 25,1	91,4 ± 8,8	91,0 ± 8,5	42,6 ± 4,6	42,8 ± 3,0	1026 ± 110	1020 ± 176	140 ± 14
II B	145,7 ± 29,7	86,3 ± 8,4	86,2 ± 8,4	42,4 ± 4,4	42,4 ± 4,9	1182 ± 236	892 ± 108	136 ± 14
II C	121,0 ± 34,9	87,7 ± 8,3	87,7 ± 8,7	43,0 ± 4,1	42,8 ± 2,4	1070 ± 256	932 ± 206	139 ± 17
II D	73,1 ± 37,4	87,3 ± 9,5	88,0 ± 10,4	39,3 ± 5,1	39,7 ± 4,1	1146 ± 190	850 ± 104	122 ± 14
III A	111,3 ± 33,3	77,8 ± 8,6	77,1 ± 6,3	39,1 ± 1,4	38,9 ± 2,6	1168 ± 234	796 ± 216	120 ± 22
III B	122,0 ± 36,1	80,2 ± 7,4	80,0 ± 8,2	38,8 ± 4,5	38,5 ± 3,6	1152 ± 146	732 ± 78	107 ± 2
III C	129,7 ± 34,6	78,6 ± 9,7	78,4 ± 8,2	37,4 ± 4,1	37,4 ± 4,1	884 ± 150	744 ± 142	107 ± 20
III D	59,4 ± 32,5	78,6 ± 10,0	78,7 ± 10,0	36,5 ± 4,9	36,5 ± 3,3	826 ± 218	660 ± 98	101 ± 10

Tabelle 5

Statistische Prüfung der Unterschiede zwischen den vergleichbaren Mittelwerten aus Tabelle 4. Prüfverfahren: Varianzanalyse mit zweifacher Klassifikation und anschließendem Duncan-Test.
Bedeutung der Symbole: + = mit 1 % Irrtumswahrscheinlichkeit, (+) = mit 5 % Irrtumswahrscheinlichkeit gesicherter Unterschied, – = Unterschied nicht gesichert.

	Verglichene Varianten	Stengellänge	Blätter				Trockenmassen		
			Blattlängen		Blattbreiten		Wurzeln	Stengel	Blätter
			r	l	r	l			
a	I A – II A	+	+	+	+	+	+	+	+
	I B – II B	+	+	+	+	+	+	+	+
	I C – II C	–	+	+	+	+	+	+	+
	I D – II D	+	+	+	+	+	+	+	+
b	II A – III A	+	+	+	+	+	+	+	+
	II B – III B	+	+	+	+	+	–	+	+
	II C – III C	–	+	+	+	+	+	+	+
	II D – III D	+	+	+	+	+	+	+	+
c	I A – I B	+	+	+	+	+	(+)	(+)	+
	I A – I C	+	–	–	–	–	–	+	+
	I A – I D	–	+	+	+	+	–	(+)	+
	I B – I C	+	+	+	+	+	+	+	+
	I B – I D	+	–	–	–	–	+	–	–
	I C – I D	+	+	+	+	+	–	+	+
d	II A – II B	+	+	+	–	–	+	+	–
	II A – II C	+	+	+	–	–	–	+	–
	II A – II D	+	+	+	+	+	(+)	+	+
	II B – II C	+	–	(+)	–	–	(+)	–	–
	II B – II D	+	–	+	+	+	–	–	+
	II C – II D	+	–	–	+	+	–	+	+
e	III A – III B	–	+	+	–	–	–	(+)	+
	III A – III C	–	–	–	+	+	+	–	+
	III A – III D	+	–	(+)	+	+	+	+	+
	III B – III C	+	(+)	(+)	+	+	+	–	–
	III B – III D	+	(+)	–	+	+	+	(+)	–
	III C – III D	+	–	–	(+)	+	–	+	–

sträucher ohne Schatten am meisten; die Mischung mit Torf und Reisspelzen scheint am ungünstigsten zu sein. Unter Schattenbedingungen wiederholten sich diese Unterschiede weder bei direkter Aussaat noch bei umgepflanztem Kaffee, so daß die unter Sonnenbedingungen beobachteten Effekte der Bodenmischungen nicht die Regel sein können.

3.2.2 Versuche im Instituto de Biología

3.2.2.1 Wachstum und Massenproduktion der Sonnen- und Schattenvariante

Erwartungsgemäß zeigten sich die frühesten und stärksten Unterschiede in Wuchshöhe und Blattflächenentwicklung. Die Gesamtinternodienlänge war bei der Schattenkultur von der ersten Probennahme an signifikant größer als bei den Sonnenpflanzen und betrug nach weiteren 18 Wochen fast das Dreifache im Vergleich zur Variante I (Abb. 6a). Bei der Blattflächenentwicklung ist ab 2. Woche nach Beginn der Messungen ein signifikanter Unterschied vorhanden. Die Schattenpflanzen entwickeln im Versuchszeitraum ebenfalls annähernd die dreifache Blattfläche wie die Sonnenpflanzen (Abb. 6c).

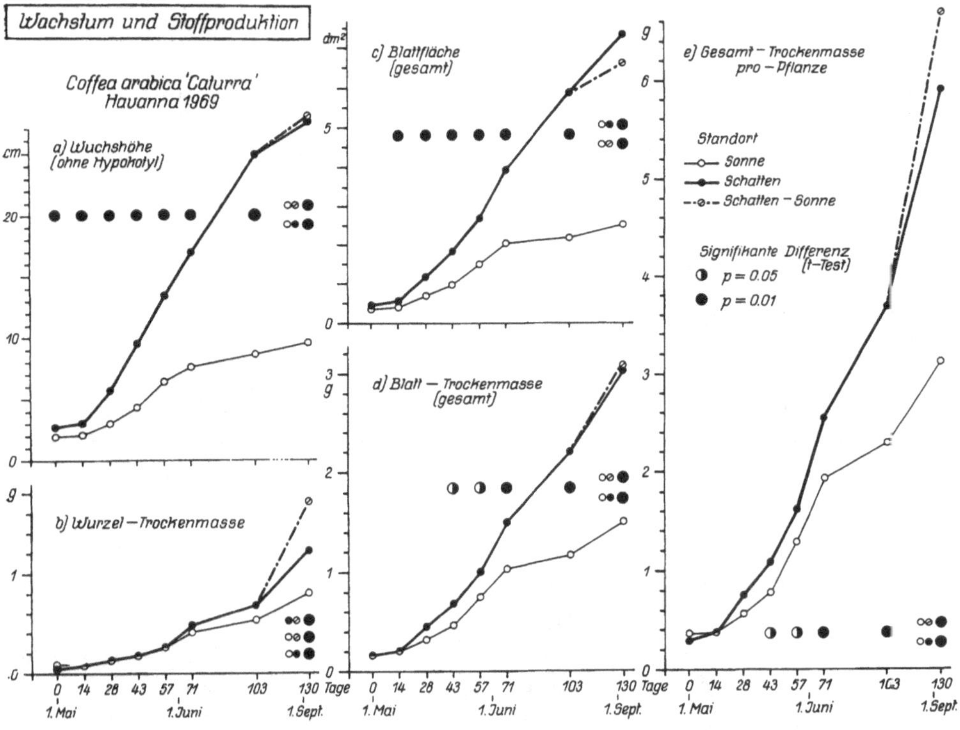

Abb. 6. Direkt gemessene Kenngrößen von Wachstum und Stoffproduktion junger Kaffeepflanzen aus dem Versuch im Instituto de Biología, 1969. Beginn der Probennahmen nach Abschluß der Keimperiode, am 28. April 1969

In der Trockenmasse-Produktion machen sich die Unterschiede zugunsten der Schattenkultur erst etwa 6 Wochen nach Beginn der Wachstumsmessungen signifikant bemerkbar, zunächst an den oberirdischen Organen, nach 4 Wochen auch im Wurzelsystem. Von der 6. Woche an bis zum Ende der Versuchsreihe vergrößerte sich der statistisch sicherbare Unterschied in der Gesamt-Trockenmasse der Pflanzen von Variante I und II so weit, daß die Schattenpflanzen doppelt so hohe Werte wie die Sonnenpflanzen aufwiesen (Abb. 6b, d und c). Der geringere Unterschied zwischen den Trockenmasse-Kurven, im Vergleich zu den Werten des Flächen- und Längenwachstums, wird durch Abb. 7 verständlich. Die Blätter der Sonnenpflanzen besaßen stets einen signifikant – und weitgehend gleichbleibend – höheren Verhältniswert der Trockenmasse zur Blattflächeneinheit als die Schattenkultur. Außerdem war das Sproß-Wurzelverhältnis bei den Sonnenpflanzen mit signifikantem Unterschied zu den Pflanzen der Schattenvariante zugunsten der Wurzelentwicklung verschoben (Abb. 7b).

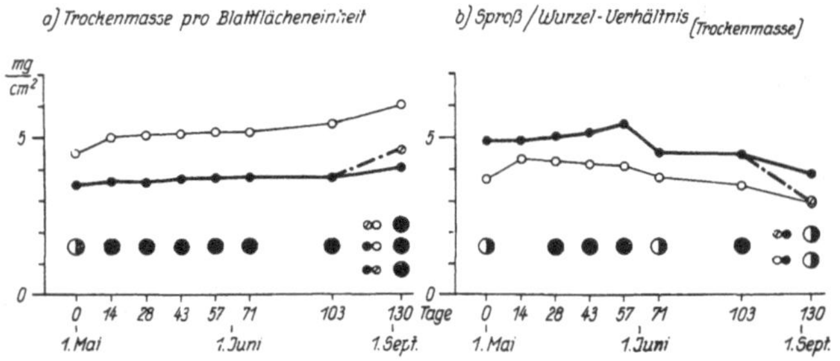

Abb. 7. Errechnete Kenngrößen von Wachstum und Stoffproduktion junger Kaffeepflanzen aus dem Versuch im Instituto de Biología, 1969. Weitere Erklärung s. Abb. 6

3.2.2.2 Entschattungseffekt

Die einzelnen Kenngrößen wurden durch die Entschattung unterschiedlich betroffen (Abb. 8). Wuchshöhe, Gesamt-Blattfläche und -trockenmasse blieben praktisch unverändert. Die einzelnen Blattpaare verhielten sich unterschiedlich. Während die gemessenen Kenngrößen bei den älteren, voll ausdifferenzierten Blättern gar nicht beeinflußt wurden, blieb das Flächenwachstum der oberen Blätter, die sich zum Zeitpunkt der Entschattung noch in der Entwicklung befanden oder erst später bildeten, merklich hinter der Schattenvariante zurück. Neue Blattpaare wurden jedoch an der Sonne früher gebildet als im Schatten, und sie entwickelten sich anfangs auch rascher, so daß dadurch die Gesamt-Blattfläche ausgeglichen erscheint (Abb. 8). Ähnliches gilt für die Trockenmassen der einzelnen Blattpaare.

Wesentlich anders verhalten sich Stengel- und Wurzelmassen (Tabelle 6). Zwei Monate nach Ende der Entschattung war die Trockenmasse der Stengel dieser Pflanzen um etwa die Hälfte, im Wurzelsystem um mehr als zwei Drittel größer als bei den weiterhin unter Schatten gehaltenen Pflanzen der Variante II.

Dementsprechend lagen die Werte für das Sproß-Wurzel-Verhältnis der Trockenmassen bei der entschatteten Variante III signifikant niedriger als bei den reinen Schattenkulturen (Variante II) und erreichten den gleichen Stand wie die ursprüngliche Sonnenvariante (vgl. Abb. 8).

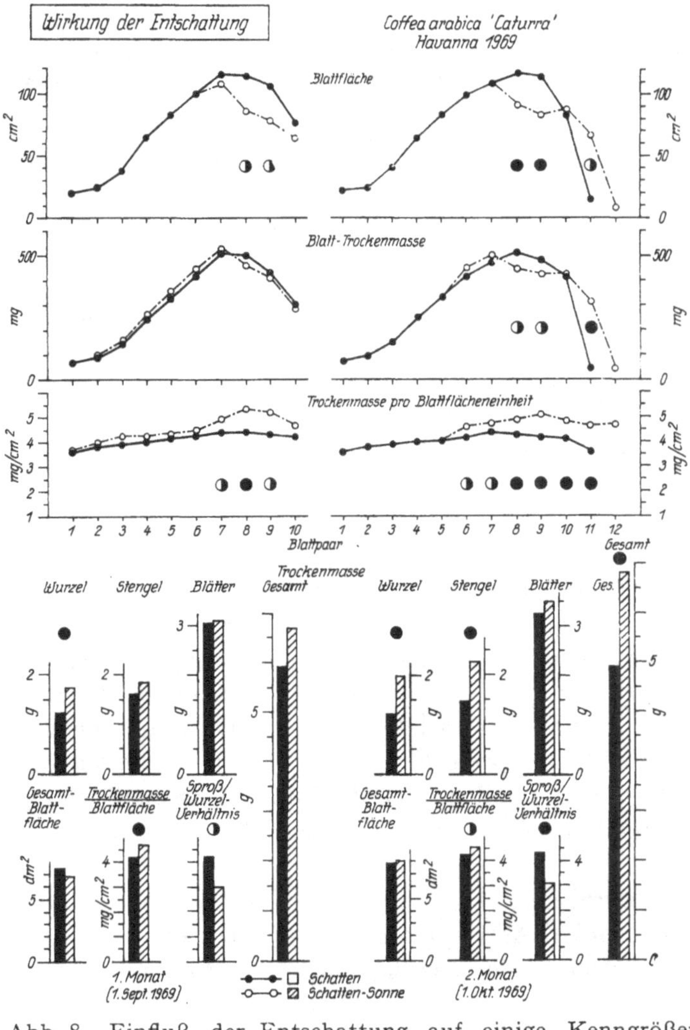

Abb. 8. Einfluß der Entschattung auf einige Kenngrößen des Wachstums und der Stoffproduktion von jungen Kaffeepflanzen. Angaben zur statistischen Sicherung s. Abb. 6

Die verstärkte Trockenmassenproduktion machte sich auch zunehmend in den jungen oberen Blattpaaren bemerkbar, die ein signifikant höheres Verhältnis der Trockenmasse zur Flächeneinheit besaßen. Dadurch wird, trotz geringerer Flächenentwicklung dieser Blätter, die Trockenmasse im Vergleich zur Schattenvariante ausgeglichen.
Die Gesamttrockenmasse der entschatteten Kultur erhöhte sich zunehmend und lag nach 2 Monaten mit 132% signifikant höher als bei Variante II, deren Gesamt-Trockenmasse sich seit einem Monat nicht mehr verändert hatte. Dieser Unterschied kann jedoch dadurch hervorgerufen worden sein, daß die hoch gewachsenen, eng stehen-

Tabelle 6

Trockenmassen von Stengeln und Wurzelsystem junger Kaffeepflanzen der Variante III nach ein- bzw. zweimonatiger Entschattung, im Vergleich zu der unter Schatten verbliebenen Variante II.

Organ	Variante II (Schatten)	Variante III (entschattet) 1 Monat	Variante III (entschattet) 2 Monate
Sproßachsen	100%	120%	155%
Wurzelsystem	100%	140%	168%

den und dicht belaubten Kaffeepflanzen unter Schatten sich gegenseitig inzwischen soweit zusätzlich schattierten, daß der Lichtgenuß unter das notwendige Maß abgesunken war, weshalb Wachstum und Trockenmasse stagnierten. Von einem echten Entschattungseffekt kann in diesem Falle nicht gesprochen werden.

3.3. Zuwachsraten von Wachstum und Trockenmasse-Produktion

Alvim (1) veröffentlichte Angaben über Wachstum und Trockenmasse-Produktion von ausgepflanzten Kaffee-Sträuchern in Costa Rica. Er bediente sich zur Auswertung seiner Meßergebnisse der im englisch-sprachigen Schrifttum häufig angewandten Kenngrößen „net assimilation rate“, „relative growth rate“ und „leaf area ratio“, (8, 9, 20). Obwohl Versuchsbedingungen und Resultate nicht ohne weiteres vergleichbar sind, wurden auch die Ergebnisse unserer beiden Meßreihen aus den Jahren 1968 und 1969 nach den von Alvim benutzten Formeln ausgewertet, um Anhaltspunkte für einen Vergleich zu gewinnen.

Berechnete Kenngrößen:

a) „Leaf Area Ratio“ (LAR) – Quotient aus Blattfläche und Gesamt-Trockenmasse zum Zeitpunkt der jeweiligen Probenentnahme.

$$LAR = \frac{\text{Gesamt-Blattfläche (dm}^2)}{\text{Gesamt-Trockenmasse (g)}}$$

b) „Net Assimilation Rate“ (NAR) – Quotient aus dem Zuwachs an Gesamt-Trockenmasse und Zunahme an Gesamt-Blattfläche pro Tag zwischen zwei Probennahmen.

$$NAR = \frac{(P_2 - P_1) \cdot (ln\, L_2 - ln\, L_1)}{(L_2 - L_1) \cdot (t_2 - t_1)}$$

P_1 bzw. $_2$ – Gesamt-Trockenmasse (g) z. Zt. der 1. bzw. 2. Probennahme,
L_1 bzw. $_2$ – Gesamt-Blattfläche (m^2) z. Zt. der 1. bzw. 2. Probennahme,
t_1 bzw. $_2$ – Datum der beiden aufeinanderfolgenden Probennahmen, Differenz in Tagen.

c) „Realtive Growth Rate“ (RGR)- Relative Trockenmasse-Zunahme pro Tag zwischen zwei Probennahmen.

$$RGR = \frac{ln\, P_2 - ln\, P_1}{t_2 - t_1}$$

Zur Berechnung wurde hier nur die Trockenmasse der oberirdischen Organe herangezogen, weil die zur Verfügung stehenden Zahlenangaben von Alvim (1) an Kaffeesträuchern des Feldstandortes auf der gleichen Basis gewonnen worden waren. Vergleiche unserer Zahlen unter Einbeziehung der Wurzelmasse ergaben keine wesentliche Veränderung im Gesamtverhältnis zwischen Sonnen- und Schattenvariante.

Die Resultate unserer Berechnungen sind in Abbildung 9 zusammengestellt und mit den Ergebnissen von Alvim verglichen. Am eindeutigsten sind die Verhältnisse im Quotienten zwischen Blattfläche und Gesamt-Trockenmasse (LAR) ausgeprägt: Die Werte der Schattenvariante liegen stets signifikant höher als die der Sonnenvariante.

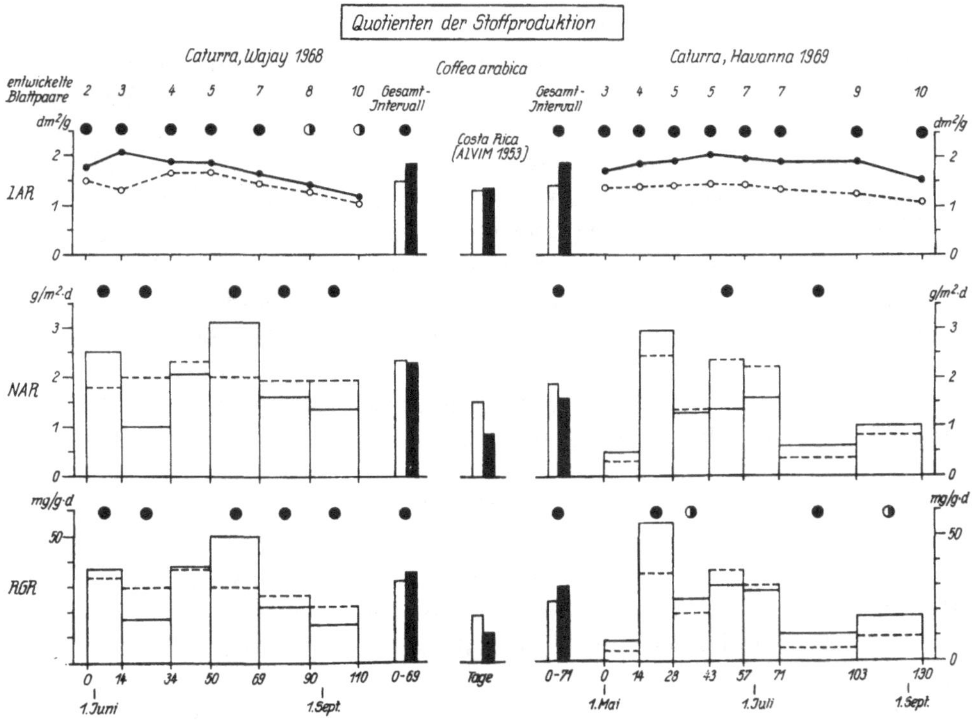

Abb. 9. Quotienten von Wachstum und Stoffproduktion junger Kaffeepflanzen aus den Meßreihen von Wajay 1968 und aus dem Instituto de Biología 1969. Erklärung der Kenngrößen und ihrer Abkürzungen s. Text. Angaben zur statistischen Sicherung wie in Abb. 6 Mittlere Säulenreihe: Werte von Alvim (1) über Kaffeekultur aus Costa Rica. Weiße Säulen bzw. unterbrochene Linien: Sonnenvariante Schwarze Säulen bzw. ausgezogene Linie: Schattenvariante. Übrige Signaturen wie in Abbildung 6

Der NAR-Wert zeigte während der Versuchsreihe bei Sonnen- und Schattenvariante einen ungleichen Rhythmus und war auch in den beiden Versuchsjahren verschieden. Bei den Versuchen in Wajay (1968) ergab die Variante I relativ ausgeglichene Werte. Die Schattenvariante dagegen besaß Minimalwerte zur

Zeit der Bildung des 3. und 4. Blattpaares. Danach stieg der NAR bis etwa zur Bildung des 5. Blattpaares steil an und sank nach diesem Maximum ebenso rasch wieder unter die Werte der Sonnenvariante ab. Im folgenden Jahr, bei Versuchen im Instituto de Biología 1969, besaß die Schattenvariante wiederum zwischen der Bildung des 3. und 4. Blattpaares einen Minimalwert. Sie erreichte das Maximum während der Bildung des 4. und 5. Blattpaares und behielt dann aber für weitere 6 Wochen Werte auf mittlerer Höhe. Die Tendenz bei den Sonnenpflanzen folgt zunächst der für die Schattenvariante beschriebenen, nach einem Absinken der Werte in der ersten Junihälfte steigt die NAR aber fast wieder auf die Höhe des Vormonats an. Im Juli dagegen sanken die Zuwachsraten beider Varianten schnell ab und stiegen auch im August kaum wieder an. In diesen beiden Monaten liegen die Werte der Sonnen- unter denen der Schattenkultur.

Integriert man die Werte aus beiden Meßreihen jeweils über die gesamte Zeit der ersten 10 Wochen, also über alle Probennahmen vor der Entschattung, so ergeben sich für LAR und NAR sowohl beim Vergleich der Ergebnisse aus unseren beiden Versuchsreihen der Jahre 1968 und 1969, als auch im Vergleich mit den Resultaten von Alvim (1) jeweils übereinstimmende Verhältnisse. Die Ergebnisse der Berechnungen der RGR stehen jedoch im Gegensatz zu den Angaben von Alvim (1). Die RGR-Werte zeigen in den letzten Monaten bei beiden Versuchsreihen die gleiche Tendenz wie die NAR. In den ersten sieben Wochen ähneln die Verhältnisse denen der NAR, doch verschieben sie sich so weit, daß bei der Gesamt-Integration über diesen Zeitraum, im Gegensatz zu den Angaben bei Alvim, die Schattenwerte mit signifikantem Unterschied größer als die Sonnenwerte sind.

4. DISKUSSION

Stellt man die Ergebnisse aus dem Großversuch von Wajay 1968 und der ein Jahr später durchgeführten Kultur von Kaffee-Jungpflanzen unter Sonne und Schatten einander gegenüber, so ergibt sich das in Tabelle 7 dargestellte Bild.

Als auffallendstes Resultat zeigen beide Meßreihen die ausgeprägte Überlegenheit der Schattenvariante in Wachstum und Produktion von Trockenmasse aller Organe. Im zweiten Versuchsjahr sind die Unterschiede besonders kraß. Die Ursache dafür kann eventuell in den etwas höheren Monatsmitteltemperaturen und fast doppelt so großen Niederschlagsmengen der Monate Juli und August 1969 im Vergleich zu 1968 gesehen werden.

In beiden Versuchsreihen hatte sich nach der üblichen Anfangsphase mit nur langsam ansteigendem Zuwachs und ohne signifikante Unterschiede zwischen den beiden Varianten bis zur 5. Probennahme, also etwa 2 Monate nach Abschluß der Keimungsperiode, eine klare und für fast alle Kenngrößen statistisch eindeutig gesicherte Überlegenheit der Schattenvariante heraus-

Tabelle 7

Wachstum und Stoffproduktion zweier annähernd gleichaltriger Kulturen von Kaffee-Jungpflanzen, etwa 4 Monate nach Abschluß der Keimungsperiode. Varianten: I – ohne Schatten, vollbesonnter Standort, II – Anzucht unter Schatten, anschließend ca. 1 Monat an voller Sonne. Mittelwerte aus 50 (Wajay) bzw. 20 (Instituto de Biología) Pflanzen.

		Wajay 1968			Instituto de Biología 1969		
		I	II	$\frac{I \cdot 100}{II}$	I	II	$\frac{I \cdot 100}{II}$
Gesamt-Blattfläche	dm^2	4,15	5,20	79,8%	2,51	6,62	37,9%
Trockenmasse:							
– Blätter	g	2,30	2,61	88,1%	1,51	3,07	49,2%
– Stengel	g	0,81	0,93	87,1%	0,81	1,94	41,8%
– Wurzel	g	0,85	1,07	79,4%	0,81	1,72	47,1%
– Gesamt	g	3,96	4,61	85,9%	3,13	6,73	46,5%

gebildet. Zeitlich fiel diese Phase in beiden Meßreihen mit dem Einsetzen der heißesten Periode des Tropensommers in Kuba zusammen. Es muß zunächst offen gelassen werden, ob allein diese extremen Strahlungs- und Temperaturverhältnisse der Monate Juli/August zu dem markanten Zurückbleiben der Sonnenpflanzen geführt haben, oder ob sich generell in den ersten zwei Monaten nach Abschluß der Keimung bei Kultur unter Sonne und Schatten ein ökologischer Verhaltenstyp herausdifferenziert, der dann das weitere Wachstum bestimmt und durch extreme Umweltbedingungen nur noch modifiziert werden kann. Erst ein gleichartiges Experiment im Winterhalbjahr kann zur Klärung dieser Frage beitragen.

Ein geringeres Längen- und Flächenwachstum, erhöhte Trockenmasse pro Blattflächeneinheit, sowie niedrigeres Sproß-Wurzel-Verhältnis waren bei den Sonnenpflanzen zu erwarten und entsprechen den seit langem bekannten und vielfach – vor allem im Zusammenhang mit dem Wasserhaushalt – untersuchten morphologischen Erscheinungen beim Vergleich von Pflanzen sonniger und beschatteter Standorte (Literaturübersicht u. a. 10, 18).

Beachtenswert ist dagegen der Entschattungseffekt. Während Wachstum und Stoffproduktion bei den unter Schatten verbliebenen Pflanzen praktisch unverändert blieben, bewirkte die Überführung an voll besonnte Standortbedingungen eine erhöhte Produktion von Trockenmasse, die vor allem zur Kräftigung des Stengels und zum Ausbau des Wurzelsystems führte. Beide Faktoren könnten sich positiv bei der nachfolgenden Auspflanzung an Feld-Standorten auswirken. Die verstärkte Bildung von Trockenmasse blieb kein vorübergehender Effekt, sondern setzte sich über 2 Beobachtungsmonate nach Ende der Schattierung fort. Dadurch entfernten sich die Werte der entschatteten Pflanzen noch weiter von denen der ursprünglichen Sonnen- und

Schattenkulturen. Da Nährstoffmangel als Ursache ausscheidet und die sonstigen Bedingungen gleich blieben, muß angenommen werden, daß das verfügbare Licht nicht mehr zur vollen Stoffproduktion ausreichte und als begrenzender Faktor das Zurückbleiben der unter Schatten verbliebenen Pflanzen bewirkte. Die gebotene Lichtmenge wurde dadurch noch vermindert, daß die Pflanzen, welche bereits 10 bis 11 Blattpaare besaßen, nach wie vor in dichtem Verband standen und sich dadurch gegenseitig zusätzlich beschatteten. Bei den ebenso dicht stehenden entschatteten Kulturen reichte dagegen das starke Sonnenlicht aus, um auch die unteren Blätter noch ausreichend mit Licht für eine normale Stoffproduktion zu versorgen. Unabhängig von diesem versuchstechnischen Mangel weist die Entwicklung einiger Kenngrößen bei der Variante III auf eine wachstumsfördernde Wirkung des vollen Sonnenlichtes hin, die sich besonders in der rascheren Entwicklung der obersten jüngsten Blattpaare äußert, aber erst durch weitere Experimente genauer untersucht werden muß.

Insgesamt sprechen unsere Ergebnisse für die Auffassung, daß die Kaffeesträucher während ihrer Jugendentwicklung eine gewisse Mindestzeit unter ausgeglichenen Temperatur- und milden Strahlungsbedingungen benötigen, um zunächst eine normale Wachstums- und Stoffwechselleistung zu erreichen. Sobald sich diese einmal eingestellt haben, scheinen die Pflanzen auch gegenüber extremeren Umweltbedingungen widerstandsfähiger als bei vollständiger Anzucht in vollem Sonnenlicht zu sein und vermögen ein gesteigertes Angebot an Strahlungsenergie besser für ihre Stoffproduktion zu nutzen.

Im praktischen Pflanzenbau stützt diese Schlußfolgerung, wenigstens für die von uns verwendete Kaffeesorte, das in Brasilien bereits weit verbreitete und empirisch geübte Verfahren, bei dem die Jungpflanzen für die spätere Kultur in den Pflanzungen an voller Sonne zunächst unter Schatten angezogen und vor dem Auspflanzen durch graduelle Entfernung der Schattierungsanlage allmählich den künftigen Standortbedingungen angepaßt werden. Wie weit sich unsere Ergebnisse auch auf andere Sorten übertragen lassen, bedarf einer besonderen Untersuchung. Für den praktischen Anbau kann nach den beiden Meßreihen von 1968 und 1969 nicht empfohlen werden, Kaffee-Jungpflanzen in Kuba unter voller Sonne zu kultivieren, zumindest nicht unter den von uns geprüften Klimabedingungen in der Ebene und während des tropischen Sommers.

Alvim (1) plädiert unter Berufung auf Blackman und Wilson (3) dafür, den Kaffee als Sonnenpflanze zu betrachten und begründet dies mit den gleichbleibenden Verhältnissen von Blattfläche und Gesamt-Trockenmasse („Leaf Area Ratio" – LAR) seiner Versuchspflanzen unter Licht und Schatten auf Costa Rica, wogegen dieser Quotient bei echten Schattenpflanzen mit abnehmender Beleuchtungsstärke merklich zunehmen soll. In unseren beiden Versuchsreihen erwies sich jedoch von den geprüften Quotienten für die Stoffproduktion gerade das LAR als eine der stabilsten Kenngrößen, bei der die Schattenwerte stets signifikant die Sonnenvariante übertrafen. Demnach müßte man wenigstens die Jungpflanzen des Kaffee eindeutig als Schattenpflanzen charakterisieren. Es ist jedoch nicht nur zu bezweifeln, daß der LAR das maßgebliche Kriterium für eine Schattenpflanze darstellt, sondern generell dürfen aus solchen rein morphologischen Daten allein nur mit großem Vorbehalt Rückschlüsse auf eine physiologische Verhaltensnorm gezogen werden (vgl. 5). Über entsprechende stoffwechselphysiologische Untersuchungen werden wir in einer weiteren Publikation berichten (2).

Zusammenfassung

1. *Coffea arabica* L., 'Caturra' wurde in den Monaten Februar bis September 1968 und 1969 unter den Klimabedingungen Havannas auf Kuba kultiviert. Der Einfluß des vollen Sonnenlichtes und der Schattierung auf Keimung, Wachstum und Produktion von Trockenmasse wurden untersucht.
2. Die Keimzahlen zeigten keinen nachhaltigen Effekt, der von Sonnen- oder Schattenbedingungen abhängig war. Der zeitliche Verlauf der Keimung ist bei schattierten und unschattierten Proben während der ersten Wochen jedoch unterschiedlich. Eine eindeutige Abhängigkeit der Keimzahlen von der verwendeten Bodenmischung ließ sich nicht nachweisen.
3. In beiden Jahren waren Wachstum und Produktion von Trockenmasse junger Kaffeepflanzen aus schattierten Kulturen größer als bei Anzucht in vollem Sonnenlicht. Unter den gegebenen Klimabedingungen ist eine Anzucht von Kaffee ohne Schattierung nicht zu empfehlen.
4. Wurden Kaffeepflanzen, die im Schatten aufgewachsen waren, später an Sonnenbedingungen adaptiert, so fehlten die negativen Folgen, die bei vollständiger Anzucht ohne Schatten beobachtet wurden.
5. Einige der gemessenen Kenngrößen deuten darauf hin, daß Kaffee Eigenschaften einer Schattenpflanze besitzt.
6. Die traditionelle Methode des Umpflanzens der Keimlinge nach voller Entwicklung der Kotyledonen hatte bei 30 bis 60% aller Pflanzen Wurzelverkrümmungen zur Folge. Ein Vergleich des Wachstums von umgepflanzten und nicht umgepflanzten Kaffee-Keimlingen unter Schattenbedingungen fiel statistisch gesichert zugunsten der nicht umgepflanzten Kulturen aus.

Summary

The physiological effect of sunlight and shade exposure on *Coffea arabica* L. 'Caturra' under open air conditions of Cuba. I. Seed germination and growth of young plants.

1. The effect of sunlight and shade exposure upon germination, growth, and dry matter production was investigated in seedlings of *Coffea arabica* L.

'Caturra' from february to september 1968 and 1969, in the climatic conditions of Havana, Cuba.

2. Sun and shade exposure did not affect the final germination percentage, but the germination rate was different during the first weeks. The germination percentage did not depend on the soil mixtures used in our experiments.
3. Growth and dry matter production proved to be higher under shade than in the sun. It should not be recommended to grow coffee seedlings completely without shade under the given climatic conditions.
4. Coffee seedlings initially grown under shade and later on adapted to sunlight conditions did not show the negative effects as observed in samples cultivated completely without shade.
5. Some symptoms indicate that coffee should be considered as a shadow plant.
6. Applying the traditional method of transplanting coffee seedlings after formation of the cotyledons caused deformations of the root system in 30–60% of the samples. Comparative growth measurements of transplanted and nontransplanted coffee seedlings, both cultivated under shade, resulted, with statistical significance, in favour of non-transplanation.

Краткое содержание

О физиологическом действии света и тени на *Coffea arabica* L. 'Caturra' в естественных условиях острова Кубы. I. Прорастание семян и рост молодых растений

1. *Coffea arabica* L. cv., ‚*Caturra* KMC' с февраля по сентябрь 1968 и 1969 гг. культивировалось в условиях Гаваны на Кубе. Исследовалось влияние полного солнечного освещения и затенения на прорастание, рост и накопление сухого вещества.

2. Влияние солнечного света или тени не оказывало существенного влияния на число проростков. Однако скорость прорастания в течение первой недели оказалась в тени и на свету различной. Четкой зависимости числа проростков от применяемой почвенной смеси установлено не было.

3. Рост и образование сухого вещества молодых кофейных растений и в 1968 и в 1969 гг. оказались более интенсивными в тени. Таким образом, в данных климатических условиях, выращивание молодых растений кофейного дерева без затенения не рекомендуется.

4. Если молодые растения, выросшие в тени, позднее приучались к солнечному освещению, то нежелательные последствия возделывания на полном солнечном свету не наблюдались.

5. Некоторые числовые данные, полученные во время опыта, говорят в пользу того, что кофе обладает свойствами тенелюбивого растения.

6. Традиционный метод пересадки молодых растеньиц кофе после полного развития семядолей оказался причиной искривления корней у 30 до 60% всех растений. Сравнение роста пересаженных и непересаженных растений в условиях затенения выявило статистически достоверную разницу в пользу непересаженных.

Literatur

1. Alvim, P. T., 1953: Algunos estudios sobre la fisiología del cafeto. – Suelo Tico (Costa Rica) *7*, 58–62.
2. Bergmann, H., G. Lerch und K. Müntz, 1970: Über die physiologische Wirkung von Sonne und Schatten auf *Coffea arabica* L., 'Caturra' unter Freilandbedingungen auf Kuba. II. Stoffwechsel von Jungpflanzen. – Z. Pflanzenphysiol., im Druck.
3. Blackman, G. E., and G. L. Wilson, 1951: Physiological and ecological studies in the analysis of plant environment. VII. An analysis of the different effects of light intensity on the net assimilation rate, leaf area ratio, and relative growth of different species. – Ann. Bot. N. S. *15*, 63–94.
4. Coste, R., 1955: Ecología del cafeto. In: Cafetos y cafés en el mundo. Ed. por G. p. Maisonneuve und Larose, Paris, Band *I*, S. 69–79.
5. Egle, K., 1960: Landpflanzen. – In: Ruhland, W. (Hrsg.) „Handbuch der Pflanzenphysiologie" Bd. *5/1*, „Die CO_2-Assimilation", S. 115–163. – Berlin-Göttingen-Heidelberg.
6. Gonzalez, C. O., 1955: Café al sol o a la sombra? – Suelo Tico (Costa Rica) *8*, 15–17.
7. – 1956: Café a sol o sombra? – Suelo Tico (Costa Rica) *9*, 176–177.
8. Gregory, F. G., 1926: The effect of climatic conditions on the growth of barley. – Ann. Bot. *40*, 1–26.
9. Heath, O. V., and Gregory, F. G., 1938: The constancy of the mean net assimilation rate and its ecological importance. – Ann. Bot. N. S. *2*, 811–818.
10. Killian, Ch., und Lemmée, G., 1956: Les Xerophytes: leur economie d'eau. – In: Ruhland, W. (Hrsg.) „Handbuch der Pflanzenphysiologie" Bd. *3*, „Pflanze und Wasser", S. 787–824. – Berlin-Göttingen-Heidelberg.
11. Krug, C. A. und Mitarb., 1966: Cultivo y abono del cafeto. – La Habana.
12. Lerch, G., K. Müntz, H. Bergmann y J. Ramon Cuevas, 1969: Café „caturra" – crecimiento y desarrollo en el vivero experimental del Wajay. I. Plan del experimento – Germinación. – Academia de Ciencias de Cuba, Instituto de Biología, Serie Biologica, No. 3, 1–12.
13. Lerch, G., K. Müntz, H. Bergmann y J. Ramon Cuevas, 1970: Café „caturra" – crecimiento y desarrollo en el vivero experimental del Wajay. II. Crecimiento. – Academia de Ciencias de Cuba, Instituto de Biología, Ser. Biologica, No. 24.
14. Montealegre, M. R., 1954: Cafetales a pleno sol versus cafetales a la sombra. – Suelo Tico (Costa Rica) *7*, 263–275.
15. – 1955: Cafetales a pleno sol versus cafetales a la sombra. – Suelo Tico (Costa Rica) *8*, 133–140.
16. – 1956: Cafetales a pleno sol versus cafetales a la sombra. – Suelo Tico (Costa Rica) *9*, 201–204.

17. Nosti Nava, J., 1963: Cacao, Café y Te. Salvat Editores, S. A.: Barcelona – Madrid. 2. Aufl.
18. Stocker, O., 1956: Die Dürreresistenz. – In: Ruhland, W. (Hrsg.) „Handbuch der Pflanzenphysiologie" Band 3, „Pflanze und Wasser", S. 696–741. Springer Verlag: Berlin-Göttingen-Heidelberg.
19. Sylvain, P. G., 1954: Long range objectives in studies of the physiology of coffee. – Turrialba (Costa Rica) 4, 13–22.
20. Watson, D. I., 1952: The physiological basis of variation in yield. – Adv. Agronomy 4, 101–145.
21. Weber, E., 1967: Grundriß der biologischen Statistik. – Jena.

Über den Einfluß von Vorquellung und Rücktrocknung der Karyopsen vor der Aussaat auf die Entwicklung und einige Stoffwechselprozesse von Getreidepflanzen

von Wolfgang R. Müller-Stoll und Rolf Rammelt

(Eingegangen am 26. Januar 1970)

I. EINLEITUNG

Seitdem bekannt ist, daß mehrfaches Welken der Pflanzen zu einer Abhärtung und damit zu einer größeren Dürreresistenz von Pflanzen führen kann, sind auf der Grundlage dieser Beobachtung verschiedene Methoden zur „Abhärtung“ im Samenstadium versucht worden. Das bekannteste dieser Verfahren besteht in einer wiederholten Anfeuchtung und Trocknung der Samen vor ihrer Aussaat. Anfang der dreißiger Jahre dieses Jahrhunderts haben vor allem sowjetische Forscher diese Vorbehandlung aufgegriffen und sich mit ihrer Problematik befaßt, wobei sie nachhaltige Auswirkungen des Quellungs- und Rücktrocknungseffektes festgestellt haben wollen, z. B. Henckel und Kolotova 1934, Henckel und Margolina 1934 (zit. bei Henckel 1964), Semankin 1938, Henckel und Kolotova 1939, Smirnova 1939, Isip 1940, Repin und Tishkov 1940 (alle zit. bei Chinoy 1960), Henckel 1946, 1965 u. a. m.; Zusammenf. bei May et al. 1962 und Henckel 1964. Nach den Angaben in diesen Arbeiten wird durch eine Vorbehandlung von Samen oder Körnern eine physiologische Umstimmung der Pflanzen induziert, die sogar auf die folgenden Generationen übertragen werden soll. Die theoretischen Grundlagen dieses „presowing hardening“ wurden besonders von Henckel[1] und seiner Schule näher formuliert, wobei Veränderungen in der Protoplasmakonstitution (erhöhte Viskosität) und in der Aktivierung bestimmter Enzyme während der „Samenabhärtung“ als Ursache für die physiologische Umstimmung angegeben werden (vgl. Henckel 1956, 1964). Es wird angenommen, daß dadurch die Pflanzen bestimmte Veränderungen im Wasserhaushalt, in der Intensität einiger Stoffwechselprozesse, im allgemeinen Resistenzzustand und letztlich in der Stoffproduktion erfahren. Immer wieder wird darüber berichtet, daß Getreidepflanzen infolge Abhärtung auf diese Weise dürre- und temperaturresistenter werden und unter Trockenbedingungen höhere Erträge liefern, z. B. Gusyev 1957, Zubenko 1959, Martyanova 1960, Tomov 1963, 1964, Henckel et al. 1964, 1966 u. a.; vgl. auch Müller-Stoll, Salzer und Rammelt 1970.

[1] Durch Transkription aus dem Russischen ergibt sich Genkel als Schreibweise des Namens. Da dieser Autor sich aber in seinen fremdsprachigen Publikationen Henckel schreibt, wird hier der Name in seiner ursprünglichen deutschen Form verwendet.

Abgehärtete Pflanzen, also solche, die sich beispielsweise in einer bestimmten Phase ihrer Entwicklung durch eine erhöhte Temperaturresistenz auszeichnen, sind zu eben diesem Zeitpunkt allgemein durch eine eingeschränkte Aktivität charakterisiert; der Zustand der Abhärtung und der vollen Aktivität schließen sich somit einander aus. Henckel behauptet aber nun, daß eine „Samenabhärtung" in den Pflanzen neben der Resistenzsteigerung auch zur Stimulation einiger Lebensprozesse führt und darüber hinaus nicht nur bis in die darauffolgende Aktivitätsphase, sondern während der ganzen Dauer der Ontogenese und sogar in den folgenden Generationen weiter wirken soll; vgl. Henkkel 1964, Henckel et al. 1966. Es war nicht unsere Absicht zu prüfen, inwieweit die von Henckel und seinem Arbeitskreis entwickelten Vorstellungen über den Mechanismus und das Wesen des Quellungs- und Rücktrocknungseffektes stichhaltig sind und die zahlreichen beschriebenen Erscheinungen nach ihrer Bestimmungsmethode der Kritik standhalten, denn die meisten der erwähnten Arbeiten beruhen auf Experimenten, die im Freiland unter schwer überschaubaren Bedingungen ausgeführt wurden. Das einzige Kriterium für eine erhöhte Resistenz ist vielfach nur der erzielte Feldertrag. Da Henckel das Verfahren als höchst wirksame und einfach zu handhabende „Abhärtungsmethode" empfohlen hat, durch welche die Ertragsfähigkeit der Kulturpflanzen mit Sicherheit gesteigert werden kann und auch Zubenko (1959) sich für eine ausgedehnte Anwendung dieser Methode in der Getreideproduktion in regen- und wasserarmen Landstrichen ausgesprochen hat, ist es verständlich, daß diese Art der Samenvorbehandlung in weiten Kreisen Beachtung fand.

Auf die Notwendigkeit zur Untersuchung der praktischen Bedeutung dieser Methode, welche, wenn sie erfolgreich ist, eine der bedeutendsten Verbesserungen in der Landwirtschaft von Trockengebieten darstellen würde, wurde von Chinoy (1960), May et al. (1962) und Evenari (1964) hingewiesen. „Abhärtungsversuche" dieser Art sind nach dem Erscheinen von Henckels Veröffentlichungen von anderen Forschern, vor allem in der Sowjetunion, in Bulgarien, Polen, Indien, Israel, Schweden und in den USA wiederholt worden. Die Befunde von Henckel sind dabei nicht unwidersprochen geblieben (Jacobi und Oppenheimer 1962, Waisel 1962, Evenari 1964, Jarvis und Jarvis 1964). Auch uns erschien es schon 1957 notwendig, die Versuche zu wiederholen und unter kontrollierten Bedingungen die Wirkung der Saatgutvorbehandlung auf Wachstum, Entwicklung und einige Stoffwechselprozesse der Pflanzen zu prüfen.

Unsere Absicht war dabei nicht, den Ertrag und die Stoffproduktion der Pflanzen zu ermitteln. Ziel der hier mitgeteilten Untersuchungen war es vielmehr, einige der von Henckel und seinen Mitarbeitern erhaltene physiologische Befunde zu überprüfen und festzustellen, wie sich Getreidepflanzen aus vorbehandeltem Saatgut unter mitteleuropäischen Klimabedingungen verhalten. Die wichtigsten zu diesem Problemkreis bereits in der Literatur vorliegenden und erreichbaren Ergebnisse haben wir mit eigenen Befunden verglichen. In einer zweiten Mitteilung werden wir über den Einfluß dieser „Samenabhärtung" auf die Resistenz der Pflanzen gegen Hitze und Frost berichten (Müller-Stoll, Salzer und Rammelt 1970).

II. MATERIAL UND METHODEN

Als Untersuchungsmaterial dienten Karyopsen der Sommergerstensorte 'Freya', der Hafersorte 'Fläming-Gold', des Sommerweizens 'Peko' und der Winterweizen 'Fanal' und 'Qualitas'. Einen Teil unserer Experimente führten wir im Freiland,einen anderen unter kontrollierten Versuchsbedingungen im Laboratorium durch. Alle Versuche zur Bestimmung physiologischer Kenngrößen wurden mehrfach wiederholt; die Versuche wurden 1957 und 1958 sowie 1961 bis 1966 durchgeführt.

1. Saatgutvorbehandlung und Kultur der Objekte.

Bei der Behandlungsmethode zur „Saatgutabhärtung" richteten wir uns genau nach den Angaben von Henckel (1954). Je 100 Gramm Körner wurden portionsweise mit insgesamt 30 ml Leitungswasser befeuchtet. Nach vollzogener Wasseraufnahme wurden die Körner mit feuchtem Filtrierpapier abgedeckt und zwei Tage bei 20 °C im Dunkel- oder im Lichtthermostaten aufbewahrt. Danach haben wir die Karyopsen auf trockenem Filtrierpapier ausgebreitet und unter Raumbedingungen maximal zehn Tage austrocknen lassen. Die Einquellung und Rücktrocknung wurden danach noch bis zu zweimal wiederholt, weil auf diese Weise eine größere Wirkung auf die weitere Entwicklung der Pflanzen erzielt werden soll (Zubenko 1959). Neben diesem Verfahren wurde auch das später von Henckel (1956) empfohlene vereinfachte Verfahren benutzt. Es sieht nur eine einmalige Befeuchtung und Rücktrocknung vor, wobei aber die zur Einquellung benutzte Wassermenge auf 40% (von Henckel für Weizen empfohlen) des Körnertrockengewichtes erhöht wurde. Bei Versuchen mit Gerste wurde die Quellungsdauer auf 15 Stunden beschränkt, um die danach bereits beginnende Keimung zu verhindern. Die Körner der Weizensorte 'Qualitas' ließen wir nur 24 Stunden quellen, jedoch in fließendem Leitungswasser, um eine maximal mögliche Wasseraufnahme zu ermöglichen.

In den Arbeiten von Henckel sind keine Angaben darüber zu finden, wann nach beendeter Rücktrocknung die Aussaat zweckmäßigerweise erfolgen soll. Wir haben deshalb die Versuche in folgenden Varianten ausgeführt: Ankeimen der Körner für die Untersuchungen unmittelbar nach Erreichen der Gewichtskonstanz, zwei Wochen und drei Wochen nach Beginn der Rücktrocknung sowie zwei Monate danach. Grundsätzliche Unterschiede ergaben sich dabei nicht; auf Einzelheiten wird an geeigneter Stelle eingegangen. Für die Versuche mit Keimlingen im Koleoptilen – Stadium wurden die Karyopsen in Petrischalen auf feuchtes Filtrierpapier gelegt und im Thermostaten bei 22 °C zur Keimung gebracht. Wurden ältere Pflanzen verwendet, so erfolgte die Aussaat der Körner in gedüngten, lehmigen Sandboden im Freiland. Nachdem die Objekte beider Behandlungsvarianten die für die Versuche erforderliche Koleoptilenlänge oder Blattzahl erreicht hatten, wurde mit den Untersuchungen begonnen. Als Kontrolle dienten jeweils vergleichbare Pflanzen, die sich aus nicht vorbehandelten Karyopsen entwickelt hatten. Die Ergebnisse wurden mit Hilfe statistischer Verfahren überprüft (vgl. Weber 1967).

2. Fermentbestimmung

Zur Herstellung der Enzymrohextrakte wurde das Pflanzenmaterial, jeweils 5 g Karyopsen oder 1,5 g frisches Blattgewebe, mit Quarzsand unter Zusatz von 25 ml Aqua dest. zerrieben. Nach einer Stunde wurde das Homogenat zentrifugiert, der Überstand abdekantiert und auf 30 ml aufgefüllt. Mit dem so gewonnenen Extrakt wurden sofort Aktivitätsbestimmungen durchgeführt. Die Enzymaktivität unterliegt tagesperiodischen Schwankungen (Augsten 1956); um diese weitgehend auszuschalten, wurde täglich zur gleichen Zeit extrahiert und die Bestimmung der Enzyme in gleichbleibender Reihenfolge vorgenommen.

Zur Ermittlung der *Phosphataseaktivität* ließen wir den Extrakt in einer Acetatpufferlösung (pH 5,6) auf 5%iges Natrium-β-Glycerophosphat bei einer Temperatur von 30 °C einwirken (je 1 ml von jeder Lösung). Unterbrochen wurde die enzymatische Reaktion sofort und nach 24 Stunden durch Zugabe von 2 ml 2%iger Ammoniummolybdatlösung in 5 n Schwefelsäure. Das vom Substrat durch das Ferment abgespaltene Orthophosphat wurde nach Fiske und Subrarow (1925) in einer Modifikation von Lohmann und Jendrassik (1926; vgl. Bamann und Meisenheimer 1941 S. 1607ff.) bestimmt, wobei die am Pulfrich-Photometer (Filter S 72, wirksamer Filterschwerpunkt 726 nm) durch Molybdänblau verursachte prozentuale Lichtdurchlässigkeitsabnahme D als Maß für die Aktivität diente.

Zur Bestimmung der freien *Amylasen* wurde die Menge der aus verdünnter Stärkelösung freigesetzten reduzierenden Hydrolyseprodukte erfaßt. Bei den Versuchen mit Karyopsen wurden 25 ml 1%ige Stärkelösung mit 10 ml 0,15 mol Phosphatpufferlösung (pH 5,0), 1 ml 0,2 n Natriumchloridlösung und 1 ml Enzymextrakt 15 Minuten im Thermostaten bei 37 °C inkubiert. Nach Unterbrechung der Enzymreaktion mit 2 ml 0,1 n Salzsäure wurde der Zuckergehalt des Reaktionsgemisches jodometrisch nach Willstätter und Schudel (1918; vgl. Barrenscheen und Pany 1941 S. 1077 sowie Purr 1941 S. 1872) bestimmt. In den Blättern bestimmten wir die Amylaseaktivität, in dem wir aus 1 ml Extrakt, 1 ml Phosphatpufferlösung und 1 ml 1%iger Stärkelösung ein Reaktionsgemisch herstellten und sofort bzw. nach 24stündiger Inkubation im Thermostaten (27 °C) den Zuckergehalt dieser Lösung nach Hagedorn und Jensen (1923; vgl. Barrenscheen und Pany 1941 S. 1071) ermittelten. In beiden Fällen wurde der Amylaseaktivität nicht die Menge eines bestimmten Zuckers, sondern der ml-Verbrauch an 0,1 m Thiosulfat zugrunde gelegt.

Nach Jolles (1904), modifiziert von Stern (1932; vgl. Zeile 1941a S. 2621), bestimmten wir die *Katalase* mittels jodometrischer Titration des durch das Enzym in der Reaktionslösung nicht zerlegten Wasserstoffperoxyds. Der Ansatz, der in Eiswasser gekühlt wurde, bestand aus 2 ml Phosphatpuffer (pH 6,8), aus 0,1 ml jeweils frischem 0,1%igem Wasserstoffperoxyd und aus 0,5 ml Extrakt. Sofort und nach 15 Minuten wurden 1 ml 2 n Schwefelsäure zur Unterbrechung der Reaktion und 2 ml 1%ige Kaliumjodidlösung zugegeben. Das freigesetzte Jod wurde mit 0,02 n Thiosulfatlösung titriert; als Maß für die Aktivität diente auch hier der Thiosulfatverbrauch.

Die *Peroxydaseaktivität* wurde aus der Bildung von Purpurogallin, dem Oxydationsprodukt des Pyrogallol, bestimmt (Willstätter 1918; vgl. Zeile 1941b S. 2603). Als Reaktionsgemisch wurde in einen Scheidetrichter gegeben: 2 ml Phosphatpufferlösung (pH 5,9), 15 ml Aqua dest., 1 ml frisches 1%iges Wasserstoffperoxyd, 2 ml 5%ige Pyrogallollösung und 1 ml Enzymextrakt. Nach fünf Minuten sistierten wir die Enzymwirkung durch Zugabe von 5 ml 2 n Schwefelsäure. Das entstandene Purpurgallin wurde mit 10 ml Äther extrahiert und die Absorption am Pulfrich-Photometer (Filter S 47, wirksamer Filterschwerpunkt 465 nm) gemessen. Die Aktivitätsunterschiede zwischen den Versuchsvarianten werden in Form der Extinktionswerte angegeben.

Da es bei unseren Versuchen nur auf den relativen Vergleich zwischen verschieden behandeltem Pflanzenmaterial ankam, wurde in einigen Fällen die Fermentaktivität der Versuchspflanzen in Prozent der Kontrolle angegeben, deren Aktivität gleich 100% gesetzt wurde.

3. Atmungsintensitätsbestimmung

Die Sauerstoffaufnahme wurde nach der Warburg-Methode bestimmt, und zwar über einen Zeitraum von vier Stunden im Dunkeln. Die Temperatur lag konstant bei 25 °C, die Schüttelamplitude betrug 60°, die Anzahl der Schüttelschwingungen schwankte um 100 volle Schwingungen pro Minute. Alle 15 Minuten wurde der Manometerstand abgelesen. Als Atmungsmedium diente je Gefäß 0,05 mol sekundäre Kaliumphosphatlösung. Nach Beendigung des Versuches wurde das Volumen und das Trockengewicht der Pflanzenteile bestimmt. Die Atmungsintensität bzw. die Menge des verbrauchten Sauerstoffs wurde in $\mu g\ O_2/g$ Trockenmasse und Minute angegeben. Um tagesperiodische Schwankungen zu vermeiden, wurde das Pflanzenmaterial, Karyopsen von Gerste und Blätter von Weizen- und Haferpflanzen, stets zur gleichen Tageszeit geerntet. Von den Karyopsen wurden jeweils zehn in ein Atmungsgefäß eingezählt. Aus den Blättern schnitten wir Quadrate mit einer Seitenlänge von 0,5 cm aus, die, bevor je zehn von ihnen in die Pufferlösung ins Atmungsgefäß eingelegt wurden, bis zum Abklingen des Wundreizes etwa zwei Stunden in der Pufferlösung verblieben.

4. Bestimmung des osmotischen Wertes und der Transpiration

Die Bestimmung des osmotischen Wertes des Zellsaftes erfolgte nach der kryoskopischen Methode (vgl. Walter 1931a, 1931b S. 7 u. 34ff.) Die vom Versuchsbeet geernteten Blätter gleicher Insertionshöhe wurden sofort in verschlossene Glasgefäße gebracht, durch halbstündiges Kochen auf dem Wasserbad abgetötet und nach dem Abkühlen ausgepreßt. Der Gefrierpunkt des Preßsaftes wurde im Anschluß daran mit Hilfe eines Kryoskops nach Drucker und Burian bestimmt. Ergab die Ablesung hintereinander drei gleiche Werte, so galt das Ergebnis als sicher.

Die Messung der momentanen Transpiration der Getreidepflanzen im Freiland wurde in stündlichen Abständen während des ganzen Untersuchungstages bestimmt (vgl. Stocker 1929, 1956a S. 297ff). Dazu wurden die obersten Blätter abgeschnitten und mit Hilfe einer Torsionswaage sofort und nach zwei Minuten erneut gewogen. Die in dieser Zeit abgegebene Wassermenge in Milligramm wird als Maß für die Transpirationsintensität angegeben, wobei auf ein Gramm Frischgewicht und eine Minute bezogen wurde. Parallel dazu wurde die Lufttemperatur gemessen sowie die Evaporation mit einem Piche-Evaporimeter, die sich aus der Differenz des stündlich abgelesenen Wasserstandes in Milliliter ergibt.

5. Purin- und Pyrimidin-Verbindungen

Die Extraktion der löslichen Purin- und Pyrimidin-Verbindungen, ihre Chromatographie, Identifizierung und quantitative Bestimmung erfolgte nach früheren Angaben (Bergmann et al. 1967, Rammelt 1967a, Rammelt und Bergmann 1967).

III. ERGEBNISSE

1. Keimfähigkeit und Wachstumsintensität

Karyopsen der Sommergerstensorte ‘Freya’ wurden fünf bzw. 15 Stunden in Leitungswasser angequollen und danach mehrere Tage lang rückgetrocknet. Im Verlaufe von 15 Stunden nahmen 5 g der lufttrockenen Körner etwa 1,7 g Wasser auf, wobei schon während der ersten fünf Stunden mehr als die Hälfte dieser Menge absorbiert wurde. Der Wassergehalt in den Körnern erhöhte sich dabei von ca. 15% auf etwa 50%; Keimung trat in dieser Zeit noch nicht ein. Die Wasserabgabe während der Rücktrocknung wurde über zehn Tage hinweg verfolgt. In den ersten drei Tagen gaben die Körner mit rund 95% den größten Teil des vorher aufgenommenen Wassers wieder ab. Zur Rücktrocknung der Karyopsen bei etwa 18 bis 22 °C reichen demnach vier Tage aus, da in dieser Zeit das Ausgangsgewicht der Proben wieder erreicht wurde.

Verschiedene Autoren (Shpineva 1940, Kydrev 1959, vgl. auch Lang 1965 S. 862) sind der Meinung, daß durch diese Vorbehandlung der Samen vor der Aussaat die Keimfähigkeit verändert wird. Um diese Frage näher zu prüfen, wurden Proben zu je 100 Körnern fünf bzw. 15 Stunden ein- oder zweimal in Wasser gequollen und danach rückgetrocknet. Die Varianten mit zweimaliger Quellung legten wir nach 5 tägiger Trocknung an der Luft weitere fünf Stunden ins Wasser und ließen sie dann ein zweites Mal austrocknen (5 + 5 Stunden; 15 + 5 Stunden). Bevor diese Karyopsen erneut befeuchtet und auf ein Keimbett aus Filterpapier bei 20 °C zum Keimen gebracht wurden, waren sie nach der Behandlung 30 Tage lang gelagert worden. Die Kontrollen wurden ungequollen auf das Keimbett gelegt (0 Stunden). Nach unseren Befunden ergab sich für Gerste mit zunehmender Quellungsdauer und Rücktrocknung vor der Aussaat eine Abnahme der Keimfähigkeit; dabei wurden durch eine 5stündige Wiederholung der Prozedur gegenüber einmaliger Quellung die Keimzahlen weiter gesenkt, und zwar um etwa 9% (Tabelle 1). Das gleiche Verhalten wurde auch für Weizen gefunden.

In drei anderen Versuchsserien wurden mit Weizen im Zeitraum vom 28. Juni bis 15. August 1958 an Kontroll- und Versuchspflanzen Längenmessungen durchgeführt, um zu prüfen, ob die beiden Varianten eine vielfach postulierte unterschiedliche Wachstumsintensität (vgl. Henckel 1964) besitzen. Die der Abb. 1 zugrunde liegenden Meßwerte stellen Mittelwerte aus zwei Serien dar, bei denen jeweils 100 Einzelpflanzen gemessen wurden. Die Kontrollpflanzen waren fünf Tage nach der Aussaat aufgelaufen und blieben damit einen Tag hinter den Pflanzen aus rückgetrockneten Karyopsen zurück. Bezogen auf den Termin der gemeinsamen Aussaat betrug nach sechs Tagen die Höhe der Versuchspflanzen etwa 51 mm, die der Kontrolle aber nur 38 mm. Nach neun Tagen waren erstere vergleichsweise nur noch durchschnittlich 8 mm höher. Die

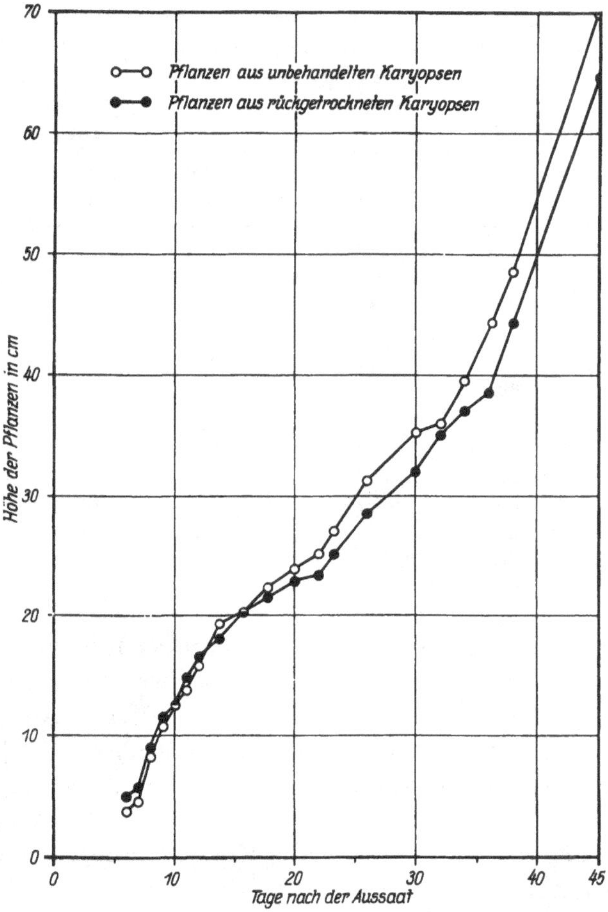

Abb. 1. Verlauf des *Wachstums* von Sommerweizenpflanzen der Sorte 'Peko' aus unbehandelten sowie aus vorgequollenen und rückgetrockneten Karyopsen im *Freiland*

Differenz zwischen den beiden Varianten wurde in der Folgezeit immer kleiner und war im Mittel 14 Tage nach der Aussaat nicht mehr vorhanden; die Kontrolle hatte die Versuchspflanzen im Wachstum eingeholt und zeigte von da an die größere Höhe. Nach 20 Tagen waren die Kontrollpflanzen etwa 10 mm, nach 30 Tagen ca. 30 mm und nach 40 Tagen sogar 50 mm höher. Verglichen wir jedoch die Pflanzen beider Varianten jeweils am gleichen Tage nach dem Aufgehen der Saat, so war die Kontrolle von Beginn der Entwicklung an größer als Pflanzen aus vorbehandelten Karyopsen. Beispielsweise betrug die mittlere Höhe der Versuchspflanzen drei Tage nach dem Auflaufen (entspricht dem 7. bzw. 8. Tage nach der Aussaat) 56 mm, die der Kontrolle 73 mm und nach weiteren drei Tagen 125 mm bzw. 140 mm. Der erwähnte geringe Wachstumsvorsprung, den die Versuchspflanzen anfangs zeigten, beruht lediglich auf

Tabelle 1

Einfluß der Rücktrocknung nach einer unterschiedlichen Quellungsdauer der Karyopsen vor der Aussaat auf die Keimfähigkeit der Gerstensorte 'Freya'.

Stunden nach der Aussaat	Keimfähigkeit in Prozent				
	Quellungsdauer der Körner in Stunden				
	0	5	5 + 5	15	15 + 5
48	5	2	3	3	2
60	9	5	3	4	2
72	25	13	9	7	6
84	36	19	17	17	14
96	53	41	33	28	26
108	62	59	44	37	33
120	77	73	57	49	42
132	79	75	62	55	44
156	80	79	68	60	53
168	83	81	70	65	58
180	86	84	73	66	58
204	89	85	76	67	60
220	91	86	80	69	61

ihrem schnelleren Auflaufen, so daß sie gegenüber der Kontrolle einen Entwicklungsvorsprung von einem Tage besitzen; dieser wird aber in der Regel nach 14 Tagen ausgeglichen. Die Ergebnisse einer 3. Versuchsserie waren ganz analog, doch wiesen infolge einer mäßigen und zeitweiligen Trockenheit im Versuchszeitraum die Versuchspflanzen 30 Tage nach der Aussaat nur 290 mm, die Kontrollpflanzen dagegen 315 mm Höhe auf. Von einer gesteigerten Wachstumsintensität der aus rückgetrockneten Körnern gezogenen Pflanzen, möglicherweise verursacht durch die Saatgutvorbehandlung nach Henckel, kann bei unseren Versuchen keine Rede sein.

2. Untersuchungen zum Wasserhaushalt

a) Wassergehalt

Im Zusammenhang mit einer „Saatgutabhärtung" haben Henckel (1946, 1954, 1964) sowie Henckel und Novoselova (1955) über eine positive Beeinflussung des Wasserhaushaltes berichtet; sie fanden infolge verbesserter Fähigkeit zur Bindung des Wassers an Plasmaproteine bei Weizenpflanzen aus rückgetrockneten Karyopsen bei künstlicher Dürrebelastung im Gewächshaus sowie unter Trockenbedingungen im Freiland einen erhöhten Wassergehalt. Unsere Ergebnisse von Wassergehaltsbestimmungen zeigt Tabelle 2. Die Pflanzen wurden etwa 40 Stunden bei 105 °C bis zur Gewichtskonstanz getrocknet. Mit Hilfe der erhaltenen Trockengewichte wurde der Wassergehalt der Objekte im Verhältnis zur Trockenmasse ermittelt. Im Gegensatz zu

Tabelle 2

Prozentualer Wassergehalt in den Blättern von Weizenpflanzen der Sorte 'Peko' aus rückgetrockneten und unbehandelten Karyopsen. Mittelwerte aus 3 Versuchsserien zu je 4 Einzelbestimmungen.

Varianten	Wassergehalt an folgenden Tagen nach der Aussaat						
	30	35	40	50	55	60	70
Versuchspfl.	79,9	76,8	77,4	73,1	72,5	72,4	71,8
Kontrollpfl.	80,3	78,4	78,2	73,8	72,8	72,6	71,9

Henckel (1964), der in „abgehärteten" Pflanzen einen Wassergehalt von 73,4% und in Pflanzen aus unbehandelten Körnern einen solchen von 65% fand, stellten wir unter unseren Versuchsbedingungen keine derartigen Unterschiede zwischen beiden Varianten fest. Der mittlere Wassergehalt der vorbehandelten Versuchspflanzen betrug nach unseren Ergebnissen etwa 99%, bezogen auf den Mittelwert der Kontrollen; danach bestanden hinsichtlich des Wassergehaltes keine signifikanten Unterschiede.

b) Osmotischer Wert

Der osmotische Wert des Zellsaftes, bis zu einem gewissen Grade Maß für die Hydratur des Protoplasmas, reagiert auf jede Änderung in der Wasserbilanz; eine erschwerte Wasserversorgung kommt in einer Erhöhung dieser Zustandsgröße zum Ausdruck. Unterschiedliche Tagesschwankungen des osmotischen Wertes können auf verschiedene Wassersättigungsdefizite zurückgeführt werden. Dabei sind auch in unserem Falle sowohl bei den Kontroll- als auch bei den Versuchspflanzen allgemein die Werte morgens am niedrigsten, erreichen in den Mittagsstunden ihr Maximum, um gegen Abend wieder etwas abzusinken. Diese Veränderungen sprechen für ein fortschreitendes Austrocknen der Pflanzen und einen eingeschränkten Wassernachschub um die Mittagszeit; ein Maximum am späten Nachmittag ist charakteristisch für einen beginnenden Wassermangel. Die in der Reaktionsphase der Dürreresistenz (vgl. Stocker 1956b S. 704) eintretende Neubildung osmotisch wirksamer Substanz führt ebenfalls zu einem Anstieg des osmotischen Wertes, doch können bei Weizen nach Kokin (1928, zit. bei Walter 1931b) die auf Schwankungen in der Zuckerkonzentration beruhenden osmotischen Veränderungen vernachlässigt werden, weil sie bei diesem Objekt unbedeutend sind.

Da Henckel (1954, 1964) über eine erhöhte Konzentration des Zellsaftes in Pflanzen aus „abgehärteten" Samen berichtet hat, haben wir auch diese physiologische Zustandsgröße der Zellen untersucht. Bei drei Versuchsserien, deren Aussaat am 21. Juni, 5. Juli und am 14. Juli 1958 in das Freiland erfolgte, wurde in der Zeit vom 31. Juli bis zum 15. September an insgesamt acht Tagen von 8^{00} Uhr bis 18^{00} Uhr der osmotische Wert der Blätter der jungen Weizen-

Tabelle 3

Tagesgänge des osmotischen Wertes im Blattgewebe von Weizenpflanzen der Sommersorte 'Peko' aus rückgetrockneten (V = Versuchspflanzen) und nicht rückgetrockneten (K = Kontrollpflanzen) Karyopsen. Jeweils Mittelwerte aus je 3 Einzelmessungen.

Datum der Bestimmg.	Tage nach Aussaat	Osmotischer Wert in Atm.											
		Uhr 8^{00}		10^{00}		12^{00}		14^{00}		16^{00}		18^{00}	
		V	K	V	K	V	K	V	K	V	K	V	K
Serie I													
31. 7. 58	40	10,8	10,0	11,3	10,8	10,9	10,6	12,4	12,0	11,7	11,3	11,4	11,2
11. 8.	51	10,7	11,3	10,7	11,7	11,7	11,1	11,1	11,2	10,9	10,9	11,1	11,4
14. 8.	55	11,0	10,6	11,1	11,8	12,3	12,2	11,1	13,0	12,0	12,8	11,1	12,8
Serie II													
5. 8.	30	8,9	9,5	11,0	10,2	9,9	9,2	10,6	11,0	11,3	12,0	11,2	12,1
14. 8.	39	9,5	10,1	11,1	11,4	10,1	10,8	10,6	12,0	11,4	12,2	11,2	11,0
4. 9.	60	9,6	9,3	11,1	11,8	10,8	10,7	11,2	12,7	11,9	12,5	11,7	12,4
15. 9.	71	8,0	8,9	8,2	9,1	10,2	9,9	11,0	11,7	10,1	9,6	10,0	10,2
Serie III													
18. 8.	34	10,4	10,8	11,9	11,1	11,2	10,1	11,8	12,0	11,3	12,0	11,5	11,4
Mittelwert		9,9	10,1	10,8	11,0	10,9	10,6	11,2	12,0	11,3	11,8	11,2	11,4

pflanzen bestimmt; die Bestimmungen erfolgten dabei in einem Zeitraum von 30 bis zu 70 Tagen nach der Aussaat der Körner.

Aus Tabelle 3 geht hervor, daß nur bei den Messungen vom 31. Juli die Versuchspflanzen der Serie I nach 40 Tagen im Vergleich mit der Kontrolle den ganzen Tag über im Durchschnitt einen etwa 0,5 Atm. höheren osmotischen Wert ergaben. An allen anderen Untersuchungstagen lagen bei ersteren ausschließlich um die Mittagszeit die Werte vergleichsweise um 0,3 Atm höher. Zu jeder anderen Tageszeit war in der Regel die Zellsaftkonzentration des Blattgewebes der Pflanzen aus „abgehärteten“ Karyopsen niedriger als bei den Kontrollen. Diese zeigten an normalen sonnigen Tagen den zu erwartenden Tagesgang des osmotischen Wertes mit einem Minimum in den Morgenstunden und einem Maximum am Nachmittag zwischen 14^{00} Uhr und 16^{00} Uhr. Bei den Versuchspflanzen verteilten sich bei den einzelnen Serien die täglichen Höchstwerte unregelmäßig zwischen 10^{00} Uhr und 16^{00} Uhr; ein bestimmtes Wasserdefizit kann bei ihnen unter Umständen schon früher eintreten als bei den Kontrollen. Das Ausmaß der osmotischen Tagesschwankungen war bei letzteren mit 2,6 Atm. etwas höher als bei den Versuchspflanzen mit 1,8 Atm. Diese etwa um 20% liegenden Schwankungen sind für Sonnenpflanzen als durchaus normal anzusehen (vgl. Walter 1931b S. 52).

Entsprechende Untersuchungen mit Hafer ergaben einen ähnlichen Verlauf der Tageskurve des osmotischen Wertes, doch waren die Werte bei den Kontrollpflanzen hier während des ganzen Tages geringfügig höher. Die Ergebnisse von Henckel ließen sich somit auch in diesem Fall nicht bestätigen, da aus den von uns gefundenen geringen Unterschieden der Werte keine weitreichenden und gesicherten Schlußfolgerungen gezogen werden können.

c) Transpiration

Nach Henckel (1946, 1956) transpirieren „abgehärtete“ Pflanzen bei Dürre vor- und nachmittags beträchtlich stärker und schränken zur Zeit der höchsten Tagestemperatur die Wasserabgabe im Vergleich mit Pflanzen aus unbehandeltem Saatgut deutlich ein, weil sie durch eine bessere Regulation der Spaltöffnungsweite an die Dürre angepaßt sein sollen. Beispielsweise gaben bei einer Versuchsserie vom 1. Juni 1939 (vgl. Henckel 1946) „abgehärtete“ Weizenpflanzen in der Zeit von 8^{00} Uhr bis 14^{00} Uhr pro Minute und Gramm Frischgewicht durchschnittlich 30 mg Wasser mehr ab als die Kontrollen, wohingegen von 14^{00} Uhr bis 15^{00} Uhr die vorbehandelten Pflanzen vergleichsweise etwa 70 mg weniger transpirierten.

Bei den von uns ermittelten Tageskurven der Transpiration deutete nur in einem einzigen Fall der Kurvenverlauf auf eine derartige Reaktion der Versuchspflanzen hin. An diesem Tage, der sich bezüglich der Temperatur und der Strahlungsintensität nicht wesentlich von den anderen Versuchstagen unterschied, transpirierten sie in der Zeit von 9^{00} Uhr bis 12^{30} Uhr und von 14^{30} Uhr bis 17^{30} Uhr im Durchschnitt 8 mg Wasser pro Minute und Gramm Frischgewicht mehr als die Kontrollen, dafür aber zwischen 12^{30} Uhr und 14^{30} Uhr 10 mg weniger. In unserem Falle war demnach dieses Transpirationsverhalten bei weitem nicht so deutlich ausgeprägt, wie in dem angeführten Ergebnis von Henckel. Zudem wurde dieser Befund nur ein einziges Mal, nicht aber bei weiteren Versuchsserien gleicher Art erhalten. Die an allen anderen Tagen erhaltenen Ergebnisse, auch die mit Hafer, bestätigten die Angaben von Henckel nicht. Einen charakteristischen Kurvenverlauf zeigt die Abb. 2. Dabei transpirierten in den Vormittagsstunden bis etwa 11^{00} Uhr die vorbehandelten Ver-

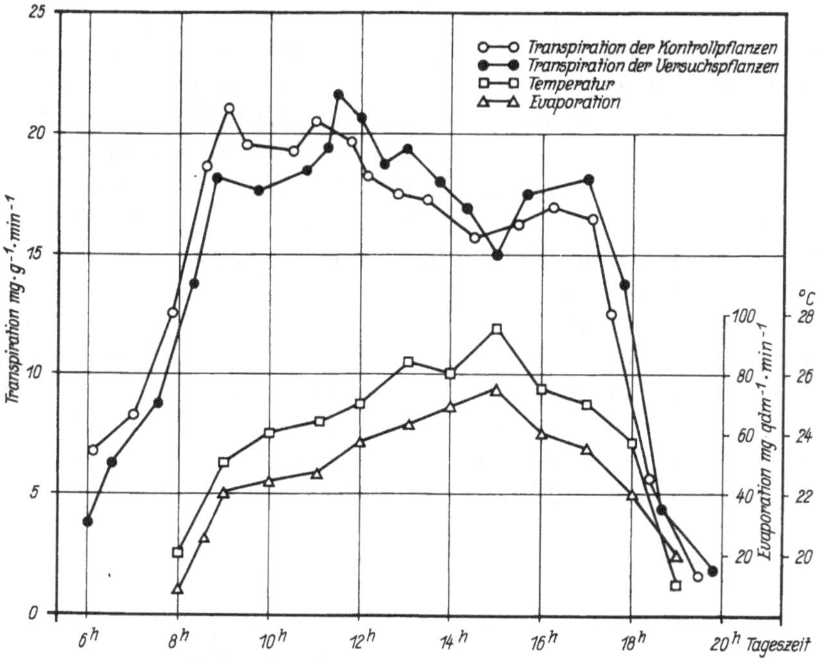

Abb. 2. Tagesverlauf der *Temperatur* und *Evaporation* sowie der *Transpiration* von Versuchs- und Kontrollpflanzen der Sommerweizensorte 'Peko' am 15. Juli 1958. Mittelwerte aus je 10 Einzelmessungen

suchspflanzen vergleichsweise schwächer als die Kontrollpflanzen. Der Kurvenverlauf mit einem Maximum am Vormittag spricht für eine ausreichende Wasserversorgung. Im Verlaufe des Nachmittags, zur Zeit der höchsten Tagestemperatur und der größten Evaporation, senkten beide Varianten ihre Wasserabgabe bis 15^{00} Uhr um etwa 30%, erhöhten sie dann aber ein zweites Mal. Diese Reduktion wird entweder durch eine eingeschränkte Wasserversorgung oder durch eine Regulation der Stomataweite verursacht, die aber dann bei Versuchs- und Kontrollpflanzen annähernd gleichartig erfolgt sein muß. Aus den unter unseren Versuchsbedingungen gefundenen geringfügigen Unterschieden zwischen beiden Varianten, die ohnehin vielfach nicht signifikant sind, lassen sich im Hinblick auf einen unterschiedlichen Abhärtungsgrad keine Aussagen machen.

3. Bestimmung der Atmungsintensität

Zunächst wurden mit Gerste Untersuchungen über die Veränderung der Atmungsintensität während der Saatgutvorbehandlung durchgeführt. Dazu wurde bei fünf Stunden angequollenen Karyopsen sofort bzw. verschiedene Tage nach Beginn der Lagerung an der Luft der Sauerstoffverbrauch ermittelt. Körner einer anderen Serie ließen wir nach dieser Quellungszeit 30 Tage austrocknen, legten sie dann erneut für fünf Stunden ins Wasser und bestimmten in gleichen zeitlichen Abständen ihre Atmungsintensität im Verlauf der zweiten Austrocknung. Als Kontrollwert diente die Sauerstoffaufnahme unbehandelter Karyopsen.

Die gequollenen Objekte zeigten erwartungsgemäß gegenüber diesen lufttrockenen Körnern eine stärkere Atmung, die sich aber, zumindest bei den Körnern nach einmaliger Quellung, während der 10tägigen Rücktrocknung in der Intensität wieder der Kontrolle anglich (Abb. 3). Bei den Karyopsen, die nach 30tägiger Lagerung ein zweites Mal angequollen wurden, lagen die Werte

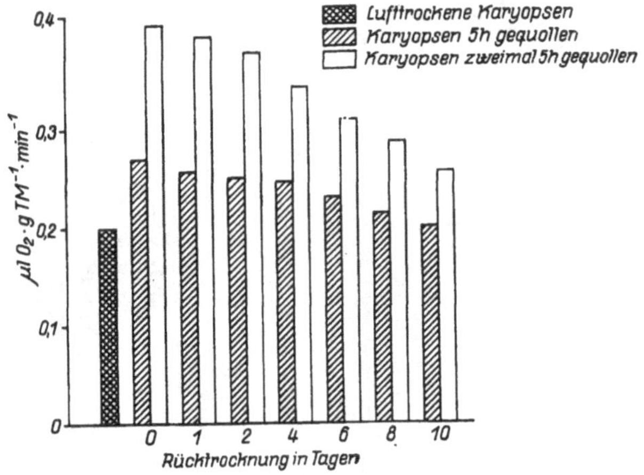

Abb. 3. Veränderung der *Atmungsintensität* bei ein- und zweimal gequollenen Gerstenkaryopsen der Sorte 'Freya' im Verlaufe ihrer Rücktrocknung

des Sauerstoffverbrauches beträchtlich höher, doch ergab sich bei der Rücktrocknung der gleiche Kurvenverlauf wie bei einmaliger Trocknung, wenn auch hier das Ausgangsniveau der Kontrolle nicht wieder erreicht wurde. Man könnte meinen, daß die behandelten Karyopsen infolge der Rücktrocknung auf eine wiederholte Quellung mit einer gesteigerten Sauerstoffaufnahme reagieren, daß also der Rücktrocknungsprozeß zu einer Atmungsintensivierung führt. Diese Vermutung trifft jedoch nicht zu, wenn man berücksichtigt, daß die Körner, durch

Tabelle 4

Durchschnittliche Atmungsintensität der Blätter verschieden alter Pflanzen von Sommerweizen der Sorte 'Peko', die aus unbehandelten (K) und aus gequollenen und rückgetrockneten Karyopsen (V) angezogen wurden; Mittelwerte aus je 4 Einzelmessungen.

Datum der Untersuchung	Alter der Pflanzen in Tagen	Atmungsintensität $\mu l\ O_2 \cdot g^{-1}$ TM $\cdot min^{-1}$ K	V	Datum der Untersuchung	Alter der Pflanzen in Tagen	Atmungsintensität $\mu l\ O_2 \cdot g^{-1}$ TM $\cdot min^{-1}$ K	V
Serie I				Serie III			
7. 8.	26	31,0	29,5	6. 8.	46	39,3	36,3
10. 8.	29	35,6	34,0	7. 8.	47	29,3	29,1
13. 8.	32	34,3	32,4	9. 8.	49	28,8	25,4
19. 8.	38	54,5	49,1	11. 8.	51	41,6	40,5
Serie II				Serie IV			
6. 8.	32	40,6	40,0	19. 8.	19	53,0	51,2
7. 8.	33	38,0	36,1	4. 10.	62	45,7	40,6
11. 8.	37	38,6	32,6	8. 10.	66	74,7	72,6
13. 8.	39	37,2	33,4	10. 10.	68	69,1	65,5

wiederholte Wasseraufnahme stark aktiviert, am Ende der 4stündigen Atmungsmessung schon Keimspitzen zeigten. Junge Keimlinge atmen aber stärker als gequollene Karyopsen (vgl. Augsten 1956 S. 15 u. 39).

In einer weiteren Versuchsreihe untersuchten wir die Atmungsintensität von Hafer- und Weizenpflanzen, die sich aus vor der Aussaat behandelten und unbehandelten Karyopsen entwickelt hatten, um möglicherweise Veränderungen infolge der „Samenabhärtung" zu finden. Das Alter der Pflanzen wurde vom Tage der Aussaat an gerechnet. Die Ergebnisse für Weizen zeigt die Tabelle 4. Danach ist die Sauerstoffaufnahme der Versuchspflanzen aus vorbehandelten Körnern allgemein niedriger als die der nicht „abgehärteten" Kontrollen. Haferpflanzen aus rückgetrockneten Karyopsen zeigten 20 Tage nach Aussaat gegenüber unbehandelten Kontrollpflanzen eine ebenfalls um etwa 15 % geringere Atmungsintensität.

4. Untersuchungen zur Fermentaktivität

Im Verlaufe der auf S. 138 beschriebenen Karyopsenvorbehandlung wurde bei Gerste die Aktivität der Amylase, Phosphase und Katalase bestimmt. In behandelten Körnern stieg während einer 15stündigen Quellung die *Amylase*aktivität um 40 % gegenüber derjenigen von ungequollenen Objekten an. Für die *Phosphatase* betrug dieser Anstieg etwa 20 %, wohingegen sich bei *Katalase*, auch während der anschließenden Austrocknung, keine Veränderungen ergaben. Durch eine 10tägige Rücktrocknung wurde die Aktivität der ersten beiden Fermente allmählich bis unter das Niveau der Anfangsaktivität bei ungequollenen Körnern gesenkt.

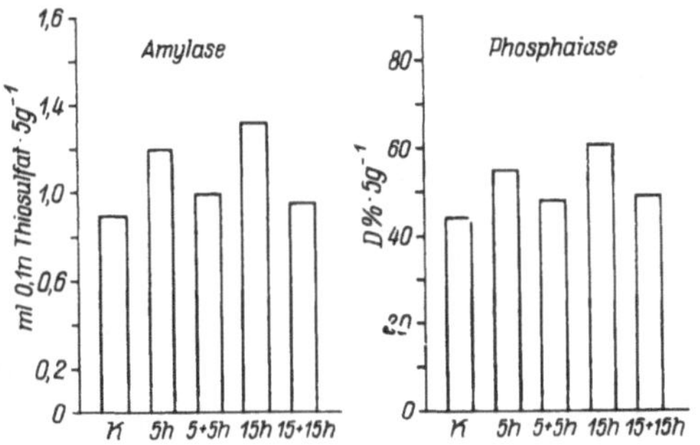

Abb. 4. Aktivitätsänderung der *Amylase* und *Phosphatase* in Gerstenkaryopsen der Sorte 'Freya', die nach der ersten Quellung rückgetrocknet und dann erneut 5 bzw. 15 Stunden gequollen wurden. K = Aktivität lufttrockener Körner (Kontrolle); 5 h bzw. 15 h = Aktivität in Körnern nach entsprechender Quellungsdauer ohne Rücktrocknung; 5 + 5 h bzw. 15 + 15 h = Aktivität in Körnern, die nach der ersten Quellung 30 Tage rückgetrocknet und zum zweiten Male 5 oder 15 Stunden angequollen wurden. Mittelwerte aus drei Wiederholungen

Um festzustellen, ob das Rücktrocknungsverfahren die Fermente irreversibel beeinflußt und ob das ursprüngliche Aktivitätsniveau bei erneuter Quellung wieder erreicht wird, wurden die Proben nach 30tägiger Lagerung zum zweiten Male fünf oder 15 Stunden gequollen und danach untersucht. Nach 15stündiger Quellung war die Fermentaktivität erwartungsgemäß höher als nach fünf Stunden, doch blieb die Aktivität der *Amylase* und *Phosphatase* nach der Trocknung bei erneuter Befeuchtung der Körner deutlich geringer (Abb. 4). Eine Rücktrocknung übt nach diesem Ergebnis, im Gegensatz zu der Angabe von Henckel (1964), einen negativen Einfluß auf die Aktivität dieser beiden Fermente aus. Die *Katalase* reagierte auf diese Behandlungsweise allerdings mit keinerlei Aktivitätsänderungen.

Wie bereits ausgeführt, nimmt mit steigender Quellungsdauer die Keimfähigkeit des Saatgutes ab. Nach diesem Befund erhob sich die Frage, ob die Fermentaktivität nach Rücktrocknung in allen Karyopsen gesenkt wird oder nur in denen, die ihre Keimfähigkeit verloren haben. Deshalb wurden die Fermente in Keimlingen, die sich aus fünf und 15 Stunden angequollenen und 30 Tage rückgetrockneten Karyopsen entwickelt hatten, im Verlaufe der ersten Tage der Keimung untersucht und ihre Aktivität mit der in Körnern ohne Keimfähigkeit sowie mit nicht vorbehandelten Karyopsen (0 Tage) verglichen. Nach drei Tagen zeigten die auf einem Keimbett aus feuchtem Filtrierpapier ausgelegten Karyopsen aller Behandlungsvarianten etwa 0,5 cm lange Koleoptilen und 1 cm lange Keimwurzeln. Als Karyopsen ohne Keimfähigkeit bezeichneten wir diejenigen, die nach dieser Zeit noch keine Keimspitzen hervorgebracht hatten. Für die *Amylase* ergab sich mit zunehmender Keimung ein allgemeiner Anstieg der Aktivität, der zunächst bei den vor der Aussaat rückgetrockneten Proben größer war als bei den unbehandelten Körnern. Die *Phosphatase*- und *Katalase*bestimmungen brachten gleichartige Ergebnisse. Bei keinem der untersuchten Fermente wurde jedoch durch Verlängerung der Quellungsdauer die Aktivität weiter erhöht (Abb. 5). Vielmehr scheint das Gegenteil der Fall zu sein, denn Keimlinge aus vor der Trocknung 15 Stunden gequollenen Karyopsen zeigten in der Mehrzahl gegenüber der 5-Stunden-Serie einen schwachen Abfall. Diese für alle drei Fermente anfänglich noch vorhandenen Unterschiede in der Aktivität zwischen Keimlingen aus vorbehandeltem und nicht vorbehandeltem Saatgut verschwanden im Verlaufe der ersten drei Tage der Keimlingsentwicklung. Die vorübergehend erhöhte Aktivität der vorbehandelten Serie beruht zweifellos auf dem schon erwähnten anfänglichem Entwicklungsvorsprung, den sie durch die Vorquellung erhielt. Vergleicht man dagegen die Fermentaktivität in Karyopsen ohne Keimfähigkeit, so ist diese in allen Fällen bei den Kontrollen deutlich höher als bei den Versuchsobjekten; eine Quellung mit anschließender Rücktrocknung schwächt auch hier die Enzymaktivität ab.

Schließlich bestimmten wir die Fermente noch in solchen Getreidepflanzen, die sich aus Karyopsen entwickelt hatten, welche nach der Henckel-Methode

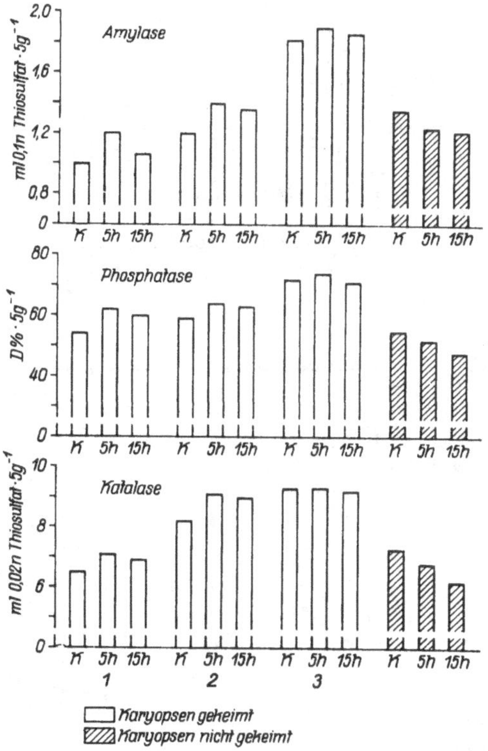

Abb. 5. *Fermentaktivität* in verschieden alten Gerstenkeimlingen der Sorte 'Freya', die sich aus unterschiedlich vor der Aussaat vorbehandelten Karyopsen entwickelt haben. K = Kontrolle, vorher nicht gequollen; 5 bzw. 15 h = vorher 5 oder 15 Stunden gequollen und dann 30 Tage lang rückgetrocknet; 1–3 = Keimlingsalter in Tagen. Mittelwerte aus drei Wiederholungen

vorbehandelt worden waren. Mit Weizen wurden in der Zeit vom 20. Juni bis zum 5. Oktober 1958 die Versuche in drei Wiederholungsserien, mit Hafer vom 15. September bis zum 25. Oktober in einer Serie durchgeführt. Das Saatgut wurde zwei Tage gequollen, drei Tage rückgetrocknet und in Erde (Freiland) ausgesät. Die Kontrollpflanzen entwickelten sich aus Karyopsen, die lufttrocken und ohne jede Vorbehandlung zur Keimung ausgelegt wurden. In der Regel erfolgte neun Tage nach der Aussaat die erste, nach höchstens 60 Tagen die letzte Fermentbestimmung.

Die Aktivität der *Katalase* war bei allen Serien in den Versuchspflanzen bis zum 16. Tage durchschnittlich um 5% höher als in den Kontrollpflanzen. Etwa zu diesem Zeitpunkt trat eine Verschiebung des Aktivitätsverhältnisses ein, denn bis zum Abschluß der Versuche war die mittlere Katalaseaktivität in den Versuchspflanzen nunmehr vergleichsweise um rund 17% niedriger (Abb. 6). Bei Hafer war das Ergebnis ähnlich, doch war die Differenz zwischen beiden Varianten nicht so ausgeprägt; die enzymatische Aktivität war in den Versuchs-

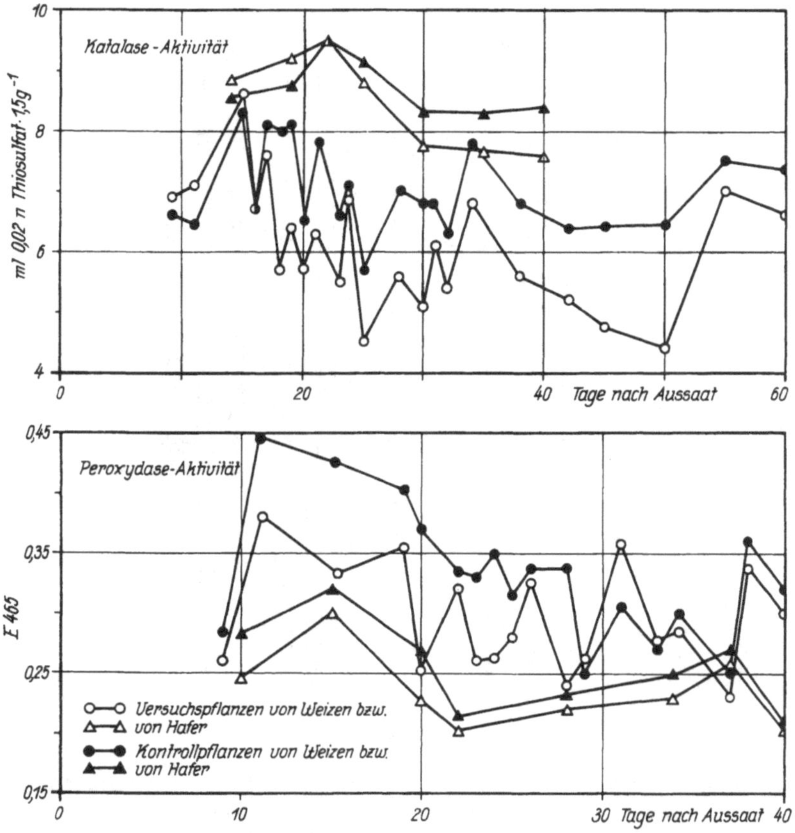

Abb. 6. *Katalase-* und *Peroxydase*aktivität in verschieden alten Weizenpflanzen der Sorte 'Peko' und Haferpflanzen der Sorte 'Fläming Gold', die aus rückgetrocknetem Saatgut angezogen wurden. Bei Weizen Mittewerte aus drei Wiederholungen

pflanzen bis zu einem Alter von 22 Tagen nur um etwa 2% höher und während der weiteren Entwicklung nur 7% niedriger als in den Kontrollpflanzen.

In einer ersten Versuchsreihe, die Untersuchungen an 9 bis 25 Tage alten Objekten umfaßte, war bei Weizen in den vorbehandelten Pflanzen die *Peroxydase*aktivität immer erniedrigt; ihre mittlere Aktivität erreichte nur 82% von derjenigen der Kontrolle. Die Resultate einer zweiten und dritten Serie, bei der wir 9 bzw. 22 bis 40 Tage alte Pflanzen verwendeten, stimmten bis zum 28. Tage genau mit denen der ersten Serie überein. Dann aber stieg die Peroxydaseaktivität in den Versuchspflanzen an und übertraf bis zum 33. Tage die Kontrollen um etwa 7%, wobei sie in 31 Tage alten Keimlingen ihre höchsten Werte erreichte und rund 13% über derjenigen von unbehandelten Pflanzen lag. Nach diesem kurzfristigen Anstieg fiel jedoch die Aktivität wieder ab und bewegte sich bis zum Versuchsende im Mittel um 5% unter den Kontrollwerten. Die aus drei Serien gemittelten Ergebnisse sind in Abb. 6 dargestellt. Bei Hafer ergab sich für dieses Enzym in beiden Varianten ein nahezu gleicher Kurvenverlauf, doch war in den Versuchpflanzen die Aktivität während des gesamten Untersuchungszeitraumes vergleichsweise immer um durchschnittlich 8% niedriger.

Die enzymatische Wirksamkeit der *Amylase* wurde eindeutig durch die Saatgutvorbehandlung herabgesetzt; die gemessenen Werte waren bei allen Serien und an allen Untersuchungstagen bei „abgehärteten" Pflanzen vergleichsweise um etwa 17% niedriger (Abb. 7).

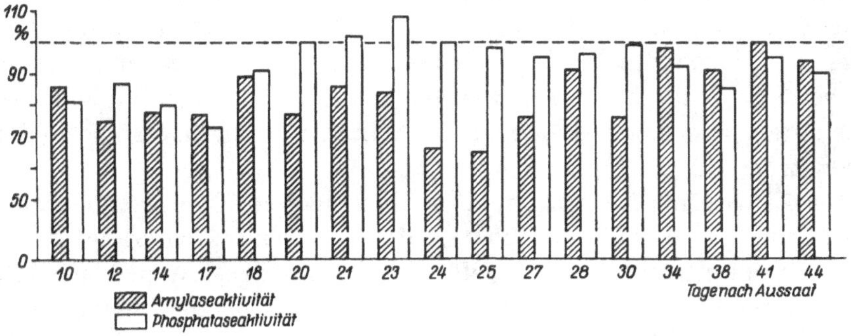

Abb. 7. Enzymatische Wirksamkeit der *Amylase* und *Peroxydase* in relativen Werten bei nach Henckel vorbehandelten Versuchspflanzen von Weizen der Sorte 'Peko', bezogen auf die Kontrolle, deren Aktivität 100% gesetzt wurde. Mittelwerte aus drei Wiederholungen

Die *Phosphatase* ergab nicht so eindeutige Befunde (Abb. 7). Bis zum 18. Tage wurde die Aktivität zunächst gegenüber den Kontrollen um etwa 20% vermindert. Bei 20 bis 30 Tage alten Objekten konnten jedoch derartige Unterschiede zwischen beiden Varianten nicht mehr festgestellt werden; während der weiteren Entwicklung der Versuchspflanzen verminderte sich die Enzymwirkung der Phosphatase gegenüber den Kontrollen wieder um etwa 10%.

Zusammenfassend kann über die Fermentuntersuchungen im Zusammenhang mit einer Quellung und Rücktrocknung gesagt werden, daß sich eine Aktivitätserhöhung der geprüften Fermente in den vorbehandelten Pflanzen, wie sie von Henckel (1956, 1964) festgestellt und auf eine resistenzsteigernde Behandlung des Saatgutes zurückgeführt wurde, bei unseren Objekten und unter unseren Klimaverhältnissen nicht beobachten ließ. Die Fermente reagierten vielmehr auf eine vorausgegangene Behandlung der Körner in den meisten Fällen mit einer Verminderung ihrer Aktivität.

5. Gehalt an äthanollöslichen Purin- und Pyrimidinverbindungen

Verschiedene Autoren (Henckel und Kolotova 1938, zit. bei Kydrev 1959, Kydrev 1959, Kruzhilin et al. 1964) berichten, daß eine Quellung und Rücktrocknung von Samen abhärtend wirkt und die Frostresistenz der späteren

Pflanzen erhöht (vgl. auch Müller-Stoll, Salzer und Rammelt 1970). Bei eigenen Untersuchungen über Beziehungen zwischen der Frostresistenz von Getreide und ihrem Nukleotid-Stoffwechsel stellten wir fest, daß der Gehalt an löslichen Nukleinsäurebausteinen gut mit dem Ausmaß der potentiellen Widerstandsfähigkeit der Weizenkeimlinge korrelierte (Rammelt und Müller-Stoll 1968). Weiterhin wurde im Verlaufe einer Kälteabhärtung neben einer Erhöhung der aktuellen Frostresistenz auch ein deutlicher Konzentrationsanstieg dieser Verbindungen beobachtet (Rammelt 1967b, 1969, Rammelt und Müller-Stoll 1969). Diese Befunde berechtigen zu der Annahme, daß die energiereichen Verbindungen für die Frosthärte bedeutungsvoll und an deren Induktion vielleicht maßgeblich beteiligt sind. Aus diesem Grunde sollte geprüft werden, ob durch die Samenvorbehandlung nach der Henckel-Methode die Gehalte an löslichen Purin- und Pyrimidinverbindungen ebenfalls Veränderungen erfahren.

Bei zwei Tage alten Keimlingen aus vorbehandelten Karyopsen wurde für die untersuchten Di- und Triphosphate, Monophosphate, Riboside und Basen meist ein Konzentrationsanstieg gefunden; zweimaliges Einquellen und Rücktrocknen verstärkte diese Anreicherung noch, so daß bei der Variante B durchweg die höchsten Extinktionswerte gemessen wurden. Die Zunahme war in den Keimwurzeln und Koleoptilen unterschiedlich; in den Koleoptilen wurden die Nukleotide stärker angereichert, während in den Wurzeln die Basen die größten Gehaltsanstiege erfuhren. So lag in den Koleoptilen die Konzentration der Di- und Triphosphate nach der ersten Rücktrocknung (A) um 12%, nach der zweiten (B) um 20% über der der Kontrolle; in Wurzeln hingegen betrug die Zunahme nur etwa 5% bzw. 10%. Die anderen untersuchten Verbindungen wurden bei Variante A nur unwesentlich oder gar nicht angereichert, bei der Variante B jedoch die Monophosphate in den Koleoptilen und die Riboside in den Wurzeln um rund 10%, die Basen in den Wurzeln um etwa 12% (Tabelle 5). Infolge der

Tabelle 5

Vergleich des prozentualen Konzentrationsanstieges der Purin- und Pyrimidinverbindungen in Keimlingen des Winterweizens 'Qualitas' bei gleichem Entwicklungszustand (Koleoptilenlänge 7,5 ± 0,5 mm) nach verschiedener Vorbehandlung, bezogen auf die unbehandelte Kontrolle, deren Gehalte jeweils gleich 100% gesetzt. A = einmalige, B = zweimalige Quellung und Rücktrockung der Karyopsen vor der Keimung.

Stoffgruppen	Kältebehärtung der Keimlinge 20 Tage bei 0 °C		Karyopsenvorbehandlung nach Henckel			
	Koleoptilen	Wurzeln	Koleoptilen A	Koleoptilen B	Wurzeln A	Wurzeln B
Di- u. Triphosph.	166	156	112	120	106	111
Monophosphate	154	148	103	110	95	104
Riboside	113	131	100	105	104	108
Basen	136	150	102	108	107	112

Karyopsenvorbehandlung ließ sich somit eine gewisse Erhöhung des Stoffspiegels der löslichen Purin- und Pyrimidinverbindungen beobachten, wenn die Keimlinge nach 2tägigem Wachstum mit einer Koleoptilenlänge von 7,5 + 0,5 mm untersucht wurden. Diese Konzentrationsanstiege sind aber bei weitem nicht so groß wie nach Kältebehandlung der Keimlinge, also nach einer tatsächlichen Abhärtung (Tabelle 5; vgl. auch Rammelt und Müller-Stoll 1969). Verglichen mit den Gehalten, die nach 20tägiger Kälteabhärtung in Keimlingen vorlagen, erreichten nach einmaliger Quellung und Rücktrocknung die energiereichen Di- und Triphosphate höchstens den fünften Teil jener Werte; für die anderen untersuchten Stoffgruppen waren die Konzentrationen vergleichsweise noch niedriger. Nach wiederholter Vorbehandlung betrug die Anreicherung dieser Substanzen in der Regel immer weniger als ein Drittel, bezogen auf diejenige, die in den kälteabgehärteten Keimlingen nachgewiesen wurde. Insgesamt betrachtet war der Anstieg der untersuchten Verbindungen nach der Saatgutvorbehandlung nach Henckel vergleichsweise sehr gering und nicht immer signifikant.

IV. AUSWERTUNG DER ERGEBNISSE

Eine längere Vorquellung des Saatgutes vor der Aussaat führt in der Regel infolge einer durch verschiedene Ursachen bedingten Schädigung der Samen zu einer Abnahme der Keimprozentzahlen. Wird das Saatgut jedoch nur bis zu etwa 72 Stunden oder weniger angefeuchtet, so wird allgemein die Keimfähigkeit positiv beeinflußt, wobei allerdings zwischen den Pflanzenarten beträchtliche Unterschiede im Reaktionsverhalten bestehen (vgl. Lang 1965 S. 862). Werden solche Samen langsam rückgetrocknet, so geht dieser günstige Einfluß auf eine spätere Keimung nicht verloren. So haben Pickholz (1911) und Chippindale (1933) davon berichtet, daß bei einigen Futtergräsern eine Trocknung der gequollenen Karyopsen vor der Aussaat die Keimung beschleunigte. Griswold (1936) kam diesbezüglich bei verschiedenen Spezies, je nach der Geschwindigkeit, mit der die Rücktrocknung erfolgte, zu unterschiedlichen Ergebnissen; er fand sowohl eine gesteigerte als auch eine verminderte Keimfähigkeit. Henckel (1964), der sich dabei auf seine früheren Arbeiten bezieht, meint, daß eine Dehydratation des Protoplasmas nach der Quellung zu einer erhöhten Dürreresistenz führt, ohne daß dadurch die Keimung, das Wachstum und der Ertrag negativ beeinflußt werden. Kydrev (1959) untersuchte, bis zu welchem Entwicklungsstadium die Weizenkeimlinge eine Rücktrocknung ertragen, ohne daß ihre Lebensfähigkeit bei Wiederaussaat verloren geht; danach übt die Behandlung einen besonders vorteilhaften Einfluß auf solche Karyopsen aus, die durch die Anfeuchtung gerade mit der Keimung begonnen haben. Solche Objekte haben wir bei unseren physiologischen Untersuchungen auch verwendet. Je weiter die

Keimung fortgeschritten war, desto mehr wurde auch die auf Vorbehandlung zurückgeführte positive Beeinflussung der späteren Entwicklung bei Mais gesenkt (Zubenko 1959). Nach unseren Ergebnissen wird bei Gerste und Weizen durch Rücktrocknung die Keimfähigkeit der Karyopsen vermindert, besonders wenn das Verfahren wiederholt wurde. Es muß jedoch betont werden, daß die meisten der Keimlinge mit einer Koleoptilenlänge bis zu 1 cm eine starke Austrocknung (Wasserdefizit etwa 85%) ertragen und nach Wiederbefeuchtung voll entwicklungsfähig sind. Allerdings geht ihre Lebensfähigkeit bei Lagerung von mehr als 30 Tagen in ausgetrocknetem Zustand weiter zurück; sie sind nicht gleichermaßen lagerungsfähig wie ungekeimte lufttrockene Karyopsen. Dieser Befund steht im Einklang mit Ergebnissen von Shpineva (1940) und Kydrev (1959). Bezüglich der Keimungsgeschwindigkeit stellten wir fest, daß vorbehandelte Karyopsen nach der Aussaat früher auflaufen, womit die Resultate von Kydrev (1959), Martyanova (1960), Vaklinova und Salčeva (1961), Kruzhilin et al. (1964) und Chinoy (1968) bestätigt wurden.

Über eine Beschleunigung der weiteren Entwicklung von Pflanzen aus vorbehandeltem Saatgut, gemessen an der Pflanzenhöhe, Blattzahl und Wurzelmasse, wurde nach Henckel (1946) auch von Demina und Pogosov (1955) bei Tomaten, von Kydrev (1959) und Nanda et al. (1959) bei Weizen, von Martyanova (1960) bei Gerste und von Chinoy (1968) bei Gerste und Weizen berichtet. Als Beweis für die Wirksamkeit seiner Methode gibt Henckel (1946, 1954, 1964) signifikante Ertragssteigerungen unter trockenen Kulturbedingungen im Freiland an. Über einen zum Teil beträchtlich erhöhten Körnerertrag bzw. über eine gesteigerte Produktion von Frisch- und Trockenmasse bei Weizen, Gerste, Mais, Hirse, Tomaten, Möhren und Zuckerrüben berichten auch andere sowjetische, bulgarische und indische Forscher (Chinoy 1947, Demina und Pogosov 1955, Dobrunov et al. 1957, Gusyev 1957, Zubenko 1959, Martyanova 1960, Vaklinova und Salčeva 1961, Tomov 1963, 1964, Kruzhilin et al. 1964, Henckel et al. 1964, 1966, Chinoy et al. 1966).

Bei unseren Versuchen über die Wachstumsintensität zeigten die Versuchspflanzen infolge vorausgegangener Quellung einen Entwicklungsvorsprung; Höhenmessungen sechs Tage nach der Aussaat ergaben etwa um 38% größere Werte. Bereits acht Tage später hatten die Kontrollpflanzen die Versuchspflanzen eingeholt, und nach insgesamt 40 Tagen blieben letztere in ihrer mittleren Gesamthöhe um 10% hinter der Kontrolle zurück. Dieses Ergebnis zeigt, daß Vorquellung und Rücktrocknung keinen positiven Einfluß auf die Entwicklung ausüben, sondern zu einer Wachstumsverminderung führen. Analoge Befunde wurden von Waisel (1962) bei Weizen, von Jarvis und Jarvis (1964) bei *Sorghum cernuum* und Sonnenblume und von Evenari (1964) bei Hirse sowohl unter normalen als auch unter Dürrebedingungen beobachtet. Wir haben zwar keine Versuche zur Produktivität der beiden Varianten durchgeführt, doch deutet die gesenkte Wachstumsintensität keineswegs auf gesteigerte Erträge hin. Von Domansky (1959) wurde festgestellt, daß nicht bei allen Versuchen dieser Art die Erträge erhöht waren. Unter kontrollierten Versuchbedingungen blieben die Ertragssteigerungen vielfach aus. Getreidepflanzen aus rückgetrockneten Karyopsen, die während ihrer Entwicklung unter Dürre litten, produzierten weniger Trockenmasse als die Kontrolle (Jacobi und Oppenheimer 1962, Waisel 1962); bei normalen Kulturbedingungen war der Ertrag beider Varianten gleich. Evenari (1964) wies bei seinen exakten Versuchen mit Hirse bei den Versuchspflanzen einen eindeutigen Rückgang des Körnerertrages infolge der Vorbehandlung nach, ganz gleich, ob die Pflanzen in trockenem oder feuchtem Boden kultiviert wurden. Rettichpflanzen aus vorbehandelten Samen erzeugten nach Angaben von Hafeez und Hudson (1967) eigenartigerweise nur unter feuchten Kulturbedingungen ein höheres Trockengewicht, nicht aber bei Dürre. Bei Untersuchungen über den Feldertrag von Kulturpflanzen im Bezug zur Höhe ihrer Zellsaftkonzentration stellten Bernstein und Pearson (1954) sowie Baumann (1957) eine umgekehrte Beziehung fest. Wenn, wie von Henckel postuliert wird, Pflanzen aus rückgetrockneten Körnern durch vergleichsweise höhere osmotische Werte gekennzeichnet sind (s. weiter unten), so müßten sie im Hinblick auf die Ergebnisse dieser Autoren eher geringere Erträge liefern. In den Fällen, in denen Henckel und andere Verfasser über höhere Ernteerträge bei Pflanzen aus rückgetrockneten Samen unter Feldbedingungen berichten, gilt es zu bedenken, daß in Freilandversuchen die Pflanzen in unkontrollierbarer und vielfältiger Weise den Einwirkungen anderer Faktoren unterliegen, welche die Ergebnisse stark verändern können. Bereits Walter (1931 b S. 111) wies darauf hin, daß die Fähigkeit bestimmter Kulturpflanzen, in Trockengebieten ausreichende Erträge zu liefern, häufig nichts mit der eigentlichen Dürreresistenz zu tun hat, sondern oft auf einer abgekürzten Vegetationsperiode beruht.

Henckel (1946, 1964) berichtet im Zusammenhang mit einer Samenrücktrocknung über tiefgreifende Änderungen im Wasserhaushalt „abgehärteter" Objekte, wobei er sich u. a. auch auf experimentelle Befunde seiner Mitarbeiter stützt (Demina und Pogosov 1955, Henckel und Novoselova 1955, Gusyev 1957, Vaklinova und Salčeva 1961). Diese Behandlung, so meinen die Autoren, führt bei verschiedenen Kulturpflanzen u. a. zu einer erhöhten Zellsaftkonzentration, zu gesteigerter Wasseraufnahmefähigkeit und Wasserkapazität und folglich zu einem erhöhten Wassergehalt der Gewebe. Nach den Ergebnissen unserer Versuche können wir uns dieser Ansicht nicht anschließen, da bei Versuchs- und Kontrollpflanzen keine Unterschiede im Wassergehalt des Blattgewebes gefunden wurden. Zur gleichen Erkenntnis gelangten auch Jarvis und Jarvis (1964); bei ihren Versuchen mit Pflanzen von *Helianthus* und *Sorghum* aus rückgetrockneten und nicht rückgetrockneten Samen veränderte sich durch die Behandlung das Verhältnis zwischen der relativen Turgeszenz und dem Wasserpotential der Blätter bei beiden Varianten nicht, auch nicht bei ansteigendem Wassermangel.

Ein Anstieg der Zellsaftkonzentration, der eine Hydraturabnahme des Protoplasmas zur Folge hat, kann als Anzeichen einer gestörten Wasserbilanz angesehen werden. Wird ein artspezifischer maximaler osmotischer Wert überschritten, so treten bei den betreffenden Pflanzen irreversible Trockenschäden auf. Fitting (1911) führte als einer der ersten umfangreiche Untersuchungen über den osmotischen Wert bei Pflanzen durch und fand bei Gewächsen trokkener Standorte im Vergleich mit solchen auf feuchteren Böden weitaus höhere Werte; je nach dem Ausmaß der Trockenheit an ihrem Standort können zahlreiche Pflanzen den osmotischen Wert ihres Zellsaftes weitgehend regulieren (vgl. dazu Biebl 1962 S. 124). In der Erhöhung der Zellsaftkonzentration sieht Fitting ebenso wie Iljin (1929) eine Anpassung an trockene Standorte. Aus der Höhe dieser plasmatischen Zustandsgröße und aus dem osmotischen Beharrungsvermögen der Pflanzen hält Walter (1931b S. 112) Rückschlüsse auf den Grad ihrer Dürre- und Kälteresistenz für möglich. Über den Dürreeinfluß auf den osmotischen Wert ist ausführlich berichtet worden (vgl. Stocker 1956b S. 704); auch Henckel bringt den bei seinen Experimenten beobachteten Anstieg der Zellsaftkonzentration, den er auf die „Samenabhärtung" zurückführt, mit einer gesteigerten Dürre- und Temperaturresistenz in Zusammenhang.

Unsere Ergebnisse an Getreidepflanzen aus rückgetrockneten Karyopsen bestätigen die Befunde von Henckel nicht. Während der osmotische Wert bei vorbehandelten Pflanzen von Hafer ganztägig vergleichsweise niedriger war, lag er bei Weizen-Versuchspflanzen nur gegen 12^{00} Uhr geringfügig höher als bei den Kontrollen. Wenn wir annehmen können, daß dieser Umstand auf einen ansteigenden Wassermangel zurückzuführen ist, so weisen unsere „abgehärteten" Objekte um die Mittagszeit ein größeres Wasserdefizit als die Versuchspflanzen auf, sind also nicht resistenter. Im übrigen scheinen uns die gefundenen Differenzen zwischen beiden Varianten als zu gering, um eindeutige Angaben zu gestatten. In dem durch zunehmende Bodentrockenheit bedingten Anstieg der Zellsaftkonzentration, der durch damit verbundene Saugkrafterhöhung sicherlich für viele Pflanzen eine Erleichterung ihrer Wasserversorgung mit sich bringt, sieht Biebl (1962 S. 132) jedoch keine allgemein gültige Voraussetzung für eine ausgeprägte Dürreresistenz. Es wird vor einer Verallgemeinerung gewarnt, weil der osmotische Wert bei Dürre nicht immer in dürreresistenten Pflanzen gegenüber empfindlichen rascher und stärker ansteigt (Binz 1939, Schmidt et al. 1940), obwohl andererseits für zahlreiche Pflanzen Beziehungen zwischen der Höhe des osmotischen Wertes und ihrer Dürreresistenz nachgewiesen wurden. Ähnlich kompliziert liegen die Verhältnisse bei der Hitze- und Frostfestigkeit, obwohl wir durch Maximov (1929), Tumanov (1931), Levitt (1957) u. a. von einer engen Korrelation zwischen Frosthärte und osmotischem Wert, der während der Abhärtung vielfach ansteigt, wissen. Im Falle der Frostresistenz ist dieser Anstieg während des Winters wohl mehr einer Anreicherung osmotisch wirksamer Substanzen im

Zellsaft zuzuschreiben. Doch selbst dort, wo der Anstieg durch Wasserverlust verursacht wird, geht er nicht immer mit dem Grad der Frosthärte parallel, so daß nach unseren bisherigen Kenntnissen keine direkten und allgemein gültigen Zusammenhänge zwischen der Temperaturresistenz und dem osmotischen Wert angenommen werden können (vgl. dazu Biebl 1962 S. 188ff., 204, 250ff.; über Veränderung der Temperaturresistenz infolge „Saatgutabhärtung" vgl. Müller-Stoll, Salzer und Rammelt 1970).

Nach Stocker (1956b S. 705) ist in der Restitutionsphase der Pflanzen nach Dürreeinwirkung, in der eine Abhärtung erfolgt, eine Erniedrigung der Transpiration zu erwarten; durch Abhärtung wird dabei eine als Viskositätserhöhung des Protoplasmas erfaßbare Verfestigung des Plasmas induziert. In Abhängigkeit vom Wassergehalt des Bodens verhalten sich jedoch die resistenten bzw. abgehärteten Pflanzen gegenüber der Kontrolle unterschiedlich; bei beginnender und mäßiger Trockenheit geben erstere schneller und mehr Wasser ab als die weniger resistenten Vergleichsobjekte, bei extremer Dürre dagegen langsamer und weniger. Tatsächlich ist bei dürreresistenten Gewächsen im Verlaufe von Trockenperioden, in denen ihre ausgeglichene Wasserbilanz gefährdet ist, vielfach eine herabgesetzte Wasserabgabe beobachtet worden, weil diese erst später zu welken begannen (Huber 1931, Gäumann und Jaag 1936, Shmuel 1953, Clark und Levitt 1956, Levitt et al. 1960, Geisler 1960, Jacobi und Oppenheimer 1962). Als Ursache für die Resistenz gegen Wasserverlust wird von den Autoren hauptsächlich eine bessere Regulation der Spaltöffnungsweite angesehen (vgl. auch Stocker 1956b S. 732, Levitt 1958 S. 47). Henckel (1946, 1956) postulierte für Pflanzen aus vorgequollenem und rückgetrocknetem Saatgut infolge der „Samenabhärtung" ein gegenüber der Kontrolle verändertes Transpirationsverhalten. Die Versuchspflanzen, welche durch die Samenbehandlung resistent geworden sein sollen, transpirierten bei Dürre im Verlaufe des Tages beträchtlich mehr und schränkten durch Spaltenschluß um die Mittagszeit ihre Wasserabgabe im Vergleich mit den Kontrollen stärker ein. Einen ausgeprägten Abfall der Transpiration bei tatsächlich dürrefesten Pflanzen während der heißesten Stunden des Tages beschrieben auch Stocker (1947) und Oppenheimer (1953). Wir stellten keine wesentlichen Unterschiede im Tagesverlauf der Transpiration zwischen vorbehandelten und Kontrollpflanzen fest. Zwar wurde zur Zeit der höchsten Tagestemperaturen die Wasserabgabe reduziert, doch erfolgte dieser Abfall bei den beiden Varianten in nahezu gleicher Weise. Dieses Ergebnis berechtigt ebenfalls zu der Annahme, – vorausgesetzt daß dürreabgehärtete Pflanzen in der Tat weniger transpirieren –, daß die Vorbehandlung der Körner bzw. Samen mit keiner Abhärtung der späteren Pflanzen verbunden ist.

Bei der Untersuchung der Sauerstoffaufnahme während der Saatgutvorbehandlung wurde in Übereinstimmung zu Stiles (1956 S. 652) festgestellt, daß die Atmung in dem Maße ansteigt und wieder abfällt, wie die durch trockene Samen absorbierte Wassermenge in den Zellen zu- oder durch Rücktrocknung wieder abnimmt. Bei den Pflanzen ist bei Beginn der Austrocknung eine Steigerung der Atmung festgestellt worden, und es gilt als sicher, daß bei andauernder Verschlechterung der Wasserversorgung die Atmungsintensität mit steigendem Wasserdefizit des Gewebes erhöht wird (Stocker 1927, Zholkevich et al. 1958, Kaul 1966; vgl. auch Mothes 1956 S. 659). Bei dürreresistenten Futtergräsern und Tomatensorten fanden Malkina-Krupnikova (1951) und Henckel et al. (1967) eine vergleichsweise stärkere Atmung; doch sind in dieser Beziehung die Verhältnisse noch wenig überschaubar, da bei resistenten Zuckerrohr- (Rameja 1951) und Weizensorten (Greenfeld 1959) niedere Atmungswerte gefunden wurden. Als ein wesentliches Kennzeichen der Dürreresistenz wird die Fähigkeit der Pflanzen angesehen, bei Wassermangel die Atmung einzuschränken, was nach Stocker (1956b S. 707), besonders in der Restitutionsphase erfolgen soll. Bei Pflanzen mit hoher Frostresistenz wurde aber eine hohe Atmungsrate festgestellt, wobei durch eine kälteinduzierte Stärkehydrolyse das Substrat geliefert wird (vgl. Langridge und McWilliam 1967). Als eine Ursache für die Dürreresistenz von Bohnen wird von Coyne und Serrano (1963) angenommen, daß resistente Sorten unter hohen Wasserdefiziten nahezu normal assimilieren und atmen können. In der Aufrechterhaltung der Atmung sieht auch Henckel (1967a) eine wesentliche Fähigkeit resistenter Pflanzen, bei Dürre lebensfähig zu bleiben. Dank der normalen Atmung sollen sie bei starkem Wasserentzug überdauern können. Nach Henckel et al. (1967) findet dabei eine Entkopplung von Substratoxydation und Phosphorylierung statt; eine innere Respiration, die nicht zur Synthese energiereicher Verbindungen führt, kann die Bildung von metabolischem Wasser hervorrufen, das während des Welkens den Wassergehalt im Protoplasma erhöht. Die von Henckel et al. (1964) angenommene Steigerung der Atmung von Pflanzen aus „abgehärtetem" Saatgut konnten wir nicht bestätigen. Nach unseren Ergebnissen zeigten Pflanzen aus rückgetrockneten Karyopsen während ihrer weiteren Entwicklung bei normaler Wasserversorgung eher eine geringe Atmungsdepression.

Die Folge der Dürrewirkung sieht Stocker (1956b S. 701) in einer spezifischen Änderung der Protoplasmastruktur, wobei sich auch die Ferment-Verhältnisse ändern. In der sog. Reaktionsphase der Pflanzen auf Dürre soll die Stärke infolge ansteigender Amylase-Aktivität rasch hydrolysiert werden. Bei Wasserdefizit wurde von verschiedenen Autoren eine erhöhte Amylase-Aktivität festgestellt; der gebildete Zucker wird durch eine unter den Bedingungen des Wassermangels erhöhte Atmungsintensität schnell verbraucht (vgl. Mothes 1956 S. 657, Stocker 1956b S. 716ff., Vaadia et al. 1961 S. 280ff.). Die Phosphatasen erfahren bei Wasserentzug der Gewebe ebenfalls eine Erhöhung ihrer hydrolytischen Aktivität. Diese Dürrewirkungen auf Enzyme sind bei empfindlichen Pflanzen quantitativ viel stärker ausgeprägt als bei dürreresistenten. Auch zwischen der Frostresistenz und der Amylase-Aktivität in Keimlingen von Weizen, Gerste, Hafer und Reis fand Ikeda (1961a, b) eine enge Beziehung; eine Abhärtung bei niederen Temperaturen erhöhte die Enzymwirkung bei winterharten Sorten besonders deutlich. Zu ähnlichen Ergebnissen gelangte Chou-Ju (1963) bei frostharten Weinsorten. Kolosha (1965) folgerte aus ihren Versuchen, daß ein hoher Grad der Frostresistenz von der Art und Aktivität der Enzymsysteme abhängt, welche den Kohlenhydrat- und Stickstoff-Stoffwechsel regulieren. Während im Winter Brad et al. (1960) bei einer Gerstensorte mit höchster Frostresistenz die niedrigste Katalase- und Peroxydase-Aktivität fanden, wiesen andere Verfasser für beide Enzyme in Rettich- und Getreidepflanzen während der Kälteabhärtung einen Anstieg nach (Inoue und Yamiro 1956, Barskaya und Egorova 1960), was aber nach Korovin und Barskaya (1962) nicht für Katalase gilt. In rückgetrocknetem Saatgut, das zusätzlich mit verdünnter Hydrochinonlösung behandelt worden war, erhielten Vaklinova und Salčeva (1961) ebenfalls eine gesteigerte Wirksamkeit von Katalase und Peroxydase. Auch Henckel berichtete in einigen seiner Veröffentlichungen über eine gesteigerte Enzymaktivität in angeblich abgehärteten Pflanzen aus rückgetrockneten Körnern. Gelegentlich zeigte sich bei unseren Versuchen, daß die Aktivität der untersuchten Enzyme in Versuchspflanzen zeitweilig etwas höher als in den Kontrollpflanzen war; dieses Ergebnis kann jedoch keineswegs als Beweis für eine eindeutige Beeinflussung des Enzymstoffwechsels durch die Vorbehandlung der Samen angesehen werden. Entsprechende Unterschiede konnten nämlich nicht mehr nachgewiesen werden, sobald die Keimlinge älter als drei Tage waren. In älteren Versuchspflanzen, die in einem 60tägigen Zeitraum ihrer Jugendentwicklung untersucht wurden, fanden wir meist eine vergleichsweise niedere Enzymaktivität. Wenn tatsächlich, wie von den erwähnten Autoren angenommen wird, während der Dürre- oder Frostabhärtung die Aktivität der genannten Enzyme ansteigt, so deuten unsere Ergebnisse wiederum daraufhin, daß eine Samenbehandlung nach Henckel nicht zu einer Abhärtung führt.

Dem Nukleinsäure-Stoffwechsel und dem Gehalt an energiereichen Phosphatverbindungen ist eine Bedeutung für die Frostresistenz zugeschrieben worden (vgl. Rammelt und Müller-Stoll 1969). Da sich unter Trocken- und Hitzebedingungen qualitative und quantitative Veränderungen im Gehalt der RNS ergeben haben (Shah und Loomis 1965, Satarova und Tvorus 1965), wird auch eine mögliche Rolle dieser Verbindungen im Zusammenhang mit der Dürreresistenz für möglich gehalten (Henckel 1964, 1967a, b, Henckel et al. 1964). Die große Widerstandsfähigkeit mancher Pflanzen gegen Dürre wird als Folge der während der Abhärtungsperiode stattfindenden Anreicherung von Nukleinsäuren gedeutet (Henckel et al. 1966). Nach Vorbehandlung der Karyopsen fanden wir in den Versuchspflanzen eine gewisse Erhöhung im Gehalt an Purin- und Pyrimidinverbindungen, der aber bei weitem nicht das Ausmaß wie nach einer Kälteabhärtung erreichte. Offensichtlich übt eine Kältebehandlung der Keimlinge, abgesehen von der abhärtenden Wirkung auf das Protoplasma, einen andersartigen Einfluß auf den Stoffwechsel der löslichen

Purin- und Pyrimidinverbindungen aus als eine Quellung und Rücktrocknung der Karyopsen. Wie wir in einer weiteren Mitteilung noch darlegen werden (vgl. Müller-Stoll, Salzer und Rammelt 1970), besitzen Pflanzen aus rückgetrockneten Körnern keine eigentlichen Resistenzeigenschaften; keinesfalls ist bei ihnen der ihnen von Henckel zugeschriebene bleibende Resistenzanstieg feststellbar. Der verhältnismäßig geringe Anstieg der untersuchten Verbindungen scheint hier nicht im Zusammenhang mit einer Steigerung der Resistenz zu stehen.

In der vorliegenden Arbeit haben wir einige von Henckel gemachten Angaben über die Stimulation der Stoffwechselprozesse in Pflanzen nach „Samenabhärtung" überprüft. Allerdings muß gesagt werden, daß bei unseren Freilandversuchen die Pflanzen keiner Dürre ausgesetzt waren, denn die Niederschlagsmenge in Potsdam betrug im Versuchszeitraum im monatlichen Durchschnitt 86 mm. Henckel führte seine Versuche in der Nähe von Wolgograd zwischen dem Syrtow-Zavolze-Gebiet und der Aralokaspischen Senke durch. Das Jahresmittel der Niederschläge liegt dort bei 270 mm; nach Angaben des Autors fielen im Juni 1953 etwa 25,5 mm und im Juni 1954 nur 5,4 mm Regen. Bei derartiger Regenarmut kann natürlich mit einer Dürreabhärtung der Pflanzen gerechnet werden, die aber nicht mit der Saatgutvorbehandlung im Zusammenhang zu stehen braucht. Bei unseren Versuchen konnten wir nachweisen, daß eine Saatgut-Vorbehandlung nach der Methode von Henckel allenfalls einen geringen und vorübergehenden Einfluß auf die untersuchten Stoffwechselprozesse ausübt. Sehr oft ergaben sich zwischen Versuchs- und Kontrollpflanzen keine Unterschiede in Keimung, Wachstum, Wasserhaushalt, Transpiration oder gar in der Atmungsintensität und Enzymaktivität; vielfach wurden die genannten Prozesse sogar negativ beeinflußt. Wenn Henckel hingegen in diesem Zusammenhang positive Ergebnisse gefunden hat, so sind diese nach unserer Ansicht auf andere Ursachen und Umstände zurückzuführen, vielleicht auf die Dürrewirkung während der Jugendentwicklung der Pflanzen; keinesfalls kann man sie aber als eine Folgeerscheinung von Vorquellung und Rücktrocknung des Saatgutes vor der Aussaat ansehen.

Einen wesentlichen Teil der experimentellen Daten zu dieser Arbeit haben die ehemaligen Biologie-Studenten an der Pädagogischen Hochschule Potsdam, Helga Diemer, Gudrun Morgenstern und Eleonore Opp, in sorgfältiger und fleißiger Arbeit gewonnen. An der kritischen Auswertung dieser Ergebnisse hat sich auch Herr Dr. Josef Salzer (jetzt am Institut für Obstbau der DAL in Dresden-Pillnitz) dankenswerterweise beteiligt.

Zusammenfassung

Von Henckel (1956, 1964 etc.) wird angenommen, daß durch eine Quellung und Rücktrocknung von Samen oder Körnern vor der Aussaat eine physiologische Umstimmung („Abhärtung") der späteren Pflanzen induziert wird, verbunden mit charakteristischen Änderungen in der Intensität des Stoffwechsels, vor allem der Aktivität verschiedener Enzyme. Wir haben einige der angegebenen Befunde überprüft und das Verhalten von Getreidepflanzen aus derartig vorbehandeltem Saatgut unter mitteleuropäischen Klimaverhältnissen ermittelt.

Mit zunehmender Quellungsdauer vor der Aussaat nahm nach Rücktrocknung die Keimfähigkeit des Saatgutes ab. In der Wachstumsintensität waren die Kontrollpflanzen den Versuchpflanzen etwas überlegen. Der von Henckel angegebene erhöhte Wassergehalt und osmotische Wert in Pflanzen aus „abgehärteten" Karyopsen ließ sich nicht bestätigen. Aus den geringen Unterschieden in der Intensität der Transpiration kann ebenfalls nicht auf einen unterschiedlichen Resistenzzustand geschlossen werden. Die Sauerstoffaufnahme der vorbehandelten Pflanzen war allgemein niedriger als die der Kontrollen; auch eine erhöhte Atmung infolge der Saatgut-Vorbehandlung war nicht nachweisbar. Eine Aktivitätserhöhung der untersuchten Fermente konnte unter unseren Versuchs- und Klimabedingungen weder bei Karyopsen noch bei Keimlingen oder verschieden alten Getreidepflanzen, die aus rückgetrockneten Körnern angezogen wurden, festgestellt werden. Die Vorbehandlung des Saatgutes übte in der Regel einen negativen Einfluß auf die Aktivität von Amylase, Phosphatase, Katalase und Peroxydase aus. Der Gehalt an energiereichen Di- und Triphosphaten, die möglicherweise an der Induktion der Frostresistenz beteiligt sind, erhöhte sich zwar in Keimlingen aus rückgetrockneten Karyopsen etwas, doch war dieser Konzentrationsanstieg nicht annähernd so groß wie nach einer Kälteabhärtung der Pflanzen selbst. Aus unseren Befunden ergaben sich keine Hinweise, daß eine Saatgutvorbehandlung nach Henckel zu einer bleibenden Abhärtung der Pflanzen führt.

Summary

Influence of presoaking and redrying of caryopses before sowing on the development and some metabolic processes in cereal plants

It is assumed by Henckel (1956, 1964 etc.) that soaking and redrying of seeds or caryopses, respectively, before sowing do induce a physiological change ("hardening") of the plants growing later on. This should be combined with characteristic changes in the intensity in metabolic processes above all concerning the activity of some enzymes. We have checked some of these statements by investigation of cereals grown from seeds pretreated by Henckel's method under the climatic conditions of Middle Europe.

With increasing time of soaking before redrying and sowing the germination rate of seeds has been reduced. In comparison with plants resulting from pretreated seeds the controls showed a slightly promoted growth. An increase of water content as well as of osmotic value in resulting ("hardened") plants, as said by Henckel, we could not confirm. From the only very small differences between the transpiration rate of plants grown from "hardened" and untreated caryopses it is not possible to conclude upon a different degree of hardiness. In general in comparison with the controls the oxygen uptake of plants from caryopses exposed to a pre-sowing treatment was diminished. Also an increased respiration of resulting plants induced by seed treatment was not provable. An increased activity of the enzymes investigated we could not find neither in treated caryopses nor in seedlings or plants of different age grown from them. In general the pre-sowing treatment had a negative influence on the activity of amylase, phosphatase, catalase, and peroxidase. The content of high energy di- and triphosphates, possibly taking park in induction of frost resistance, showed a slight increase in pretreated caryopses, but this increase was not approximately as high as after direct cold treatment of plants. Our investigations have not shown any signs that the pre-sowing seed treatment by Henckel's method does induce a persistant hardiness of plants.

Краткое содержание

О влиянии замачивания и последующего высушивания семян перед посевом на развитие и некоторые процессы обмена веществ у хлебных злаков

Генкель (1956, 1964 и др.) считает, что благодаря замачиванию и последующему высушиванию семян перед посевом индуцируется некая физиологическая перестройка („закалка") будущих растений, связанная с характерными изменениями интенсивности обмена веществ и, главным образом, активностью различных ферментов. Мы пересмотрели некоторые из приведенных данных и изучили поведение растений хлебных злаков, выращенных из предварительно обработанных семян в климатических условиях Средней Европы.

С продлением времени замачивания перед посевом, после высушивания, ухудшалось прорастание семенного материала. По интенсивности роста подопытные растения немного уступали контрольным. Повышенное содержание воды и более интенсивный осмос у растений из „закаленных" семян, как следовало ожидать по Генкелю, подтверждены не были. Малая разница интенсивности транспирации также не позволяет сделать заключение о различных состояниях устойчивости. Поглощение кислорода у растений прошедших предпосевную обработку было в общем ниже, чем у контроля; более интенсивное дыхание, как следствие обработки семян, тоже не наблюдалось. Повышение активности исследованных ферментов в условиях нашего опыта и климата не было обнаружено ни у зерновок, ни у растений различного возраста, выращенных из высушенных перед посевом семян. Предпосевная обработка семян оказывала, как правило, отрицательное влияние на активность амилазы, фосфатазы, каталазы и пероксидазы. Содержание дифосфатов и трифосфатов богатых энергией, могущих участвовать в индукции морозоустойчивости, хотя и было повышено у молодых растений, выращенных из обработанных семян, но это повышение было несравнимо ниже, чем при закаливании холодом самих растений. Наши данные не дают никаких указаний на то, что предпосевная обработка по Генкелю ведет к прочной закалке растений.

Literatur

Augsten, H., 1956: Fermentaktivität und Atmung bei Sommergerste nach Kältebehandlung des Saatgutes. – Dtsch. Akad. Landwirtsch.-Wiss. Berlin, Wiss. Abh. Nr. *20*, 187 S.

Bamann, F., und M. Meisenheimer, 1941: Nachweis der phosphatatischen Wirksamkeit. – In: Die Methoden der Fermentforschung. Herausgegeben von E. Bamann und K. Myrbäck, Bd. *2*, S. 1605–1619. Thieme, Leipzig.

Barrenscheen, H. K., und J. Pany, 1941: Bestimmung von Kohlenhydraten. – In: Die Methoden der Fermentforschung. Herausgegeben von E. Bamann und K. Myrbäck, Bd. *1*, S. 1059–1079. Thieme, Leipzig.

Barskaya, T. A., und A. A. Egorova, 1960: Einfluß der Bodentemperatur auf die Aktivität der Katalase- und Peroxydasefermente bei frostresistenten und wärmeliebenden Pflanzen (russisch). – Trud. Karelsk. fil. Akad. Nauk SSSR *28*, 25–30.

Baumann, L., 1957: Über Beziehungen zwischen Hydratur und Ertrag. – Ber. dtsch. bot. Ges. *70*, 67–78.

Bergmann, H., K. Müntz, R. Rammelt und W. R. Müller-Stoll, 1967: Qualitative und quantitative Papierchromatographie von Purin- und Pyrimidinverbindungen in Isobuttersäure-Laufmittel und ihre Anwendung bei verschiedenen Objekten. – Flora (Jena), Abt. A., *158*, 384–406.

Bernstein, L., and G. A. Pearson, 1954: Influence of integrated moisture stress achieved by varying the osmotic pressure of culture solutions on growth of tomato and pepper plants. – Soil. Sci. *77*, 355–368.

Biebl, R., 1962: Protoplasmatische Ökologie der Pflanzen. Wasser und Temperatur. – Protoplasmatologia Bd. *12/1*, 344 S. Springer, Wien.

Binz, E., 1939: Untersuchungen über die Dürreresistenz verschiedener Getreidesorten bei Austrocknung des Bodens. – Jb. wiss. Bot. *88*, 470–517.

Brad, I., I. Laszlo und G. Valuta, 1960: Physiologische nnd biochemische Untersuchungen über das Verhalten einiger Getreidesorten beim Überwintern (rumänisch). – Ann. Cercet. agron., Ser. C, *27*, 35–45.

Chinoy, J. J., 1947: How drought affects Indian wheat. – Indian Farming *8*, 72–79.

– 1960: Physiology of drought resistance in wheat. I. Effect of wilting at different stages of growth on survival values of eight varieties of wheat belonging to seven species. – Phyton (Argent.) *14*, 147–157.

– 1968: Physiological and physio-genetical studies in relation to crop production in India. – Vidya *11*, 138–173.

Chinoy, J. J., B. M. Jani and D. John, 1966: Effect of water stress and pre-treatment on growth and yield of four varieties of barley. – Proc. Seminar on Growth and Development of Plants, Punjab Univ. Chandigarh, 20.–30. Dec. 1965, S. 169–187.

Chippindale, H. G., 1933: The effect of soaken in water of the „seeds" of *Dactylis glomerata*. – Ann. Bot. *47*, 841–849.

Clark, J. A., and J. Levitt, 1956: The basis of drought resistance in the soybean plant. – Physiol. Plantarum (Copenh.) *9*, 598–606.

Coyne, D. P., and J. L. Serrano, 1963: Diurnal variations of soluble solids, carbohydrates and respiration rate of drought tolerant and susceptible bean species and varieties. – Proc. amer. Soc. horticult. Sci. *83*, 453–460.

Demina, O. K., und E. K. Pogosov, 1955: Die Vorbehandlung von Tomatensamen als Methode zur Erhöhung der Dürreresistenz und ihres Ertrages (russisch). – Fiziol. Rast. (Mosk.) *2*, 199–208.

Dobrunov, L. G., O. M. Gladysheva, A. V. Starkova, F. A. Polymbetova, and O. N. Taranov, 1957: Increase of drought resistance and yield of summer varieties of wheat in the new-agricultural zone in northern Kazakhistan (russisch, engl. Zusammenf.). – Fiziol. Rast. (Mosc.) *4*, 205–208.

Domansky, R., 1959: On investigations concerning the effect of drought on summer wheat (russisch). – Fiziol. Rast. (Mosc.) *6*, 347–348.

Evenari, M., 1964: Hardening treatment of seeds as a means of increasing yields under conditions of inadequate moisture. – Nature (Lond.) *204*, 1010–1011.

Fitting, H., 1911: Die Wasserversorgung und die osmotischen Druckverhältnisse der Wüstenpflanzen. – Z. Bot. *3*, 208–275.

Gäumann, E., und O. Jaag, 1936: Der Einfluß des Windes auf die pflanzliche Transpiration. – Ber. schweiz. bot. Ges. *45*, 411–518.

Geisler, G., 1960: Untersuchungen über die Bedeutung des Transpirationsverhaltens und der Dürreresistenz von Sämlingen interspezifischer *Vitis*-Kreuzungen für die Unterlagenzüchtung. – Züchter *40*, 279–284.

Greenfeld, E. G., 1959: Physiological peculiarities of cultivation of hard summer wheat under conditions of the Stalingrad region (russisch, engl. Zusammenf.). – Fiziol. Rast. (Mosc.) *6*, 400–407.

Griswold, S. G. M., 1936: Effect of alterate moistening and drying on germination of seeds of western range plants. – Bot. Gaz. *98*, 243–269.

Gusyev, N. A., 1957: Effect of dry winds on water relations in plants (russisch, engl. Zusammenf.). – Fiziol. Rast. (Mosc.) *4*, 305–311.

Hafeez, A. T. A., and J. P. Hudson, 1967: Effect of „hardening" on radish seeds. – Nature (Lond.) *216*, 688.

Henckel, P. A., 1946: Die Widerstandsfähigkeit der Pflanzen gegen Austrocknung und Methoden zu ihrer Erhöhung (russisch). – Trud. Inst. Fiziol. Rast. Timiryazeva *5/1*, 237 S.

– 1954: Sur la résistance des plantes à la sécheresse et les moyens de la diagnostiquer et de l'augmenter. – Essais Bot., Bd. *2*, S. 436–453. Acad. Sci. USSR, Moscow-Leningr.

– 1956: Diagnostik der Dürreresistenz von Kulturpflanzen und Methoden zu ihrer Erhöhung. Methodische Hinweise (russisch). – 70 S., Verlag Akad. Wiss. UdSSR, Moskau.

– 1964: Physiology of plants under drought. – Ann. Rev. Plant Physiol. *15*, 363–386.

– 1967a: Entwicklung der Theorie der Dürreresistenz in der Sowjetunion (russisch). – Selskochoz. biologia (Mosk.) *2*, 762–773.

– 1967b: Trends in the development of physiology of drought and salt resistance of plants (russisch, engl. Zusammenf.). – Izv. Akad. Nauk SSSR, Ser. biol., *32*, 46–54.

Henckel, P. A., und A. N. Novoselova, 1955: Diagnostik der Widerstandsfähigkeit des Weizens gegen Trockenheit (russisch). – Fiziol. Rast. (Mosk.) *2*, 459–464.

Henckel, P. A., K. L. Martyanova and L. S. Zubova, 1964: Production experiments on presowing drought hardening of plants (russisch, engl. Zusammenf.). – Fiziol. Rast. (Mosc.) *11*, 538–543.

Henckel, P. A., K. A. Badanova and I. N. Andreyeva, 1967: Significance of respiration for the water content of plant cells under drought conditions (russisch, engl. Zusammenf.). – Fiziol. Rast. (Mosc.) *14*, 494–499.

Henckel, P. A., N. V. Balina, E. I. Barskaya and A. Kashlan, 1966: The effect of presowing hardening of seeds against drought on reproductive processes in plants (russisch, engl. Zusammenf.). – Dokl. Akad. Nauk SSSR *169*, 707–712.

Huber, B., 1931: Die Trockenanpassung in der Wipfelregion der Bäume und ihre Bedeutung für das Xerophytenproblem. – J. Ecol. *19*, 283–291.

Iljin, W. S., 1929: Der Einfluß der Standortfeuchtigkeit auf den osmotischen Wert bei Pflanzen. – Planta (Berl.) *7*, 45–58.

Ikeda, H., 1961a: Studies on the varietal differences in amylase activities in some crops. I. Effect of stage of growth and environmental condition upon the amylase activities in wheat varieties (japanisch, engl. Zusammenf.). – Sci. Bull. Fac. Agric. (Tokyo) *18*, 217–224.

– 1961b: II. On the amylase activities of germinating seeds and seedlings in some main crops (japanisch, engl. Zusammenf.). – Sci. Bull. Fac. Agric. (Tokyo) *18*, 225–234.

Inoue, S., and M. Yamiro, 1956: Physiological changes in the germinating seeds during low temperature treatment. II. On the activity of catalase and peroxydase. – Bot. Mag. (Tokyo) *69*, 215–218.

Jacobi, B., and H. R. Oppenheimer, 1962: Pre-sowing treatment of *Sorghum* grains and its influence on drought resistance of resulting plants. – Phyton (Argent.) *19*, 109–113.

Jarvis, P. G., and M. S. Jarvis, 1964: Pre-sowing hardening of plants to drought. – Phyton (Argent.) *21*, 113–117.

Kaul, R., 1966: Effect of water stress on respiration of wheat. – Canad. J. Bot. *44*, 623–632.

Kolosha, O. L., 1965: Some features of carbohydrate and nitrogen metabolism of frost resistant varieties of wheat and rye (russisch, engl. Zusammenf.). – Fiziol. Rast. (Mosc.) *12*, 1064–1068.

Korovin, A. I., and T. A. Barskaya, 1962: Effect of soil temperature on respiration and the activity of oxidative enzymes of roots of cold resistant and thermophilic plants (russisch, engl. Zusammenf.). – Fiziol. Rast. (Mosc.) *9*, 415–418.

Kruzhilin, A. S., Z. M. Shvedskaya, N. A. Bulavin und I. I. Ushakov, 1964: Die komplexe Abhärtung von Maissaatgut vor der Aussaat (russisch). – Kukuruza (Mosk.) *4*, 13–14.

Kydrev, T. S., 1959: Effect of presowing drought hardening of wheat caryopses on forced dormancy and germination (russisch, engl. Zusammenf.). – Fiziol. Rast. (Mosc.) *6*, 171–175.

Lang, A., 1965: Effects of some internal and external conditions on seed germination. – In: Handbuch der Pflanzenphysiologie. Herausgegeben von W. Ruhland, Bd. *15/2*, S. 848–893. Springer, Berlin-Heidelberg-New York.

Langridge, J., J. R. McWilliam, 1967: Heat responses of higher plants. – In: Thermobiology. Herausgegeben von A. W. Rose, S. 231–292. Academic Press, London-New York.

Levitt, J., 1957: Role of cell sap concentration in frost hardiness. – Plant Physiol. *32*, 237–239.

– 1958: Frost, drought, and heat resistance. – Protoplasmatologia, Bd. *8/6*, 87 S. Springer, Wien.

Levitt, J., C. Y. Sullivan and E. Krull, 1960: Some problems in drought resistance. – Bull. Res. Counc. Israel *8* D, 173–180.

Malkina-Krupnikova, T. A., 1951: Comparative physiological peculiarities of grassland xerophytes and mesophytes (russisch). – Bot. Experimentalis *8*, 35–105.

Martyanova, K. L., 1960: Die Ergebnisse der Feldversuche mit vor der Aussaat gegen Dürre abgehärteten Gerstensamen (russisch, dtsch. Zusammenf.). – Fiziol. Rast. (Mosk.) *7*, 363–365.

Maximov, N. A., 1929: Internal factors of frost and drought resistance in plants. – Protoplasma (Wien) *7*, 259–291.

May, L. H., E. J. Milthorpe and F. L. Milthorpe, 1962: Pre-sowing hardening of plants to drought. – Field Crop Abstr. *15*, 93–98.

Mothes, K., 1956: Der Einfluß des Wasserzustandes auf Fermentprozesse und Stoffumsatz. – In: Handbuch der Pflanzenphysiologie. Herausgegeben von W. Ruhland, Bd. *3*, S. 656–664. Springer, Berlin-Göttingen-Heidelberg.

Müller-Stoll, W. R., J. Salzer und R. Rammelt, 1970: Einfluß von Vorquellung und Rücktrocknung von Weizenkaryopsen auf die Temperaturresistenz der Keimpflanzen. – Flora (Jena) (im Druck).

Nanda, K. K., J. J. Chinoy und M. Gupta Shakti, 1959: A method for the determination of the rate of seedling growth and its application to the study of the effect of pre-sowing hardening treatment on wheat grain. – Phyton (Argent.) *12*, 153–161.

Oppenheimer, H. R., 1953: An experimental study on ecological relationships and water expenses of mediterranean forest vegetation. – Palestine J. Bot. (Rehovot) *8*, 103–124.

Pickholz, L., 1911: Ein Beitrag zur Frage über die Wirkung des Lichtes und der intermittierenden Temperatur auf die Keimung von Samen sowie über die Rolle des Wassergehaltes bei dieser Wirkung. – Z. landwirtsch. Versuchswes. Österr. *14*, 124–151.

Purr, A., 1941: Zoo-Amylasen. In: Methoden der Enzymforschung. Herausgegeben von E. Bamann und K. Myrbäck, Bd. *2*, S. 1863–1888. Thieme, Leipzig.

Rameja, R. C., 1951: Recent physiological investigations on drought resistance in crop plants. – Indian J. agricult. Sci. *21*, 335–346.

Rammelt, R., 1967a: Papierchromatographischer Nachweis und Konzentrationsbestimmung einiger Purin- und Pyrimidin-Verbindungen in Extrakten von Weizenkeimlingen. – Wiss. Z. päd. Hochsch. Potsdam, math.-naturwiss. Reihe *11*, 362–369.

– 1967b: Über die Beziehungen zwischen Gehalt an löslichen Adenin-Verbindungen und Frostresistenz von Weizenkeimlingen. – Z. Pflanzenphysiol. *56*, 397–400.

– 1969: Frostresistenz von Getreidekeimlingen und ihr Purin- und Pyrimidin-Stoffwechsel unter besonderer Berücksichtigung der Adenin-Derivate. – In: Dtsch. Akad. Landwirtschaftswiss. Berlin, Tagungsber. Nr. *96*, 183–193.

Rammelt, R., und H. Bergmann, 1967: Qualitative and quantitative detection of soluble nucleotides and their derivatives in cereal seedlings by means of paper chromatography. – J. Chromatogr. (Amst.) *31*, 297–281.

Rammelt, R., und W. R. Müller-Stoll, 1968: Über das Verhalten der löslichen Nukleinsäurebausteine in nicht abgehärteten Keimlingen von Weizensorten unterschiedlicher Winterfestigkeit. – Flora (Jena), Abt. A, *159*, 167–190.

– 1969: Einfluß einer Kälteabhärtung auf den Gehalt an löslichen Nukleinsäure-Bausteinen bei Weizensorten verschiedener Winterfestigkeit. – Flora (Jena), Abt. A, *160*, 234–252.

Satarova, N. A., und E. K. Tvorus, 1966: Effect of thermal hardening on the RNA content and protein synthesis in maize (russisch, engl. Zusammenf.). – Fiziol. Rast. (Mosc.) *13*, 1083–1086.

Schmidt, H., K. Diwald und O. Stocker, 1940: Plasmatische Untersuchungen an dürreempfindlichen und dürreresistenten Sorten landwirtschaftlicher Nutzpflanzen. – Planta (Berl.) *31*, 559–596.

Shah, C. B., and R. S. Loomis, 1965: Ribonucleic acid and protein metabolism in sugar beet during drought. – Physiol. Plantarum (Copenh.) *18*, 240–254.

Shmuel, E., 1953: Irrigation studies in the Jordan Valley. I. Physiological activity of the banana in relation to soil moisture. – Bull. Res. Counc. Israel *30*, 228–247.

Shou-Ju, O., 1963: Some data on the physiology of frost hardiness of the grape-plant (russisch, engl. Zusammenf.). – Fiziol. Rast. (Mosc.) *10*, 366–368.

Shpineva, P., 1940: Die Vitalität von angekeimten und zurückgetrockneten Weizen während der Lagerung (russisch). – Izv. naucn. Inst. Lesgafte *23*, 171–173.

Stiles, W., 1956: Water content and respiration. – In: Handbuch der Pflanzenphysiologie. Herausgegeben von W. Ruhland, Bd. *3*, S. 652–654. Springer, Berlin-Göttingen-Heidelberg.

Stocker, O., 1927: Physiologische und ökologische Untersuchungen an Laub- und Strauchflechten. – Flora (Jena) *121*, 334–415.

– 1929: Eine Feldmethode zur Bestimmung der momentanen Transpirations- und Evaporationsgröße. – Ber. dtsch. bot. Ges. *47*, 126–136.

– 1947: Probleme der pflanzlichen Dürreresistenz. – Naturwissenschaften *34*, 362–371.

– 1956a: Meßmethoden der Transpiration. – In: Handbuch der Pflanzenphysiologie. Herausgegeben von W. Ruhland, Bd. *3*, S. 293–331. Springer, Berlin-Göttingen-Heidelberg.

– 1956b: Die Dürreresistenz. – Ebenda, Bd. *3*, S. 696–741.

Tomov, N., 1963: Die Steigerung der Trockenresistenz von Mais nach der Henckel-Methode (bulgarisch). – Izv. Selskostop. nauc. Inst. Karnobat (Sofia) *3*, 29–38.

– 1964: Zum Problem der Steigerung der Dürreresistenz von Mais (bulgarisch). – Izv. Akad. Selskostop. nauki Rast. (Sofia) *1*, 43–48.

Tumanov, I. I., 1931: Die Abhärtung winterannueller Pflanzen gegen niedere Temperaturen. – Phytopath. Z. *3*, 303–334.

Vaadia, Y., F. C. Raney and R. M. Hagan, 1961: Plant water deficits and physiological processes. – Ann. Rev. Plant Physiol. *12*, 265–292.

Vaklinova, S. G., and G. Salčeva, 1961: Stimulation and hardening of wheat grains (bulgarisch, engl. Zusammenf.). – Izv. Inst. biol. „Methodij Popoff", Bulgar. Akad. Nauk. (Sofia) *11*, 161–176.

Waisel, Y., 1962: Presowing treatment and their relation to growth and to drought, frost and heat resistance. Physiol. Plantarum (Copenh.) *15*, 43–46.

Walter, H., 1931a: Die kryoskopische Bestimmung des osmotischen Wertes bei Pflanzen. – In: Handbuch der biologischen Arbeitsmethoden. Herausgegeben von E. Abderhalden, Abt. *11*, Teil 4, S. 353–371.

– 1931b: Die Hydratur der Pflanzen und ihre physiologisch-ökologische Bedeutung. – 174 S. Fischer, Jena.

Weber, E., 1967: Grundriß der Biologischen Statistik. – 6. Aufl., 664 S., VEB Fischer, Jena.

Zeile, K., 1941a: Katalase. – In: Die Methoden der Fermentforschung. Herausgegeben von E. Bamann und K. Myrbäck, Bd. *3*, S. 2616–2633. Thieme, Leipzig.

– 1941b: Peroxydase. – Ebenda, Bd. *3*, S. 2599–2614.

Zholkevich, V. N., L. D. Prusakova and A. A. Lizander, 1958: Translocation of assimilates and respiration of conductive tissues in relation to soil moisture (russisch, engl. Zusammenf.). – Fiziol. Rast. (Mosc.) *5*, 337–344.

Zubenko, V. N., 1959: Influence of presowing drought hardening of seeds on crop yield of maize (russisch, engl. Zusammenf.). – Fiziol. Rast. (Mosc.). *6*, 333–335.

Gewebekulturen aus Alkaloidpflanzen

II. VERSUCHE AN *DATURA*-ARTEN

von Anneliese Romeike und Helmut Koblitz

(Eingegangen am 30. Januar 1970)

Über das Vorkommen von Tropan-Alkaloiden in Gewebekulturen höherer Pflanzen liegen verschiedene Resultate vor.

West und Mika (1957) fanden Atropin in Wurzelkallus-Kulturen von *Atropa bella-donna*, nicht dagegen in Blatt- und Stammkallus. Chan und Staba (1965) wiesen mit Hilfe der Dünnschichtchromatographie in *Datura*-Suspensionskulturen eine dragendorff-positive Substanz nach, die den gleichen R_F-Wert wie Scopolamin hatte. Netien und Combet (1966) benutzten zum Nachweis der Alkaloide in Gewebekulturen von *Datura metel* gleichfalls die Dünnschichtchromatographie und identifizierten Hyoscyamin/Atropin und Scopolamin durch die R_F-Werte. Staba und Jindra (1968) dagegen konnten in *Datura*-Suspensionskulturen weder Hyoscyamin noch Scopolamin nachweisen. Sie fanden darin Cuskhygrin, Cholin und Tropin, die als Nebenalkaloide aus verschiedenen Solanaceen bekannt sind. Aufgrund der zum Teil sich widersprechenden Angaben haben wir einige Versuche in dieser Richtung unternommen.

METHODIK

A. Biologie

In beiden Fällen gelangte folgendes Medium zum Einsatz: Mineralsalze nach Murashige und Skoog (1962) mit Lösung von Vitaminen und Aminosäuren nach Koblitz und Hagen (1962) und 20 g/l Saccharose, ergänzt durch 1 ppm 2.4-Dichlorphenoxyessigsäure, 0,2 ppm Kinetin und 0,1 ppm Gibberellinsäure. Bei Oberflächenkulturen war dieses Medium durch 7 g/l Difco-Agar verfestigt.

I. *Datura stramonium* var. *stramonium* und var. *tatula*.
Installation der Kulturen (Agar-Oberflächenkulturen von Stengelexplantaten): 1964

[1] I. Mitteilung vgl. H. Koblitz, K Grützmann und I. Hagen. – Z. Pflanzenphysiol. *56* (1967) 27–32.

Versuchsdurchführung: April 1969.
Kultivierungsbedingungen: Agar-Oberflächenkulturen in 100 ml Erlenmeyerkolben (20 ml Medium je Kolben) bei 25 °C, teils im Dunkeln, teils unter Mischlicht-Fluoreszenzlampen „Lumoflor“ (12-Stunden-Tag).
Kultivierungszeit: 22 Tage.

II. *Datura metel.*
Installation der Kulturen (Agar-Oberflächenkulturen von Stengelexplantaten): November 1968.
Kultivierungsbedingungen: Submerskultur in 100 ml Erlenmeyerkolben (10 ml Medium je Kolben) bei 25 °C auf einem Rotationsschüttler (Schüttelfrequenz 70 UpM) unter Mischlicht-Fluoreszenzlampen „Lumoflor“ (12-Stunden-Tag).
Kultivierungszeit: 14 Tage.
Bei den Versuchen mit Hyoscyamin-Zusatz wurde das Alkaloid in Form seines Hydrobromids dem Nährmedium zugegeben.

B. Chemische Analytik

In den Fällen, in denen das Substrat nicht restlos verbraucht war, erfolgte eine getrennte Analyse von Gewebe und Nährmedium. Die Nährlösungen der Submerskulturen wurden etwas eingeengt, mit Na_2CO_3 alkalisch gemacht und mehrmals mit n-Butanol ausgeschüttelt. Agar-Nährböden und Gewebe ließen sich nach Trocknen bei ca. 60 °C mit etwas Sand zerreiben und wurden dann 6 Stunden lang am Soxhlet mit Petroläther und anschließend nach Trocknen und Verreiben mit Na_2CO_3 nochmals 6 Std. mit $CHCl_3$ extrahiert. Die Reinigung der im Chloroformextrakt enthaltenen Alkaloide geschah durch Ausschütteln mit 1%-iger Salzsäure, Alkalisieren der wässrigen Phase mit Na_2CO_3 und nochmaliges mehrfaches Ausschütteln mit $CHCl_3$ und anschließend mit n-Butanol. Die weniger hydrophilen Basen sind im Chloroform-, die stärker wasserlöslichen im Butanolextrakt enthalten. Nach Trocknen mit Na_2SO_4 wurden aliquote Teile der Extrakte zur Papierchromatographie benutzt (Laufmittel: n-Butanol : Essigsäure : Wasser, 100 : 10 : 30 Vol. T., Papier: Schleicher und Schüll 2043 b).

Die Rechromatographie der Alkaloide geschah auf folgende Weise: Die mit Munier-Reagens (Dragendorff-Reagens, modifiziert nach Munier, s. Romeike 1959) gefärbten Alkaloidzonen der Papierchromatogramme wurden ausgeschnitten, mit 5%-igem Ammoniak durchfeuchtet und nach Trocknen bei Raumtemperatur durch halbstündiges Schütteln mit $CHCl_3$ extrahiert. Aliquote Teile des Extrakts dienten zur Dünnschichtchromatographie (Al_2O_3, Laufmittel: Benzol: Diäthyläther : Methanol : Ammoniak (25%ig) 75 : 75 : 6 : 0,7 Vol. T.). Für die halbquantitative Bestimmung der Alkaloide wurden Testpapierchromatogramme von Atropin zum Vergleich benutzt.

ERGEBNISSE

Wir untersuchten Kallusgewebe aus Stengelexplantaten von *Datura stramonium* var. *stramonium* und var. *tatula* sowie von *Datura metel*. Es wurden Parallelversuche im 12-Stunden-Tag und im Dunkeln durchgeführt. In allen Fällen waren die von den Geweben gebildeten Alkaloidmengen nur sehr gering, zwischen 0,1 und 1,7 mg/100 g Trockengewicht. Entsprechend konnte zur Identifizierung der Alkaloide bisher nur die Dünnschicht- und Papierchromatographie herangezogen werden. Die Resultate sind im einzelnen aus den Tab. 1 und 2 ersichtlich.

Die halbquantitativen Angaben wurden durch Vergleich mit Testchromatogrammen gewonnen, die mit Munier-Reagens behandelt waren. Als Testsubstanz für die nicht näher identifizierten Verbindungen diente Atropin. Da die Intensität der Farbreaktion zwischen verschiedenen Alkaloiden sehr variieren kann, können die Angaben nur einen groben Überblick geben.

Übereinstimmend mit den Resultaten von Staba und Jindra (168) konnten in keinem Falle Hyoscyamin und Scopolamin nachgewiesen werden. Eine Reihe von dragendorff-positiven Verbindungen war in den Kulturen enthalten, die mit keinem der aus normalen *Datura*pflanzen isolierten Alkaloide identisch sind. Die Substanzen mit den R_F-Werten 0,38 0,48 und 0,41 können Cuskhygrin resp. Tropin resp. ψ-Tropin sein, den R_F-Wert 0,55 zeigt Acetyltropin. Die Zone des Papierchromatogramms vom R_F-Wert 0,55 wurde zur Rechromatographie benutzt; das Dünnschichtchromatogramm ergab 2 Flecke, von denen einer den gleichen R_F-Wert wie Acetyltropin hatte. Das Hauptalkaloid der Kulturen hat bei der benutzten papierchromatographischen Methode den R_F-Wert 0,68. Die Dünnschichtchromatographie auf Aluminiumoxyd ergab einen sehr niedrigen R_F-Wert, dicht hinter der Startlinie, woraus sich eindeutig die Nichtidentität mit Hyoscyamin und Scopolamin ergibt. Die Substanz ist mit keinem der in normalen Pflanzen von *Datura stramonium* und *D. metel* enthaltenen Alkaloide identisch.

Um die enzymatische Aktivität der Gewebekulturen zu untersuchen, prüften wir ihre Fähigkeit, Hyoscyamin in Scopolamin umzuwandeln. Zu Suspensionskulturen von *Datura metel* (Stengelkallus) wurde Hyoscyamin in den Mengen 100 μg, 290 μg und 2,9 mg pro Kolben zugesetzt, entsprechend den Konzentrationen $3{,}5 \cdot 10^{-5}$, $1 \cdot 10^{-4}$ und $1 \cdot 10^{-3}$ Mol/l. Nach 14-tägiger Versuchsdauer war keine Umwandlung des zugesetzten Hyoscyamins in Scopolamin festzustellen. In allen Versuchen war ein erheblicher Hyoscyaminschwund zu verzeichnen, ohne daß bisher Abbauprodukte erfaßt werden konnten. Die Resultate geben im einzelnen die Tabellen 3 und 4 wieder. Der Hyoscyamin-Zusatz hatte keinen Einfluß auf das Wachstum der Kulturen.

Tabelle 1

Dragendorff-positive Substanzen in *Datura*-Gewebekulturen
(Agar-Oberflächenkulturen, Kultivierungszeit 22 Tage)

Untersuchtes Material		Versuchs-bedingungen	R_F-Werte bei Papierchromatographie (s. Methodik) Halbquantitative Angaben (μg auf 100 g Trockengewicht)							
			0,20	0,38	0,41	0,48	0,55	0,68	0,77	0,87
D. stramonium var. *stramon.*	Gewebe	dunkel	80	—	200	120	—	1200	40	160
„ „ „ „	Substrat	„	—	—	80	—	—	300	280	200
D. stramonium var. *tatula*	Gewebe	dunkel	40	—	—	70	40	500	70	140
„ „ „ „	Substrat	„	—	—	—	70	40	170	140	300
D. stramonium var. *stramon.*	Gewebe	12 Stunden Tag	—	Spur	—	—	100	—	—	Spur
„ „ „ „	Substrat	„	—	—	—	—	—	—	—	—
D. stramonium var. *tatula*	Gewebe	12 Stunden Tag	—	—	—	—	Spur	Spur	—	Spur
„ „ „ „	Substrat	„	—	—	—	—	—	—	—	—

Tabelle 2

Dragendorff-positive Substanzen in *Datura metel* – Gewebekulturen
(Suspensionskulturen, Kultivierungszeit 14 Tage)

Untersuchtes Material	Versuchs-bedingungen	R_F-Werte bei Papierchromatographie (s. Methodik) Halbquantitative Angaben (μg auf 100 g Trockengew.)	
		0,48	0,68
D. metel Stamm 1	12 Stunden Tag	150	1700
,, ,, ,, 2	,,	–	500
,, ,, ,, 4	,,	–	600
,, ,, ,, 5	,,	70	900

Tabelle 3

Zusatz von Hyoscyamin zu Suspensionskulturen von *Datura metel* – Stengelkallus
(100 μg Hyoscyamin pro Kolben, Konzentration: $3{,}5 \cdot 10^{-5}$ Mol/l)
Die Nährlösung wurde während des Versuchs völlig verbraucht.
(Versuchsdauer 14 Tage)

Kolben-Nr.	Trocken-gewicht mg	Am Versuchsende nachgewiesene Alkaloide		
		Hyoscyamin	Tropin	Alkaloid vom R_F-Wert 0,38 (Papierchromatogr.)
1	600	–	Spur	–
2	450	–	Spur	–
3	500	10 μg	–	–
4	500	10 μg	–	–
5	650	–	–	–
6	540	–	–	–
7	255	–	–	–
8	540	10 μg	–	–
9	515	20 μg	Spur	–
10	535	–	Spur	Spur
11	540	–	Spur	–
12	525	–	Spur	–
13	510	Spur	Spur	–

Tabelle 4

Zusatz von Hyoscyamin zu Suspensionskulturen von *Datura metel* – Stengelkallus in Konzentration von 10^{-3} und 10^{-4} Mol/l (Versuchsdauer 14 Tage)

	Hyoscyamin-Konzentration der Nährlösung Mol/l	zugesetztes Hyoscyamin mg/Kolben	Zahl der geernteten Kolben	Trockengewicht d. geernteten Gewebes (g)	Am Versuchsende in der Nährlösung gefundenes Hyoscyamin (mg)	Am Versuchsende im Gewebe gefundenes Hyoscyamin (mg)	Hyoscyamin-Schwund mg	Hyoscyamin-Schwund mg/1 g Trockengew.
Stamm 1	10^{-3}	2,90	3	1,89	—	4,00	4,70	2,50
,,	10^{-4}	0,29	3	1,75	—	0,15	0,70	0,40
Stamm 2	10^{-3}	2,90	10	5,22	0,10	18,00	10,90	2,10
,,	10^{-4}	0,29	8	4,85	—	0,50	1,80	0,37
Stamm 4	10^{-3}	2,90	5	3,33	—	6,00	8,50	2,50
,,	10^{-4}	0,29	5	3,12	—	0,20	1,25	0,40
Stamm 5	10^{-3}	2,90	5	3,40	0,20	5,00	9,30	2,70
,,	10^{-4}	0,29	5	3,30	0,05	0,30	1,10	0,33

DISKUSSION

Die Analyse der *Datura*-Gewebekulturen ergab wesentliche Unterschiede gegenüber intakten Pflanzen. Qualitativ weicht das Alkaloidspektrum von dem normaler Daturen erheblich ab, auffällig ist vor allem das Fehlen der Hauptalkaloide Hyoscyamin und Scopolamin, übereinstimmend mit Resultaten von Staba und Jindra (1968). Das Auftreten von solchen Alkaloiden in den Gewebekulturen, die in intakten Pflanzen bisher nicht gefunden wurden, stimmt mit Beobachtungen von Gröger und Mitarb. (1969) an *Catharanthus-roseus* überein.

Während die qualitative Zusammensetzung des Alkaloidspektrums bei intakten *Datura*pflanzen verhältnismäßig konstant ist und auch durch äußere Faktoren kaum beeinflußt wird, sprechen unsere Resultate sowie die der oben genannten anderen Autoren dafür, daß bei Gewebekultur eine sehr große Variabilität des Alkaloidspektrums besteht und daß wahrscheinlich die Kultivierungsbedingungen eine größere Rolle spielen als bei ganzen Pflanzen und isolierten Wurzeln. Allerdings muß damit gerechnet werden, daß das Auftreten von Hyoscyamin und Scopolamin, wie es von einigen Autoren beobachtet wurde, durch eine Regeneration von makroskopisch nicht nachweisbaren Wurzeln zustande kommen kann. Die Hauptbildungsstätte der Tropan-Alkaloide in den Gattungen *Datura, Atropa, Hyoscyamus* ist die Wurzel.

In unseren Versuchen konnte die Anwesenheit von Acetyltropin in *Datura*-Gewebekulturen wahrscheinlich gemacht werden. Dies Ergebnis steht in Übereinstimmung mit Resultaten von Elze und Teuscher (1969), die nach Zusatz von Tropin zu *Datura*-Gewebekulturen erhebliche Mengen von Acetyltropin nachweisen konnten. Möglicherweise sind die Kulturen unter den angewandten Bedingungen nicht, oder nur in sehr beschränktem Maße, zur Synthese der Tropasäure fähig. Tropin und ψ-Tropin waren in sehr geringen Mengen enthalten, soweit man allein aus dem chromatographischen Nachweis auf die Identität schließen kann.

Die erheblichen quantitativen Unterschiede des Alkaloidgehalts bei intakten Pflanzen und Gewebekulturen sind für alle bisher untersuchten Alkaloidpflanzen charakteristisch.

Die Fähigkeit, Hyoscyamin in Scopolamin umzuwandeln, wurde allgemein bei der Gattung *Datura*, teils in oberirdischen Organen, teils in Wurzeln festgestellt (Romeike 1956, 1960; Romeike und Fodor 1960). Gewebekulturen scheinen diese Fähigkeit nicht zu besitzen, wie auch Versuche von Teuscher (1967) an *Datura ferox* – Gewebekulturen zeigten.

Der bei exogener Zufuhr von Hyoscyamin in Submerskulturen beobachtete Alkaloidschwund steht in Übereinstimmung mit Resultaten an isolierten Wurzelkulturen von *Datura* (Romeike 1970). Abbauprodukte konnten bisher nicht nachgewiesen werden, es muß sich um dragendorff-negative Substanzen handeln. Versuche zu ihrer Erfassung sollen mit Hilfe der Isotopentechnik unternommen werden.

Zusammenfassung

Gewebekulturen verschiedener *Datura*-Arten zeigten in ihrem Alkaloidspektrum erhebliche qualitative und quantitative Abweichungen von dem intakter Pflanzen. Hyoscyamin und Scopolamin konnten nicht nachgewiesen werden. Bei exogener Zufuhr von Hyoscyamin zu *Datura*-Gewebekulturen wurde während 14-tägiger Versuchsdauer ein erheblicher Schwund des zugesetzten Alkaloids beobachtet; eine Umwandlung von Hyoscyamin in Scopolamin, wie sie aus intakten Pflanzen bekannt ist, war nicht festzustellen.

Summary

Tissue cultures of alkaloid-bearing plants.
II. Investigations on *Datura* species

The alkaloid spectrum of *Datura* tissue cultures differed considerably from that of intact plants. Neither hyoscyamine nor hyoscine were detected in the tissue cultures. Hyoscyamine administered to *Datura* tissue cultures diminished in considerable quantity during the experimental period of 14 days but no conversion into hyoscine was detected as it is occuring in intact *Datura* plants.

Краткое содержание

Культура тканей алкалоидных растений.
II. Опыты с видами *Datura*

Культуры тканей различных видов дурмана обнаружили в их алкалоидном спектре значительные качественные и количественные отклонения от такового интактных растений. Гиосциамин и скополамин не были найдены. При введении гиосциамина извне в культуры ткани дурмана наблюдалась значительная потеря введенного алкалоида в течение 14 дней опыта; превреащение гиосциамина в скополамин, как это бывает в интактных растениях, в опыте не наблюдалось.

Literatur

Chan, W.-N., and E. J. Staba, 1965: Alkaloid production by *Datura* callus and suspension tissue cultures. – Lloydia, Cincinnati *28*, 55–62.

Elze, H., und E. Teuscher, 1969: Persönliche Mitteilung.

Gröger, D., 1969: Persönliche Mitteilung.

Koblitz, H., und I. Hagen, 1962: Vergleichende Untersuchungen über das Wachstum isolierter Karottengewebe auf halbsynthetischen Substraten und auf einem neuen vollsynthetischen Medium. – Flora, Jena *152*, 447–457.

Murashige, T., and F. Skoog, 1962: A revised medium for rapid growth and bioassays with tobacco tissue cultures. – Physiol. Plantarum, Kopenhagen *15*, 473–497.

Netien, G., et J. Combet, 1966: Obtention de tissus de tige de *Datura metel* (L.). cultivés in vitro: modifications biochimiques azotées. – Compt. rend. hébd. Acad. Sci., Sér. D, Paris *262*, 1084–1086.

Romeike, A., 1956: Über die Mitwirkung des Sprosses bei der Ausbildung des Alkaloidspektrums. Epoxydbildung beim Hyoscyamin durch *Datura ferox* L. – Flora, Jena *143*, 67–86.

– 1959: Alkaloide, in: Linskens, H. F. (Herausgeber): Papierchromatographie in der Botanik, 2. Aufl., S. 353–382. – Berlin-Göttingen-Heidelberg.

– 1960: DieRolle von Spross und Wurzel bei der Umwandlung des Hyoscyamins in verschiedenen *Datura*-Arten. – Planta medica, Stuttgart *8*, 491–496.

Romeike, A., and G. Fodor, 1960: The biogenesis of hyoscine in *Datura stramonium* L. – Tetrahedron Letters, London 1960, 1–4.

Romeike, A., 1970: Untersuchungen über den Alkaloidstoffwechsel in *Datura*wurzeln, IV. Beobachtungen an Wurzelkulturen von *Datura innoxia* Mill. nach exogener Zufuhr von Atropin. – Biochemie und Physiologie der Pflanzen, Jena (im Druck).

Staba, J., and A. Jindra, 1968: *Datura* tissue cultures: Production of minor alkaloids from chlorophyllous and nonchlorophyllous strains. – J. Pharmaceut. Sci., Washington *57*, 701–704.

Teuscher, E., 1967: Persönliche Mitteilung.

West, F. R. jr., and E. S. Mika, 1957: Synthesis of atropine by isolated roots and root-callus cultures of Belladonna. – Bot. Gazette, Chicago *119*, 50–54.

Zur systematischen Stellung von *Vicia oroboides* Wulf.[1]

von Peter Hanelt und Dieter Mettin[2]

(Eingegangen am 13. Februar 1970)

Zu den habituell auffallendsten Sippen in der Gattung *Vicia* L. gehört die Walderbsen-Wicke, *Vicia oroboides* Wulfen, die als mesophiles Element der montanen Laubwaldstufe vor allem in den Buchenwäldern des illyrischen Gebietes bis hin zum südöstlichen Alpenraum beheimatet ist. Durch ihren aufrechten Wuchs, ihre wenig-paarigen Blätter und großen Fiedern (Abb. 1) erinnert sie außerordentlich stark an *Lathyrus*-Arten aus dem subgen. *Orobus*(L.) Baker, etwa an *L. vernus* (L.) Bernh. Es überrascht daher nicht, daß die genannte Wicken-Art des öfteren mit der Gattung *Lathyrus* in Beziehung gebracht wurde: Manche Botaniker (Seringé, Sprengel) des 19. Jahrhunderts überführten sie zu *Lathyrus* bzw. *Orobus*; Fritsch (1900) hielt eine engere Verwandtschaft von *V. oroboides* mit den ursprünglichen, den Ausgangsformen von *Orobus* nahestehenden Sippen für möglich, was von Gams in Hegi (1924) unterstützt wurde. Auch P. W. Ball (in Flora Europaea II, 1968) zitiert u. a. diese Art als Beispiel der künstlichen, letztlich nur auf einem Merkmalsunterschied (Griffelbehaarung) beruhenden Trennung von *Vicia* und *Lathyrus*, wodurch indirekt die enge Verwandtschaft von *V. oroboides* zu *Lathyrus* zum Ausdruck gebracht wird.

Von der Mehrzahl der Autoren wird diese Art jedoch zu *Vicia* gestellt. Dabei wurde Fiori (1925) durch die isolierte Position zur Errichtung einer eigenen Subsektion (*Pseudorobus*) veranlaßt, Ascherson u. Graebner (1909) reihten sie dagegen im Anschluß an Alefeld (1861) zusammen mit *V. sepium* u. a. in die sect. *Atossa* (Alef.) Aschers. et Graebn. ein, die durch ungewöhnlich lange, $^2/_3$ bis $^4/_5$ des Samenumfangs umfassende Hila gekennzeichnet ist.

Diese sehr unterschiedlichen Auffassungen rechtfertigen eine Überprüfung der taxonomischen Stellung dieser Art. Es ist die Frage zu untersuchen, ob die von der Variationsbreite der Gattung *Vicia* abweichende Merkmalsausprägung bei *V. oroboides* Ausdruck einer engen phylogenetischen Verwandtschaft zwischen ihr und *Lathyrus* ist oder ob sie sich als Parallelerscheinung deuten läßt, die durch eine entsprechende Lebensweise ausgelöst wurde: Sowohl

[1] Herrn Professor Dr. A. I. Kupzow (Moskau), dem früheren Mitarbeiter N. I. Vavilovs, in Verehrung zu seinem 70. Geburtstag gewidmet.

[2] Lehrstuhl für Pflanzenzüchtung der Martin-Luther-Universität Halle-Wittenberg in Hohenthurm.

Abb. 1. Habitus von *Vicia oroboides* (Herbarmaterial, leg. O. Fiedler, 1937, Bosnien, GAT)

V. oroboides wie Arten des subgen. *Orobus* (z. B. *L. vernus*) gehören zur Bodenflora frischer, sommergrüner Laubwälder, in denen sie während des Frühjahrs- bzw. Frühsommeraspekts den wesentlichen Teil ihrer Vegetationsentwicklung abschließen.

Eine Stellung der Art *V. oroboides* an der Basis einer zu *Vicia* führenden Abstammungslinie (und damit eine engere phylogenetische Verwandtschaft zu *Lathyrus*) erscheint allerdings von vornherein problematisch, da diese Wicke in die Untergattung *Vicia* eingereiht wird, die aus morphologischen, karyologischen und biochemischen Gründen gegenüber der Untergattung *Cracca* als abgeleitet bezeichnet werden muß (vgl. Hanelt u. Mettin 1970).

Im folgenden werden zu verschiedenen Merkmalen Beobachtungen angeführt, die zu dem eingangs erwähnten Problem beitragen können.

MORPHOLOGIE

Die Merkmale, die die Ähnlichkeit von *V. oroboides* mit manchen *Lathyrus*-Arten hervorrufen, sind: 1. Geringe Zahl der Blattfiedern (1-3-paarig-gefiedert); 2. Größe und Form der Fiedern ((3,5) 6–8 × 3–4,5 cm; (breit)oval bis breitelliptisch); 3. Fehlen der Ranken und aufrechter Wuchs (die Blattspindel läuft in eine unscheinbare Grannenspitze aus). Die verblüffende Übereinstimmung in der Blattgestalt zwischen *V. oroboides* und z. B. *Lathyrus vernus* wird aus der Abb. 2 ersichtlich.

Sind diese abweichenden Merkmale nun innerhalb der Gattung *Vicia* auf *V. oroboides* beschränkt? Das trifft für keines der drei Merkmale zu. Das Auftreten von zumeist verzweigten Ranken ist zwar für die Mehrzahl der *Vicia*-Arten charakteristisch, jedoch kommen einzelne rankenlose Sippen in den meisten Untergruppen der Gattung vor. Als Beispiele seien genannt: sect. *Cracca* – *V. orobus* DC., *V. unijuga* A. Br. und verwandte Arten der ser. *Venosae* (*V. baicalensis* (Turcz.) B. Fedtsch., *V. ramuliflora* (Maxim.) Ohwi, *V. venosa* (Willd.) Maxim.); sect. *Vicia* – *V. lathyroides* L., *V. truncatula* Fisch.; sect. *Faba* – *V. faba* L.; sect. *Ervilia* – *V. ervilia* (L.) Willd. In manchen Arten ist die Ausbildung der Endfieder des Blattes zudem sehr variabel ausgeprägt, so bei *V. lathyroides* L. s. l. und *V. semenovii* (Rgl. et Herd.) B. Fedtsch.

Bei fast allen oben erwähnten rankenlosen *Vicia*-Arten ist das Fehlen der Ranken mit anderen Merkmalen gekoppelt, die auf einen phylogenetisch abgeleiteten Status der Sippen hinweisen: *V. orobus* besitzt ein innerhalb ihrer Sektion stark vereinfachtes Spektrum an freien Aminosäuren der Samen (Tschiersch u. Hanelt 1967), außerdem bildet sie nur drei schuppenartige Primärblätter am Keimsproß aus, während die Mehrzahl der bisher untersuchten eurasiatischen perennierenden Wicken vier derartige Niederblätter aufweist; *V. unijuga* und die ser. *Venosae* gehören zu einer der wenigen Gruppen der Gattung, von denen sich einzelne Vertreter durch Polyploidie auszeichnen

Abb. 2. Fiederblätter von *Vicia oroboides* (links, leg. Sabransky, 1904, Steiermark, GAT) und *Lathyrus vernus* (rechts, leg. Filter, 1917, Arnstadt, GAT)

(vgl. Mettin u. Hanelt 1968); *V. lathyroides* ist eine kleine Annuelle mit reduziertem Blütenmechanismus; *V. faba* stellt eine einjährige Kulturpflanze dar und bei *V. ervilia* handelt es sich gleichfalls um eine annuelle Sippe mit einem für *Vicia* anomalem Hülsenbau. – Übrigens wird auch bei *Lathyrus* jetzt dem Besitz oder dem Fehlen von Ranken keine entscheidende systematisch-phylogenetische Bedeutung mehr beigemessen (Bässler 1966).

Wie das Fehlen der Ranken tritt auch das Merkmal reduzierte Zahl der Fiedern der Laubblätter unabhängig in verschiedenen Gruppen der Gattung auf, z. T. betrifft das dieselben, oben als rankenlos angegebenen Sippen, wie *V. faba* (2-3-paarig), *V. lathyroides* (1-4-paarig), Arten der ser. *Venosa* (2-4-paarig) und *V. unijuga* (stets 1-paarig). Darüber hinaus ist eine derartige Vereinfachung im Blattaufbau zu beobachten u. a. bei *V. paucijuga* (Trautv.) B. Fedtsch. (2-3-paarig, sect. *Ervum*), *V. bithynica* L. (1-2(3)-paarig, sect. *Vicia*) und bei der mit *V. faba* verwandten *V. narbonensis* L. (2-3-paarig).

Nur selten ist dagegen mit der Reduktion des im typischen Falle mehr- bis vielpaarigen Wicken-Blattes eine Flächenvergrößerung der Einzelfiedern verbunden. Dimensionen, die mit denen von *V. oroboides* vergleichbar sind, können bei der Kulturart *V. faba* (und in abgeschwächtem Maße auch bei der nahestehenden Wildform *V. narbonensis*) sowie bei *V. unijuga* beobachtet werden, deren oval-elliptische Fiedern eine Größe von 4–10 × 2–6 cm besitzen.

Eine Übereinstimmung zwischen *V. oroboides* und vielen Sippen von *Lathyrus* subgen. *Orobus* besteht auch in blattanatomischer Hinsicht. Hier wie dort sind eine fiederförmige Nervatur sowie stark undulierte Epidermis-Zellwände festzustellen, die bei *V. oroboides* sehr den von Bässler (1966) für *Lathyrus krylovii* Serg. abgebildeten Epidermisformen ähneln. Fiedernervatur und undulierte

Epidermis gelten bei *Lathyrus* als Primitivmerkmale (Simola 1968, Bässler 1966). Das erste Merkmal trifft jedoch für alle *Vicia*-Arten zu und ebenso sind gerade oder nur schwach gebogene Epidermiswände für *Vicia* eine vergleichsweise seltene Erscheinung (vgl. Streicher 1902). Auch die amphistomatischen Blätter von *V. oroboides*, bei denen auf der Blattunterseite jedoch eine größere Dichte in der Spaltöffnungs-Verteilung vorliegt, haben in den vorwiegend hypo-, seltener amphistomatischen *Lathyrus* (*Orobus*)-Blättern eine Parallele. Dieses Merkmal trifft jedoch wiederum für die Mehrzahl der bisher untersuchten Arten von *Vicia* sect. *Vicia*, *Atossa* und *Faba* zu, während umgekehrt die meisten Arten der Sektionen *Cracca*, *Ervum*, *Lenticula* und *Ervilia* amphistomatische Blätter mit einer Häufung der Spaltöffnungen auf der Blattoberseite besitzen (s. Streicher 1902).

Die von Gams (in Hegi 1924) gemachte Angabe, daß *V. oroboides* (wie *V. faba*) sich durch die Knospenlage der Blattfiedern (nicht gefaltet) von den übrigen Arten der Gattung unterscheidet (auch für *Lathyrus* ist eine gerollte Knospenlage zutreffend!), können wir für die von uns geprüften Pflanzen (Herbarmaterial) nicht bestätigen, sie zeigten die für *Vicia* typische konduplikative Vernation.

Nachdem wir nun festgestellt haben, daß die an *Lathyrus* erinnernden Merkmalsausprägungen bei *V. oroboides* nicht auf diese Art beschränkt sind, sondern mehrfach in dieser Gattung, mitunter sogar in einer übereinstimmenden Kombination (*V. unijuga*, *V. faba*) nachzuweisen sind, sollen weitere morphologische Merkmale im Hinblick auf die Stellung von *V. oroboides* geprüft werden.

Sproßentwicklung: Wie bei allen *Vicia*-Arten repräsentiert sich die Blattfolge bei *V. oroboides* in Form von Keimblättern, niederblattartigen Primärblättern und Folgeblättern. Die Zahl der Primärblätter beträgt drei, bei der gleichfalls zur sect. *Atossa* gestellten *V. sepium* sind es nach unserem Material vier, nach anderen Autoren jedoch (z. B. Vasilčenko 1936) ebenfalls drei. Wichtig in diesem Zusammenhang ist, daß sich bei beiden genannten Arten alle Folgeblätter des kurzlebigen Hauptsprosses durch den Besitz nur eines Fiederpaares auszeichnen, ähnliches gilt übrigens für Sippen der *V. sativa*-Gruppe, die sich auch in karyologischer und biochemischer Hinsicht an Sippen der sect. *Atossa* anschließen lassen (Hanelt u. Mettin 1970) [1]. Bei den meisten anderen Wicken sind wenigstens ab dem zweiten Folgeblatt 2–3 Fiederpaare ausgebildet.

Nebenblätter: Für die Sippen der Sektionen *Atossa*, *Vicia* und *Faba* (die man auch zum subgen. *Vicia* zusammenfassen kann) ist der Besitz kleiner, einige Millimeter breiter, extrafloraler Nektarien auf der Unterseite der Nebenblätter charakteristisch, die ± deutlich rot bis purpurbraum gefärbt sind. Für *Lathyrus* ist ein derartiges Merkmal nicht bekannt. Diese Nektarien ließen sich

[1] Vasilčenko (1936) gab an, daß bei *V. sativa* und *V. angustifolia* die ersten drei Folgeblätter sich durch Einpaarigkeit auszeichneten. Bei unserem *V. sativa*-Material ist allerdings etwa bei der Hälfte der Herkünfte bereits ab dem dritten Folgeblatt ein zweites Fiederpaar ausgebildet.

auch bei den Arten der genannten Sektionen nachweisen, für die in der Literatur ein Vorkommen nicht erwähnt oder in Abrede gestellt wird (z. B. *V. lathyroides*, vgl. Gams in Hegi 1924). Auch *V. oroboides* ist durch den Besitz solcher Nebenblatt-Nektarien gekennzeichnet und läßt sich durch dieses Merkmal also deutlich in das subgen. *Vicia* eingliedern.

Infloreszenz: Das für die Nektarien Gesagte trifft in gleicher Weise auch für die Infloreszenz-Form zu. *V. oroboides* zeichnet sich durch sitzende bis sehr kurzgestielte, meist 3–6 (nur bei var. *sarajevensis* Maly 7–12-) -blütige, achselständige Trauben aus, die kürzer als ihr Tragblatt und an den apikalen Teilen der Sprosse gehäuft sind. Ähnlich kurz-gestielte bis sitzende Trauben sind das wichtigste diagnostische Merkmal für das gesamte subgen. *Vicia*, wobei deren annuelle Vertreter sich meist durch noch weitergehende Reduktion der Blütentrauben (bis zu sitzenden axillären Einzelblüten) auszeichnen. Bei den ausdauernden Arten dieser Gruppe, wie bei *V. oroboides* so auch bei *V. sepium*, ist dagegen die Vereinfachung der Infloreszenz meist intermediärer Natur. Reichblütigere, lang-gestielte Trauben sind dagegen für die *Orobus*-Arten der Gattung *Lathyrus* charakteristisch; nur in einzelnen Fällen sind sie hier so lang oder etwas kürzer wie das Tragblatt, z. B. *L. vernus*, und nur bei *L. neurolobus* Boiss. et Held. liegen armblütige, kurzgestielte Trauben vor (Bässler 1966).

Blüten: Die Blütenstrukturen liefern die bisher ausschließlich zur Trennung von *Vicia* und *Lathyrus* verwendeten Merkmale. Für *V. oroboides* treffen die für *Vicia* typischen Ausprägungsformen (schief abgeschnittene Staminalröhre, Griffel – wenn mit Haarbürste – nicht nur auf der Innenseite sondern beiderseits oder nur auf der Außenseite behaart) voll und ganz zu. – Als durchgehendes Trennungsmerkmal ist der Wert der Staubfadenröhre allerdings etwas beeinträchtigt, seitdem ein an *Vicia* erinnerndes, allerdings nicht so deutlich schiefes Ende auch bei einigen *Lathyrus*-Arten beobachtet wurde (Bässler 1966). Über die Griffelbehaarung finden sich in der Literatur widersprüchliche Angaben. So werden von Ascherson u. Graebner (1909) *V. oroboides* kahle und *V. sepium* schwach behaarte bis kahle Griffel zugeschrieben. Bei *V. oroboides* ist aber stets an der Außenseite der Griffel unterhalb der Narbe eine deutliche Griffelbürste entwickelt und bei *V. sepium* treten auch auf der gegenüberliegenden Seite – allerdings in wesentlich schwächerem Maße – Bürstenhaare auf. Wie bei den meisten Wicken-Arten sind auch bei *V. oroboides* durch Wulstbildungen und korrespondierende Einbuchtungen die Flügel und das Schiffchen etwa in der Mitte zusammengeheftet. Dieser Zusammenschluß der Blütenblätter ist aber auch innerhalb der Gattung *Vicia* unterschiedlich stark ausgeprägt, er kann mitunter, so bei *V. lathyroides*, völlig rückgebildet sein (Löw aus Hegi 1924).

Samen: Wie erwähnt, wurde *V. oroboides* durch den Besitz eines etwa $^3/_4$ des Samenumfangs umfassenden Hilums (zusammen mit *V. sepium*, *V. grandiflora* u. a.) von Ascherson u. Graebner (1909) in die sect. *Atossa* eingereiht. Dabei stimmt diese Art in weiteren Merkmalen wie der Lage der Radicula, der

Ausbildung der Nabelkissen (und auch in manchen Blütendetails) sehr gut mit *V. sepium* überein (s. Alefeld 1861); beide Arten bildeten auch die von Alefeld ursprünglich als Gattung *Atossa* beschriebene Gruppe. Aus der Gattung *Lathyrus* sind derartige Hilum-Formen nicht bekannt, die maximale Ausdehnung beträgt hier etwa $^1/_2$ des Samenumfangs (z. B. *L. niger* (L.) Bernh.).

KARYOLOGIE

Über die somatischen Chromosomen von *V. oroboides* liegen bisher nur Mitteilungen von Baksay (1956) und Larsen (1960) vor. Von beiden Autoren wird übereinstimmend die Chromosomenzahl mit $2n = 14$ angegeben. Detaillierte Untersuchungen zur Karyologie dieser Art wurden, abgesehen von Zeichnungen der somatischen Chromosomen, bisher noch nicht durchgeführt.

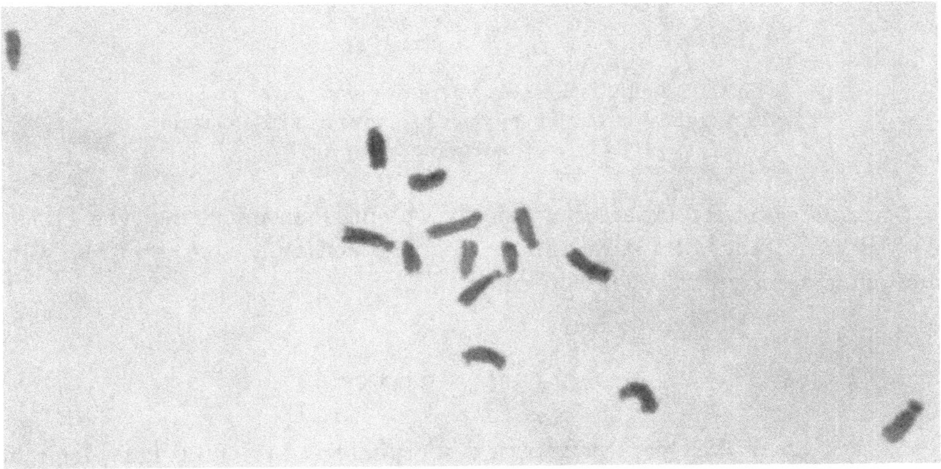

Abb. 3. Metaphaseplatte einer Wurzelspitzen-Mitose von *Vicia oroboides* (Herkunft: Jugoslawien, über Bot. Gart. Zagreb), $2n = 14$, 1500 x

Die genannte Chromosomenzahl konnte durch die vorliegenden Untersuchungen bestätigt werden (Abb. 3). Die Chromosomen sind morphologisch sehr einheitlich strukturiert und besitzen durchgehend subterminale Spindelfaserinsertionen. Nach morphologischen Kriterien lassen sich die sieben haploiden Chromosomen in zwei Gruppen gliedern, die sich in der Länge der kurzen Chromosomenarme eindeutig unterscheiden (Abb. 4). Aus der Gruppe der Chromosomen mit deutlich längerem (etwa doppelt so langem) kurzen Chromosomenarm ist nur ein Chromosom mit Sicherheit zu identifizieren, da es gleichzeitig das längste ist. Die übrigen drei Chromosomen dieser Gruppe weisen für beide Arme nur geringfügige Längendifferenzen auf, so daß es nach unseren vorläufigen Befunden kaum möglich erscheint, sie zu unterscheiden. Ähnliches trifft für die drei Chromosomen der zweiten Gruppe zu. Sie sind vor allem durch die geringe Länge der kurzen Chromosomenarme gekennzeichnet. Auch ihre Identifizierung dürfte, wenigstens die der Chromosomen V und VI, wegen der nahezu gleichen Länge der langen Arme schwierig sein. SAT-Chromosomen konnten von uns nicht beobachtet werden, obwohl bei einem Chromosom (II nach der vorliegenden Klassifizierung) nicht mit Sicherheit auszuschließen ist, daß der kurze Arm ein Satellit ist.

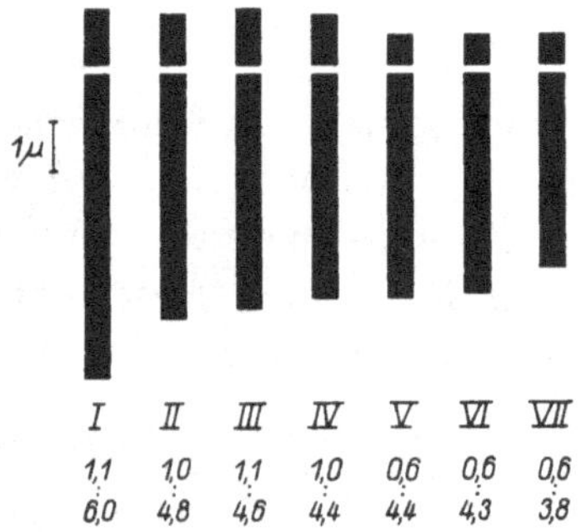

Abb. 4. Schematisches Karyogramm von *Vicia oroboides* mit Angabe der Armlängen der Chromosomen in μ (Gesamt-Chromosomenlänge 38,3 μ)

Damit decken sich unsere Befunde im wesentlichen mit denen von Larsen und Baksay. Auch dort kann auf das mögliche Vorhandensein eines SAT-Chromosomenpaares geschlossen werden.

DISKUSSION

Bezieht man die hier vorgelegten morphologischen und karyologischen Befunde auf die eingangs erläuterte Problematik der taxonomischen Stellung von *Vicia oroboides*, so ergeben sich folgende Feststellungen: Die auffallenden, an *Lathyrus* erinnernden morphologischen Merkmalsausprägungen dieser Art, die der Anlaß zu den unterschiedlichen Interpretationen der Sippe waren, sind innerhalb der Gattung nicht auf *V. oroboides* beschränkt, sondern treten auch beide anderen Vertretern auf. Die Gesamtheit der morphologischen Merkmale spricht eindeutig für eine Eingliederung der diskutierten Sippe in die Gattung *Vicia* und zwar in die sich um *V. sepium* gruppierende sect. *Atossa*. Auch in karyologischer Hinsicht weist *V. oroboides* keine Beziehungen zu *Lathyrus* auf, der nach den bisherigen Untersuchungen (Favarger 1965, Hindáková u. Čínčura 1967) im wesentlichen einen aus metazentrischen bis submetazentrischen Chromosomen bestehenden Karyotyp besitzt. Ähnliche Verhältnisse konnten von uns auch in dem *V. oroboides* habituell sehr ähnlichen *Lathyrus vernus* beobachtet werden. Damit zeichnen sich alle genauer analysierten Vertreter von *Lathyrus* durch einen ursprünglichen Karyotyp aus (vgl. Levickij

1931). Dagegen verfügt *V. oroboides* durch das alleinige Vorkommen subtelozentrischer Chromosomen eindeutig über einen abgeleiteten Karyotyp, der gewisse Anklänge an die Karyotypen der Artengruppe um *V. sativa* erkennen läßt (vgl. Hanelt u. Mettin 1966). Die genannten Tatsachen lassen den Schluß zu, daß die Übereinstimmung in bestimmten morphologischen Merkmalen zwischen *V. oroboides* und manchen *Lathyrus*-Arten das Ergebnis einer Parallelentwicklung darstellt; diese wird durch die Übereinstimmung in den für die genannten Sippen zutreffenden Standortsfaktoren verständlich. Diesen Fall als Beispiel einer konvergenten Evolution zu bezeichnen, halten wir wegen der engen stammesgeschichtlichen Beziehungen zwischen *Vicia* und *Lathyrus* nicht für gerechtfertigt (s. Heywood 1967).

Zusammenfassung

Die problematische taxonomische Stellung von *Vicia oroboides* wurde an Hand von morphologischen und karyologischen Merkmalen überprüft. Dabei stellte sich heraus, daß keine der genannten Merkmale eine Einbeziehung in *Lathyrus* oder eine unmittelbar nähere verwandschaftliche Beziehung zu dieser Gattung stützt. Die Übereinstimmung in manchen, habituell auffallenden morphologischen Merkmalen wird als Fall einer Parallelevolution bei entsprechenden Umweltfaktoren gedeutet, die in verwandten Abstammungslinien zur Auswirkung gekommen sind.

Summary

On the taxonomic position of *Vicia oroboides* Wulf.

The problematical taxonomic position of *Vicia oroboides* has been examined by means of morphological and karyological characters. It has been proved that none of the studied characters support an inclusion of this species within the genus *Lathyrus* or a clother relationship to this genus. The resemblance between *V. oroboides* and *Lathyrus* in some habitually striking characters is interpreted as an example of parallel evolution caused by similar environmental factors operating in related evolutionary lines.

Краткое содержание

О систематическом положении *Vicia oroboides* Wulf.

Пересматривается сомнительное таксономическое положение *Vicia oroboides*. Морфологические и кариологические признаки говорят в пользу того, что отнесение её к роду *Lathyrus* или признание её непосредственного родства с этим родом – не обосновано. Общность некоторых морфологических признаков габитуса растений рассматривается как случай параллельной эволюции у родственных „линий развития", осуществившейся под воздействием соответствующих факторов среды.

Für die Anfertigung der Zeichnungen bzw. der Fotos sind wir Herrn W. Kilian und Frau G. Terpe zu Dank verpflichtet.

Literatur

Alefeld, F., 1861: Über Vicieen. – Bonplandia *9*, 66–72, 99–105, 116–131, 139–153.

Ascherson, P., und P. Graebner, 1909: Synopsis der mitteleuropäischen Flora, *VI* (2), Lfg. 67. – Leipzig.

Baksay, L., 1956: Cytotaxonomical studies on the flora of Hungary. – Ann. hist.-nat. mus. natl. Hung., s. n. *7*, 321–334.

Ball, P. W., 1968: *Vicia, Lathyrus*. – In: Flora Europaea, *II*, 129–143. – Cambridge.

Bässler, M., 1966: Die Stellung des Subgenus *Orobus* (L.) Baker in der Gattung *Lathyrus* L. und seine systematische Gliederung. – Feddes Repert. *72*, 69–97.

Favarger, Cl., 1965: Notes de caryologie alpine IV. – Bull. Soc. Neuchatel. sci. nat. *88*, 5–60.

Fiori, A., 1925: Nuova flora analitica d'Italia, *1*. – Firenze.

Fritsch, K., 1900: Über den Werth der Rankenbildung für die Systematik der Vicieen, insbesondere der Gattung *Lathyrus*. – Österr. bot. Z. *50*, 389–396.

Hanelt, P., und D. Mettin, 1966: Cytosystematische Untersuchungen in der Artengruppe um *Vicia sativa* L. II. – Kulturpflanze *14*, 137–161.

– 1970: Über die systematische Stellung temperater und meridionaler Sippen der Gattung *Vicia* L. – Feddes Repert. *81*, 147–161.

Hegi, G., 1924: Illustrierte Flora von Mittel-Europa, *IV*, 3. – München.

Heywood, V. H., 1967: Plant taxonomy. – London and Beccles.

Hindáková, M., und F. Činčura, 1967: Angaben über die Zahl und Morphologie der Chromosomen einiger Pflanzenarten aus dem Territorium der Ostslowakei I. – Acta fac. rer. nat. univ. Comen., bot. *14*, 181–227.

Larsen, K., 1960: Stray contributions to the cytology of the vascular plants. – Bot. Tidsskr. *55*, 313–315.

Levickij, G. A., 1931: The 'karyotype' in systematics. – Trudy prikl. bot., genet., selekc. *27* (1/2), 187–240.

Mettin, D., und P. Hanelt, 1968: Bemerkungen zur Karyologie und Systematik einiger Sippen der Gattung *Vicia* L. – Feddes Repert. *77*, 11–30.

Simola, L. K., 1968: Comparative studies on numbers of leaflets, venation, and epidermal structure in the genus *Lathyrus*. – Canad. J. bot. *46*, 71–84.

Streicher, O., 1902: Beiträge zur vergleichenden Anatomie der Vicieen. – Beih. bot. Centrbl. *12*, 483–538.

Tschiersch, B., und P. Hanelt, 1967: Die freien Aminosäuren der Samen von *Vicia* L. und die systematische Gliederung der Gattung. – Flora *157A*, 389–406.

Vasilčenko, I. T., 1936: O prorastanii vik. – Sovetsk. bot. *1936* n. 5, 65–73.

Chromosomenzahlen von Pflanzen der Insel Kuba[1] I

von Reinhard Fritsch

(Eingegangen am 13. Februar 1970)

Kuba hat eine sehr interessante endemitenreiche Flora und Fauna, deren Entwicklung auf die ungewöhnliche Entstehung dieser Insel zurückzuführen ist. Im Miozän war das heutige Inselgebiet Teil einer Landbrücke zwischen Nord- und Südamerika. Bereits im Spätmiozän lösten sich diese Verbindungen. Damals wurde auch der jetzige mittlere Teil Kubas überflutet, dabei blieben im Ost- bzw. Westteil eine Vegetation vorwiegend aus süd- bzw. nordamerikanischen Elementen erhalten. Später bildete sich die Insel in ihrer jetzigen Form heraus. Die seither andauernde Isolierung bot die Voraussetzung für eine weitgehend ungestörte selbständige Entfaltung der Pflanzen- und Tiersippen.

Aus dem zeitlichen Ablauf der Entstehungsgeschichte Kubas läßt sich die Erwartung ableiten, daß auf der Insel sowohl ursprüngliche als auch fortgeschrittene Taxa als Endemiten vorkommen. Die Betrachtung der Chromosomenverhältnisse kann wertvolle Aufschlüsse über die evolutionsgenetische Stellung einer Sippe innerhalb des generischen Verwandtschaftskreises erbringen. Das erlaubt insbesondere die Erfassung relativ ursprünglicher Gruppen. An progressiven Sippen können sichtbare Veränderungen des cytologischen Bildes wesentlich dazu beitragen, unsere Kenntnisse über die Sippenstruktur und vielleicht auch über deren Entstehung zu vertiefen.

Das sind nur zwei Gesichtspunkte, die die Wichtigkeit cytologischer Untersuchungen unterstreichen. Es liegen bisher nur sehr wenige Chromosomenzählungen an kubanischen Pflanzen vor, so daß selbst eine Bestätigung schon bekannter Chromosomenzahlen von weitverbreiteten Arten wünschenswert ist.

MATERIAL UND METHODE

Die untersuchten Arten wurden auf dem äußersten Westteil der Insel (Provinz Pinar del Rio), der Halbinsel Guanahacabibes, während der 1. Kubanisch-Deutschen Alexander-von-Humboldt-Expedition 1967/68 gesammelt.

[1] Ergebnisse der 1. Alexander-von-Humboldt-Expedition der Kubanischen Akademie der Wissenschaften und der Deutschen Akademie der Wissenschaften zu Berlin 1967/68 Nr. 16.

Nähere Angaben über diese Sammelreise hat Rieth (1969) in einem Bericht veröffentlicht. Die Belege befinden sich im Herbarium des Zentralinstituts für Genetik und Kulturpflanzenforschung Gatersleben (GAT).

Die Samenproben wurden auf Fließpapier ausgelegt und keimten bei 28–30 °C. Frühmorgens wurden die Spitzen der Keimwurzeln entnommen, 2–3 Stunden mit einer gesättigten wäßrigen Lösung von Para-Dichlorbenzol vorbehandelt und einige Stunden in Carnoy (Alkohol/Eisessig 3 : 1) fixiert. Eine anschließende 10minütige Hydrolyse in n-HCl bei 60 °C erleichterte das Quetschen. Zum Färben dienten Eisen-Karminessigsäure (EKE, Vorschrift bei Darlington und La Cour 1963), Chrom-Karminessigsäure (CKE, analog voriger Vorschrift) und Orcein-Essigsäure (gesättigte Lösung von Orcein in 45 %iger Essigsäure). EKE und CKE sind für alle untersuchten Arten mehr oder weniger gut geeignet, wobei CKE kräftiger und bläulicher färbt. Orcein-Essigsäure gibt bei den Solanaceen und bei *Furcraea* eine schnelle und klare Färbung. Bei den anderen Arten trat dagegen sehr schnell Überfärbung ein.

Die Beobachtungen erfolgten an den frischen Quetschpräparaten mit einem Mikroskop Zeiß Nf, ausgerüstet mit den Objektiven Apochromat 40/0,95 und 100/1,32 und den Okularen Pk 6,3 und Pk 12,5.

Durch Umranden der frischen Präparate mit Glyzeringelatine kann man auf sehr einfache Weise Dauerpräparate herstellen, wenn man nach einigen Wochen Trocknungszeit den Gelatinewulst mit Lack überzieht. Eine andere Möglichkeit ist es, das Deckglas des frischen Präparates in 50 %igem Alkohol abschwimmen zu lassen, in absoluten Alkohol hochzuführen und in Euparal einzuschließen.

ERGEBNISSE

Tabelle 1

Art	Familie	Chromosomenzahl	Herkunft: Kuba, Provinz Pinar del Rio, Halbinsel Guanahacabibes	Herbarbeleg-Nr.
Ficus combsii Warb.	Morac.	2n = 26	1 km sw. Carabelita	196/67
Andira inermis (Sw.) HBK.	Legum.	2n = 22	1 km westl. Carabelita	188/67
Erythrina standleyana Kruk.	Legum.	2n = 42	zwischen Campamento El Beral und Südküste	99/67
Allophylus cominia (L.) Sw.	Sapindac.	2n = 28	El Berale, 250 m westl. des Campamento	18/67
Vitis tiliaefolia Humb. & Bonpl.	Vitac.	2n = 38	El Beral, 750 m westl. des Campamento	80/67
Conocarpus erecta L.	Combretac.	2n = 24	Küstenhochebene bei Cruz de la Peña, 33,5 km östl. El Beral	55/67
Echites umbellata Jacq. var. *crassipes* (A. Rich.) Maza	Apocynac.	2n = 12	Rompiabalca, 20 km östl. El Beral	52/67
Plumiera obtusa L.	Apocynac.	2n = 36	an der Küste zwischen Maria la Gorda und Poca de Juan Claro Küstenwald südl. El Beral	157/67

Fortsetzung von Tabelle 1

Art	Familie	Chromosomenzahl	Herkunft: Kuba, Provinz Pinar del Rio, Halbinsel Guanahacabibes	Herbarbeleg-Nr.
Capsicum frutescens L.	Solanac.	2n = 24	Küstenwald südl. El Beral	124/67
Solanum bahamense L.	Solanac.	2n = 24	Küste, 5 km östl. El Beral	44/67
Solandra longiflora Tuss.	Solanac.	2n = 24	Rompiabalca, ca. 20 km östl. El Beral	50/67
Physalis ignota Britt.	Solanac.	2n = 24	Laguna del Valle San Juan bei Guave	Cu 30/68/69
Pithecoctenium echinatum (Aubl.) K. Schum.	Bignoniac.	2n = 40	El Beral, westl. des Campamento	77/67
Catesbaea spinosa L.	Rubiac.	2n = 24	Küstenebene n. Cruz de la Peña	280/67
Hamelia patens Jacq.	Rubiac.	2n = 24	El Beral, Umgebung des Campamento	22/67
Morinda royoc L.	Rubiac.	2n = 22	Mahagua, ca. 7 km westl. El Beral	183/67
Psychotria undata Jacq.	Rubiac.	2n = 22	zwischen Campamento El Beral u. Südküste	105/67
Randia aculeata L.	Rubiac.	2n = 22	El Beral, 250 m westl. des Campamento	12/67
Eupatorium havanense H. B. K.	Compos.	2n = 34	El Beral, 250 m westl. des Campamento	47/67
Furcraea hexapetala (Jacq.) Urb.	Agavac.	2n = 60	El Beral, westl. des Campamento	75/67

Moraceae

Ficus combsii ist in Kuba endemisch. Die vorliegende Chromosomenzahl 2n = 26 (Abb. 1) wurde auch bei fast allen anderen Arten dieser umfangreichen Gattung beobachtet. Dieser formenreiche Verwandtschaftskreis ist nach den bisherigen Feststellungen in der Chromosomenzahl außergewöhnlich einheitlich.

Leguminosae

Die Zahl 2n = 22 (Abb. 2) für *Andira inermis* stimmt nicht mit der Angabe von Atchison 1951 2n = 20 überein. Das gesamte von Atchison untersuchte Material wurde im Botanischen Garten von Cienfuegos (Soledad), Kuba gesammelt, in dem Arten aus den gesamten Tropen und Subtropen kultiviert werden. Die Vermutung liegt zwar nahe, daß der Unterschied auf die Existenz infraspezifischer Taxa in Kuba hinweist, aber eine Entscheidung ist wegen der ungewissen Herkunft des von Atchison untersuchten Exemplars nicht möglich.

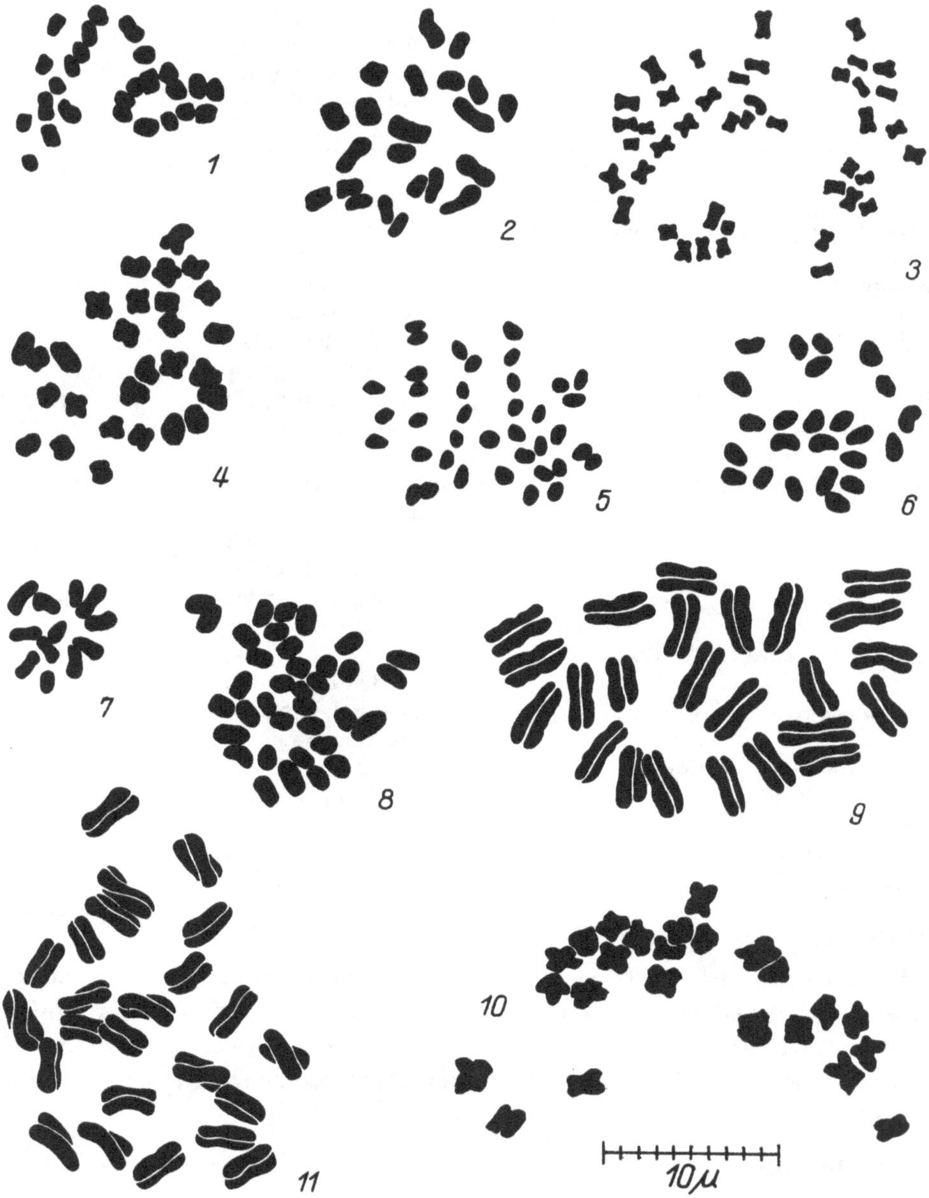

Abb. 1–11. – Abb. 1: *Ficus combsii* 2n = 26, Abb. 2: *Andira inermis* 2n = 22, Abb. 3: *Erythrina standleyana* 2n = 42, Abb. 4: *Allophylus cominia* 2n = 28, Abb. 5: *Vitis tiliaefolia* 2n = 38, Abb. 6: *Conocarpus erecta* 2n = 24, Abb. 7: *Echites umbellata* var. *crassipes* 2n = 12, Abb. 8: *Plumiera obtusa* 2n = 36, Abb. 9: *Capsicum frutescens* 2n = 24. Abb. 10: *Solanum bahamense* 2n = 24, Abb. 11: *Solandra longiflora* 2n = 24

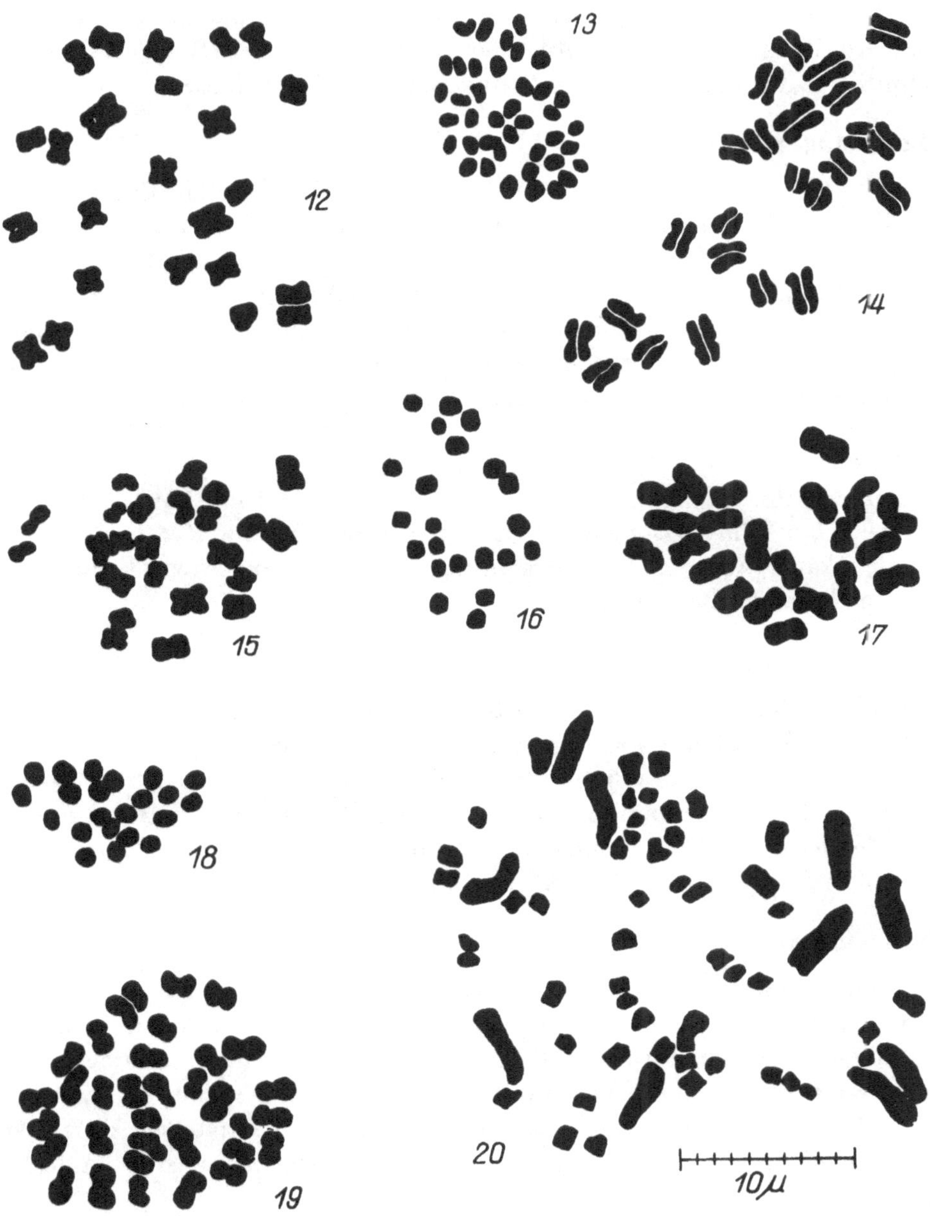

Abb. 12–20. Abb. 12: *Physalis ignota* 2n = 24, Abb. 13: *Pithecoctenium echinatum* 2n = 40, Abb. 14: *Catesbaea spinosa* 2n = 24, Abb. 15: *Hamelia patens* 2n = 24, Abb. 16: *Morinda royoc* 2n = 22, Abb. 17: *Psychotria undata* 2n = 22, Abb. 18: *Randia aculeata* 2n = 22, Abb. 19: *Eupatorium havanense* 2n = 34, Abb. 20: *Furcraea hexapetala* 2n = 60

Erythrina standleyana hat 2n = 42 Chromosomen (Abb. 3). Atchison l. c. hat dieselbe Zahl publiziert. Auch bei dieser Art kann ein Vergleich der Herkünfte aus den oben genannten Gründen nicht geführt werden.

Sapindaceae

Die bei *Allophylus cominia* (2n = 28, Abb. 4) beobachtete Chromosomenzahl ist innerhalb der Familie nur selten angegeben worden (nach Darlington und Wylie 1955 bloß *Litchi*). Von anderen Arten der Gattung *Allophylus* sind mir keine Zählungen bekannt. Insgesamt gesehen bietet diese Verwandtschaft nach den Chromosomenzahlen ein weitgehend uneinheitliches Bild. *A. cominia* zeigt mit n = 14 weder zu den Gattungen mit n = 16 (z. B. *Melicocca*) noch zu denen mit n = 11 (z. B. *Koelreuteria*) nähere Beziehungen.

Vitaceae

Bei den amerikanischen Vertretern der Gattung *Vitis* kommt fast ausschließlich die Chromosomenzahl 2n = 38 vor, die auch für *V. tiliaefolia* belegt werden kann (Abb. 5). Die Beobachtung der Chromosomen wurde durch eine starke Plasmafärbung erschwert.

Combretaceae

Die für *Conocarpus erecta* festgestellte Chromosomenzahl (2n = 24, Abb. 6) stimmt mit der Zählung von Mangenot und Mangenot 1962 (nach Index 1965) überein. Die Arbeit war mir leider original nicht zugänglich, so daß ich über die Herkunft des von diesen Autoren untersuchten Materials nichts aussagen kann. Ein Vergleich der Chromosomenzahlen wäre deshalb so interessant, weil die Art sowohl in Amerika als auch in Afrika im tropischen Bereich verbreitet ist.

Apocynaceae

Die endemische Sippe *Echites umbellata* var. *crassipes* hat 2n = 12 Chromosomen (Abb. 7). Das ist die niedrigste bisher bekannte Zahl innerhalb der Familie. Wenn man berücksichtigt, daß bei nahestehenden Gattungen (z. B. *Apocynum*) vor allem n = 11 gezählt wurde, aber auch n = 8, 9, 10, 12, 18 und 23 nachgewiesen sind, könnte n = 6 sogar die Basiszahl darstellen. Es läßt sich dann eine Entwicklungsreihe aufstellen, aus der sich die meisten Zahlen ableiten lassen:

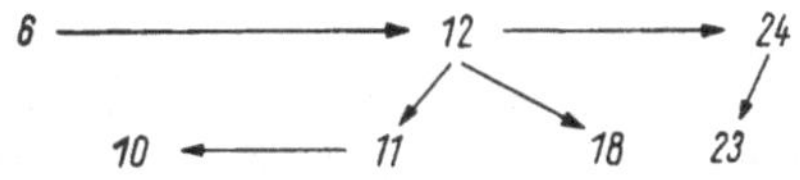

Die hier gleichfalls untersuchte *Plumiera obtusa* würde sich mit 2n = 36 Chromosomen (Abb. 8) gut einfügen (6 x). Genauere chromosomenmorphologische Untersuchungen kann ich noch nicht vorlegen, die zu einer besseren

Beurteilung des Vorschlags beitragen könnten. Möglicherweise wird sich die Gelegenheit ergeben, in einer späteren Folge dieser Arbeit darüber zu berichten.

Solanaceae

In dieser Familie sind die Chromosomen bei den untersuchten Arten relativ groß und lassen sich leicht anfärben. Von *Capsicum frutescens* (2n = 24, Abb. 9) wird dieselbe Chromosomenzahl von Sinha 1950 (aus Darlington und Wylie 1955) und von Shopova 1966 angegeben.

Die Chromosomenzahl von *Solanum bahamense* wurde schon von Roe 1967 (nach Index 1967) bestimmt. Die vorliegende Zählung von 2n = 24 (Abb. 10) ist eine Bestätigung.

Bei *Solandra longiflora* (Abb. 11) und *Physalis ignota* (Abb. 12) zählte ich ebenfalls 2n = 24 Chromosomen. Frühere Angaben liegen für die beiden letztgenannten Arten wohl nicht vor.

Bignoniaceae

Pithecoctenium echinatum hat 2n = 40 Chromosomen (Abb. 13). Dieselbe Zahl wurde schon bei zahlreichen anderen Gattungen der Familie festgestellt (*Bignonia s. l.*, *Catalpa*, *Crescentia* und weitere).

Rubiaceae

Die bei *Catesbaea spinosa* (Abb. 14) und *Hamelia patens* (Abb. 15) gefundene Chromosomenzahl 2n = 24 bestätigt die Angaben von Fagerlind 1937 (aus Darlington und Wylie 1955), der vermutlich auch westindisches Material untersuchte. In den Interphasekernen der letztgenannten Art fielen mir ca. 12–15 Chromozentren auf.

Morinda royoc hat 2n = 22 Chromosomen (Abb. 16). Für eine andere Art aus Asien (*M. tinctoria*) haben Raghavan et al. 1941 (nach Darlington und Wylie 1955) die gleiche Zahl veröffentlicht.

Bei *Psychotria undata* zählte ich 2n = 22 Chromosomen (Abb. 17). Es besteht Übereinstimmung mit den Angaben von Fagerlind l. c., der vermutlich auch Material aus Westindien untersuchte.

Für *Randia aculeata* ist die Chromosomenzahl bisher offenbar nicht festgestellt worden. Es sind 2n = 22 Chromosomen (Abb. 18). Dieselbe Zahl publizierte Fagerlind l. c. für asiatische Arten der Gattung.

Compositae

Bei *Eupatorium havanense* zählte ich 2n = 34 Chromosomen. Diese Art gehört zur Sektion *Eximbricata* DC. Grant 1953 stellte in dieser Sektion mit wenigen Ausnahmen n = 17 fest, in den anderen Gruppen nur n = 10. Die Chromosomenzahl kann somit die bisherige Einteilung der Gattung in gewisser Weise bestätigen. Von der großen Zahl in Kuba endemischer Arten liegen meines Wissens bisher keine Zählungen vor.

Agavaceae

Die Chromosomenzahl von *Furcraea hexapetala* (2n = 60, Abb. 20) stimmt mit den Angaben überein, die in der Literatur für andere Arten veröffentlicht wurden. Granick 1944 stellte bei Agaven und verwandten Taxa allgemein 10 große und 50 kleine Chromosomen fest. Ich kann diese Beobachtung im Prinzip bestätigen, denn bei *F. hexapetala* zählte ich 10 große, 6 mittelgroße (etwa doppelt so groß wie die kleinen) und 44 kleine Chromosomen. Ein Paar der kleinen Chromosomen teilt sich mitunter vorzeitig.

Zusammenfassung

Die Chromosomenzahlen von 20 Arten der Flora von Kuba werden vorgelegt. Die Zahlen wurden nach der Quetschmethode an der Hauptwurzel junger Keimpflanzen ermittelt. Von 12 Arten sind die Chromosomenzahlen bisher offenbar noch nicht festgestellt worden. Bei *Andira inermis* hat der Autor 2n = 22 Chromosomen statt 2n = 20 (Atchison 1951) gefunden. Bei den restlichen Arten besteht Übereinstimmung mit älteren Angaben. Ausgehend von den 2n = 12 Chromosomen von *Echites umbellata*, der niedrigsten bisher bei den Apocynaceen festgestellten Chromosomenzahl, wird die Möglichkeit diskutiert, x = 6 als Basiszahl der Apocynaceae anzusehen.

Summary

Chromosome numbers of plants from Cuba I

In this study the chromosome numbers of 20 wild species from Cuba are pointed out. The counts have been made from squash preparations of the root tips of germinating seeds. The numbers of 12 species probably are recorded for the first time. Only the chromosome number (2n = 22) of *Andira inermis* disacords with the older count (2n = 20 from Atchison 1951). The number of *Echites umbellata*, 2n = 12, allows to propose x = 6 as a basic number of Apocynaceae.

Краткое содержание

Хромосомные числа растений с острова Кубы

Приводятся данные о хромосомных числах 20 видов растений кубинской флоры. Эти числа устанавливались методом „раздавливания"; подсчет проводился в клетках главного корня проростков растений. Для 12 из исследованных видов хромосомные числа до сих пор не были установлены. У *Andira inermis* автором было найдено 2n = 22 хромосомам вместо 2n = 20 (Этчисон 1951). Новые данные по остальным видам совпадали с уже известными из литературных источников. Исходя из 2n = 12 у *Echites umbellata*, самого низкого числа хромосом известного у *Apocynaceae*, предполагается и обсуждается основное число хромосом для этого се мейства $x = 6$.

Literatur

Atchison, E., 1951: Studies in the Leguminosae VI. Chromosome numbers among tropical woody species. – Amer. J. Bot. *38*, 538–546.

Cave, M. S., 1958: Index to plant chromosome numbers for 1957. – Chapel Hill.

Darlington, C. D., und L. F. La Cour, 1963: Methoden der Chromosomenuntersuchung. – Stuttgart.

Darlington, C. D., and A. P. Wylie, 1955: Chromosome atlas of Flowering Plants. – London.

Granick, E. B., 1944: A karyosystematic study of the genus *Agave*. – Amer. J. Bot. *31*, 283–298.

Grant, W. F., 1953: A cytotaxonomic study in the genus *Eupatorium*. – Amer. J. Bot. *40*, 729–742.

Ornduff, R., 1967: Index to plant chromosome numbers for 1965. – Regnum vegetabile No. *50*.

– 1968: Index to plant chromosome numbers for 1966. – Regnum vegetabile No. *55*.

– 1969: Index to plant chromosome numbers for 1967. – Regnum vegetabile No. *59*.

Rieth, A., 1969: Allgemeiner Bericht über die Kubanisch-Deutsche Alexander-von-Humboldt-Expedition I 1967/68 in der Republik Kuba. – Kulturpflanze *17*, 67–86.

Shopova, M., 1966: Studies in the genus *Capsicum* I. Species differentiation. – Chromosoma *19*, 340–348.

Eine revidierte Liste der bisher beschriebenen Arten der Gattung *Ochromonas*

von Alfred Rieth

(Eingegangen 16. Februar 1970)

Vor einiger Zeit habe ich anläßlich der Beschreibung der neuen Art *Ochromonas ornamentata* eine Übersicht der bis dahin bekanntgewordenen Spezies dieser Gattung zu geben versucht (Rieth, 1967, siehe in der folgenden Liste unter Nr. 47!). Dabei zeigte sich wiederum die bekannte Schwierigkeit, in Gruppen, für die keine gute neuere Monographie vorliegt, die erforderlichen Arbeiten vollständig zu erfassen und einsehen zu können. So mußte manches fragmentarisch und vorläufig bleiben, weil in mehreren Fällen die Quelle zunächst nicht zu überprüfen war. Auf ins einzelne gehende Literaturangaben wurde daher – auch aus Raumgründen – damals verzichtet. Inzwischen haben wir die Originaldiagnosen fast vollständig zusammengetragen. Die Mitteilung einer revidierten Artenliste, in der sämtliche Angaben (soweit nichts anderes vermerkt ist) anhand der Originalliteratur überprüft wurden, dürfte auch für andere Bearbeiter zur raschen Orientierung erwünscht sein und ihnen erneute Sucharbeit ersparen.

1. *Ochromonas allorgei* Bourrelly 1957
   Bourrelly, P. 1957: Recherches sur les Chrysophycées. Morphologie, Phylogénie, Systematique.
   Revue algologique, Mémoire-Hors-Série № *1*. 412 S. (S. 140; Taf. I, Fig. 10–14; Fig. H 10, S. 46).

2. *Ochromonas angulosa* Skuja 1956
   Skuja, H. 1956: Taxonomische und biologische Studien über das Phytoplankton schwedischer Binnengewässer.
   Nova Acta Regiae Societatis scientiarum Upsaliensis, ser. IV, *16* (3). 404 S., 63 Taf. (S. 283; Taf. XLVIII, Fig. 58).

3. *Ochromonas aspera* Playfair 1921 C
   Playfair, G. I. 1921: Australian freshwater Flagellates.
   The Proceedings of the Linnean Society of New South Wales, *XLVI*, 99–146, 9 Taf. (S. 112; Taf. I, Fig. 14 u. 15).

   (*Ochromonas baltica*) Die Art wird von Pringsheim 1963 ohne Autoren-und Jahreszahlangabe beiläufig erwähnt. Sie ist zu streichen. (Vielleicht handelt es sich um eine Verwechslung mit *Chro-*

omonas baltica (Büttner) Carter 1937.

Pringsheim, E. G. 1963: Farblose Algen. 471 S. Jena. (S. 150 u. 467).

Carter, N. 1937: New or interesting algae from brackish water. Arch. f. Protistenk. *XC*, 1938, 1–68, 8 Taf. (S. 55–56).

4. *Ochromonas basivacuolata* Skuja 1956

Skuja, H.: Siehe unter 2.! (S. 277; Taf. XLVIII, Fig. 3–5).

(*Ochromonas biciliata* Wyssotzki 1888) = *Wyssotzkia biciliata* (Wyssotzki) Lemmermann 1899

Wyssotzki, A. W. 1888: Mastigophora et Rhizopoda trouvés dans les lacs Weissowo et Repnoié (près Slaviansk, Gouv. Kharkow). Travaux de la Société des naturalistes à l'Université Impériale de Kharkow *XXI*, 1887. 119–140, 2 Taf. (S. 125–126; Taf. I, Fig. 12,13).

Lemmermann, E. 1899: Das Phytoplankton sächsischer Teiche. Plöner Forschungsberichte *7*, 96–135, 2 Taf. (S. 105).

(*Ochromonas botrys* Pascher 1910) = *Uroglena botrys* (Pascher) Conrad 1938.

Pascher, A. 1910: Chrysomonaden aus dem Hirschberger Großteiche.
Monogr. u. Abh. zur Internat. Revue der ges. Hydrobiol. u. Hydrographie, Heft. *1*, 66 S. 3 Taf. (S. 51–53; Taf. III Fig. 12–16)

Conrad, W. 1938: Notes protistologiques. V. Observations sur *Uroglena sonica* n. sp. et Remarques sur le genre *Uroglena* Ehr. (incl. *Uroglenopsis* Lemm.).
Bull. du Musée roy. d'Hist. nat. de Belgique *XIV*, № 42, 1–27; 4 Taf. (S. 22).

5. *Ochromonas bourrellyi* Magne 1954 S

Magne, F. 1954: Les chrysophycées marines de la station biologique de Roscoff.
Revue générale de Botanique *61*, 389–415. (S. 395–397; Fig. 2, e–f).

6. *Ochromonas caliginea* Skuja 1956 C

Skuja, H.: Siehe unter 2.! (S. 279–280; Taf. XLVIII, Fig. 14–27).

7. *Ochromonas carinata* Skuja 1956

Skuja, H.: Siehe unter 2.! (S. 279; Taf. XLVIII, Fig. 12–13).

8. *Ochromonas chadefaudii* Pringsheim 1937

Pringsheim, E. G. 1937: Über das Stigma bei farblosen Flagellaten. Cytologia, Fujii jubil. vol. 234–255. In der Arbeit wird der

Name *O. chadefaudii* für die von Chadefaud 1932 beschriebene und abgebildete, aber nicht bekannte Art vorgeschlagen.

Chadefaud, M., 1932: Sur a cytologie d'un Monas, comparée à celle de quelques autres organismes flagellés.
Annales de Protistologie *III*, 181–191; Taf. XVIII u. XIX.

9. *Ochromonas charcoviensis* Matvienko 1949

Matvienko, A. M. 1949: De chrysomonade nova e viciniis Charkov.
Notulae syst. e sectione cryptogamica Inst. bot. nom. V. L. Komarovii Acad. Sc. URSS *VI*, 21–25. (S. 24–25; Fig. 1–8).

10. *Ochromonas chromata* Meyer 1897

Meyer, H. 1897: Untersuchungen über einige Flagellaten.
Revue Suisse de Zoologie 5, 43–88, 2 Taf. (S. 71; Taf. 3, Fig. 33–34).

11. *Ochromonas coronifera* Matvienko C

Matvienko, A. M.: 1951: Chrysomonadineae paludis charkoviensis mochovatoje.
Notulae syst. e sectione cryptogamica Inst. bot. nom. V. L. Komarovii Acad. Sc. URSS 7, 10–18 (S. 15–16; Fig. 8. u. 9. S. 13).

12. *Ochromonas cosmopolita* Ruinen 1938 S

Ruinen, J. 1938: Notizen über Salzflagellaten. II. Über die Verbreitung der Salzflagellaten.
Arch. f. Protistenk. *XC*, 210–258. (S. 245; Abb. 40, S. 246). (als *O. cosmopolitus*).

13. *Ochromonas crenata* Klebs 1892 C[1] + S (n. Conrad 1926)

Klebs, G 1892: Flaggellatenstudien. Theil II.
Zeitschr. f. wiss. Zoologie 55, 393–445, 2 Taf. (S. 411–412; Taf. XVIII, Fig. 4a–e).

Conrad, W. 1926: Recherches sur les Flagellates de nos eaux saumâtres 2. Partie: Chrysomonadines.
Arch. f. Protistenk. 56, 167–231. (S. 214–215).

14. *Ochromonas cylindracea* Playfair 1921 S?

Playfair, G. I.: Siehe unter 3.! (S. 112; Taf. I, Fig. 16).

15. *Ochromonas danica* Pringsheim 1955

Pringsheim, E. G. 1955: Über *Ochromonas danica* n. sp. und andere Arten der Gattung.
Arch. f. Mikrobiologie 23, 181–194. (S. 193; Abb. 2, S. 186).

[1] Zyste war Klebs unbekannt. Von Conrad 1931 (siehe unter 16.!) abgebildet (Taf. III, Fig. 51).

16. *Ochromonas dofleinii* Conrad 1931 C
    Conrad, W. 1931: Recherches sur les Flagellates de Belgique I. Flagellates des étangs des „Eaux Douces" à Vieux-Héverlé-lez-Louvain.
    Memoires du Musée nov. d' Histoire de Belgique, Memoire No. *47*, 3–65; 6 Taf. (S. 22; Taf. III, Fig. 58–59).

17. *Ochromonas dystrophila* Skuja 1948
    Skuja, H. 1948: Taxonomie des Phytoplanktons einiger Seen in Uppland, Schweden.
    Symb. Bot. Upsalienses *IX*, 3. 399 S. 39 Taf. (S. 261–262; Taf. *XXIX*, Fig. 48 u. 49).

18. *Ochromonas echinocystis* Matvienko C
    Matvienko, A. M.: 1951: Siehe unter 11.! (S. 16; Fig. 10–16, S. 13).

19. *Ochromonas elegans* Doflein 1923
    Doflein, F. 1923: Untersuchungen über Chrysomonadinen. III. Arten von *Chromulina* und *Ochromonas* aus dem badischen Schwarzwald und ihre Cystenbildung.
    Arch. f. Protistenk. *46*, 267–344, 7 Taf. (S. 302; Taf. 17, Fig. 22–26; Taf. 22, Fig. 39–41).

20. *Ochromonas fragilis* Doflein 1923 C
    Doflein, F.: Siehe unter 19.! (S. 286–290; Taf. 18, Fig. 1–49).

21. *Ochromonas globosa* Skuja 1956
    Skuja, H.: Siehe unter 2.! (S. 277; Taf. XLVI, Fig. 60–63).

22. *Ochromonas gloeopara* Skuja 1964 C
    Skuja, H. 1964: Grundzüge der Algenflora und Algenvegetation der Fjeldgegenden um Abisko in Schwedisch-Lappland.
    Nova Acta Regiae Soc. scient. Upsaliensis Ser. IV. *18* (3) 465 S., 49 Taf. (S. 230–231; Taf. LXII, Fig. 21–24).

23. *Ochromonas gracilis* Doflein 1923
    Doflein, F.: Siehe unter 19.! (S. 307; Taf. 17, Fig. 14).

24. *Ochromonas granularis* Doflein 1918 C
    Doflein, F. 1918: Beitrag zur Kenntnis von Bau und Teilung der Protozoenkerne, 2. Die Zell- und Kernteilung bei *Ochromonas granularis* nov. sp.
    Zoologischer Anzeiger *49*, 289–306 (S. 297–305; Fig. 2, S. 298).

siehe auch: Doflein, F. 1922: Untersuchungen über Chrysomonadinen, I. *Ochromonas granularis* Dofl.
Arch. f. Protistenk. *XLIV*, 149–205, 4 Taf.

25. *Ochromonas granulosa* Meyer 1897
Meyer, H.: Siehe unter 10.! (S. 59–67; Taf. 3, Fig. 25–29).

26. *Ochromonas hinterzartensis* Doflein 1923
Doflein, F.: Siehe unter 19.! (S. 306; Taf. 17, Fig. 11 u. 12).

27. *Ochromonas hovassei* Bourrelly 1957
Bourrelly, P.: Siehe unter 1.! (S. 140; Taf. I, Fig. 8–9; Fig. A, 1, S. 24; J, 9, S. 59).

28. *Ochromonas intermedia* Skuja 1948 C
Skuja, H.: Siehe unter 17.! (S. 261; Taf. XXIX, Fig. 46 u. 47).

29. *Ochromonas klinoplastida* Skuja 1964
Skuja, H.: Siehe unter 22.! (S. 301–302; Taf. LXII, Fig. 25–32).

30. *Ochromonas lenta* Skuja 1948
Skuja, H.: Siehe unter 17.! (S. 262–263; Taf. XXIX, Fig. 50–54).

31. *Ochromonas ludibunda* Pascher 1910 C
Pascher, A. 1910: Chrysomonaden aus dem Hirschberger Großteiche
Monogr. u. Abh. zur Internat. Revue der ges. Hydrobiol. u. Hydrographie, Heft *1*, 66 S. 3 Taf. (S. 49–50; Taf. III, Fig. 5–7).

32. *Ochromonas malhamensis* Pringsheim 1952[1]
Pringsheim, E. G.: On the nutrition of *Ochromonas*.
Quarterly Journal of Microscop. Science *93*, part 1, 71–96. (S. 95; Fig. 1–7).

33. *Ochromonas margaritata* Skuja 1956 C
Skuja, H.: Siehe unter 2.! (S. 282; Taf. XLVIII, Fig. 49–53).

34. *Ochromonas marina* Lackey 1940 S
Lackey, J. B. 1940: Some new Flagellates from the Woods Hole Area.

[1] Nach Peterfi 1969 ist die Art in die Gattung *Poterioochromonas* Scherffel 1901 zu stellen, da elektronenoptisch eine gestielte Hülle nachgewiesen wurde. *Poterioochromonas malhamensis* (Pringsh.) L. S. Peterfi.

American Midland Naturalist *23*, 463–471. (S. 464–465; Fig. 4, S. 465).

35. *Ochromonas mexicana* Norris 1967 S
Norris, R. E. 1967: Micro-Algae in enrichment cultures from Puerto Penasco, Sonora, Mexico.
Southern Calif. Acad. Sci. Bull. *66*, 233–250. (S. 273 u. 239; Fig. 1c–e, S. 235).

36. *Ochromonas minuscula* Conrad 1930
Conrad, W. 1930: Flagellates nouveaux ou peu connues II.
Arch. f. Protistenk. *LXXII*, 538–553. (S. 550; Fig. 14, S. 549).

37. *Ochromonas minuta* (Lewis) Bourrelly 1957
Bourrelly, P.: Siehe unter 1.! (S. 138)
Lewis, I. F. 1913: *Chlorochromonas minuta*, a new Flagellate from Wisconsin.
Arch. f. Protistenk. *32*, 249–256, Taf. 12.

38. *Ochromonas mutabilis* Klebs 1892 + S (n. Conrad 1926)
Klebs, G.: Siehe unter 13.! (S. 411; Taf. XVIII, Fig. 2, 3a u. 3b).

39. *Ochromonas nana* Doflein 1923
Doflein, F.: Siehe unter 19.! (S. 307; Taf. 22, Fig. 4 u. 5).

40. *Ochromonas nannos* Skuja 1939 C
Skuja, H. 1939: Beitrag zur Algenflora Lettlands II.
Acta Horti Bot. Univ. Latviensis, *XI/XII* (1/3), 41–169; 11 Taf. (S. 88–89; Taf. V, Fig. 20).

41. *Ochromonas nasuta* Skvortzow 1932
Skvortzow, B. W. 1932: Flagellaten aus der Nordmandschurei (im Jahre 1931 gesammelt).
Arch. f. Protistenk. *77*, 522–528. (S. 523; Fig. 1, Abb. 16–19, S. 524).

42. *Ochromonas neustica* Skuja 1948 C
Skuja, H.: Siehe unter 17.! (S. 259–260; Taf. XXIX, Fig. 42–45).

43. *Ochromonas obliqua* Skuja 1956
Skuja, H.: Siehe unter 2.! (S. 276–277; Taf. XLVI, Fig. 57–59).

44. *Ochromonas oblonga* Carter 1937 S
Carter, N. 1937: New and interesting algae from brackish water.
Arch. f. Protistenk. *XC*, 1938. 1–68, 8 Taf. (S. 39–40; Taf. 2, Fig. 23–25).

45. *Ochromonas ocellata* (Perfiliev) Bourrelly 1957
Bourrelly, P.: Siehe unter 1.! (S. 138).
Perfiliev, B. V. 1927: Über Kannibalismus bei der grünen Flagellate *Chlorochromonas ocellata* n. sp.
Jubilejnyj sbornik posvjaščennyj I. P. Borodinu, Leningrad. 292–303.

46. *Ochromonas olivacea* Büttner 1911 S
Büttner, J. 1911: Die farbigen Flagellaten des Kieler Hafens.
Wissensch. Meeresuntersuchungen herausgegeb. von der Kommission zur wiss. Unters. der deutsch. Meere in Kiel und der biol. Anst. auf Helgoland. NF *12*, Abt. Kiel, 121–133. (S. 124–125; Fig. 2, S. 124).

47. *Ochromonas ornamentata* Rieth 1967 C
Rieth, A. 1967: *Ochromonas ornamentata* nov. spec.
Die Kulturpflanze *XV*, 139–149; 4 Abb. mit 44 Fig; Taf. 1 Fig. 1–6).

48. *Ochromonas ornata* Skuja 1956 C
Skuja, H.: Siehe unter 2.! (S. 281–282; Taf. XLVIII, Fig. 41–48).

49. *Ochromonas ostreaeformis* Swale et Belcher 1966 C
Swale, F. and J. H. Belcher 1966: *Ochromonas ostreaeformis* nov. sp. a large compressed Chrysomonad.
The New Phytologist *65*, 267–272. (S. 267; Fig. 1, S. 268).

50. *Ochromonas ovalis* Doflein 1923
Doflein, F.: Siehe unter 19.! (S. 305–306; Taf. 22, Fig. 34–38).

51. *Ochromonas pallida* Korschikov 1924
Korschikov, A. A. 1924: Protistologische Notizen
Archives Russes de Protistologie *III* (1–2), 57–74. (S.66–67 [Russisch], 72–73 [Deutsch]; Taf. III, Fig. 10–18).

52. *Ochromonas perlata* Doflein 1923 C
Doflein, F.: Siehe unter 19.! (S. 302–305; Taf. 20, Fig. 1–33).

53. *Ochromonas pigmentata* Doflein 1923
Doflein, F.: Siehe unter 19.! (S. 297–298; Taf. 17, Fig. 3–5).

54. *Ochromonas pinguis* Conrad 1930 (= *O. crenata* Klebs, seq. Doflein) C
Conrad, W.: Siehe unter 36.! (S. 552–553; Fig. 16, S. 552).

55. *Ochromonas polychrysis* Skuja 1948
Skuja, H.: Siehe unter 17.! (S. 263–264; Taf. XXX, Fig. 1–5).

56. *Ochromonas polymorpha* (Gavaudan) Bourrelly 1957
Bourrelly, P.: Siehe unter 1.! (S. 138)
Gavaudan, P. 1931: Quelques remarques sur *Chlorochromonas polymorpha* spec. nov.
Le Botaniste, *23*, 277–300; Taf. XXI–XXIII.

57. *Ochromonas pringsheimii* (Pringsheim) Rieth 1967
(= *Ochromonas minuta* Pringsheim 1959)
Rieth, A.: Siehe unter 47.! (S. 142)
Pringsheim, E. G. 1959: Einige Chrysophyceen (*Ochromonas minuta* n. sp., *Synochromonas korschikoffii* n. sp. Monas spec.)
Arch. f. Mikrobiologie *34*, 339–357. (S. 340–342; Abb. 1, S. 341).

58. *Ochromonas pyriformis* Matvienko 1938
Matvienko, O. M. 1938: Beiträge zur Kenntnis der Algen der URSR. 1. Algen aus *Vacc. oxycoccus*-Mooren.
Trudy naučnogo instituta botaniki Charkivskogo, Deržavnigo Universitetu, 1938, 3 (konnte noch nicht im Original eingesehen werden!).

59. *Ochromonas reptans* Conrad 1930 C
Conrad, W.: Siehe unter 36.! (S. 550–552; Fig. 15, S. 551).

60. *Ochromonas scintillans* Conrad 1930 C
Conrad, W.: Siehe unter 36.! (S. 548–549; Fig. 13, S. 549).

61. *Ochromonas sessilis* Skuja 1956 C
Skuja, H.: Siehe unter 2.! (S. 282–283; Taf. XLVIII, Fig. 54–57).

62. *Ochromonas silvarum* Doflein 1923
Doflein, F.: Siehe unter 19.! (S. 307; Taf. 22, Fig. 11–13).

63. *Ochromonas simplex* Pascher 1909
Pascher, A. 1909: Einige neue Chrysomonaden.
Ber. d. Deutsch. Bot. Ges. *XXVII*, 247–254, 1 Taf. (S. 250–251; Taf. XI, Fig. 5).

64. *Ochromonas sociabilis* Pringsheim 1955[1]
Pringsheim, E. G.: Siehe unter 15.! (S. 193; Abb. 1, S. 183).

[1] Nach Peterfi 1969 ist die Art zu *Poterioochromonas* zu versetzen und wahrscheinlich mit *P. malhamensis* (Pringsh.) L. S. Peterfi zu vereinigen (siehe Fußnote S. 203!).

65. *Ochromonas sociata* Pascher 1910
Pascher, A. 1910: Über einige Fälle vorübergehender Koloniebildung bei Flagellaten.
Ber. d. Deutsch. Bot. Ges. *XXVIII*, 339–350, 1 Taf. (S. 349–350; Taf. IX, Fig. 13–19).

66. *Ochromonas sparseverrucosa* Skuja 1956
Skuja, H.: Siehe unter 2.! (S. 278; Taf. XLVIII, Fig. 6–8).

66a. var. *septentrionalis* Skuja 1956
Skuja, H.: Siehe unter 2.! (S. 278–279; Taf. XLVIII, Fig. 9–11).

67. *Ochromonas sphaerella* Skuja 1964
Skuja, H.: Siehe unter 22.! (S. 299–230; Taf. LXII, Fig. 20).

68. *Ochromonas sphaerocystis* Matvienko 1951 C
Matvienko, A. M. 1951: Siehe unter 11.! (S. 14–15; Fig. 6–7, S. 13).

69. *Ochromonas sphagnalis* Conrad 1930
Conrad, W.: Siehe unter 36.! (S. 547; Fig. 11, S. 547).

70. *Ochromonas stellaris* Doflein 1923 C
Doflein, F.: Siehe unter 19.! (S. 299–302; Taf. 21, Fig. 1–19).

71. *Ochromonas tenera* Meyer 1897
Meyer, H. 1897: Siehe unter 10.! (S. 58–59 u. S. 88; Taf. 3, Fig. 23–24).

72. *Ochromonas triangulata* Wyssotzki 1888 C S
Wyssotzki, A. W. 1888: Mastigophora et Rhizopoda trouvés dans les lacs Weissowo et Repnoié (près Slaviansk, Gouv. Kharkow).
Travaux de la société des naturalistes á l'Université Impériale de Kharkow, *XXI*, 119–140; 2 Taf. (S. 122–125; Taf. I, Fig. 1–11).

73. *Ochromonas vagans* Doflein 1923
Doflein, F.: Siehe unter 19.! (S. 298–299; Taf. 17, Fig. 9, 9a, 13 u. 15).

74. *Ochromonas vallesiaca* Chodat 1921
Chodat, R. 1921: Matériaux pour l'histoire des Algues de la Suisse.
Bulletin de la Société Bot. de Genève, *13*, 2me série, 66–114. (S. 89; Fig. 11, S. 88).

75. *Ochromonas variabilis* Meyer 1897
Meyer, H.: Siehe unter 10.! (S. 67–70 u. S. 88; Taf. 3, Fig. 30–32).

76. *Ochromonas vasocystis* Doflein 1923 C
Doflein, F.: Siehe unter 19.! (S. 298; Taf. 17, Fig. 16–21).

77. *Ochromonas verrucosa* Skuja 1939
Skuja, H.: Siehe unter 40.! (S. 89–90, Taf. IV, Fig. 21).

78. *Ochromonas viridis* Böcher 1945 C S
Böcher, Tyge W. 1945: *Ochromonas viridis* sp. n., a Green Flagellate Belonging to the Chrysomonadinae.
Vidensk. Meddel. fra Dansk Naturhist. Forening i. København, *108*, 233–238; Fig. 1–12.
78a. var. *granulata* Bourrelly 1957
Bourrelly, P.: Siehe unter 1.! (S. 139; Taf. I, Fig. 3–7; Fig. J 6, S. 59).

79. *Ochromonas vischeri* Bourrelly 1957
Bourrelly, P.: Siehe unter 1.! (S. 142)
Vischer, W. 1943: Über die Goldalge *Chromophyton Rosanoffii* Woronin.
Ber. d. Schweiz. Bot. Ges. *53*, 91–101.

80. *Ochromonas wislouchii* Skvortzow 1925
Skvortzow, B. W. 1925: Zur Kenntnis der Mandschurischen Flagellaten
Beiheft zum Bot. Centralbl. *XLI*, 311–315 (S. 312; Abb. 1, S. 315).

Abkürzungen: C Zyste bekannt
S in Salzwasser
+ S auch in Salzwasser

Zu den Fußnoten S. 203 und 206:

Peterfi, L. S. 1969: The Fine Structure of *Poterioochromonas malhamensis* (Pringsheim) comb. nov. with Special Reference to the lorica.
Nova Hedwigia XVII, 93–103.

Herrn Prof. Dr. R. E. Norris, Seattle, bin ich für einige kurz vor Abschluß des Manuskripts erhaltene Hinweise, „*O. biciliata*"; *O. olivacea; O. marina* und *O. mexicana* betreffend sehr zu Dank verpflichtet.

Parallelmutationen in der Gattung *Lycopersicon*

von Hans Stubbe

(Eingegangen am 17. Februar 1970)

Nur in langjährigen Untersuchungen ist zu klären, auf welchem Wege sich die Kulturtomate *Lycopersicon esculentum* aus Wildtomaten entwickelt hat und ob eine Wiederholung des Evolutionsprozesses in wesentlichen Stufen mit Hilfe der Methoden experimenteller Mutationsforschung möglich ist. Evolutionsgenetische Untersuchungen in der Gattung *Lycopersicon* erfordern daher die Bereitstellung großer Mutantensortimente verschiedener Species.

Durch Röntgenbestrahlung von Samen wurden bei *L. esculentum* und *L. pimpinellifolium* solche Mutanten-Sortimente erzeugt und beschrieben (Stubbe 1957–1965). Neben *pimpinellifolium*-Mutanten, die eine Vergrößerung der Früchte in einzelnen Schritten, also des wesentlichsten Kulturmerkmals von *L. esculentum* (Stubbe 1967) und gleichzeitig einen Umbau des vegetativen Systems von *pimpinellifolium* zu *esculentum* bewirkten (unveröff.), wurden auch Mutanten gefunden, die sich in ihren Merkmalen und Eigenschaften einander ähnelten bzw. identisch waren. Die Möglichkeiten des ungehinderten Genaustausches in beiden Species (gleiche Chromosomenzahl 2n = 24, große Übereinstimmung in der Chromosomenmorphologie und störungsfreie Chromosomenpaarung [Gottschalk 1954]) ermöglichten eine genetische Analyse dieser Mutanten, die seit Darwin als „Parallel-Variationen" bezeichnet werden. Darwin unterscheidet in „The variation of animals and plants under domestication" (1868) bekanntlich zwei Hauptgruppen analoger Abänderungen und zwar solche, die durch Einwirkung unbekannter Ursachen auf organische Wesen von nahezu derselben Konstitution entstehen und die daher in analoger Weise variieren und solche, die eine Folge des Wiederauftretens von Charakteren sind, die ein mehr oder weniger entfernter Vorfahre besaß, die also in gewissem Sinne Rückschläge zu einer Ausgangsform sind. Zur ersten Gruppe gehören die zahlreichen Parallelbildungen an allen Organen von Bäumen, Sträuchern und einjährigen Pflanzen mit naher oder entfernter Verwandtschaft. Sie sind im Pflanzenreich häufiger als im Tierreich. Umgekehrt dagegen sind als Folge von Rückschlägen auftretende analoge Abänderungen im Tierreich häufiger, und Darwin hat sie besonders an Tauben untersucht.

In keinem der von Darwin genannten Fälle konnte zu seiner Zeit die genetische Analyse von Parallel-Variationen vorgenommen werden. Auch in dem von Vavilov (1922) in Anlehnung an Darwin geprägten Gesetz der homologen

Reihen konnten zwar Parallel-Variationen zwischen verwandten Sippen als allgemein gültige Erscheinungen erkannt und vor allem vorausgesagt werden, aber eine genetische Analyse war nur in den seltensten Fällen möglich. Diese ist jedoch erforderlich, will man Klarheit über die Evolutionsprozesse im einzelnen gewinnen. Bei der Evolution der Kulturtomate handelte es sich für uns darum festzustellen, ob nur Genmutationen oder auch andere intra- und interchromosomale Veränderungen des Genotyps die evolutive Entwicklung bedingt haben. Parallelmutationen in beiden Species und die Feststellung ihrer identischen Lokalisierung durch Genaustausch in den Chromosomen beider Species können uns Hinweise dafür geben, welche Kategorie von Mutationen im wesentlichen an der Herausbildung der Kulturtomate beteiligt waren.

Im folgenden werden einige Parallelmutationen von *L. esculentum* und *L. pimpinellifolium* beschrieben, die nach Kreuzung Allelie zeigten und deren Lokalisierung zum Teil bereits durchgeführt wurde.[1] Je mehr Fälle dieser Art in den Chromosomenkarten von *L. esculentum* und *L. pimpinellifolium* festgelegt werden können, mit umso größerer Gewißheit ist daraus zu schließen, daß lediglich Genmutationen das Grundmaterial der Unterschiede zwischen beiden Arten geliefert haben. Wir setzen die Suche nach phänotypisch ähnlichen oder gleichen Mutanten in den großen Sortimenten beider Species fort, um ihre genetische Identität zu prüfen.

aurea (*au*)

Gemeinsame Merkmale:

Hypokotyl deutlich länger als typisch. Keimblätter und Primärblätter gelbgrün. Mutante im Freiland schlecht entwicklungsfähig, bei Gewächshauskultur dagegen gut. Laubfärbung bei Freiland- und Gewächshauspflanzen unterschiedlich. Im Freiland Fiederblätter zunächst gelbgrün mit weiß-gelben Wachstumszonen, später Blattflächen weiß-gelb mit normalgrünen Blattadern. Im Gewächshaus kultivierte Pflanzen einheitlich hellgrün, Wachstumszonen hin und wieder gelbgrün bis weißgelb gescheckt (s. Abb. 1).

Spaltungsverhältnisse nach Kreuzung mit den Ausgangsformen:
au^2 (escul.) F_1 : normal, F_2 : 153 normal : 44 mutiert.
au^3 (pimp.) F_1 : normal, F_2 : 104 normal : 44 mutiert.
F_1 nach Kreuzung beider Mutanten einheitlich *aurea*.
Genlocus: Chromosom 1, 32.
Publikationen
au : Lesley, J. W., and M. M. Lesley, Genetics 41, 575–588. 1956
au^2: Stubbe, H., Die Kulturpflanze, Band V, 194. 1957
korrigiert: Stubbe, H., Die Kulturpflanze, Band VII, 82. 1959
au^3: Stubbe, H., Die Kulturpflanze, Band VIII, 113. 1960
korrigiert: Stubbe, H., Die Kulturpflanze, Band XIII, 517. 1965

[1] Ich danke Herrn Prof. Ch. Rick, Davis, Calif. für ständige Informationen über den Stand der Lokalisationsarbeiten Gaterslebener Mutanten von *L. esculentum*.

Abb. 1. mut. *aurea*, links *Lyc. esc.*, rechts *Lyc. pimp.*

without anthocyanin (*aw*)

Gemeinsame Merkmale:

Alle Pflanzenteile während der gesamten Vegetationszeit anthozyanfrei.

Spaltungsverhältnisse nach Kreuzung mit der Ausgangsform:
aw^2 (*pimp.*) F_1: normal, F_2: 115 normal : 34 mutiert.
F_1 nach Kreuzung beider Mutanten einheitlich *without anthocyanin*.
Genlocus: Chromosom 2, 78.

Publikationen
aw : Dennett, R. K., and R. E. Larson, Penn. Agr. Exp. Stat. Bul. 563. 1953
aw^2: Stubbe, H., Die Kulturpflanze, Band VIII, 114. 1960

cochlearis (*co*)

Gemeinsame Merkmale:

Fiederblätter kleiner als typisch, meist nur mit 2 Fiederpaaren 1. Ordnung. Blattfiedern klein, derb, löffelförmig. Blattadern schwächer verzweigt, fast parallel verlaufend. Blattfarbe graugrün.

Spaltungsverhältnisse nach Kreuzung mit den Ausgangsformen:

co (*escul.*) F_1: normal, F_2: 332 normal : 76 mutiert.

co^2 (*pimp.*) F_1: normal, F_2: 115 normal : 38 mutiert.

F_1 nach Kreuzung beider Mutanten einheitlich *cochlearis*.

Genlocus: Chromosom 1,95.

Publikationen

co : Stubbe, H., Die Kulturpflanze, Band VI, 93. 1958

co^2: Stubbe, H., Die Kulturpflanze, Band XIII, 521. 1965
korrigiert: Nach generativer Kreuzung zeigt sich Allelie zwischen den Mutanten *cochlearis (escul.)* und *circumsepta (pimp.)*. Infolgedessen erhält die Mutante *circumsepta* in Zukunft den Namen *cochlearis*^{2}.

Abb. 2. mut. *entire*, von links nach rechts normales Laubblatt (*Lyc. pimp.*), mut. *entire*^{2} (*Lyc. pimp.*), mut. *entire* (*Lyc. esc.*), normales Laubblatt (*Lyc. esc.*)

entire (e)

Gemeinsame Merkmale:

Blattfiedern weitgehend miteinander verwachsen (s. Abb. 2).

Spaltungsverhältnisse nach Kreuzung mit der Ausgangsform:

e^2 (*pimp.*) F_1: normal, F_2: 104 normal: 34 mutiert.

F_1 nach Kreuzung beider Mutanten einheitlich *entire*.

Genlocus: Chromosom 4, 66.

Publikationen

e : Young, P. A., and J. W. MacArthur, Texas Agr. Exp. Stat. Bul. 698. 1947

e^2: bisher unveröffentlicht.

Abb. 3. mut. *integerrima*, von links nach rechts normales Laubblatt (*Lyc. pimp.*), mut. *integerrima*^{2} (*Lyc. pimp.*), mut. *integerrima* (*Lyc. esc.*), normales Laubblatt (*Lyc. esc.*)

integerrima (int)

Gemeinsame Merkmale:

Blattfiedern erscheinen nahezu ganzrandig (s. Abb. 3).

Spaltungsverhältnisse nach Kreuzung mit den Ausgangsformen:

int (*escul.*) F_1: normal, F_2: 64 normal : 18 mutiert.
int^2 (*pimp.*) F_1: normal, F_2: 104 normal : 33 mutiert.
F_1 nach Kreuzung beider Mutanten einheitlich *integerrima*.
Genlocus: Chromosom 6 (bisher nur 2-Punkt- oder Trisomentest).
Publikationen
int : Stubbe, H., Die Kulturpflanze, Band VI, 102. 1958
int^2: Stubbe, H., Die Kulturpflanze, Band VIII, 125. 1960

luteola (lu)

Gemeinsame Merkmale:

Farbe der Blütenblätter hellgelb.

Spaltungsverhältnisse nach Kreuzung mit den Ausgangsformen:

lu (*escul.*) F_1: normal, F_2: 56 normal : 21 mutiert.
lu^2 (*pimp.*) F_1: normal, F_2: 72 normal : 28 mutiert.
F_1 nach Kreuzung beider Mutanten einheitlich *luteola*.

Genlocus: Chromosom 1,77.
Publikationen
lu : Stubbe, H., Die Kulturpflanze, Band VII, 94. 1959
lu^2: Stubbe, H., Die Kulturpflanze, Band VIII, 127. 1960

lutescent-2 (*l*–2)

Gemeinsame Merkmale:

Zur Zeit der Blüte beginnende Aufhellung des Laubes über gelblichweiß zu gelb, Wachstumszonen überwiegend graugrün. Unreife Früchte weißlich grün, bei der Reife über gelblich und orange rot werdend, Kelchblätter gelblich bis bräunlich grün.

Spaltungsverhältnisse nach Kreuzung mit der Ausgangsform:
l–2^2 (pimp.) F_1: normal, F_2: 76 normal: 22 mutiert.
F_1 nach Kreuzung beider Mutanten einheitlich *lutescent-2*.
Genlocus: Chromosom 10, 66.
Publikationen
l–2 : Kerr, E. A., TGC 6, 17. 1956
l–2^2: Stubbe, H., Die ulturpflanze, Band IX, 69. 1961
korrigiert: Stubbe, H., Die Kulturpflanze, Band XIII, 518, 1965
Kerr, E. A., TGC 16, 14. 1966

ovate (ol)

Gemeinsame Merkmale:

Früchte länglich-eiförmig.

Spaltungsverhältnisse nach Kreuzung mit den Ausgangsformen:
ol^2 (*escul.*) F_1: normal, F_2: 77 normal : 23 mutiert.
ol^3 (*pimp.*) F_1: normal, F_2: 74 normal : 25 mutiert.
F_1 nach Kreuzung beider Mutanten einheitlich *ovate*.
Genlocus: noch nicht bestimmt.
Publikationen
ol : Dennett, R. K., and R. E. Larson, Penn. Agr. Exp. Stat. Bul. 563. 1953
ol^2: Stubbe, H., Die Kulturpflanze, Band XI, 603. 1963
ol^3: Stubbe, H., Die Kulturpflanze, Band IX, 74. 1961
korrigiert: Stubbe, H., Die Kulturpflanze, Band XIII, 517. 1965

pallida (pal)

Gemeinsame Merkmale:

Laubblattfarbe vom Keimlingsstadium an schwach hellgrün. Farbe der Blütenblätter hellgelb (s. Abb. 4).

Abb. 4. mut. *pallida*, von links nach rechts normale Blüte (*Lyc. esc.*), mut. *pallida* (*Lyc. esc.*), mut. *pallida*² (*Lyc. pimp.*), normale Blüte (*Lyc. pimp.*)

Spaltungsverhältnisse nach Kreuzung mit den Ausgangsformen:

pal (*escul.*) F_1: in der Laubfarbe Dominanz des mutierten Merkmals, Blüten normal,
F_2: 58 normal : 22 mutiert.

*pal*² (*pimp.*) F_1: schwache Dominanz der mutantentypischen Merkmale,
F_2: 59 normal : 21 mutiert.

F_1 nach Kreuzung beider Mutanten einheitlich *pallida*.

Genlocus: noch nicht bestimmt.

Publikationen

pal : Stubbe, H., Die Kulturpflanze, Band V, 207. 1957

*pal*²: Stubbe, H., Die Kulturpflanze, Band VIII, 129. 1960

yellow color of fruit flesh (r)

Gemeinsame Merkmale:

Farbe des Fruchtfleisches gelb (s. Abb. 5).

Spaltungsverhältnisse nach Kreuzung mit den Ausgangsformen:

*r*² (*escul.*) F_1: normal, F_2: 85 normal : 33 mutiert.

*r*³ (*pimp.*) F_1: normal, F_2: 198 normal : 79 mutiert.

F_1 nach Kreuzung beider Mutanten einheitlich *yellow color of fruit flesh*.

Genlocus: Chromosom 3, 29.

Abb. 5. mut. *yellow color of fruit flesh*, von links nach rechts rotfrüchtig (*Lyc. esc.*), mut. *yellow color of fruit flesh*^{2} (*Lyc. esc.*), mut. *yellow color of fruit flesh*^{3} (*Lyc. pimp.*), rotfrüchtig (*Lyc. pimp.*)

Publikationen

r : Young, P. A., and J. W. MacArthur, Texas Agr. Exp. Stat. Bul. 698. 1947

r^2: Stubbe, H., Die Kulturpflanze, Band IX, 604. 1963

r^3: Stubbe, H., Die Kulturpflanze, Band VIII, 132. 1960
korrigiert: Stubbe, H., Die Kulturpflanze, Band XIII, 517. 1965

reptans (re)

Gemeinsame Merkmale:

Hauptsproß vom Epikotyl ab geneigt. Später Pflanzen mit allen Sprossen flach auf dem Boden kriechend. Sprosse sehr lang mit verlängerten Internodien (s. Abb. 6).

Spaltungsverhältnisse nach Kreuzung mit den Ausgangsformen:

re (*escul.*) F_1: normal, F_2: 79 normal : 19 mutiert.
re^2 (*pimp.*) F_1: normal, F_2: 77 normal : 23 mutiert.
F_1 nach Kreuzung beider Mutanten einheitlich *reptans*.
Genlocus: Chromosom 8,16.

Publikationen

re : Stubbe, H., Die Kulturpflanze, Band VI, 107. 1958

re^2: Stubbe, H., Die Kulturpflanze, Band IX, 78. 1961

Abb. 6. mut. *reptans*, links *Lyc. pimp.*, rechts *Lyc. esc.*

Abb. 7. mut. *tangerine*, von links nach rechts rotfrüchtig (*Lyc. esc.*), mut. *tangerine* (*Lyc. esc.*), mut. *tangerine*[2] (*Lyc. pimp.*), rotfrüchtig (*Lyc. pimp.*)

tangerine (t)

Gemeinsame Merkmale:

Blütenblätter, Staubblätter und Fruchtfleisch orange gefärbt (s. Abb. 7).

Spaltungsverhältnisse nach Kreuzung mit der Ausgangsform:
t^2 (*pimp.*) F_1: normal, F_2: 105 normal : 41 mutiert.
F_1 nach Kreuzung beider Mutanten einheitlich *tangerine*.
Genlocus: Chromosom 10, 70.

Publikationen
t : Young, P. A., and J. W. MacArthur, Texas Agr. Exp. Stat. Bul. 698. 1947
t^2: Stubbe, H., Die Kulturpflanze, Band XIII, 537. 1965

unicaulis (uni)

Gemeinsame Merkmale:

Wuchsform fast unverzweigt, aufrecht. Seitensproßbildung schwach. Blühbeginn und Fruchtreife zeitiger als typisch. Fruchtansatz relativ zur Pflanzengröße gut.

Spaltungsverhältnisse nach Kreuzung mit den Ausgangsformen:
uni (*escul.*) F_1: normal, F_2: 257 normal : 62 mutiert.
uni^2 (*pimp.*) F_1: normal, F_2: 198 normal : 60 mutiert.
F_1 nach Kreuzung beider Mutanten einheitlich *unicaulis*.
Genlocus: Chromosom 11 (bisher nur 2-Punkt- oder Trisomentest).

Publikationen
uni : Stubbe, H., Die Kulturpflanze, Band V, 217. 1957
uni^2: Stubbe, H., Die Kulturpflanze, Band VIII, 135. 1960
korrigiert: Stubbe, H., Die Kulturpflanze, Band XIII, 517. 1965

Zusammenfassung

Im einleitenden Text wird aus evolutionsgenetischer Sicht über die Entstehungsmöglichkeiten der Kulturpflanzen, speziell über die der Kulturtomate berichtet. Zusammenhängend damit werden 13 Parallelmutationen von *Lycopersicon esculentum* und *Lycopersicon pimpinellifolium* in ihren gemeinsamen Merkmalen und ihren Spaltungsergebnissen beschrieben.

Summary

Parallel mutations in the genus *Lycopersicon*

In the introduction from the view of evolutionary genetics the possibilities for the evolution of cultivated plants are discussed, in particular with respect to the cultivated tomato. Connected with this, the common characters and the results of segregation of 13 parallel mutations of *Lycopersicon esculentum* and *Lycopersicon pimpinellifolium* are described.

Краткое содержание

Параллельные мутации в роде *Lycopersion*

Во вступительной части, с позиций эволюционной генетики, обсуждаются возможности возникновения культурных растений, в частности культурного томата. В связи с этим описываются общие признаки и их расщепление для 13 параллельных мутаций *Lycopersicon esculentum* и *L. pimpinellifolium.*

Literatur

Darwin, Ch., 1886: The variation of animals and plants under domestication. – Aus dem Englischen übersetzt von J. Victor Carus, E. Schweizerbart'sche Verlagshandlung (E. Koch), Stuttgart.

Dennett, R. K., and R. E. Larson, 1953: Inheritance of fruit shape, locule number and stem color in derivatives of a hybrid of *Lycopersicon esculentum* and *Lycopersicon peruvianum*. – Penn. Agr. Exp. Stat. Bul. *563*.

Gottschalk, W., 1954: Die Chromosomenstruktur der Solanaceen unter Berücksichtigung phylogenetischer Fragestellungen. – Chromosoma *6*, 539–626.

Kerr, E. A., 1956: Report Tomato Genetics Cooperative (TGC) *6*, 17.

– 1966: Report Tomato Genetics Cooperative (TGC) *16*, 14.

Lesley, J. W., and M. M. Lesley, 1956: Effect of seed treatments with X-ray and Phosphorus 32 on tomato plants of first, second, and third generations. – Genetics *41*, 575–588.

Stubbe, H., 1957: Mutanten der Kulturtomate *Lycopersicon esculentum* Miller I. – Kulturpflanze *5*, 190–220.

– 1958: Mutanten der Kulturtomate *Lycopersicon esculentum* Miller II. – Kulturpflanze *6*, 89–115.

– 1959: Mutanten der Kulturtomate *Lycopersicon esculentum* Miller III. – Kulturpflanze *7*, 82–112.

– 1959: Considerations on the genetical and evolutionary aspects of some mutants of *Hordeum*, *Glycine*, *Lycopersicon* and *Antirrhinum*. – Cold Spring Harbor Symp. Quant. Biol. *24*, 31–40.

– 1960: Mutanten der Wildtomate *Lycopersicon pimpinellifolium* (Jusl.) Mill. I. – Kulturpflanze *8*, 110–137.

– 1961: Mutanten der Wildtomate *Lycopersicon pimpinellifolium* (Jusl.) Mill. II. – Kulturpflanze *9*, 58–87.

– 1963: Mutanten der Kulturtomate *Lycopersicon esculentum* Miller IV. – Kulturpflanze *11*, 603–644.

– 1965: Mutanten der Wildtomate *Lycopersicon pimpinellifolium* (Jusl.) Mill. III. – Kulturpflanze *13*, 517–544.

Stubbe H., 1967: On the relationships between the spontaneous and experimentally induced form diversity and on some experiments on the evolution of cultivated plants. – Induzierte Mutationen und ihre Nutzung. Erwin-Baur-Gedächtnisvorlesungen IV, 1966. Abhandlungen der Deutschen Akademie der Wissenschaften zu Berlin, Klasse für Medizin, Jahrgang 1967, Nr. 2, 99–121.

Vavilov, N. I., 1922: The law of homologous series in variation. – J. Genet. *12*, 47–89.

Young, P. A., and J. W. MacArthur, 1947: Horticultural characters of tomatoes. – Texas Agr. Exp. Stat. Bul. *698*.

Der Einfluß von Wind und Windschutz auf den CO_2-Gehalt der bodennahen Luftschicht über Feldkulturen

von Wolfgang R. Müller-Stoll und Dietrich Grabert

(Eingegangen am 18. Februar 1970)

1. EINLEITUNG

Durch die Diskussion über den Wert von Windschutzanlagen in der landwirtschaftlichen und gärtnerischen Praxis wurde in neuerer Zeit das Interesse in starkem Maße auf die damit verbundenen ökologischen Probleme gelenkt. Eine günstige Wirkung des Windschutzes auf die Ertragsbildung wurde mehrfach nachgewiesen und als eine Folge des veränderten Kleinklimas gedeutet. Im Rahmen von Untersuchungen, die sich vor allem mit den Temperatur-, Feuchtigkeits- und Luftströmungs-Verhältnissen unter Windschutzeinfluß befassen (Aslyng 1958, Kreutz 1937, 1950, 1952, Steubing 1952, 1952/53, Steubing und Müller-Stoll 1955), finden sich jedoch nur wenige Angaben über die Kohlendioxydverhältnisse in der bodennahen Luftschicht im geschützten Bereich.

Erst Rüsch (1955) führte in größerem Umfang vergleichende Messungen der CO_2-Konzentration in Luv und Lee durch. Dabei konnte er tagsüber ein CO_2-Defizit im Windschutz feststellen, dessen Zustandekommen von ihm in erster Linie auf den behinderten horizontalen Luftaustausch zurückgeführt wurde. Aber schon Reinau (1957) wies darauf hin, daß die Entstehung dieses Defizits auch durch eine erhöhte Assimilations-Intensität der Pflanzen in Lee bedingt sein kann. Eine Steigerung der photosynthetischen Leistung im Windschutz als Ursache der höheren Erträge ist häufig angenommen, aber noch nie durch Gaswechselmessungen an den Pflanzen bewiesen worden. Der Erfassung des Gaswechsels der Pflanzen am natürlichen Standort standen bisher erhebliche methodische Schwierigkeiten entgegen, die erst durch die Entwicklung vollautomatischer registrierender Geräte zur Gasanalyse ziemlich weitgehend behoben werden konnten. Mit Hilfe eines Ultrarotabsorptionsschreibers (URAS) konnte der Versuch unternommen werden, neben dem CO_2-Gehalt in der bodennahen Luftschicht auch die Assimilations-Intensität der Pflanzen unter dem Einfluß von Wind und Windschutz zu bestimmen. Über die bei Photosynthese-Messungen erzielten Ergebnisse werden wir später berichten. In der vorliegenden Mitteilung werden zunächst nur die CO_2-Verhältnisse in Luv und Lee über Feldkulturen dargestellt.

2. METHODE

Die Bestimmung der CO_2-Konzentration, die im Rahmen der Untersuchungen zum Windschutzproblem von Steubing und Müller-Stoll (1955) mit der einfachen Walter'schen Methode (1952) durchgeführt wurde, sowie daran anschließende konduktometrische CO_2-Analysen nach Holdheide, Huber und Stocker (1936) zeigten, daß derartige Methoden, die nur stichprobenartige Messungen gestatten, nicht ausreichen, um ein genaues Bild vom Verhalten der CO_2-Konzentration unter dem Einfluß von Wind und Windschutz zu gewinnen. Eine Möglichkeit, den CO_2-Gehalt über oder in einem Pflanzenbestand mit größerer Genauigkeit zu erfassen, bot dann erst der Ultrarotabsorptionsschreiber (URAS). Das auf der Grundlage der Infrarotabsorption von Molekülen mit Dipolcharakter beruhende selektive Meßverfahren des URAS wurde von Lehrer und Luft entwickelt; eine genaue Beschreibung von Bau und Arbeitsweise des Gerätes gaben Egle und Ernst (1949), die es in den Dienst biologischer Gaswechseluntersuchungen einbezogen haben. Vorher hatten schon Dingie und Pryce (1940) sowie Scarth, Loewy und Shaw (1948) die Eigenschaft der Infrarotabsorption der CO_2-Moleküle zur Messung von Stoffwechselprozessen ausgenutzt. Huber erkannte, daß sich der URAS wegen der Möglichkeit, bei nur geringer Wartung Dauerregistrierungen vorzunehmen, sehr gut zur Bearbeitung ökologischer Probleme eignet. Eine größere Zahl von Arbeiten über den CO_2-Gehalt der Atmosphäre unter dem Einfluß der Vegetation (Huber 1950, 1952a, b, Huber und Pommer 1954, Reinau 1954, 1955), über die Bodenatmung (Koepf 1953a, b) und den Gaswechsel der Pflanzen am natürlichen Standort (Tranquillini 1952, 1955, Huber und Polster 1955, Parker 1953) wurden mit Hilfe dieses Gerätes durchgeführt. Für unsere Untersuchung diente ein URAS, der nach dem Modell der BASF in den Werkstätten für Betriebskontrolle des VEB Chemische Werke Buna in Schkopau hergestellt worden war.

Eine wichtige Voraussetzung für die Genauigkeit der Messung ist die Konstanz der Eingangsspannung am URAS (220 V Wechselstrom). Spannungsschwankungen mit längerer Periode, die bei Dauerbetrieb sehr störend sind, haben wir durch einen Kohledruckregler des VEB Gaselan ausgeglichen. Häufige Kontrollen ergaben, daß damit die Eingangsspannung ausreichend stabilisiert worden war. Da der Regler selbst erst bei Spannungen über 220 V wirklich genau arbeitet, wurde ihm ein Regeltransformator vorgeschaltet, der ein manuelles Einstellen der Spannung erlaubte.

Eine elektrisch betriebene Gasumschaltuhr ermöglichte es, bis zu 6 Meßstellen je eine Minute lang an den URAS anzuschließen; dementsprechend konnten die Meßwerte auch von einem geeigneten automatischen Schreibgerät mit 6 Farbbändern aufgezeichnet werden. Bei den Messungen der CO_2-Konzentration der Luft haben wir immer zwei Ansaugstellen des Umschalters zusammengeschaltet und jede Leitung zwei Minuten lang angeschlossen.

Um einen völlig synchronen Lauf von Schreiber und Umschaltuhr zu gewährleisten, wurden einige Veränderungen vorgenommen. Der Auslösungsmechanismus des Fallbügels wurde vom elektrischen Laufwerk des Schreibers getrennt und über eine biegsame Welle mit dem Antrieb der Umschaltuhr verbunden. Die Auslösung des Fallbügels erfolgte dann nur noch alle 60 Sekunden statt wie vorher in Abständen von 20 Sekunden. Der jeweilig angeschlossenen Meßstelle entsprach auf diese Weise stets die ihr zugeordnete Farbe, was ohne Kupplung von Schreiber und Umschaltuhr infolge von Gangdifferenzen der beiden Antriebswerke nicht möglich war.

Die zu analysierende Luft wurde mit elektrischen Aerator-Membranpumpen angesaugt, die, nebeneinander geschaltet, eine Förderleistung von 2 Liter pro Minute erreichten; zur Kontrolle diente ein Strömungsmesser nach Wobser mit frei rotierendem

Schwimmer. Die Pumpen und der Strömungsmesser waren hinter dem URAS angebracht, so daß die Luft durch das Analysenrohr gesaugt wurde. Dadurch wurde vermieden, daß durch die Gummimembranen der Pumpen diffundierendes CO_2 die Messung stören konnte. Wegen ihrer Durchlässigkeit für Kohlendioxyd wurden keine Verbindungen mittels Gummischlauch verwendet. Zur Ableitung der Luft von den Meßstellen dienten Schläuche aus Polyvinylchlorid (Igelit) mit einer lichten Weite von 4 mm, deren CO_2-Dichtigkeit für ökologische Untersuchungen für ausreichend gehalten wird. Den Leitungen waren an den Meßstellen kleine Glastrichter angesetzt, deren Öffnungen nach unten gekehrt waren; dadurch wurde das Eindringen von Regen- oder Tauwasser vermieden.

Neben dem Kohlendioxyd zeigt auch der stets in der Luft vorhandene Wasserdampf auf Grund des Dipolcharakters seiner Moleküle eine starke Ultrarotabsorption; besonders im Spektralbereich zwischen 4,5 und 4,7 μm überschneiden sich teilweise die UR-Absorptionsmaxima von CO_2 und H_2O. Die Eignung der verschiedenen Lufttrocknungsmittel (P_2O_5, konz. H_2SO_4, $CaCl_2$, Silicagel) für die URAS-Gasanalyse ist von verschiedenen Autoren untersucht worden (Egle und Ernst 1949, Egle und Schenck 1951, Strugger und Baumeister 1951, Bosian 1955, Tamm und Krzysch 1959). Dabei zeigte sich stets, daß vom Trockenmittel auch eine gewisse Menge CO_2 adsorptiv gebunden und bei geringeren CO_2-Partialdrücken in der Luft wieder freigesetzt wird. Die dadurch verursachte Beeinträchtigung der Meßgenauigkeit war bei Verwendung von Schwefelsäure am geringsten. Sie diente daher auch in unseren Versuchen zum Wasserentzug. In einer Waschflasche mit Glasfritte G 3 wurden 40 ml H_2SO_4 (Dichte 1,84) vorgeschaltet; diese geringe Menge erleichterte die rasche Einstellung des CO_2-Gleichgewichtes zwischen Luft und Schwefelsäure. Sie machte aber eine häufige Erneuerung der Säure erforderlich, die alle 3 bis 4 Tage vorgenommen wurde.

Zur Eichung des URAS benutzten wir reinen Stickstoff, atmosphärische Preßluft und Luftgemische mit verschiedener CO_2-Konzentration in Stahlflaschen. Um eine möglichst innige Durchmischung von CO_2-haltiger und CO_2-freier Luft in den Flaschen zu erreichen, waren in diese vor der Füllung Metallspiralen eingeführt worden. Eine genaue Bestimmung der CO_2-Konzentration der Eichgase wurde mit Hilfe der konduktometrischen Methode vorgenommen. Vor dem Eintritt in den URAS wurden die Eichgase ebenfalls durch Schwefelsäure getrocknet. Stickstoff, der noch zwei Waschflaschen mit Kalilauge passierte, um Reste von CO_2 sicher zu entfernen, diente zur Festlegung des Nullpunktes; als Eichgase wurden solche mit 0,0183, 0,0306 und 0,0405 Vol.% CO_2 benutzt.

Die Empfindlichkeit der URAS wurde den jeweiligen Meßaufgaben entsprechend einreguliert. Im allgemeinen entsprach ein Zeigerausschlag von 0,1 mV einer Änderung der CO_2-Konzentration um 0,0006 Vol.% = 0,6 TP (Tausendstel Prozent). Während der Untersuchungen wurde der URAS mindestens einmal wöchentlich geeicht. Vierundzwanzig Stunden vor Beginn der Messungen wurde das Gerät eingeschaltet, um ein gleichmäßiges Ansprechen der beiden Strahler zu gewährleisten. Die gesamte Apparatur war in einer transportablen, wetterfesten Meßhütte montiert und jeweils in der Nähe der Parzellen aufgestellt. Die Untersuchungen über den CO_2-Gehalt der bodennahen Luftschicht (und die zunächst nicht näher beschriebenen Messungen der Assimilation der Pflanzen unter Windschutzbedingungen) wurden im Versuchsgelände des Ökologischen Laboratoriums auf dem Drachenberg bei Potsdam-Sanssouci durchgeführt.

Die beiden 3300 und 900 m² großen Versuchsfelder waren im Jahre 1957 mit Kartoffeln, Tomaten und Lein, 1958 und 1959 mit Kartoffeln und Rüben bestellt. Im Jahre 1957 war ein natürlicher Windschutz aus drei Reihen von Maispflanzen rings um eine 64 m² große Parzelle angelegt worden. Eine zweite Fläche wurde mit einer Erbsenhecke und eine dritte mit Mais und Erbsen umgeben. Dazu kam noch eine Standardanlage aus Rohrmatten von 1,60 m Höhe. In den folgenden Jahren wurde nur noch künstlicher Windschutz verwendet; mit Hilfe 2 m hoher Rohrmatten, die an Holzrahmen befestigt worden waren, ließ sich in kurzer Zeit im Versuchsfeld ein windgeschützter Bereich abgrenzen. Die Windschutzparzellen hatten 1958 eine Fläche von 100 m^2 und 1959 von 64 m^2.

Die Windgeschwindigkeit wurde mit Hilfe von Schalenkreuzanenometern gemessen. 1959 stand auch ein Windsummenschreiber mit Kontaktanenometern (Eigenbau) zur Verfügung, so daß Dauerregistrierungen vorgenommen werden konnten. Die Anenometer wurden in der Mitte der Parzellen 50 cm über dem Boden an Stativstangen befestigt. Untersuchungen über die Durchblasbarkeit der verschiedenen Windschutzanlagen wurden in jedem Jahr durch gleichzeitige Messungen der Windgeschwindigkeit in Luv und Lee durchgeführt (Tabelle 1).

Tabelle 1
Größe der Durchblasbarkeit verschiedener Windschutzanlagen
(Beispiele)

Datum	Art des Windschutzes	Höhe über dem Boden (cm)	Windgeschwindigkeit $m \cdot s^{-1}$	%
3. 7. 1957	Ohne Windschutz	—	0,81	100
	Rohrmatten	160	0,31	48
24. 7. 1957	Ohne Windschutz	—	0,51	100
	Mais und Erbsen	170	0,23	45
	Ohne Windschutz	—	0,74	100
	Erbsen	90—100	0,57	77
21. 8. 1959	Ohne Windschutz	—	1,33	100
	Rohrmatten	200	0,41	31

Zur Aufzeichnung der Sonnenscheindauer diente ein Sonnenschein-Autograph nach Campbell und Stokes. Die übrigen meteorologischen Daten wurden den Beobachtungstabellen der früheren Wetterstation des Ökologischen Laboratoriums auf dem Drachenberg-Gelände entnommen und teilweise durch Angaben des Meteorologischen Zentralobservatoriums Potsdam ergänzt.

3. CO_2-VERHÄLTNISSE IN LUV UND LEE WÄHREND DER NACHT

Der abendliche Anstieg der CO_2-Konzentration in der Luft beginnt in der Regel schon 1 bis 1½ Stunden vor Sonnenuntergang und etwa 30 Minuten, nachdem die apparente CO_2-Assimilation infolge der zu schwach gewordenen Einstrahlung unter den Kompensationspunkt abgesunken ist, so daß die Atmung überwiegt. Die Zunahme der CO_2-Konzentration geht im Windschutz und im windoffenen Gelände fast immer gleichzeitig und mit gleicher Geschwindigkeit und Stärke vor sich. Der Aufbau dieses Gefälles vom Boden her wird vor allem durch die meist gegen 18.00 Uhr einsetzende Windruhe begünstigt (Abb. 1). Der Anstieg dauert durchschnittlich 2 bis 3 Stunden, dann hat die CO_2-Konzentration das nächtliche Maximum erreicht. Wird aus allen

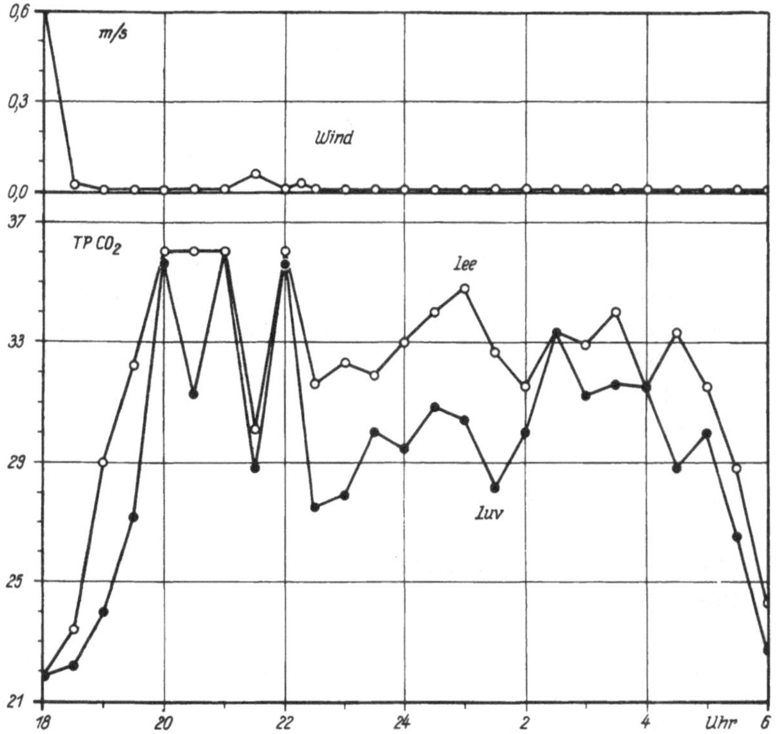

Abb. 1. Verlauf der CO_2-Konzentration der Luft in Luv (schwarze Symbole) und in Lee (offene Symbole) über einem Rübenfeld; Angaben in Tausendstel Prozent CO_2 (TP CO_2) in einer windstillen Nacht (19./20. August 1959). Oben Windstärke im offenen Gelände (m/s)

vorliegenden Messungen der Mittelwert gebildet, so ergibt sich, daß die CO_2-Konzentration in einer Stunde um den Betrag von 3,7 TP (= Tausendstel Vol.-Prozent) zunimmt. Das erreichte Maximum liegt also um 10 TP über dem Tageswert; da dieser zwischen 24 und 30 TP schwanken kann, ist auch die absolute Höhe des Maximums unterschiedlich. Eine Erhöhung um rund 10 TP konnte jedoch regelmäßig gefunden werden. Im einzelnen gestaltet sich der Aufbau des nächtlichen CO_2-Gradienten vom Boden her unterschiedlich, in erster Linie durch den Einfluß des Windes.

Dabei lassen sich 4 Typen erkennen: a) Nächte mit stärkerer Luftbewegung. Die Kurven der CO_2-Konzentration im Windschutz und Freiland verlaufen fast spiegelbildlich zur Kurve der Windgeschwindigkeit (Abb. 2). Die zunächst bis 21.30 Uhr absinkende Geschwindigkeit ermöglichte einen Anstieg der CO_2-Konzentration bis zu einem Maximalwert, der aber nur bis gegen 22.30 Uhr erhalten blieb. Zu diesem Zeitpunkt kam erneut Wind auf. Dabei war die Verwehung der im Windschutz angesammelten Kohlensäure zwar gegenüber dem Freiland etwas verlangsamt; schließlich stellte sich jedoch an beiden Meßstellen der gleiche Tiefstwert ein (23.30 Uhr). Die Abnahme der Windgeschwindigkeit und der Anstieg der CO_2-Konzentration wiederholten sich noch einmal. Der nur wenig höhere Wert, der sich hierbei im Windschutz einstellte, blieb auch bei allen weiteren Schwankungen erhalten. Im Mittel war der CO_2-Gehalt im Windschutz nur um 1 TP erhöht.

b) Nächte mit schwacher Luftbewegung (Abb. 3) zeigten einen rascheren abendlichen Anstieg der Kohlensäurekonzentration, die im weiteren Verlauf der Nacht wieder abnahm. Dabei war der Einfluß der geringen Änderungen der Windgeschwindigkeit im Freiland größer als im Windschutz. Hier kam die Luftbewegung nur so abgeschwächt zur Wirkung, daß die gegenüber dem windoffenen Feld um durchschnittlich 2,2 TP höhere CO_2-Konzentration dauernd erhalten blieb, bis der morgendliche Steilabfall alle Differenzen verwischte.

c) Im Falle stärkerer Luftbewegung im ersten Teil der Nacht und schwächerer oder gar Luftruhe im zweiten kann eine ständige Zunahme der CO_2-Konzentration bis kurz vor Sonnenaufgang beobachtet werden. Für den Windschutz ergeben sich dabei um ca. 1,2 TP höhere Werte.

d) In fast oder völlig windstillen Nächten (Abb. 4) wurden die höheren Konzentrationen viel schneller erreicht. Auch hier kann der Anstieg bis in die Morgenstunden andauern. Da die Kohlensäure aus dem offenen Gelände nicht verweht wird, stimmen die beiden Kurven weitgehend überein. Im Windschutz wurden im Mittel nur 0,8 TP CO_2 mehr gemessen.

An der festgestellten nächtlichen Erhöhung der Kohlensäurekonzentration in Luv und Lee sind drei Faktoren beteiligt: a) die Bodenatmung, b) die Atmung der Pflanzendecke und c) die advektiv herangeführte Kohlensäure aus den angrenzenden, in solchem Fall stärker atmenden Pflanzenbeständen. Ihr jeweiliger Anteil ist durch die Lage der Untersuchungsstelle, die Bodenbeschaffenheit, den Pflanzenwuchs und die klimatischen Faktoren bestimmt. So konnte Steubing (1952/53) über stark organisch gedüngten, unbewachsenen Böden im Windschutz eine Anreicherung von CO_2 in der Luft nachweisen.

Bei unseren Untersuchungen ergab sich, daß die Bodenatmung nur von geringer Bedeutung für den CO_2-Gehalt der bodennahen Luftschicht ist. Der stark sandige, verhältnismäßig nährstoffarme Boden des Untersuchungsgeländes hat nur eine schwache biologische Aktivität. Das zeigt sich deutlich bei den Meßergebnissen aus dem Jahre 1957, wo einige Parzellen mit Buschtomaten bepflanzt und mit Windschutzhecken aus Mais und Erbsen umgeben waren. Die Tomatenpflanzen waren durch Spätfröste geschädigt worden und entwickelten sich ziemlich schlecht, so daß sich in den Parzellen kein geschlossener Bestand bilden konnte. Ein Einfluß auf die CO_2-Konzentration durch Atmung während der Nacht oder Assimilation am Tage ließ sich nicht nachweisen. In diesen Parzellen hätte also die Bodenatmung der Hauptträger der nächtlichen CO_2-Anreicherung sein müssen; aus Abb. 5 geht jedoch hervor, daß im Windschutz die CO_2-Konzentration während der ganzen Nacht unter der im Freiland gemessenen lag (bis zu 17,5% weniger).

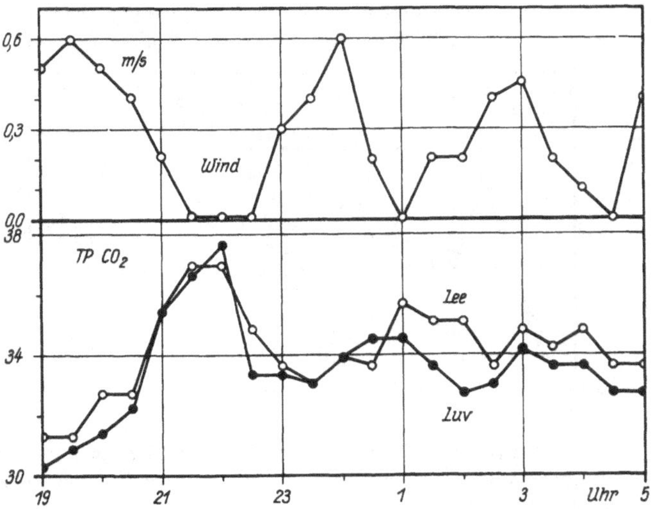

Abb. 2 Verlauf der CO_2- Konzentration der Luft in Luv und Lee in einer Nacht mit teilweise stärkerem, teilweise schwachem Wind (m/s; oben) über einem Kartoffelfeld (26./27. Juni 1959). Darstellung wie in Abb. 1

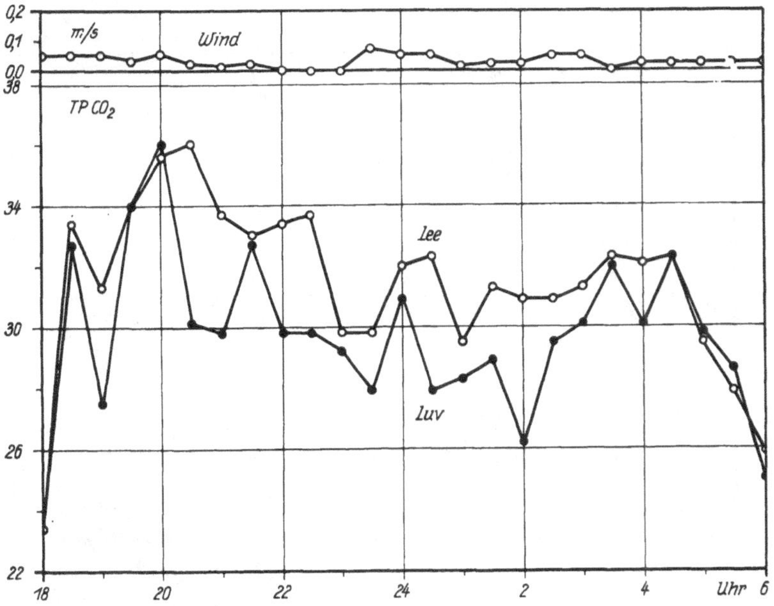

Abb. 3. Verlauf der CO_2- Konzentration der Luft in Luv und Lee in einer windarmen Nacht (m/s; oben) über einem Kartoffelfeld (18./19. August 1959). Darstellung wie in Abb. 1

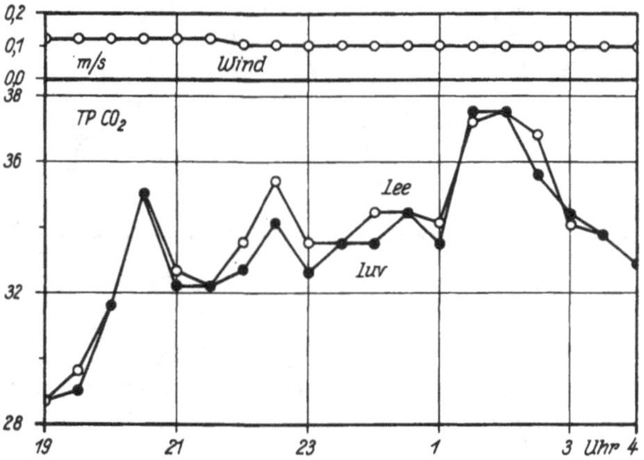

Abb. 4. Verlauf der CO_2-Konzentration der Luft in Luv und Lee in einer weitgehend windstillen Nacht (m/s; oben) über einem Kartoffelfeld (25./26. Juni 1959). Darstellung wie in Abb. 1

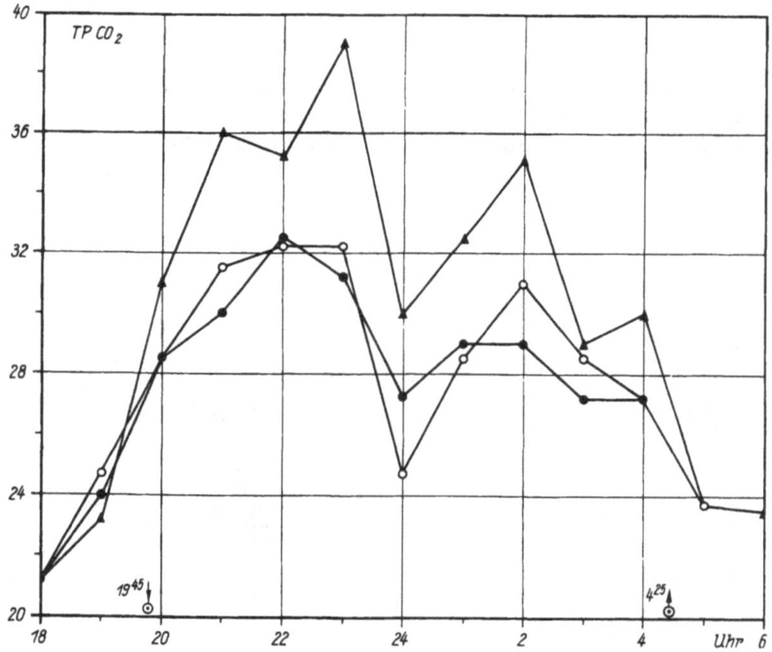

Abb. 5. Verlauf der CO_2-Konzentration der Luft in Luv (Dreiecke) und in zwei mit Tomaten bepflanzten windgeschützten Parzellen (runde Symbole) in der Nacht vom 5./6. August 1957. Über der Abszisse ist der Zeitpunkt von Sonnenuntergang und -aufgang angegeben

Solche Verhältnisse traten in 16 von insgesamt 20 untersuchten Nächten auf. Daraus ergibt sich zugleich eindeutig die große Bedeutung der advektiv herangeführten Atmungskohlensäure aus der Umgebung; denn, da Boden und Bepflanzung im Windschutz und Freiland gleich waren, konnte der höhere CO_2-Gehalt über ungeschütztem Gelände nur durch CO_2-Zufuhr aus stärker atmenden Pflanzenbeständen aus der Umgebung zustande kommen. Hierbei muß vor allem mit dem in der Nähe des Versuchsgeländes gelegenen Waldbestand des Drachenberges (vorwiegend aus Buchen bestehend) gerechnet werden. Untersuchungen im Jahre 1958, bei denen eine Ansaugstelle möglichst nahe an den Wald herangelegt wurde, ergaben an allen Abenden zwischen 17.00 und 19.00 Uhr eine stark erhöhte Kohlensäure-Konzentration; der weitere Kurvenverlauf zeigte keine Besonderheiten.

Ein horizontaler Transport der hier angesammelten Kohlensäure durch den Wind ist wahrscheinlich. Die gemessenen Werte liegen, absolut betrachtet, allerdings zu hoch. Hierbei kann die große Länge der Schlauchleitung eine Fehlerquelle sein; vielleicht erlaubte die Förderleistung der Pumpen keinen ausreichend raschen Luftwechsel in der Leitung. Gleichzeitig wäre es möglich, daß sich dabei die CO_2-Diffusion durch die Schlauchwände stärker ausgewirkt hat.

Die oben geschilderten Verhältnisse liefern zugleich einen weiteren Hinweis auf die Beeinflussung der CO_2-Konzentration durch Windschutzanlagen. Konnte bisher gezeigt werden, wie die angesammelte Kohlensäure dadurch vor stärkerer Verwehung geschützt wird, so erscheint hier die gleiche Wirkung des Windschutzes mit umgekehrtem Vorzeichen infolge einer Behinderung der horizontalen Zufuhr zu bestehen, indem sich gewissermaßen „Inseln geringerer CO_2-Konzentration" bilden. Daß dieser Effekt schon durch eine Erbsenhecke von nur 80—100 cm Höhe hervorgerufen werden kann, weist auf die wesentlich stabilere Luftschichtung in der Nacht hin; eine derartige Erscheinung wäre am Tage auch bei Windstille infolge der herrschenden Turbulenz nicht zu beobachten. Aber selbst in windstillen Nächten befindet sich die Luft nicht völlig in Ruhe. Nach Geiger (1961 S. 44) ist der Massenaustausch auch nachts wirksam, allerdings in wesentlich geringerem Ausmaß. Das immer wieder beobachtete, von feststellbarer Luftbewegung unabhängige, rasche Absinken der CO_2-Konzentration, das oft an allen Meßstellen gleichzeitig auftrat, kann nur auf Austauschvorgängen beruhen (Abb. 4; 20.30, 22.30, 2.00 Uhr). Bestätigt wird die Möglichkeit einer Verfrachtung von CO_2 in vertikaler Richtung durch Messungen in der Nacht vom 6./7. September 1957 (Abb. 6). Die Ansaugstellen waren in diesem Fall übereinander in 30,150 und 400 cm Höhe in einem Kartoffelfeld angeordnet. In der bodennahen Schicht herrschte völlige Luftruhe, was durch eine dichte Schicht von Bodennebel angezeigt wurde. Gegen 22.00 Uhr hatte die CO_2-Konzentration in 30 cm Höhe ihr Maximum erreicht und fiel bis 23.00 Uhr rasch ab; gleichzeitig stiegen die Werte in 150 cm Höhe um etwa den gleichen Betrag an. Der weitere Verlauf erfolgte an beiden Meßstellen gleichsinnig.

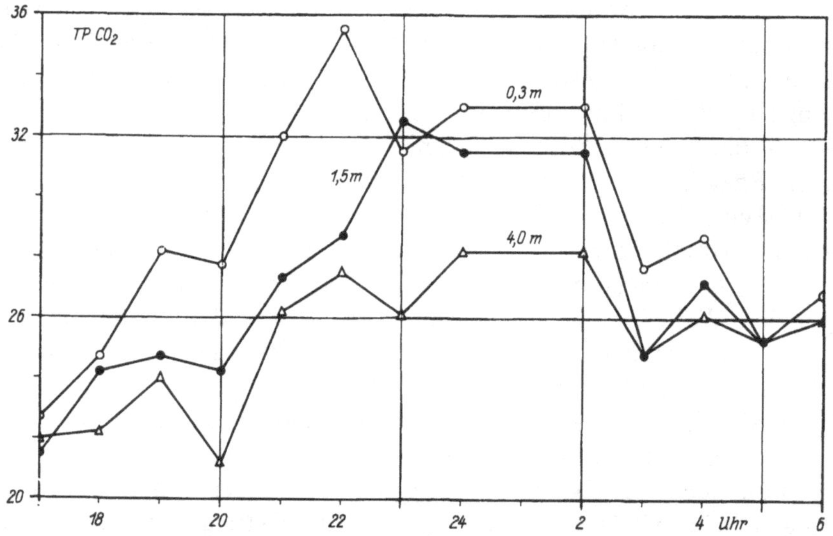

Abb. 6. Nächtlicher Verlauf der CO_2-Konzentration der Luft im offenen Gelände in verschiedener Höhe über dem Erdboden, mit Kartoffeln bepflanzt (6./7. September 1957)

Für den Abfall der Kohlensäure-Konzentration in den Morgenstunden können drei Faktoren maßgeblich sein: a) der um diese Zeit häufig einsetzende Wind, b) der Vertikalaustausch und c) die Assimilation der Pflanzendecke. Huber (1952a, b), Rüsch (1955) und Tamm und Krzysch (1959) sehen in der Hochwirbelung der in Bodennähe angesammelten Kohlensäure durch Erwärmung der untersten Luftschichten die Hauptursache für die bald nach Sonnenaufgang registrierte geringe CO_2-Konzentration. Die eigenen Messungen zeigten dagegen, daß der CO_2-Gehalt fast immer schon bei Sonnenaufgang abnimmt, also zu einem Zeitpunkt, bei dem noch keine wirksame Wärmeeinstrahlung stattfindet. Die Erwärmung der bodennahen Luftschichten wird erst nach 1 bis $1^1/_2$ Stunden so groß, daß ein Vertikalaustausch in Gang kommen kann. Nach Ablauf dieser Zeit ist indessen meist ein weiteres Absinken der CO_2-Konzentration festzustellen, so daß die wesentliche Beteiligung einer thermisch bedingten Turbulenz am CO_2-Verlust in Bodennähe sicher ist.

Eine merkliche Belebung der Windtätigkeit konnte im allgemeinen auch erst 1 bis 2 Stunden nach Sonnenaufgang beobachtet werden. Damit muß die von einer bestimmten Helligkeitsgrenze an einsetzende Assimilationstätigkeit der Pflanzen als wesentlicher Faktor für das Absinken der CO_2-Konzentration vor Beginn des Massenaustausches angesehen werden. Das bestätigten auch die in einer späteren Mitteilung näher beschriebenen Assimilations-Messungen. Um den bei diesen Versuchen durch die Verwendung der Ansaugplatten möglichen Windeinfluß auszuschalten, wurde ein Rübenblatt in eine Assimilationsküvette eingeschlossen und auf diese Weise der nur von der zunehmenden Beleuchtungsstärke abhängige Zeitpunkt des Beginns der Photosynthese ermittelt. Am 21. August 1959 ging nach einer windstillen und wolkenlosen Nacht die Sonne um 4.57 Uhr auf; um 5.15 Uhr setzte die apparente Assimilation des Blattes in der Küvette ein.

Insgesamt gesehen, vermag die Vegetation die in der Nacht angesammelte Kohlensäure nicht völlig auszunutzen. Solange noch eine erhöhte CO_2-Konzentration im Windschutz vorhanden ist, wirkt das Licht als begrenzender Faktor; die Werte für die apparente Assimilation sind dann noch gering. Einige Stunden später, wenn die Assimilations-Intensität ihre normale Höhe erreicht hat, ist der CO_2-Gehalt der Luft im Bereich der Pflanzendecke durch Austausch, Verbrauch durch die Pflanzen und Verwehung durch den Wind auf einen niedrigen Wert abgesunken, der mit gewissen Schwankungen tagsüber erhalten bleibt. Die zeitig einsetzende Assimilation und der in Gang kommende Vertikalaustausch verhindern auch im Windschutz eine Ausnutzung der dort angesammelten Kohlensäure für eine stärkere Photosynthese, da dieser nur einen Schutz vor horizontaler Verwehung bietet. Der Abfall der CO_2-Konzentration erfolgt im windoffenen und windgeschützten Bereich mit gleicher Geschwindigkeit, und es wird etwa gleichzeitig an beiden Stellen der gleiche Tiefstwert erreicht.

Neben dem Windschutz, der durch Anpflanzung von Hecken oder durch Errichten von Rohrmattenwänden erzielt wird, übt auch der Pflanzenbestand selbst eine mehr oder minder stark windbremsende Wirkung aus. Diese ist abhängig von der Höhe und Rauhigkeit des Bestandes; vgl. Hellmann (1915) und Paeschke (1937). So bietet z. B. eine Wiese einen ausgezeichneten Schutz für die nachts in ihr angesammelte Kohlensäure. Dazu wurden im Juni 1958 mehrere Messungen in einer kurz vor der Mahd stehenden Wiese durchgeführt. Das Gras hatte eine durchschnittliche Höhe von 80–100 cm erreicht; die Ansaugstelle befand sich in 50 cm Höhe, ebenso wie die Vergleichsmeßstelle in einem Kartoffelfeld in der Nähe des Waldrandes. In windstillen Nächten ergab sich für beide Meßstellen die bereits beschriebene Erscheinung eines Anstieges der CO_2-Konzentration; dabei wurden in der Wiese durchweg höhere Werte erreicht, was zum Teil natürlich durch die stärkere CO_2-Ausscheidung des dichteren und höheren Bestandes der Gräser bedingt war, so daß die Kurve ausgeglichener verlief (Abb. 7).

Die Abb. 8 zeigt hingegen den Verlauf der CO_2-Konzentration in einer Nacht, in welcher eine lebhafte Luftbewegung die Ansammlung der Kohlensäure im windoffenen Kartoffelfeld unmöglich machte; ein stärkerer Anstieg setzte erst kurz vor Sonnenaufgang ein, blieb aber nur kurze Zeit bis zum Ingangkommen der Assimilation und des Vertikalaustausches erhalten. In einer Wiese wurde durch die stärkere Windschutzwirkung des Bestandes eine rasche Zunahme der CO_2-Konzentration ermöglicht. Der Kurvenverlauf zeigte zwar auch stärkere Schwankungen; die Differenz zum windoffenen Feld war aber weitaus größer als bei Windstille. Aus Abb. 8 geht außerdem hervor, in

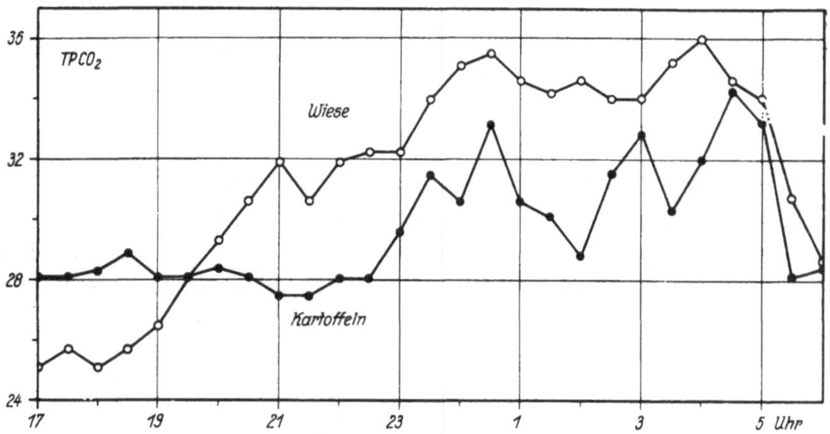

Abb. 7. Vergleich des nächtlichen Verlaufs der CO_2-Konzentration der Luft über einer Wiese und einem Kartoffelfeld ohne Windschutz in einer verhältnismäßig windstillen Nacht (12./13. Juni 1958)

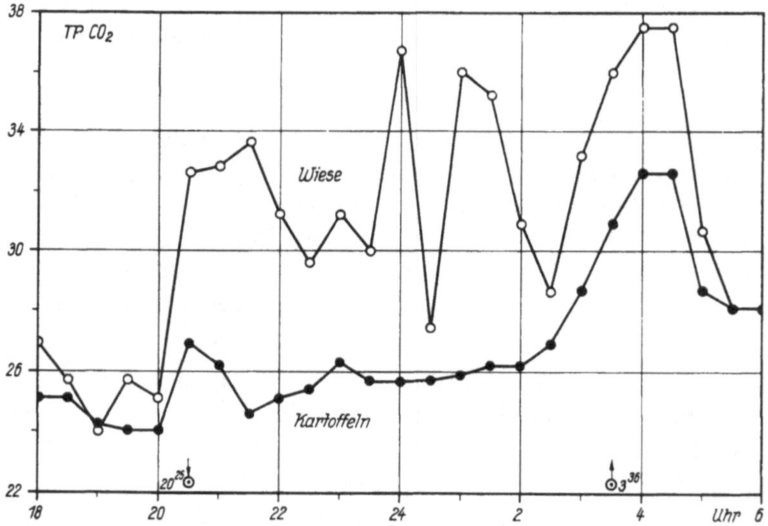

Abb. 8. Vergleich des nächtlichen Verlaufs der CO_2-Konzentration der Luft über einer Wiese und einem Kartoffelfeld (ohne Windschutz) in einer Nacht mit lebhafter Luftbewegung (17./18. Juni 1958). Über der Abszisse ist der Zeitpunkt von Sonnenuntergang und -aufgang angegeben

welch hohem Maße sich die CO_2-Konzentration in der bodennahen Luftschicht in einem labilen Gleichgewichtszustand zwischen der Kohlensäureproduktion auf der einen und den Verlusten durch den Wind und Vertikalaustausch auf der anderen Seite befindet. Eine Abnahme des CO_2-Gehaltes in der Wiese gegen 24.00 Uhr wird nach Wiederherstellung der Luftruhe in kurzer Zeit ausgeglichen. Der größte Wert der CO_2-Konzentration ist das Resultat des Zusammenwirkens von Bodenatmung, Atmung der Pflanzendecke und verschiedenen klimatischen Faktoren. Die nachts gebildete Kohlensäure geht den Pflanzen für die Assimilation zum größten Teil verloren, worauf schon Huber (1952a, b) und Rüsch (1955) hingewiesen haben. Wir haben dennoch drei Jahre hintereinander die nächtliche CO_2-Konzentration registriert, vor allem deshalb, weil das Fehlen der Assimilation, die relativ geringe Vertikalturbulenz und die wesentlich größeren CO_2-Differenzen zwischen Luv und Lee während der Nacht es erleichtern, den Einfluß von Wind und Windschutz auf den CO_2-Gehalt der bodennahen Luftschicht zu untersuchen.

4. CO_2-VERHÄLTNISSE IN LUV UND LEE AM TAGE

Nach dem Absinken der CO_2-Konzentration in der Zeit um den Sonnenaufgang ließ sich an allen Meßstellen zunächst ungefähr der gleiche Wert registrieren, der meist zwischen 0,025 und 0,030 Vol. % lag. Im Laufe des Tages blieb dieser Wert in höheren Schichten und über unbewachsenem Boden ziemlich konstant; in der bodennahen Vegetationsschicht zeigte sich jedoch bald eine weitere Abnahme des CO_2-Gehaltes infolge der Assimilation der Pflanzendecke. Die niedrigsten Werte traten dabei im Windschutz auf; an verschiedenen Tagen lag hier während der ganzen Einstrahlungsperiode die CO_2-Konzentration unter der im Freiland gemessenen. Derartige Verhältnisse veranschaulichen die Abb. 9 und 10, aus denen gleichzeitig hervorgeht, daß das Gefälle der CO_2-Konzentration auch bei relativ hoher Windstärke erhalten bleiben kann.

1958 betrug im Windschutz das CO_2-Defizit im Mittel 3%. Im Sommer 1959 waren die Differenzen zwischen dem CO_2-Gehalt zwischen Luv und Lee im

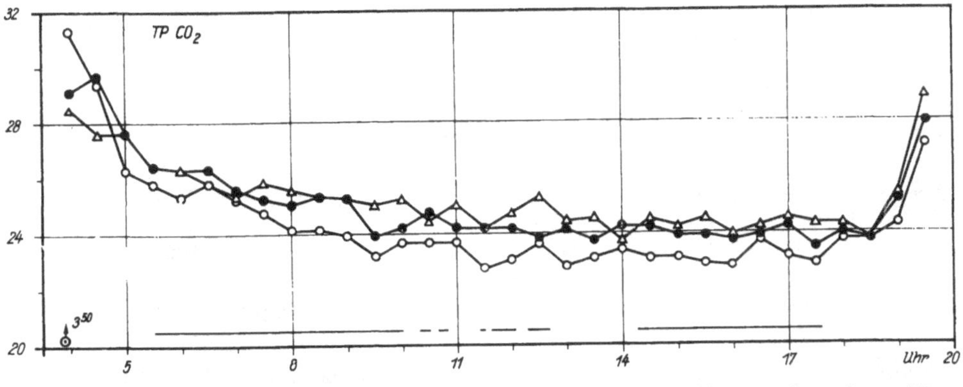

Abb. 9. Verlauf der CO_2-Konzentration der Luft während des Tages über einem Kartoffelfeld (11. Juli 1958). Offene Kreise = im Windschutz durch Rohrmatten, geschlossene Kreise bzw. Dreiecke = Freiland Feldmitte bzw. Rand des Feldes. Links über der Abszisse Zeitpunkt des Sonnenaufgangs; die horizontale Linie bedeutet Sonnenscheindauer nach Registrierung des Sonnenschein-Autographen

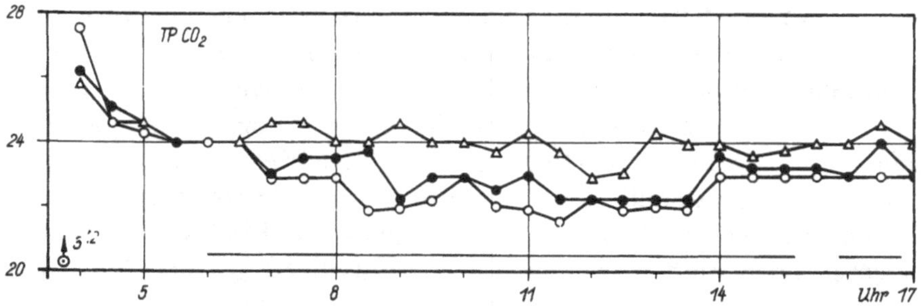

Abb. 10. Verlauf der CO_2-Konzentration der Luft über einem Kartoffelfeld in Luv und Lee an einem windreichen Tag (2. Juli 1958). Signaturen haben die gleiche Bedeutung wie in Abb. 9, ebenso die Angaben über der Abszisse. Mittlere Windstärke am Vormittag in Luv 1,85 m/s, in Lee 0,75 m/s, am Nachmittag in Luv 1,50 m/s, in Lee 0,77 m/s

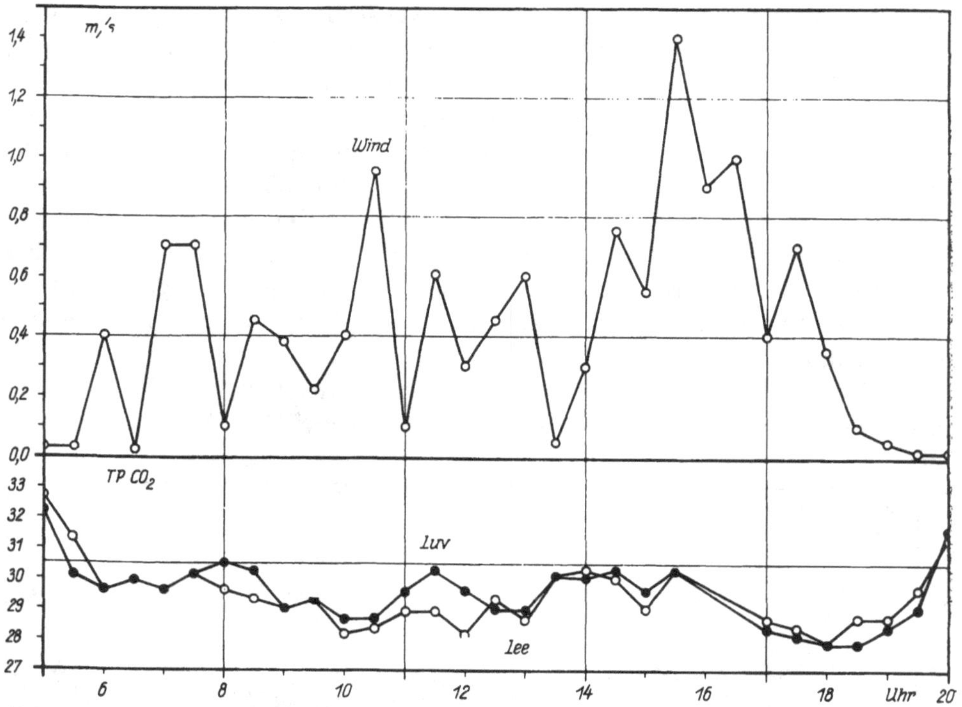

Abb. 11. Verlauf der CO_2-Konzentration der Luft über einem Kartoffelfeld in Luv (schwarze Symbole) und in Lee (offene Symbole) an einem Tag (25. Juni 1959) mit stark wechselnder Windgeschwindigkeit (m/s; oben)

allgemeinen geringer; die Kurven zeigten teilweise kaum Unterschiede. In erster Linie dürfte dafür allerdings die große Trockenheit in den Monaten Juni und August maßgeblich gewesen sein. Die Rüben des Versuchsfeldes entwickelten sich beispielsweise nur schlecht und bildeten kleine Blätter, so daß keine geschlossene Vegetationsdecke entstehen konnte. Auch hinsichtlich der absoluten

Werte war die CO_2-Konzentration der bodennahen Luftschicht während der Vegetationsperiode 1959 geringer als 1958, wahrscheinlich infolge der schwächeren Bodenatmung.

Dagegen bildeten die Kartoffeln einen dichten Bestand; hier konnte im Windschutz zeitweilig ein stärkeres CO_2-Defizit gemessen werden, wie z. B. Abb. 11 zeigt. Im Freiland führte die zum Teil lebhafte Luftbewegung zu einer raschen Erneuerung der Bestandesluft; der CO_2-Gehalt der windgeschützten Parzelle wurde dadurch wesentlich weniger beeinflußt. Diese Behinderung der CO_2-Zufuhr aus der freien Atmosphäre durch Windschutzanlagen wird von Rüsch (1955) als Hauptursache für die Verringerung der CO_2-Konzentration in der bodennahen Luftschicht windgeschützter Bestände angesehen; der Anteil der Assimilation am Zustandekommen des CO_2-Defizits wird von ihm dagegen geringer bewertet. Rüsch zog diese Folgerungen aus seinen Messungen der Kohlensäurekonzentration in der bodennahen Luftschicht. Eine Beantwortung der Frage, ob der Windschutz trotz seiner erwiesenermaßen negativen Wirkung auf die Versorgung der Pflanzen mit Kohlendioxyd einen fördernden Einfluß auf die Assimilation ausübt, können jedoch nur gleichzeitige Bestimmungen der photosynthetischen Leistung windgeschützter und nicht windgeschützter Pflanzen geben. Diese Messungen wurden in den Jahren 1958 und 1959 durchgeführt, worüber in einer späteren Mitteilung näher berichtet wird.

5. DISKUSSION

Die von uns durchgeführten Untersuchungen wollen zunächst über den Einfluß von Wind und Windschutz auf die Konzentration des Kohlendioxyds in der bodennahen Luftschicht unterrichten. Bei der Auswertung der Dauerregistrierungen zeigte sich, daß durch den höheren CO_2-Gehalt und die stabilere Luftschichtung während der Nacht die Zusammenhänge zwischen Wind und CO_2-Konzentration in der bodennahen Luftschicht deutlicher ausgeprägt sind als am Tage. Registrierungen aus Nächten mit unterschiedlich starker Luftbewegung haben gezeigt, daß die Geschwindigkeit des Aufbaues und die erreichte Höhe des vertikalen CO_2-Gefälles in erster Linie von der herrschenden Luftbewegung abhängen. Windschutzanlagen verhindern die Verwehung der in ihrem Bereich angesammelten Atmungskohlensäure. Wenn andererseits durch das Fehlen einer atmenden Pflanzendecke die CO_2-Produktion in Lee geringer ist als in der Umgebung, so kann dieses Defizit ebenfalls erhalten bleiben.

Diese Befunde können jedoch nicht ohne weiteres auf die Verhältnisse am Tage übertragen werden, da in der Einstrahlungsperiode dem Vertikalaustausch eine große Bedeutung zukommt, während er nachts nur in geringem Maße wirksam ist. Um den Einfluß des Austausches auf die CO_2-Konzentration in der bodennahen Luftschicht zu beurteilen, sind jedoch außer den CO_2-Gefällemessungen noch gleichzeitige Bestimmungen der Assimilationsintensität notwendig, worüber in einer späteren Mitteilung noch eingehender berichtet werden wird. Rüsch folgerte beispielsweise aus seinen Untersuchungen, daß der morgendliche stete Abfall der CO_2-Konzentration in Bodennähe weitgehend eine Folge des in Gang kommenden Austausches sei. Durch Assimilationsmessungen konnte jedoch gezeigt werden, daß eine positive Photosynthese bereits 18 Minuten nach Sonnenaufgang einsetzen kann, zu einem Zeitpunkt also, in welchem die thermischen Voraussetzungen für stärkere Turbulenz noch gar nicht gegeben sind. Das Absinken der CO_2-Konzentration wird also zunächst etwa während 1 bis 2 Stunden großenteils durch die Assimilation verursacht. Für das Zustandekommen des tagsüber im Windschutz ermittelten CO_2-Defizits wurde von Rüsch in erster Linie die Behinderung der CO_2-Zufuhr in horizontaler Richtung verantwortlich gemacht.

Unter Umständen kann der durch Windhindernisse oder irgendwelche künstlichen Windschutzanlagen erschwerte horizontale Austausch auch am Tage dazu führen, daß die CO_2-Konzentration in Luv niederer ist als in Lee. Es darf jedoch nicht übersehen werden, daß diese Wirkung des Windschutzes, die in der Nacht durch Messungen belegt werden konnte (vgl. S. 226), am Tage dadurch an Bedeutung verliert, daß zur horizontalen Luftbewegung der vertikal gerichtete Massenaustausch hinzutritt. Die sehr lebhafte Turbulenz bewirkt vor allem in den Mittagsstunden bei starker Einstrahlung eine dauernde Durchmischung der bodennahen, CO_2-ärmeren Luft mit solcher aus höheren Schichten (Huber 1956 S. 281). Da dennoch im Windschutz meist ein CO_2-Defizit festgestellt werden konnte, wurden Assimilationsmessungen durchgeführt. Sie sollten zeigen, ob sein Zustandekommen auf stärkerer photosynthetischer Leistung der windgeschützten Pflanzen beruht. Die Ergebnisse unserer bereits erwähnten Versuche erlauben es, diese Frage eindeutig in positivem Sinne zu beantworten. Auch Reinau (1957) gelangte auf Grund seiner Untersuchungen zu dem Schluß, daß der von Rüsch (1955) im Windschutz festgestellte niedrigere CO_2-Gehalt dadurch bedingt sein muß, daß die Kohlensäure bereits durch Photosynthese verbraucht worden war.

Zusammenfassung

Mit Hilfe des Ultrarotabsorptionsschreibers (URAS) wurde die CO_2-Konzentration in der bodennahen Luftschicht unter dem Einfluß von Wind und Windschutz gemessen. In der Nacht ist die CO_2-Konzentration im Windschutz gegenüber dem Freiland erhöht, da dort die Atmungskohlensäure vor Verwehung geschützt ist. Bei unbewachsenem Boden bleibt jedoch in Lee die CO_2-Konzentration durch Behinderung der Zufuhr aus der Umgebung geringer als in Luv. Für den Verlauf des Aufbaues eines CO_2-Gefälles vom Boden her ist die Höhe der Windgeschwindigkeit bestimmend. Das rasche Absinken der CO_2-Konzentration in den Morgenstunden muß zuerst durch die Photosynthese, die schon kurz nach Sonnenaufgang einsetzt, verursacht werden. Nach Erwärmung der untersten Luftschichten geht dann durch den Vertikalaustausch der größte Teil des während der Nacht angesammelten Kohlendioxyds den Pflanzen für die Photosynthese verloren. Am Tage besteht im Windschutz gegenüber dem Freiland meist ein CO_2-Defizit, das zeitweise durch die erschwerte Erneuerung der Bestandesluft durch Advektion, in erster Linie jedoch durch die stärkere Assimilation der Pflanzen in Lee zustande kommt. Diese Mitteilung wird durch eine weitere ergänzt werden, welche das photosynthetische Verhalten von Pflanzen mit und ohne Windschutz behandelt.

Summary

CO_2-content in the air layer above the ground with crop cultures in open field and under the lee

By means of ultra-red absorption recorder (URAS) the CO_2-concentration of the air near the ground under the influence of wind and wind shelter was investigated. During the night the CO_2-concentration under the lee has been found increased in comparison with open field. Behind a shelter the CO_2 is not so much blown away as outside. Indeed, above soil without any plant growth the CO_2-concentration inside the sheltered area remains lower in consequence of the hindrance of horizontal transport of air. The wind speed is important to the formation of a CO_2-gradient above the ground. The rapid decrease of CO_2-concentration in the early morning must be caused primarily by photosynthesis of plants beginning almost immediately after sunrise. Later on by vertical air movement the greatest part of CO_2, accumulated during the night, is lost for photosynthesis by warming the air near the ground. During the day under the lee there exist mostly a CO_2-deficite in comparison with the open field. This is partly rendered by difficulty of air transport by advection, at first, indeed, by an increased rate of photosynthesis under the lee. The present communication will be continued by a second one concerning the photosynthetic behaviour of plants inside and outside of wind shelter.

Краткое содержание

Влияние ветра и безветрия на содержание CO_2 в припочвенных слоях воздуха в полевых культурах

В припочвенных слоях воздуха, с помощью прибора саморегистрирующего абсорбцию ультракрасного излучения (URAS), измерялось изменение концентрации CO_2 под влиянием ветра и безветрия. Ночью концентрация CO_2 в безветренных местах, в сравнении с открытыми, повышена, так как там углекислый газ, выделяющийся при дыхании, защищен от развеивания. Однако, над почвой не покрытой растениями, концентрация CO_2 с подветренной стороны остается более низкой, чем с наветренной. На образование градиента CO_2 над почвой влияет и скорость ветра. Быстрое падение концентрации CO_2 в утренние часы обуславливается очевидно фотосинтезом, который начинается сразу после восхода солнца. После того, как нижние слои воздуха прогреются, большая часть накопившегося за ночь углекислого газа, благодаря вертикальным токам, оказывается недоступной для фотосинтетических процессов растений. Днем в укрытых от ветра местах, в сравнении с открытыми, обыкновенно наблюдается дефицит CO_2, который можно объяснить временно затрудненным обновлением воздуха, а главным образом более сильной ассимиляцией растений с подветренной стороны. – Это сообщение будет позднее дополнено наблюдениями над фотосинтетическим поведением растений в защищенных и не защищенных от ветра местах.

Literatur

Aslyng, H. C., 1958: Shelter and its effect on climate and water balance. – Oikos (Copenh.) *9*, 282–310.

Bosian, G., 1955: Über die Vollautomatisierung der CO_2-Assimilationsbestimmungen und zur Methodik des Küvettenklimas. – Planta (Berl.) *45*, 470–492.

Dingle, H., and A. W. Pryce, 1940: The estimation of small quantities of carbondioxide in air by the absorption of infra-red radiation. – Proc. roy. Soc. (London), Ser. B., *129*, 468–74.

Egle, K., und A. Ernst, 1949: Die Verwendung des Ultrarotabsorptionsschreibers für die vollautomatische und fortlaufende CO_2-Analyse bei Assimilations- und Atmungsmessungen an Pflanzen. – Z. Naturforschg. *4b*, 351–360.

Egle, K., und W. Schenk, 1951: Die Anwendung des Ultrarotabsorptionsschreibers in der Photosyntheseforschung. – Ber. dtsch. bot. Ges. *64*, 180–196.

Geiger, R., 1961: Das Klima der bodennahen Luftschicht. – 4. Aufl., Braunschweig: Vieweg.

Holdheide, W., B. Huber u. O. Stocker, 1936: Eine Feldmethode zur Bestimmung der momentanen Assimilationsgröße. – Ber. dtsch. bot. Ges. *54*, 168–188.

Huber, B., 1950: Registrierung des CO_2-Gefälles und Berechnung des CO_2-Stromes über Pflanzengesellschaften mittels Ultrarot-Absorptionsschreiber. – Ber. dtsch. bot. Ges., *63*, 52–63.

– 1952a: Über die vertikale Reichweite vegetationsbedingter Tagesschwankungen im CO_2-Gehalt der Atmosphäre. – Forstwiss. Cbl. *71*, 372–380.

– 1952b: Der Einfluß der Vegetation auf die Schwankungen des CO_2-Gehaltes der Atmosphäre. – Arch. Meteorol. Geophys. Bioklimatol., B, *4*, 154–167.

– 1956: Die Evaporation. – In Handbuch der Pflanzenphysiologie. Herausgegeben von W. Ruhland. Bd. 3, S. 265–284, Berlin-Göttingen-Heidelberg: Springer.

Koepf, H., 1953a: Die Verwendung des Ultrarotabsorptionsschreibers (URAS) für die kontinuierliche Registrierung der Bodenatmung im Freiland. – Landw. Forsch. *5*, 54–62.

Koepf, H., 1953b: Die Temperatur-Zeit-Abhängigkeit der Bodenatmung. Experiment. Untersuchung unter Verwendung des Ultrarotabsorptionsschreibers (URAS). – Z. Pflanzenernähr. Düngung Bodenkunde *61*, (*106*) 29–48.

Kreutz, W., 1937: Windeinfluß auf Böden mit verschiedener Wassersättigung, ein Beitrag zum Windschutzproblem. – Bioklimat. Beibl. *4*, 11–18.

– 1950: Praktischer Windschutz. – Z. Acker- u. Pflanzenbau *92*, 166–175.

– 1952: Der Windschutz. – Dortmund: Ardey.

Paeschke, W., 1937: Mikroklimatische Untersuchungen innerhalb und dicht über verschiedenartigem Bestand. – Bioklimat. Beibl. *4*, 155–163.

Parker, J., 1953: Photosynthesis of *Picea excelsa* in winter. – Ecology *34*, 605–609.

Reinau, E. H., 1954: Schwellenwert der CO_2 in Luft der Grüngrenze eines Zuckerrübenschlages bei Gewitterregen. – Ber. dtsch. bot. Ges. *67*, 44–47.

– 1955: Zur Kinetik der CO_2 in der Luft um Grünpflanzen in geschlossenen Beständen.– Arch. Gartenbau *2*, 144–160.

– 1957: CO_2-Gehalt, -Licht-Produktgesetz und Resttheorie der Luft-CO_2. – Angew. Bot. *31*, 74–83.

Rüsch, J. D., 1955: Der CO_2-Gehalt bodennaher Luftschichten unter Einfluß des Windschutzes. – Z. Pflanzenernähr. Düngung Bodenkunde *71*, 113–132.

Scarth, G. W., J. Loewy and A. Shaw, 1948: Use of the infrared total absorption method for estimating the time course of photosynthesis and transpiration. – Canad. J. Res. Counc. *26*, 94–107.

Steubing, L., 1952: Die Bedeutung von Windschutzanlagen für das Mikroklima. – Dtsch. Landwirtschaft *3*, 523–526.

– 1952/53: Experimentelle Untersuchungen über die Veränderung der Standortfaktoren durch Windschutzanlagen. – Oikos (Copenh.) *4*, 118–147.

Steubing, L., und W. R. Müller-Stoll, 1955: Über die Beeinflussung der Standortfaktoren und der Ertragsbildung durch Windschutzstreifen aus hochwüchsigen Nutzpflanzen. – Angew. Bot. *29*, 90–107.

Strugger, S., und W. Baumeister, 1951: Zur Anwendung des Ultrarotabsorptionsschreibers für CO_2-Assimilationsmessungen im Laboratorium. – Ber. dtsch. bot. Ges. *64*, 5–22.

Tamm, E., und G. Krzysch, 1959: Beobachtungen des Wachstumsfaktors CO_2 in der Vegetationszone. – Z. Acker- u. Pflanzenbau *107*, 275–300.

Tranquillini, W., 1952: Der Ultrarot-Absorptionsschreiber im Dienste ökologischer Messungen des pflanzlichen CO_2-Umsatzes. – Ber. dtsch. bot. Ges. *65*, 102–112.

– 1955: Die Bedingungen des Lichtes und der Temperatur für die Kohlensäureassimilation von *Pinus cembra*-Jungwuchs an einem hochalpinen Standort. – Planta (Berl.) *46*, 154–178.

Walter, H., 1952: Eine einfache Methode zur ökologischen Erfassung des CO_2-Faktors am Standort. – Ber. dtsch. bot. Ges. *65*, 175–182.

Ein Vergleich verschiedener Extraktionsmittel für Plastidenpigmente

von H. Sagromsky und V. S. Saakov[1]

(Eingegangen am 15. März 1970)

Für die Beurteilung vieler pflanzenphysiologischer Prozesse, die in Verbindung mit der Kohlensäureassimilation stehen, ist der Pigmentgehalt der Plastiden von Bedeutung. Es gibt eine Reihe von Vorschriften für die mengenmäßige Erfassung dieser Chloroplastenfarbstoffe. Voraussetzung für fast alle Methoden der Pigmentbestimmung ist eine sehr schnelle, vollständige und pigmentschonende Extraktion. Für diesen Arbeitsgang sind die verschiedensten Extraktionsmittel im Gebrauch. Seybold (1942), Egle (1944), Seybold und Falk (1959), Saposhnikov, Bazanova, Maslowa und Popova (1961) und Steeman-Nielson (1961) benutzten zum Beispiel Methanol, Wickliff und Aronoff (1962) bevorzugten 80-prozentigen wäßrigen Äthylalkohol. Azeton wurde von Smith und Benitez (1955), Hager und Bertenrath (1962) sowie Sesták und Ullmann (1964) verwendet. Die Gefahr der Allomerisation von Chlorophyll im Methanol wurde von Holden (1965) als gering eingeschätzt, da die Farbstoffe in diesem Lösungsmittel nie lange bleiben, und daher von ihr Azeton und Methanol als gleichwertige Extraktionsmittel angesehen. Zuweilen kamen auch Gemische von Lösungsmitteln zum Einsatz. So extrahierte Hager (1956) die lipoidlöslichen Blattfarbstoffe zuerst mit Azeton, dann mit einem Gemisch von Azeton und Benzin im Verhältnis 4 : 1. Metzner und Struss (1963) lösten die Farbstoffe aus der Blaualge *Anacystis nidulans* zunächst mit 40-prozentigem wäßrigem Azeton, dann mit einem Methanol-Petroläther-Gemisch im Verhältnis 10 : 3. Strain (1958, 1966) verwandte Methanol und Petroläther in der Zusammensetzung 2 beziehungsweise 4 : 1. – Verschiedene Lösungsmittelgemische hintereinander benutzten Saposhnikov und Chernomorskii (1961) und zwar zuerst zweimal Petroläther, dem Äthylalkohol zugesetzt war (0,1 bis 1,4%), und dann ein Gemisch von Azeton und Äthylalkohol (3 : 1). Kutyurin, Ulubekova und Artamkina (1962) extrahierten 15–20 min mit Petroläther, dann mit 50–60% wäßrigem Azeton, darauf mit 50% Azeton und zum Schluß wurde mit 85% Methanol nachgewaschen.

Aus diesen wenigen Literaturangaben ist zu erkennen, daß die verschiedensten Lösungsmittel in unterschiedlicher Zusammensetzung zur Pigment-

[1] Institut für Pflanzenphysiologie und Biochemie Irkutsk der Sibirischen Akademie der Wissenschaften der UdSSR.

extraktion genommen werden. In den folgenden Untersuchungen sollte ihre Extraktionsfähigkeit miteinander verglichen werden.

METHODE

Mit einem Korkbohrer wurden aus ausgewachsenen etwa gleichaltrigen Blättern kreisförmige Scheiben von 0,8 mm Durchmesser gestanzt und 10 davon in 50 ccm Extraktionslösung gelegt und dunkel gehalten. Als Extraktionsmittel dienten verschiedene Lösungsmittelgemische von Azeton, Methanol, Petroläther (30°–60°) und Äthyläther (Lösungen pro Analyse der Firma VEB Berlin-Chemie) im Mischungsverhältnis x : y : z : q, wobei x, y, z und q in jeder Kombination Werte von 0 und 1 annahmen, außerdem wurden auch alle Zusammenstellungen von x, y, z und q mit Werten von 1 und 2 geprüft, so daß also jedes Lösungsmittel für sich, mit einem anderen, mit 2 anderen und mit allen 3 untersucht wurde, ferner alle Lösungsmittel zusammen, bei denen die Menge des einzelnen einfach oder doppelt gehalten war. Nach 1 Stunde Extraktionsdauer, nach 2, 4 und 8 Stunden wurde die Absorption der Lösungsmittel im sichtbaren Spektralbereich mit einem registrierenden Spektrophotometer UNICAM SP 800 B aufgezeichnet. Bei Lösungsmitteln, die die Plastidenfarbstoffe schlecht extrahierten, wurde das Extraktionsmittel nach 24 Stunden gewechselt.

ERGEBNISSE

Bei Benutzung eines einzelnen Lösungsmittels erwies sich vor allem Methanol, aber auch Azeton allen anderen als überlegen. Von den Lösungsmittelgemischen war dasjenige, in dem Methanol, Azeton, Äthyläther und Petroläther im Verhältnis 1 : 1 : 1 : 1 vertreten war, am besten. Es war gleichwertig den Kombinationen, in denen ein oder mehrere Lösungsmittel in doppelter Menge vertreten waren und übertraf außerdem in den meisten Fällen Methanol und Azeton. Bei stark wasserhaltigen Geweben, wie zum Beispiel bei *Peperomia magnoliaefolia*, war Methanol allein besser als dieses Gemisch. Dieses Ergebnis soll in den folgenden Abbildungen veranschaulicht werden. In Abbildung 1 wird die Extraktionsfähigkeit des Lösungsmittelgemisches Methanol : Azeton : Petroläther : Äthyläther = 1 : 1 : 1 : 1 (Bild A) mit der von Methanol allein (Bild B) und Azeton allein (Bild C) verglichen. Die Blattstücke waren Tomatenblättern entnommen (Wassergehalt 89,5%), die im normalen Gewächshaus kultiviert worden waren. Man sieht, daß bei A schon nach 1 Stunde fast die gesamte Pigmentmenge extrahiert war, während das bei der Benutzung von Methanol oder Azeton auch nach 2 Stunden (punktierte Kurven) noch nicht der Fall war, sondern erst nach 4 Stunden die Blattstücke (ausgezogene Kurve) pigmentfrei waren. Wurde statt des Extraktionsmittelgemisches zur Eluierung

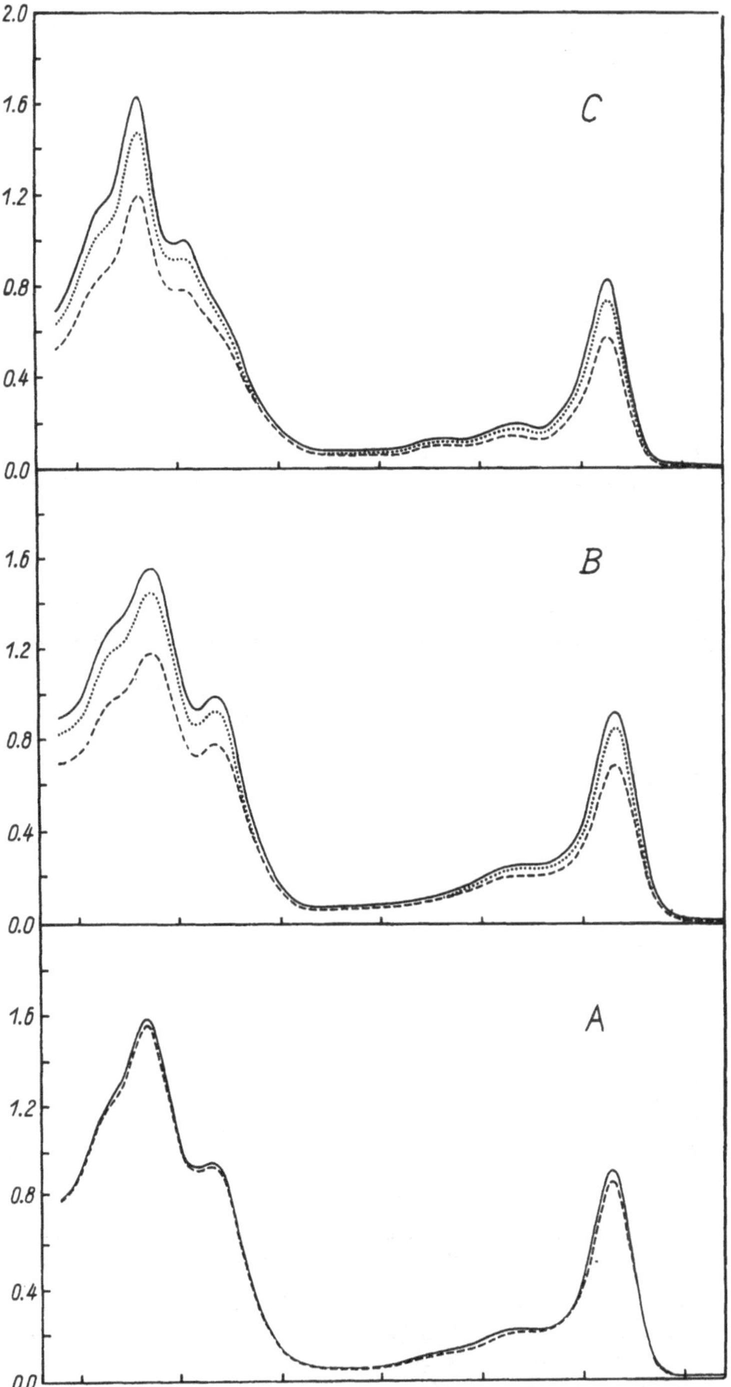

Abb. 1. Vergleich der Extraktionsfähigkeit verschiedener Lösungsmittel. A Lösungsmittelgemisch (Methanol : Azeton : Petroläther : Äthyläther = 1 : 1 : 1 : 1), B Methanol, C Azeton. Gestrichelte Kurve nach 1 Stunde Extraktion, punktierte Kurve nach 2 Stunden, ausgezogene Kurve nach 4 Stunden. Versuchsobjekt: *Lycopersicon esculentum*

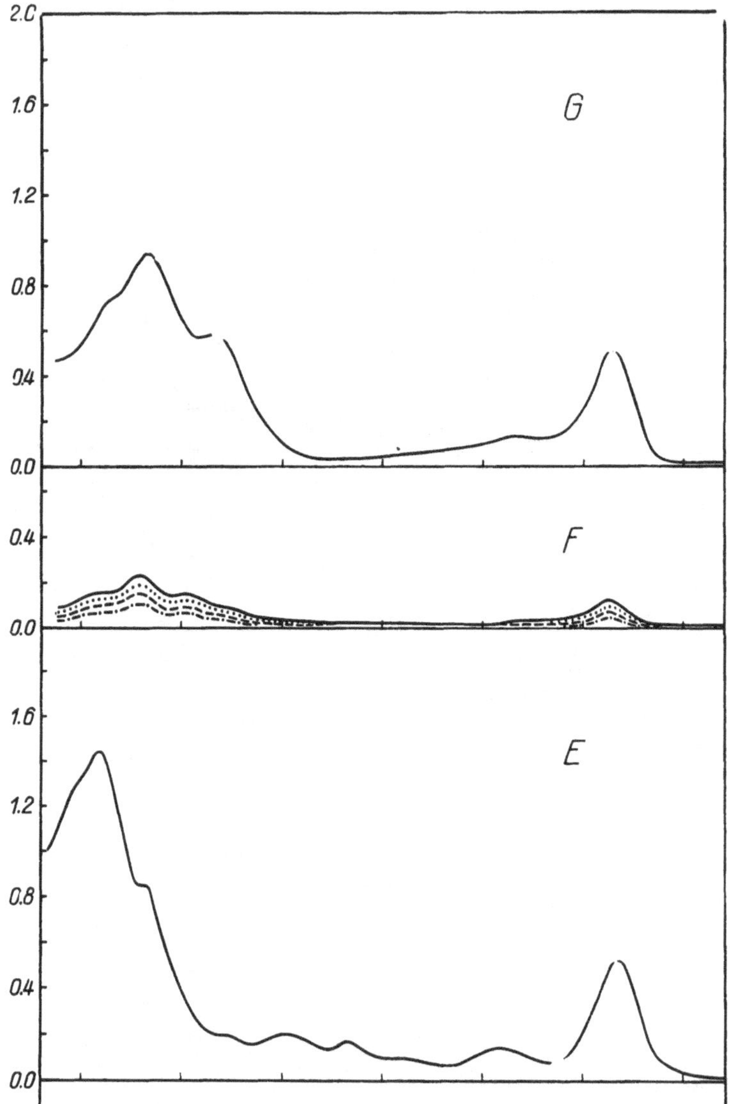

Abb. 2. Vergleich der Extraktionsfähigkeit verschiedener Lösungsmittel. D Petroläther, E Lösungsmittelgemisch nach 24stündiger Einwirkung von Petroläther, F Äthyläther, G Lösungsmittelgemisch nach 24stündiger Einwirkung von Äthyläther. Punkt-Strich-Kurve nach 1 Stunde, gestrichelte Kurve nach 2 Stunden, punktierte Kurve nach 4 Stunden, ausgezogene Kurve nach 8 Stunden. Versuchsobjekt: *Lycopersicon esculentum*.

der Chloroplastenfarbstoffe von Blattstücken von *Lycopersicon esculentum* Petroläther (Abb. 2, D) oder Äthyläther (Abb. 2, F) gewählt, so waren nach 1 Stunde (Punkt-Strich-Kurve) sowie nach 2 Stunden (gestrichelte Kurve) oder nach 4 Stunden (gepunktete Kurve) und auch nach 8 Stunden (ausgezogene Kurve) die Plastidenpigmente keineswegs extrahiert, die Blattscheiben sahen noch grün aus und wenn nach 24 Stunden der Petroläther beziehungsweise der Äthyläther durch das Extraktionsmittelgemisch vertauscht wurde, dann konnten noch innerhalb von 1 Stunde erhebliche Farbstoffmengen freigesetzt werden (Abb. 2, E nach dem Ersatz von Petroläther durch das Extraktionsmittelgemisch und Abb. 2, G nach dem Ersatz von Äthyläther durch das Lösungsmittelgemisch). Aus dem Bild E ist ferner zu erkennen, daß eine längere Einwirkung von Petroläther eine Umwandlung der Chlorophylle in Phaeophytine hervorrufen kann. Aus diesem Versuch kann entnommen werden, daß das Lösungsmittelgemisch wesentlich schneller die Plastidenfarbstoffe extrahiert als Methanol oder Azeton. Petroläther oder Äthyläther allein erweisen sich als unbrauchbar.

Wurde ein festeres Blattgewebe benutzt, wie zum Beispiel grüne Blattstücke von *Miscanthus sinensis* var. *zebrina* (Wassergehalt 72,5%), so hatte auch das Lösungsmittelgemisch (Abb. 3, A) nicht nach 1, 2 oder 4 Stunden, sondern erst nach 8 Stunden wie Methanol (Abb. 3, B) und Azeton (Abb. 3, C) die Farbstoffe völlig extrahiert. Waren die Blattstücke vor der Elution mit der Schere etwas zerkleinert worden, so wurde dadurch die Extraktionsgeschwindigkeit nicht wesentlich beschleunigt (Abb. 4, A – Extraktionsgemisch; Abb. 4, B – Methanol und Abb. 4, C – Azeton). – Bei fast allen untersuchten Pflanzen erwies sich das Extraktionsmittelgemisch als sehr gut, sogar bei milchführenden, wie bei *Ficus carica* und *Euphorbia pulcherrima*, extrahierte es die Blattfarbstoffe schneller und besser als Methanol und vor allem als Azeton. Abbildung 5 zeigt diese Beobachtung an Blattstücken von *Ficus carica*. Nur bei sehr wasserhaltigen Geweben, wie zum Beispiel bei *Peperomia magnoliaefolia* (Wassergehalt 93,7%) war Methanol (Abb. 6, B) besser als das Extraktionsmittelgemisch (Abb. 6, A) und als Azeton (Abb. 6, C). Die Unterschiede in der Extraktionsfähigkeit der verschiedenen Lösungsmittel werden noch deutlicher, vor allem die geringere Eignung von Azeton, wenn man bedenkt, daß die Extinktion gleicher Mengen Plastidenpigmente im Azeton größer als im Extraktionsmittelgemisch und diese wieder größer als in Methanol ist. Die Absorptionskoeffizienten im Blau (432 nm) verhalten sich wie: α Azeton: α Extraktionsmittelgemisch: α Methanol = 1,22 : 1,12 : 1,00.

Die mit dem Lösungsmittelgemisch extrahierten Farbstoffe können dann wie aus Methanol oder aus Azeton zur Trennung der einzelnen Pigmente mit Hilfe der Dünnschichtchromatographie in Äthyläther übergeschüttelt oder für säulenchromatographische Farbstoffisolierungen in Benzin überführt werden. Voraussetzung für das Gelingen jeder Pigmentextraktion sind jedoch reine Lösungsmittel.

Fräulein Ulrike Danneil danken wir für die Mithilfe bei den Versuchen.

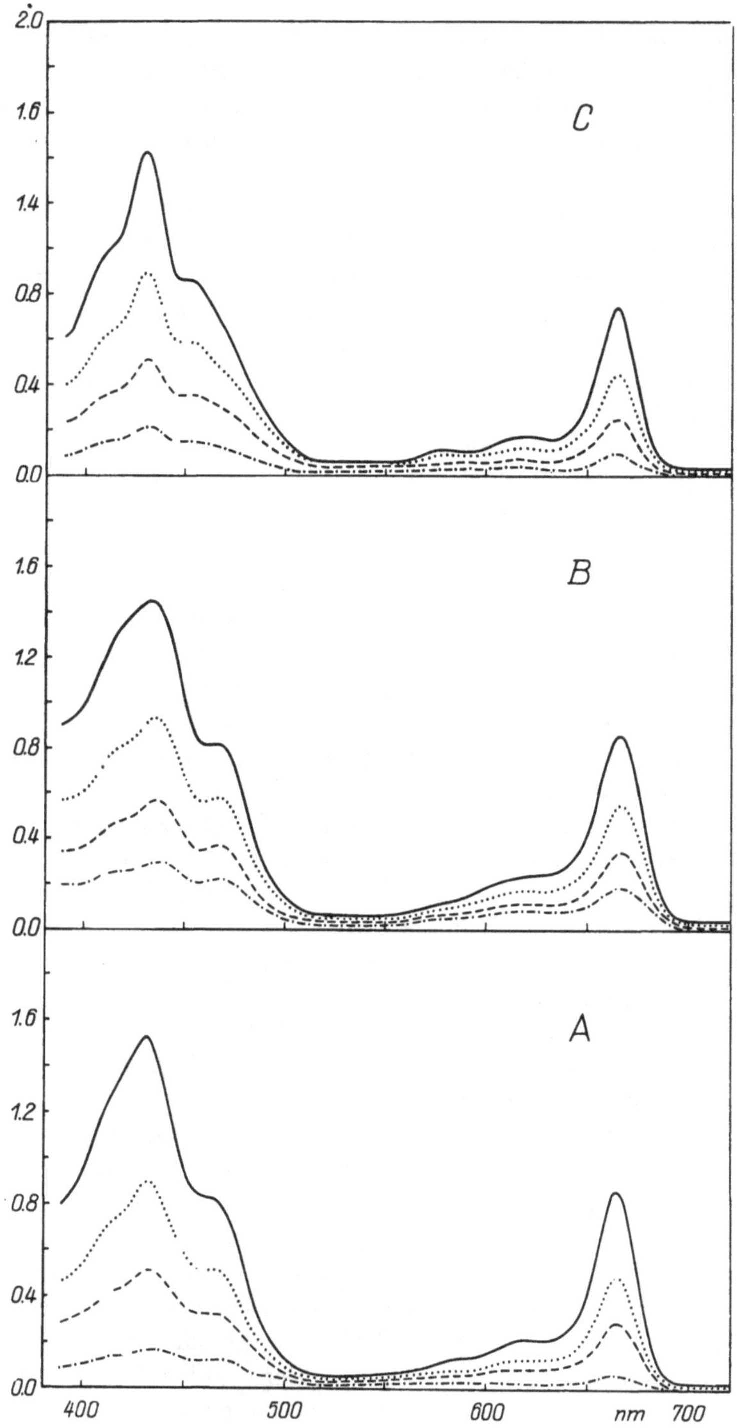

Abb. 3. Vergleich der Extraktionsfähigkeit verschiedener Lösungsmittel. A Lösungsmittelgemisch, B Methanol, C Azeton. Punkt-Strich-Kurve nach 1 Stunde, gestrichelte Kurve nach 2 Stunden, punktierte Kurve nach 4 Stunden, ausgezogene Kurve nach 8 Stunden. Versuchsobjekt: *Miscanthus sinensis* var. *zebrina*

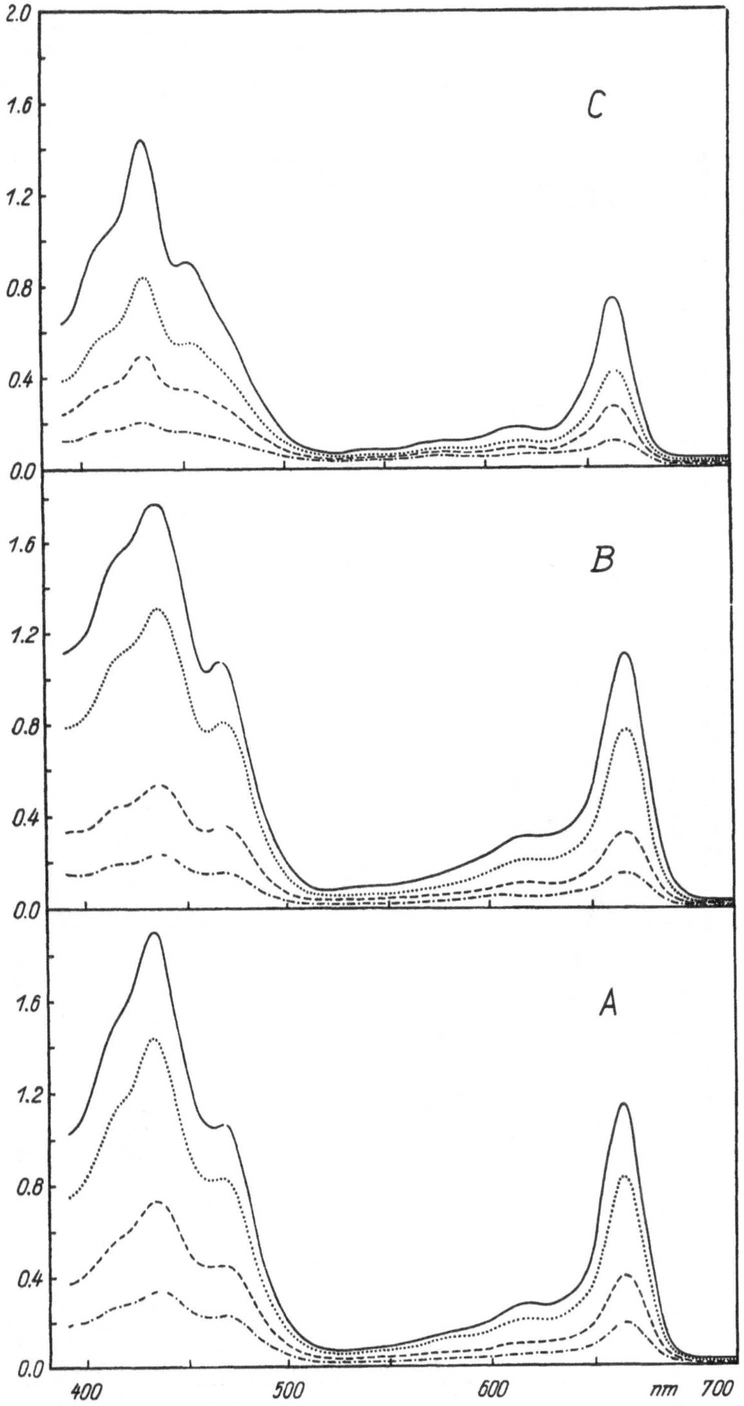

Abb. 4. Vergleich der Extraktionsfähigkeit verschiedener Lösungsmittel. A Lösungsmittelgemisch, B Methanol, C Azeton. Kurvenzuordnung wie in Abb. 3. Versuchsobjekt: *Miscanthus sinensis* var. *zebrina* etwas zerkleinert

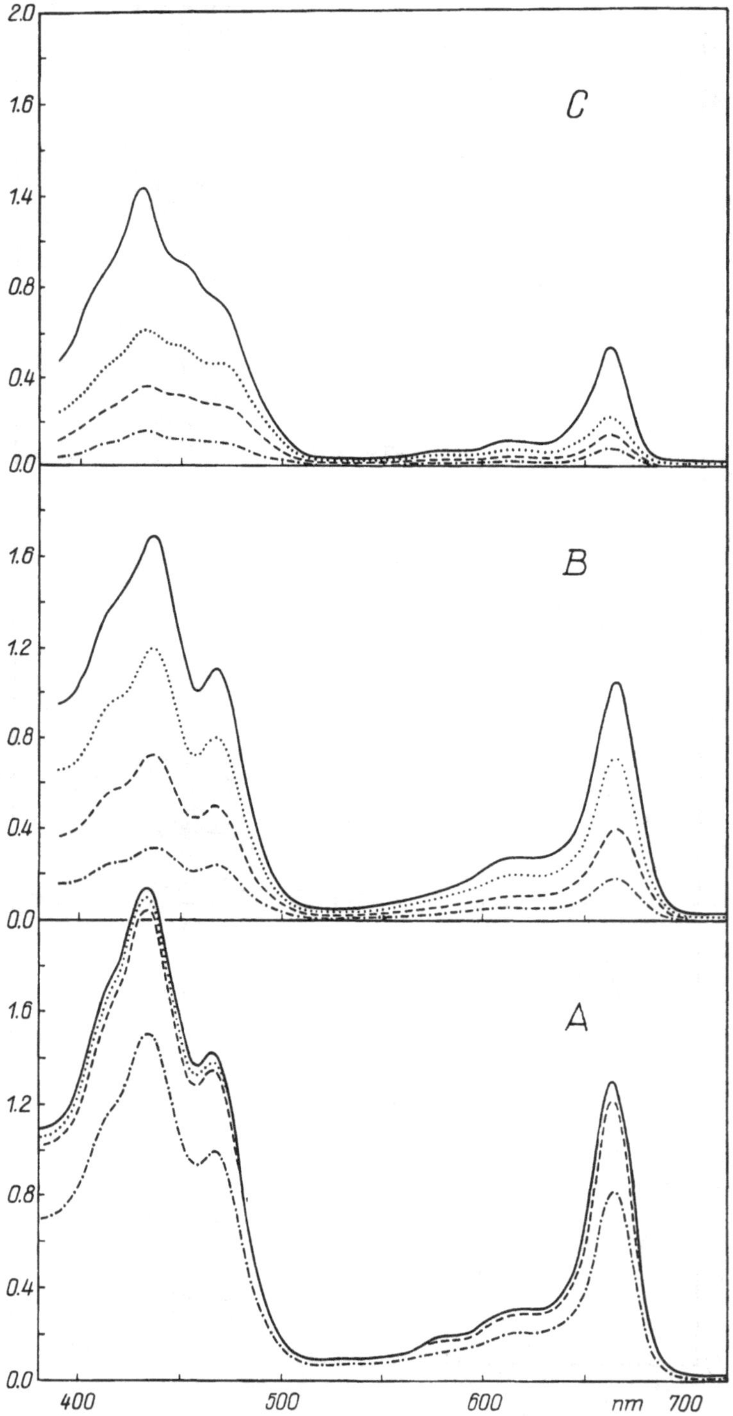

Abb. 5. Vergleich der Extraktionsfähigkeit verschiedener Lösungsmittel. A Lösungsmittelgemisch, B Methanol, C Azeton. Kurvenzuordnung wie in Abb. 3. Versuchsobjekt *Ficus carica*

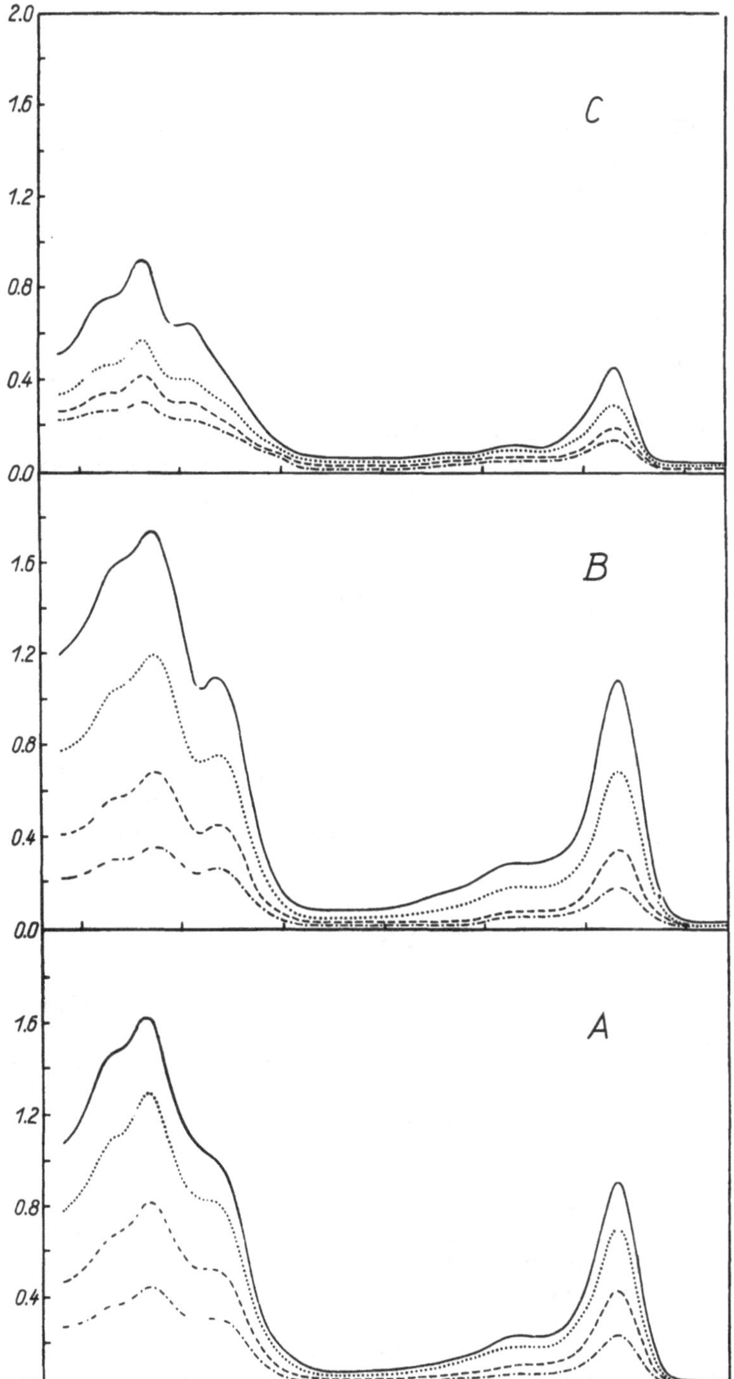

Abb. 6. Vergleich der Extraktionsfähigkeit verschiedener Lösungsmittel. A Lösungsmittelgemisch, B Methanol, C Aceton. Kurvenzuordnung wie in Abb. 3. Versuchsobjekt: *Peperomia magnoliaefolia*

Zusammenfassung

Zur Extraktion von Plastidenpigmenten erwies sich ein Gemisch von Azeton, Diäthyläther, Methanol und Petroläther im Verhältnis 1 : 1 : 1 : 1 den meisten Lösungsmitteln als überlegen. Bei Geweben mit hohem Wassergehalt war Methanol vorzuziehen.

Summary

A comparision of different solutions for extracting plastid pigments

Plastid pigments were extracted by a mixture of acetone, diethyl ether, methanol and petroleum ether (1 : 1 : 1: 1) better than in other solvents. With tissues containing much water methanol was to prefer.

Краткое содержание

Сравнение различных растворителей для экстрагирования пластидных пигментов

Смесь ацетона, диэтилового эфира, метанола и петролейного эфира в отношении 1: 1: 1: 1 оказалась наиболее удобной для экстракции пластидных пигментов. Для тканей с высокии содержанием воды лучше пользоваться метанолом.

Literatur

Egle, K., 1944: Untersuchungen über die Resistenz der Plastidenfarbstoffe. – Bot. Arch. *45*, 93–148.

Hager, A., 1956: Zur Chromatographie der lipoidlöslichen Blattfarbstoffe. – Planta *48*, 592–621.

–, und T. Bertenrath, 1962: Verteilungschromatische Trennung von Chlorophyllen und Karotinoiden grüner Pflanzen an Dünnschichten. – Planta *58*, 564–568.

Holden, M., 1965: Chlorophylls. – In: Chemistry and Biochemistry of Plant Pigments. – Academic Press, London – New York, S. 462–488.

Kutyurin, V. M., M. V. Ulubekova and I.-Yu. Artamkina, 1962: A method for extraction of chlorophyll from plants. – Fiziol. Rastenij *9*, 115–120.

Metzner, H., und S. Struss, 1963: Gewinnung reiner Chlorophyll a-Präparate durch Gegenstromverteilung von Algenextrakten. – Z. Naturforschg. *18b*, 707 – 710.

Saposhnikov, D. I., and S. A. Chernomorskii, 1961: On the extractability of chlorophyll from leaves by a mixture of polar and nonpolar solvents. – Fiziol. Rastenii *7*, 660–664.

–, N. V. Bazanova, T. G. Maslova and I. A. Popova, 1961: Extraction of pigments from the unicellular green algae (Chlorophyceae). – Bot. Ž. *46*, 1532–1544.

Sesták, Zd., and J. Ullmann, 1964: Srovnani metod stano veni chlorofyln. I. Spektrophotorické a kolometriké metody. – Rostlinna vyroba *10*, 1197–1206.

Seybold, A., 1942: Weist der Chlorophyllgehalt der Blätter Tagesschwankungen auf? – Bot. Arch. *43*, 71.

–, und H. Falk, 1959: Die Heidelberger Chlorophyllbestimmungen – eine Überprüfung. – Planta *53*, 339–375.

Smith, J. H. C., and A. Benitez, 1955: Chlorophylls: Analysis in plant materials. – In: K. Paech und M. V. Tracey: Moderne Methoden der Pflanzenanalyse *IV*, 142–196.

Steeman-Nielson, 1961: Chlorophyll concentration and rate of photosynthesis in *Chlorella vulgaris*. – Physiol. Plant. *14*, 868–876.

Strain, H. H., 1958: Chloroplast pigments and chromatographic analysis. – 32nd Annual Priestley Lectures Penn. State Univ., Univ. Park, Pa.

–, and W. A. Svec, 1966: Extraction, separation, estimation, and isolation of the chlorophylls. – In: L. P. Vernon and G. R. Seely: The chlorophylls. – Academic Press, New York and London, 21–66.

Wickliff, J. L., und S. Aronoff, 1962: Quantitative Messung der Blattchlorophylle durch Spektrophotometrie ihrer Phäophytine in wäßrigen alkoholischen Extrakten. – Plant Physiol. *37*, 584–589.

Ziegler, R., und K. Egle, 1964: Zur quantitativen Analyse der Chloroplastenpigmente. I. Kritische Überprüfung der spektrophotometrischen Chlorophyllbestimmung. – Beitr. Biol. Pflanzen *41*, 11–37.

Infragenerische Taxa der Gattung *Solanum* L.

von Siegfried Danert

(Eingegangen am 31. März 1970)

Schon vor mehr als 150 Jahren wies Sims (1816) nachdrücklich darauf hin, daß es im Interesse einer Übersichtlichkeit erstrebenswert sei, aus der großen, über 200 Arten umfassenden Gattung *Solanum* L. gut umgrenzbare infragenerische Taxa als selbständige Gattungen auszuschließen. Sims kritisiert in diesem Zusammenhang eine von Dunal (1813) veröffentlichte systematische Darstellung der Gattung *Solanum*, deren Gliederung seiner Meinung nach auf Merkmalen beruhe, die normalerweise zur Begründung von Gattungen verwendet werden. Seitdem sind zwar mehr als fünfzehnmal so viele *Solanum*-Arten beschrieben worden, doch nach wie vor ist es nicht gelungen, eine befriedigende Übersicht der infragenerischen Taxa in der Gattung *Solanum* zu erarbeiten oder zu einer gleichwertigen Beurteilung der aus der Gattung auszuschließenden Verwandtschaftskreise zu kommen.

Moderne Monographien einzelner Pflanzensippen, in denen unter Ausnutzung experimenteller Methoden Abstammungsbeziehungen erörtert werden, täuschen allzuleicht über die Tatsache hinweg, daß es im Pflanzenreich viele Gattungen gibt, in denen man über das Stadium einer Inventur bisher nur wenig hinausgekommen ist. In welchem Umfang diese Feststellung für die Gattung *Solanum* zutrifft, läßt sich besonders instruktiv für die Sektion *Tuberarium* belegen. Nur wenige Arten waren bis Mitte der zwanziger Jahre bekannt. Die Zahl der neu beschriebenen Arten ist sprunghaft angestiegen, als im Rahmen der Kartoffelforschung eine zielgerichtete Untersuchung des Verwandtschaftskreises um *Solanum tuberosum* einsetzte (Juzepčuk und Bukasov 1929; Bukasov 1933; Juzepčuk 1937; Hawkes 1941, 1944; Correll 1952; Ochoa 1960, 1962 u. a.). Inzwischen sind auf Grund der genaueren Kenntnis der infraspezifischen morphologischen Variationsbreite und der Fertilitätsbeziehungen mehrere Arten wieder vereinigt worden. Wurden bisher Sippen mit unterschiedlicher Polyploidiestufe strikt als selbständige Arten angesehen, so erbrachten jetzt Standortsanalysen von indigenen Kartoffelpopulationen und das Studium der Befruchtungsbiologie, daß eine Entstehung und Durchmischung verschiedener Ploidiestufen auch innerhalb einer Art vor sich gehen kann. Wahrscheinlich wird die Einziehung weiterer Arten die Konsequenz dieser Untersuchungen sein (Brücher 1953, 1954, 1956, 1957a und b, 1966; Correll 1962, Hawkes 1962a und b, 1963; Hawkes und Hjerting 1969; Simmonds 1962 u. a.).

Zweifellos würde ein konzentriertes Studium in anderen infragenerischen Taxa ähnlich fruchtbare Ergebnisse zeitigen und wesentlich zur Kenntnis der Sippenstruktur beitragen. In den letzten Jahrzehnten gewinnen in wachsendem Maße *Solanum*-Arten durch ihren Gehalt an Steroidalkaloiden an Interesse. Prüft man die infragenerische Zugehörigkeit der zahlreichen biochemisch untersuchten Pflanzenarten (vgl. Schreiber 1968), so ergibt sich, daß bisher nur aus relativ wenigen Sektionen Vertreter berücksichtigt werden konnten. Nicht immer sind Ergebnisse der Analysen miteinander vergleichbar. Zieht man ferner in Betracht, daß häufig nicht eindeutig determiniertes Pflanzenmaterial bei der Feststellung der Inhaltsstoffe verwendet wird, wofür auch die zahlreichen in der Literatur kursierenden stark verballhornten Namen sprechen, so wird deutlich, daß wir erst am Anfang der Erfassung des Steroidspektrums in der Gattung *Solanum* stehen.

Auch die bisher ermittelten cytologischen Befunde sind im Verhältnis zum Umfang der Gattung so sporadisch, daß sie für generalisierende Schlußfolgerungen nur mit Vorbehalt benutzt werden können. Bei den in der Literatur vorliegenden Ergebnissen handelt es sich vornehmlich um die Feststellung der Chromosomenzahlen. Als Grundzahl konnte $n = 12$ festgestellt werden. Bemerkenswert sind einige Abstammungsgemeinschaften, in denen polyploide Reihen nachgewiesen wurden (Sektionen *Solanum*, *Potatoe* (*Tuberarium*), *Archaesolanum*). In diesen Sektionen hat man ferner mit Erfolg einzelne Chromosomen oder ganze Chromosomensätze im Rahmen der Bearbeitung von Evolutionsproblemen miteinander zu homologisieren versucht (Gottschalk 1954).

Eine Determination einzelner Pflanzen ist sehr schwierig, da geeignete Identifizierungsmöglichkeiten in der großen Gattung fehlen. Die letzte monographische Bearbeitung liegt mehr als 100 Jahre zurück (Dunal 1852). Seitdem sind sehr viele neue Arten bekannt geworden, doch lassen die Deskriptionen allein eine exakte Bestimmung nicht zu. Zu wenig wird in den Beschreibungen auf Abgrenzungsmerkmale gegenüber nahe verwandten Arten hingewiesen. Meist sind allerdings auch Belegstücke dieser Taxa kaum zugänglich. Hinzu kommt, daß die Beschreibungen in der Literatur verstreut und nicht immer erreichbar sind. Die Gattung ist über alle Erdteile verbreitet, wodurch eine Gesamtstellung der gegenwärtig bekannten Arten wesentlich erschwert wird. Zahlreiche Sippen sind mehrfach als neu beschrieben worden, bisweilen scheuen Wissenschaftler aber auch die Veröffentlichung eines neuen Taxon in einer so umfangreichen Gattung, da in Anbetracht der Literaturfülle und der weiten Verbreitung einiger Angehöriger des in allen Erdteilen vertretenen Genus nur schwer festgestellt werden kann, ob eine nicht identifizierbare Art bereits bekannt gemacht wurde.

Wiederholt war man bestrebt, durch Erfassung infragenerischer Taxa in der Gattung *Solanum* die Übersicht zu erleichtern. Monographen des ausgehenden 18. und des ersten Drittels des 19. Jahrhunderts haben Artengruppen durch

Voransetzen diagnostischer Merkmale charaktereisiert, nur sporadisch werden diese Einheiten auch nomenklatorisch gekennzeichnet. Die meisten Sektionsdiagnosen gehen auf Bitter zurück. Die Deskriptionen erfolgten im Rahmen von Vorarbeiten zu einer Gesamtrevision der Gattung in mehreren Einzelbeiträgen. Seithe-von Hoff hat diese Taxa zusammengestellt und wertvolle Ergänzungen vorgenommen. Eine Aufschlüsselung all dieser infragenerischen Taxa ist bisher nicht erfolgt. Wägt man die Beschreibungen gegeneinander ab, so muß man die Feststellung machen, daß die berücksichtigten Merkmalskomplexe ungleichwertig und daher nur begrenzt miteinander vergleichbar sind. Es fällt daher schwer, die Unterschiede zwischen den Gruppen zu erkennen, womit auch die Zuordnung einer Art zu einer infragenerischen Sippe unsicher bleiben muß. Solange keine Determinationsmöglichkeit der Subgenera und der Sektionen gegeben ist, hat eine Gattungsgliederung nur beschränkten praktischen Wert. Durch die Nebeneinanderstellung der in ihrer Rangstufe gleichwertigen Gruppen entsteht allzuleicht der Eindruck, daß auch der Verwandtschaftsgrad annähernd gleichwertig sei.

Ziel meiner Darstellung soll es sein, eine diagnostische Übersicht der infragenerischen Taxa zu geben, soweit dies auf der Basis des zur Einsichtnahme verfügbaren Pflanzenmaterials und der Literaturkenntnis möglich ist. Anzustreben wäre ein Conspectus, doch sind die bisher erreichten Untersuchungsergebnisse so wenig ausgewogen, daß eine umfassende Übersicht zum gegenwärtigen Zeitpunkt nicht möglich ist.

Es soll aber nicht nur versucht werden, die unterscheidenden Merkmale der infragenerischen Taxa herauszuarbeiten, sondern auch Verwandtschafts- und Abstammungsfragen zu diskutieren. Dabei ist zu erörtern, ob die morphologische Kontinuität der Formenmannigfaltigkeit innerhalb der Gattung *Solanum* so eng ist, daß an der zur Zeit gebräuchlichen Umgrenzung festgehalten werden muß oder ob schwerwiegende Gründe für eine Aufteilung der Gattung sprechen. Dieses Problem soll unter Einbeziehung der Merkmale von solchen Gattungen erörtert werden, deren selbständige Stellung heute allgemein anerkannt wird. Während der vergangenen zweihundert Jahre hat es nicht an Versuchen gefehlt, durch Abtrennung einiger Gattungen eine bessere Übersicht zu erreichen.

Nicht zuletzt ist eine Charakterisierung der Abstammungsgemeinschaften in der Gattung *Solanum* eine wesentliche Voraussetzung für eine planmäßige Analyse von Sippen mit pharmakologisch wertvollen sekundären Pflanzenstoffen.

HISTORISCHER ÜBERBLICK

Linné (1753) gliederte die ihm damals bekannten 23 Arten in die beiden Gruppen „Inermis“ und „Spinosa“ und berücksichtigte damit für die Einteilung Merkmale, die auch heute noch für die Gruppierung von Bedeutung sind. Die beiden Termini dienen Linné zur Charakterisierung; eine Gruppenbenennung war, wie an der Behandlung anderer Gattungen zu ersehen ist, in den „Species plantarum" nicht beabsichtigt.

Das gleiche Verfahren finden wir bei späteren Autoren, so bei Persoon (1805), der die „Inermia" weiter in Pflanzen mit ganzrandigen oder gelappten Blättern und solche mit fiederteiligen oder gefiederten Blättern teilt. Die „Spinosae" beschränkt er – auch nach unseren heutigen terminologischen Konzeptionen durchaus korrekt – auf *S. lycioides*, eine Art mit dornartigen Kurztrieben. Die von Linné mit diesem Begriff gekennzeichneten Arten charakterisierte Persoon als „Aculeata".

Die ständig wachsende Anzahl bekannt werdender *Solanum*-Arten erforderte mehr und mehr eine eingehendere und genauere Zusammenfassung der Arten. Dunal (1813) bemühte sich um eine solche Übersicht in einem Conspectus. Neben der Bewehrung werden die Blattform, die Infloreszenzform, die Stellung der Blütenstände, die Länge der Staubblätter, die Form der Blütenkronen u. a. zur Einteilung herangezogen. Einige Artengruppen werden mit Namen belegt; doch handelt es sich nicht um Namen im Sinne des Nomenklaturcode, da eine Rangstufe nicht angegeben wird. Vielmehr ist es eine Kurzbezeichnung zur Charakterisierung der Artengruppen, wofür auch die Endung im Neutrum pluralis spricht. Anderen Artengruppen ist eine solche Kurzbezeichnung nicht beigegeben. Auch Dunal benutzt als Ausgangsbasis für seine Übersicht die beiden Großgruppen „*Solana* inermia" und „*Solana* aculeata". Zur weiteren Untergliederung werden an erster Stelle jeweils die Blattformen herangezogen, es folgen die Infloreszenzformen und das Größenverhältnis der Antheren. Auf niederer Determinationsebene werden dann Merkmale berücksichtigt, die nur kleineren Artenkreisen gemeinsam sind. Nicht immer sind die Gegenfragen im Bestimmungsschlüssel gleichwertig, so daß eine Identifizierung nicht völlig gewährleistet ist. Die Benutzung des Clavis führt zu Artengruppen; die einzelnen Arten sind mit Diagnosen und ausführlichen Beschreibungen versehen, durch eine Gegenüberstellung der Merkmale ist eine Determinationsmöglichkeit gegeben.

Auf diesem Wege werden 191 Arten erfaßt. Weitere 36 Arten werden als „non satis notae" ebenfalls so weit als verantwortbar schlüsselmäßig aufgenommen, doch sind die Diagnosen etwas ungleichwertig, Deskriptionen fehlen.

In einer revidierten und erweiterten Überarbeitung werden der (etwas veränderte) Bestimmungsschlüssel und die Diagnosen der *Solana*, von denen inzwischen 321 bekannt geworden sind, als „Synopsis" herausgegeben (Dunal 1816).

Diese beiden Publikationen von Dunal sind die Vorarbeiten zu seiner monographischen Darstellung der Familie im Rahmen des „Prodromus" von A. De Candolle. Auch in diesem Werk war Dunal (1852) bestrebt, durch Bildung von Artengruppen die Mannigfaltigkeit einzuengen und damit die

Übersicht zu erleichtern. Einige dieser systematischen Einheiten sind auch nach heutigen Vorstellungen durchaus natürliche Abstammungsgemeinschaften, so die unter der Subsektion *Morella* zusammengefaßten Arten (sect. *Solanum*), auch die zum Verwandtschaftskreis von *Solanum pseudocapsicum* L. zu rechnenden Arten (sect. *Pseudocapsicum*) werden genau charakterisiert.

Im „Prodromus" hat Dunal die Gattung *Solanum* in zwei Sektionen, einige Untersektionen und in weitere infragenerische Untereinheiten gegliedert. Diese Gruppen werden im allgemeinen mit Namen belegt, doch fehlt die Angabe von Rangstufen. Zwar kann man an Hand beigefügter Signaturen gleichwertige und untergeordnete Abteilungen eindeutig feststellen, doch läßt unsere heute übliche infragenerische Rangstufenfolge eine so weite Untergliederung nicht zu.

Es ist das Verdienst Dunals, zu der Großgliederung in bestachelte und unbestachelte Arten in der Staubblattform einen zweiten Merkmalskomplex zur Unterscheidung dieser beiden Gruppen eingeführt zu haben. Zur Sektion *Pachystemonum* zählte Dunal alle stachellosen Arten mit kurzen zylindrischen oder eiförmig elliptischen Staubblättern, die sich zur Spitze hin nicht verschmälern. Sie öffnen sich zunächst durch Terminalporen, reißen dann aber durch einen seitlichen Spalt der Länge nach auf. Hingegen ist die sect. *Leptostemonum* durch verlängerte, nach der Spitze zu verschmälerte Antheren ausgezeichnet, die durch kleine retrors ausgerichtete Terminalporen ausgezeichnet sind, ohne daß es zur Bildung von Längsspalten kommt. Bemerkenswert ist seine Beobachtung, daß nicht alle Arten mit dieser Antherenform bestachelt sind. Als primäre Einteilungsgrundlage verwendet Dunal die Antherenform. Stachellose Arten mit Staubbeuteln, die sich nach der Spitze zu verjüngen, werden also mit jenen Taxa, die stachelige Emergenzen ausbilden, in einer Gruppe vereinigt.

Die Merkmalskombination, die zur Großgliederung der Gattung *Solanum* geführt hat, ist verhältnismäßig deutlich ausgeprägt. Die Diagnosen der Subsektionen und der tieferen infragenerischen Einheiten sind nicht gleichwertig. Dies dürfte der wesentliche Grund sein, weshalb bis in unsere Zeit hinein die Zuordnung einer Art zu einer infragenerischen Sippe unterhalb der beiden Großgruppen im System von Dunal ohne Kenntnis größerer Vergleichssammlungen kaum möglich ist. Wir wissen heute, daß selbst Dunal die von ihm aufgestellte Einteilung nicht fehlerlos benutzt hat. Eine ganze Reihe von Arten, die Dunal verschiedenen Subsektionen bzw. deren Untergruppen eingereiht hatte, weisen so große Übereinstimmung auf, daß sie heute in einer Spezies vereinigt werden müssen. Dabei handelt es sich durchaus nicht immer um Sippen, die ihm nur aus der Literatur bekannt waren.

Auf der Grundlage der Diagnosen der Subsektionen und deren Untereinheiten kann man eine Sippe mehreren Abteilungen eingliedern.

Aus nomenklatorischen Gründen verdienen die Gliederungen von Nees von Esenbeck (1834) und von Walpers (1845) Beachtung. Beide Autoren haben die Gattung in Sektionen geteilt, von denen einige mit einem Namen und einer Diagnose versehen werden. Die Namen entsprechen somit den Anforderungen des Nomenklatur-Code. Späteren Bearbeitern sind diese regelgemäßen Namen entgangen, so daß aus Prioritätsgründen einige Gruppennamen eingesetzt werden müssen, die verschiedene von Bitter ausgewählte Namen in die Synonymie verweisen.

In einer Serie von Publikationen hat sich Bitter um eine Revision der Gattung *Solanum* bemüht und die infragenerischen Taxa neu umgrenzt. Nicht alle Gruppen Dunals wurden von Bitter revidiert, so daß nicht beurteilt werden kann, ob er diese Gruppen in der Dunalschen Definition beizubehalten beabsichtigte oder ob eine kritische Darstellung geplant war und nicht mehr vorgenommen werden konnte. Diese Zweifel drängen sich durch die Feststellung auf, daß einige Gruppen, die Bitter als Sektionen angesehen hat, einander relativ nahe stehen und sehr eingehend untergliedert werden, andere dagegen gar nicht oder nur beiläufig, etwa bei der Überführung einzelner Arten in andere infragenerische Taxa, Erwähnung finden. Ungewiß ist auch in vielen Sektionen und anderen Untergruppen, welche Arten Bitter zu diesen Taxa gestellt wissen wollte. Wenn auch seine Diagnosen weit klarer als bei Dunal gefaßt sind, so ist doch nicht zu übersehen, daß die Beschreibungen Bitters nicht vergleichbar sind, da sie oft verschiedene Merkmalskomplexe beinhalten. Zweifellos sind diese Unzulänglichkeiten historisch bedingt, sie ergaben sich aus der allmählich fortschreitenden Kenntnis der infragenerischen Gruppen.

Gerade im Hinblick auf die Ungleichwertigkeit der Bitterschen Diagnosen für die infragenerischen Taxa ist der Mangel einer Bestimmungsmöglichkeit spürbar. Verwirrend kommt hinzu, daß die einzige von Bitter vorgeschlagene Gesamtübersicht, die zugleich seine letzte Veröffentlichung über die Gattung *Solanum* ist, in einigen Punkten von den bis dahin vertretenen Auffassungen abweicht (Marzell in Hegi 1927). Allerdings werden im „Hegi" im allgemeinen nur dann infragenerische Taxa erwähnt, wenn ihre Arten aus Mitteleuropa bekannt sind.

Da die Publikationsreihe von Bitter als Vorarbeiten zu einer von ihm geplanten Monographie der Gattung aufgefaßt wurde, ist die Erwähnung dieser Unzulänglichkeiten nicht als Kritik zu werten. Doch wird beim Studium der infragenerischen Gruppen Bitters deutlich, daß die Einführung neuer Merkmalskomplexe zur Umgrenzung eines Taxons nur dann von diagnostischer Bedeutung ist, wenn gleichzeitig auch auf die Ausprägung dieser Eigenschaften in den anderen Gruppen hingewiesen wird.

Die letzte Revision der Gattung *Solanum* geht auf Seithe-von Hoff (1962) zurück. Sie hat sich der Mühe unterzogen, die zahlreichen Publikationen Bitters auszuwerten und die systematischen Ergebnisse in eine Übersicht zu bringen. Darin werden die infragenerischen Taxa Dunals den Auffassungen von Bitter gegenübergestellt. Sehr wesentlich hat Seithe-von Hoff zu einer weiteren Klärung der Großgliederung beigetragen. Schon von Dunal und auch von Bitter wurde die Haarform zur Charakterisierung einiger infragenerischer Gruppen herangezogen. Auf Grund sorgfältiger Studien kam Seithe-von Hoff zu dem Ergebnis, daß neben der Bestachlung und der Antherenform die Form der Haare eine wesentliche Einteilungsgrundlage ist. Die Arten der Dunalschen Sektion *Pachystemonum* (von Bitter zum Subgenus erhoben) haben auf der Oberfläche einfache oder verzweigte Haare (Fingerhaare oder Asthaare). Die Angehörigen der Sektion *Leptostemonum* (nach Bitter Subgenus) weisen Haare mit sternförmiger Ausbreitung der Seitenstrahlen auf (Sternhaare). Im allgemeinen sind auch die als kahl geltenden Taxa an frisch entfalteten Pflanzenteilen auf der Oberfläche mit Haaren besetzt. Wo ein solcher Nachweis nicht möglich ist, sind Emergenzen und Antherenform im Zusammenhang mit vergleichenden Untersuchungen an nahe verwandte Arten ausreichend, um über die Zugehörigkeit zu einer der beiden Großgruppen Aufschluß zu geben. Durch Auswertung der Haarformen bei Jungpflanzen konnte Seithe-von Hoff den Nachweis erbringen, daß beide Haarformen auf eine gemeinsame Grundform zurückgeführt werden können. Es handelt sich dabei um Einzelldrüsen-Haare, die als Fingerhaare bezeichnet werden. Allerdings ist auch dieser Merkmalskomplex nicht völlig durchgängig, da auch im erwachsenen Stadium diese oder eine sehr ähnliche Haarform in beiden Großgruppen beibehalten werden kann. Auch hier wären die anderen Charaktere ausschlaggebend für eine Beurteilung.

Als Konsequenz dieser Untersuchungen ergab sich die Notwendigkeit, einige Sektionen Bitters zu emendieren. Da Bitter in der letzten von ihm redigierten Publikation über die Gattung *Solanum* (Marzell 1927) mehrere infragenerische Taxa zu Subgenera erhebt, ergab sich die Notwendigkeit zur Einführung einer neuen infragenerischen Rangstufe unmittelbar unterhalb der Gattungsebene, die der natürlichen Großgliederung gerecht wird: Chorus subgenerum. Als primäre Eigenschaft wird die Haarform für die Zuordnung in eine der beiden unterschiedenen Großgruppen zugrunde gelegt. Zwar ist dieses Verfahren ungewöhnlich, aber durchaus eine logische Folgerung. Die andere Möglichkeit wäre die generische Trennung der beiden Großgruppen, ein Verfahren, das später noch zu diskutieren sein wird.

Der nachstehend aufgeführte Bestimmungsschlüssel der infragenerischen Taxa kann nur als Versuch gewertet werden. Es ist ein erster Schritt zur Determination von Gruppen, deren klare Umgrenzung noch aussteht.

BESTIMMUNGSSCHLÜSSEL DER UNTERGATTUNGEN UND SEKTIONEN

1a Haare unverzweigt, mit Drüsenkopf oder spitzem Ende (Drüsenfingerhaare, Fingerhaare) oder ± ästig verzweigt. Keine Sternhaare, meist stachellos (mit Stacheln nur sect. *Aculeigerum*). Staubbeutel zylindrisch-elliptisch bis -lanzettlich, selten zugespitzt (Sectiones subgeneris *Solanum*, subgen. *Bassovia*, subgen. *Lyciosolanum*).

2a Blattstiele, Blattspreiten unterseits auf der Mittelrippe und bisweilen auch Sprosse und Blütenstandsachsen mit sehr kleinen hakenförmig gekrümmten Stacheln besetzt.

Kletternde Sträucher oder Kräuter. Sympodialglieder mehrblättrig, Laubblätter gefiedert. Bei einigen Arten nur die unteren Blätter gefiedert, die oberen fiederspaltig oder ganzrandig. Blütenkrone ziemlich groß. Nur die jüngeren Blätter mit unverzweigten bis schwach verzweigten Haaren (Finger- bis Asthaare).

Sect. *Aculeigerum* Seithe-v. Hoff

2b Pflanzen stachellos.

3a Laubblätter gefiedert oder nierenförmig.

4a Pflanzen mit Adventivwurzeln.

5a Infloreszenzen seitenständig, Blütenstände unmittelbar aus den Blattachseln hervorgehend oder rekauleszent mit den Tragblättern verwachsen[1]. Blätter gefiedert oder dreizählig.

Ausdauernde Kräuter, seltener fast Halbsträucher, meist aufrecht, einige mit Adventivwurzeln kletternd. Blätter einfach und ganzrandig oder 3-zählig oder oft unpaar gefiedert, oft mehrere Infloreszenzen (2 bis 3 in den Achseln der Laubblätter), Blütenkrone meist klein, selten bis zu 23 mm im Durchmesser, scheiben- oder sternförmig, weiß, grünlich-gelb, seltener purpurfarben. Filamente kurz oder sehr kurz, Beeren kugelig oder konisch, bisweilen im unteren Teil unregelmäßig gelappt, Haare fast immer einfach, selten verzweigt.

Subgen. *Bassovia* (Aubl.) Bitt.

5b Infloreszenzen nicht unmittelbar aus den Blattachseln hervorgehend. Bei einigen Arten Infloreszenzen endständig an beblätterten achselständigen Kurztrieben.

6a Fiederblätter mit geflügelter Rhachis, Flügel an den Ansatzstellen der Blattfiedern verschmälert. Staubbeutel wahrscheinlich ohne Porus (bisher nicht nachgewiesen).

Pflanzen kriechend. Infloreszenzen extraaxillär, wenigblütig, Staubblätter lanzettlich, nach der Spitze zu verlängert, sich mit Längsspalten öffnend, Adventivwurzeln einzeln aus den Nodien hervorgehend.

Sect. *Herposolanum* Bitt.

6b Rhachis der Fiederblätter nicht geflügelt, bisweilen nur die unteren Blätter gefiedert oder Fiederblätter im Apikalteil fiederlappig oder Blätter dreizählig oder Spreiten nierenförmig. Staubbeutel mit Porus.

[1] An Exsikkaten ist nicht eindeutig zu erkennen, ob die Achse sympodial oder monopodial ist (vgl. Danert 1967).

7a Infloreszenzen endständig an beblätterten Kurztrieben, die aus den Achseln aufeinanderfolgender Laubblätter hervorgehen. Sträucher.

Kriechende Sträucher. Haupttriebe wahrscheinlich sympodial zusammengesetzt. Das jeweilige Tragblatt ist um ein Internodium verschoben. Der freie Abschnitt des Sympodialgliedes nur mit Hochblättern. Blätter klein, unpaar gefiedert (wenige paarig) oder einfach, ± lederig, ganzrandig. Infloreszenzen wenigblütig.

Sect. *Anarrhichomenum* Bitt.

7b Infloreszenzen extraaxillär. Sympodialglieder mehrblättrig. Kräuter oder Halbsträucher.

8a Laubblätter drei- bis fünfzählig gefiedert oder ± nierenförmig. Kriechsprosse ausläuferartig. Haare unverzweigt, mehrzellig. Infloreszenzen wenigblütig. Schaft blattlos.

Kriechende Kräuter, Blütenstände extraaxillär. Pflanzen mit unverzweigten Finger- oder Drüsenfingerhaaren.

Sect. *Herpysticum* Bitt.

8b Laubblätter gefiedert oder ganzrandig, aber nicht nierenförmig. Kriechsprosse nicht ausläuferartig. Haare unverzweigt, zweizellig, Basalzelle dickwandig, Apikalzelle dünnwandig, kurz, spitz. Infloreszenz wenig- oder mehrblütig. Schaft oft beblättert.

Ausdauernde Pflanzen oder Halbsträucher ohne Ausläufer und Knollen. Blüten scheibenförmig, Antheren lanzettlich-ellipsoidisch. Bei einigen Arten ganzrandige Blätter anstelle von Fiederblättern.

Sect. *Basarthrum* (Bitt.) Bitt.

4b Pflanzen ohne Adventivwurzeln an den oberirdischen Sprossen.

5a Antheren deutlich in der Größe verschieden, die abaxialen länger als die adaxialen, gebogen, im unteren Abschnitt gehörnt; das fünfte Staubblatt viel kleiner als die übrigen, kaum oder nicht gehörnt.

Kräuter oder Halbsträucher, Pflanzen dicht mit ungleich langen Drüsenhaaren bedeckt. Blätter dreizählig (selten die unteren aus 5 Fiedern bestehend) oder ganzrandig. Blütenstände extraaxillär, Antheren dunkel. Beere orangefarben oder rot, vom stark erweiterten offenen Kelch umhüllt. – Kanarische Inseln, Madeira.

Sect. *Normania* (Lowe) Bitt.

5b Antheren annähernd gleich lang.

6a Antheren nach der Spitze zu deutlich verschmälert und meist spitz endend.

7a Antheren lanzeolat, an der Basis herzförmig, nach der Spitze zu fast plötzlich verschmälert, stumpf. Fiederblätter ohne Zwischenfiedern. Blüten weiß oder schwach purpurfarben.

Blütenstände extraaxillär mit bis zu 20 Blüten. Blütenkrone fast sternförmig, oder glockig bis sternförmig, Kronzipfel ziemlich lang und breit. Filamente sehr kurz, kahl, Antheren etwa 8–10 mm lang. Blätter unpaar gefiedert, mit 3 bis 6 Fiederjochen. Pflanzen mit zweizelligen Haaren. Die Wände der Basalzellen kaum dicker, ferner Drüsenhaare.

Sect. *Rhynchantherum* Bitt.

7b Antheren schmal lanzettlich, nach der Spitze zu gleichmäßig verschmälert. Fiederblätter meist mit Zwischenfiedern, Blüten gelb.

Pflanzen krautig, Sympodialglieder mit 3 Laubblättern, von denen das letzte als Tragblatt des Fortsetzungstriebes rekauleszent verwachsen ist. Einige Arten mit Pseudostipeln (Vorblätter von Seitensprossen). Antheren der Länge nach aufreißend.

Sect. *Lycopersicon* (Mill.) Bitt.

6b Antheren nach der Spitze zu kaum verschmälert, stumpf.

7a Sympodialglieder mit drei Laubblättern, Blüten schwach zygomorph.

Krautige Pflanzen, das 3. Laubblatt eines jeden Sympodialgliedes rückt am Fortsetzungstrieb hoch. Adaxiale Petalenspitzen größer als die abaxialen. Frucht kuglig.

Sect. *Neolycopersicon* Corr.

7b Sympodialglieder im unteren Verzweigungsbereich mit fünf und mehr Laubblättern, Blüten nicht zygomorph.

8a Vorwiegend Arten mit unterirdischen Ausläufern, knollenbildend. Der seitlich verdrängte Blütenstand mit einem oder wenigen laubblattähnlichen Hochblättern am Schaft. Blüten sternförmig oder scheibenförmig. Sprosse selten klimmend.

Kräuter, seltener Halbsträucher, Laubblätter oft mit Zwischenfiedern. Blütenstiele an der Basis oder über der Basis gegliedert. Blütenkrone meist weiß oder violett, abstehend bis zurückgeschlagen, scheiben- oder sternförmig, meist groß oder mittelgroß, Antheren lanzettlich-ellipsoidisch.

Sect. *Potatoe Walp.*

(Sect. *Tuberarium* (Dun.) Bitt.)

8b Arten ohne unterirdische Ausläufer, nicht knollenbildend. Der seitlich verdrängte Blütenstand im allgemeinen ohne Schaftblätter. Blüten sternförmig. Sprosse häufig klimmend.

9a Infloreszenz pleiochasial, Blüten bis zu 15 mm im Durchmesser. Endfieder 3–4 mal größer als die Seitenfiedern.

Meist nur einige Blätter mit Fiederansätzen, die anderen ganzrandig oder bisweilen gelappt.

Halbsträucher oder Stauden mit aufrechten kriechenden oder kletternden, oft rutenförmigen Sprossen. Sympodialglieder im unteren Teil mit etwa 8 Laubblättern, im oberen Teil Zahl der Laubblätter geringer. Blätter eiförmig oder schmal eiförmig, einfach, fiederspaltig, seltener in den unteren Abschnitten gefiedert. Blütenkrone sternförmig, weiß oder violett. Kronlappen am Grund mit zwei Saftmalen. Staubbeutel frei oder zu einer Röhre verwachsen. Mit unverzweigten bis verzweigten Haaren (Finger- bis Asthaare). – Europa, Asien (in andere Erdteile eingeschleppt).

Sect. *Dulcamara* (Dun.) Bitt.

9b Infloreszenz monopodial mit traubig angeordneten dichasialen Teilblütenständen. Blütendurchmesser 20–30 mm. Endfieder höchstens doppelt so groß wie Seitenfiedern. Alle Blätter im Basalabschnitt gefiedert, in der Nähe der Endfieder meist fiederlappig.

Kletternde Kräuter oder Sträucher nicht selten windend. Sympodialglieder mit zahlreichen Laubblättern. Blätter unpaar gefiedert, tief buchtig gelappt oder ungeteilt (oft an derselben Pflanze). Blütenkrone glockig bis sternförmig. Haare unverzweigt, seltener verzweigt (Finger- bis Asthaare).

Sect. *Jasminosolanum* Bitt. ex Seithe-v. Hoff

3b Laubblätter ganzrandig, fiederlappig oder fiederspaltig, nicht nierenförmig.

4a Staubbeutel sehr ungleich lang, an der Basis oder in der unteren Hälfte gehörnt, die abaxialen deutlich länger als die adaxialen, das fünfte viel kleiner als die übrigen, kaum oder nicht gehörnt. Beeren vom stark erweiterten, verlaubten offenen Kelch bedeckt.

Nähere Hinweise zur Sektion S. 261

Sect. *Normania* (Lowe) Bitt.

4b Staubbeutel annähernd gleich lang, Kelch erweitert, aber nur selten verlaubt, der Frucht anliegend oder abstehend.

5a Blütenstände in den Achseln von Laubblättern oder an seitenständigen Kurztrieben oder blühende Lang- und Kurztriebe an derselben Pflanze.

6a Laubblätter mit windendem Stiel. Rinde der Sprosse sich leicht vom Zentralzylinder lösend. Im unteren Bereich blühende Kurztriebe mit Brakteen und Laubblättern, im oberen Bereich nur mit Brakteen.

Kletternder Strauch. Blätter ungeteilt, kahl. Infloreszenzen vielblütig. Kronröhre innen unterhalb der Ansatzstelle der Staubblätter mit kurzen einfachen bis schwach verzweigten Haaren (Finger- bis Asthaare). – Südamerika.

Sect. *Lysiphellos* (Bitt.) Seithe-v. Hoff

6b Laubblätter ohne windenden Stiel. Rinde der Sprosse sich nicht vom Zentralzylinder lösend. Seitenständige Kurztriebe einförmig.

7a Kurztriebe mit normalen Laubblättern, fast rosettig gestaucht, wahrscheinlich sympodial zusammengesetzt, mit endständigen wenigblütigen Infloreszenzen; ferner Blüten endständig an gestreckten Trieben, die wahrscheinlich auch sympodialen Aufbau besitzen. Blätter ganzrandig.

Strauchig, Sprosse mit herablaufenden Blattleisten. Blütenstände sitzend. Blütenkrone stern- bis glockenförmig, tief (5- oder 4-lappig). Staubfäden sehr lang ((4,5–5 mm). Staubbeutel ellipsoidisch, Spitze etwas schmaler als die Basis. Haare unverzweigt oder schwach verzweigt (Finger- oder Asthaare). – Südafrika.

Sect. *Lyciosolanum* Bitt.

7b Kurztriebe mit reduzierten Blattorganen oder blattlos, nicht extrem gestaucht.

8a Blattachselständige Kurztriebe blattlos. Blätter bisweilen fiederspaltig (oder gefiedert).

9a Meist zwei gestielte Einzelblüten in den Achseln der Laubblätter, Blütenstand ohne deutlichen Schaft.

Sträucher. Blütenstände terminal oder ± axillär, wenigblütig (*Solanum imamense* etwa 16-blütig). Schaft kurz oder fehlend. Kelch bis zum Grunde fünfspaltig mit lanzettlichen oder breit lanzettlichen Zipfeln. Blütenkrone etwa 18–30 mm im Durchmesser. Staubbeutel frei oder mehr oder weniger vereinigt, mit kleinen runden Apikalporen. Niedrige, an Mauern und Baumstämmen kletternde Sträucher, möglicherweise mit Adventivwurzeln. Blätter ganzrandig, eiförmig, breit lanzettlich oder elliptisch, häutig oder ledrig.

Sect. *Macronesiotes* Bitt.

9b Ein bis drei Infloreszenzen mit deutlich ausgeprägtem Schaft in den Achseln der Blätter.

Ausdauernde Kräuter, seltener fast Sträucher, aufrecht oder bisweilen mit Adventivwurzeln kletternd. Pflanzen kahl oder mit einfachen, selten auch gablig verzweigten Haaren. Blätter ziemlich groß, einfach, dreizählig oder unpaar gefiedert. Blütenkrone klein, selten bis zu 23 mm im Durchmesser, scheiben- oder sternförmig, weiß, gelblich oder violett. Beere kuglig oder konisch.

Subgen. *Bassovia* (Aubl.) Bitt.

8b Kurztriebe mit reduzierten Laubblättern.

9a Kriechende oder kletternde Pflanzen, wahrscheinlich alle mit Adventivwurzeln. Die mit reduzierten Laubblättern ausgestatteten Kurztriebe in den Achseln aufeinanderfolgender Laubblätter sind wahrscheinlich Endabschnitte von Sympodialgliedern, deren erste Internodien den Langtrieb bilden.

Blätter klein, ganzrandig, unpaar oder paarig gefiedert, ± lederig. Infloreszenzen wenigblütig.

Sect. *Anarrhichomenum* Bitt.

9b Pflanzen ohne Adventivwurzeln an den oberirdischen Pflanzenteilen. Kurztriebe nicht aus den Blattachseln aufeinanderfolgender Blattorgane.

Nähere Hinweise zur Sektion S. 262

Sect. *Potatoe* Walp.
(Sect. *Tuberarium* (Dun.) Bitt.)

5b Blüten nicht unmittelbar aus den Achseln von Laubblättern hervorgehend und nicht an seitenständigen Kurztrieben.

6a Blätter ± fleischig, Kelchzipfel meist linear. Laubblätter im allgemeinen bläulich grün, bis zu 3 cm lang (bei *S. oranense* Bitt. bis zu 10 cm). Erneuerungssprosse aus Rhizomen, Ausläufern (oder als Wurzelsprosse?), mit einem abschließenden Blütenstand, seltener mit mehreren Fortsetzungstrieben.

Spreite oft fiederlappig, am Rande zwischen den Lappen mehr oder weniger deutlich zurückgebogen und gewellt. Blütenkrone violett, scheibenförmig und trichterig, seltener bis zur Mitte eingeschnitten. Antheren mit subapikalen schiefen Poren, später der Länge nach aufreißend.

Sect. *Episarcophyllum* Bitt.

6b Laubblätter nicht fleischig, im allgemeinen über 3 cm lang, selten bläulich grün. Kelchzipfel selten linear oder linear und häutig verwachsen. Pflanzen ohne Rhizome, Ausläufer oder Wurzelsprosse. An einem Sproß mehrere Fortsetzungstriebe.

7a Im reproduktiven Bereich an jedem Sympodialglied zwei oft unterschiedlich große Blätter, die im allgemeinen gepaart sind. Sie gehören verschiedenen Sproßgenerationen an. An Verzweigungen höherer Ordnung bisweilen nur ein Laubblatt an jedem Sympodialglied.

8a Kelchzipfel ungleich lang, einer bereits in der Knospe deutlich länger als die übrigen. Blütenkrone glockenförmig. Blätter relativ groß.

Über 1 m hohe Halbsträucher mit ziemlich großen, ganzrandigen ausgeschnittenen oder gelappten, häutigen Blättern. Blütenstände extraaxillär, mono- bis pleiochasial. Blütenkrone blau oder hellviolett mit interpetalen Häuten. Einige Antheren an der Basis mehr oder wenig ungleich, schief. Alle grünen Teile mit mehrzelligen, verschieden langen unverzweigten Drüsenhaaren besetzt. – Südamerika.

Sect. *Campanulisolanum* Bitt.

8b Kelchzipfel etwa gleich lang. Blütenkrone glockig-sternförmig oder stern- bis radförmig oder sternförmig. Blätter im allgemeinen mittelgroß oder klein.

9a Blütenstände einem Blatt gegenüberstehend oder fast gegenüberstehend. Bäume, Sträucher und Halbsträucher.

Blüten klein mit unverzweigten bis verzweigten Haaren (Finger- bis Asthaare). Eine Art mit Haaren, die von einem Kranz verkieselter Zellen umgeben werden. – Süd- und Mittelamerika, Asien. Infloreszenzform?

Sect. *Oppositifolium* (Dun.) Seithe-v. Hoff

9b Blütenstand oberhalb und unterhalb der gepaart stehenden Blätter. Halbsträucher, perennierende und einjährige Kräuter.

10a Infloreszenzschaft kaum nachweisbar. Kelchzipfel schmal lanzettlich. Filamente kahl.

Einjährige oder ausdauernde, krautige Pflanzen mit einfachen ganzrandigen und häutigen Spreiten. Infloreszenzen wenigblütig. Blüten ziemlich lang gestielt. Die schmal lanzettlichen Kelchzipfel im Fruchtstadium verlängert. Filamente kahl, Samen relativ groß. Haare unverzweigt, wenigzellig, bisweilen gekniet. – Süd- und Mittelamerika.

Sect. *Gonatotrichum* Bitt.

10b Infloreszenzschaft vorhanden, im allgemeinen über 1 cm lang. Kelchzipfel lanzettlich bis breit lanzettlich. Filamente fast stets mit vielzelligen spitzen Haaren dicht besetzt.

11a Blätter ungeteilt oder grob bogig gezähnt oder tief fiederteilig. Blütenkrone sternförmig, Zipfel oft zurückgeschlagen. Kelch zur Fruchtzeit abstehend oder anliegend, nur schwach vergrößert. Infloreszenz im allgemeinen mit mehr als vier Blüten. Samenschale dicht genetzt.

Kräuter, Stauden oder Halbsträucher. Blätter ganzrandig oder buchtig gelappt. Blütenstände mit deutlichem Schaft, mono- oder dichasial. Blütenkrone sternförmig, meist weiß, bisweilen violett getönt. Antheren ellipsoidisch. Griffel mit abstehenden Haaren oder kurzen Papillen. Beere kuglig. Steinzellnester vorhanden oder fehlend. Im vegetativen Bereich Haare unverzweigt (Drüsen- oder Fingerhaare), an Blattorganen bisweilen verzweigt (Asthaare).

Sect. *Solanum*

11b Blätter tief fiederteilig. Blütenkrone glockig-sternförmig. Kelch zur Fruchtzeit stark vergrößert, die Frucht fast umhüllend. Infloreszenz zwei- bis vierblütig. Samenschale grob höckerig-warzenförmig.

Kleine niederliegende Kräuter mit verkehrteiförmiger, tief fiederspaltiger Spreite mit drei bis vier eiförmigen, ganzrandigen oder buchtigen Fiederlappen. Infloreszenz zwei bis vierblütig. Blütenkrone klein, glockig-sternförmig. Filamente etwas länger als die kurzen Antheren. Griffel mit kurzen Papillen. Kelch zur Fruchtzeit fast die Beere umfassend. Haare unverzweigt (Fingerhaare).

Sect. *Chamaesarachidium* Bitt.

7b Im reproduktiven Bereich an jedem Sympodialglied mehrere zerstreut angeordnete, annähernd gleichgroße Laubblätter (über 4), deren Zahl an Zweigen höherer Ordnung meist geringer wird oder Blütenstand den Gesamttrieb abschließend.

8a Früchte mit einer großen Zahl Steinzellkörnern (etwa 60). Blätter tief fiederspaltig mit langen lanzeolaten Fiederlappen.

An den oberen Blättern Fiederlappen meist reduziert, Spreiten daher schmal lanzeolat mit wenigen oder ohne Fiederlappen.
Hohe Stauden oder Halbsträucher. Vegetative Sprosse mit endständigem Blütenstand und mit zwei oder drei gabelig angeordneten Fortsetzungstrieben. Blütenkrone trichterig-radförmig, selten fast bis zur Mitte gelappt, bis zu 4 cm Durchmesser. Staubfäden bis zu 6,5 mm lang, sich während der Anthese verlängernd. Staubbeutel kurz, bis zu 4 mm lang, frei. Haare unverzweigt (Fingerhaare). –Australien, Neuseeland.

Sect. *Archaesolanum* (Bitt.) Danert

8b Früchte ohne oder mit wenigen Steinzellkörnern. Falls Blätter fiederspaltig, Fiederlappen nicht lang lanzeolat (bisweilen breit lanzettlich) und im oberen Bereich Blätter nicht mit schmal-lanzeolaten, reduzierten Spreiten.

9a Blütenstände mono- bis pleiochasial mit rispig angeordneten Teilblütenständen. Achse zwischen den Partialinfloreszenzen verlängert.

10a Blüten im Durchmesser 20–30 mm. Blätter häutig, untere Blätter (bei einigen Sippen auch die oberen Blätter) gefiedert oder fiederspaltig, mit breit lanzettlichen Fiederlappen und buchtigen Einschnitten, obere Blätter häufig lanzeolat. Blattstiele bisweilen windend.

Näher Hinweise zur Sektion S. 263

Sect. *Jasminosolanum* Bitt.

10b Blüten im Durchmesser 10–20 mm. Blätter häutig oder lederig, schwach fiederlappig oder völlig ganzrandig. Blattstiel nicht windend.

11a[1] Arten aus Süd- und Mittelamerika.

Sträucher und Halbsträucher mit ungeteilten Blättern, Blütenstände endständig, umgeben von gabelig angeordneten Fortsetzungstrieben; an Seitentrieben höherer Ordnung Endinfloreszenz durch die monochasiale Achse seitlich verdrängt. Haare unverzweigt bis verzweigt (Finger- und Asthaare).

Sect. *Anthoresis* (Dun.) Bitt. emend. Seite-v. Hoff

11b[1] Arten aus Afrika.

12a Blüten pentagon.

Kletternder Strauch mit eiförmigen ganzrandigen Spreiten (am Rand mit kleinen rauhen Haaren). Infloreszenz mehrfach gegabelt, doldenrispig. Kelch glockenförmig mit lanzettlichen Zipfeln, die fast bis zur Spitze häutig verwachsen sind. Blütenkrone im Durchmesser etwa 2 cm. Staubblätter frei. Samen ziemlich groß (3 : 2,5, 1 mm), netzaderig. Früchte ohne Steinzellkörner · Fingerhaare. – Afrika.

Sect. *Benderianum* Bitt.

12b Blüten sternförmig.

13a Blätter fiederlappig oder ganzrandig. Sprosse meist mit herablaufenden Blattflügeln. Pflanzen im vegetativen Bereich nur mit mehrzelligen unverzweigten Haaren (Fingerhaaren), bisweilen Pflanzen nahezu kahl.

Aufrechte Sträucher. Sprosse bisweilen rutenförmig oder windend, kantig oder stielrund. Blätter eiförmig oder länglich-elliptisch, ganzrandig oder bogig gelappt. Infloreszenzen vielblütig (14–20). Teilinfloreszenzen oft mit reduzierten Tragblättern. Blütenkrone sternförmig, im Durchmesser etwa

[1] Geografische Angaben sind zwar diagnostisch nicht verwendbar, doch fand ich keine Möglichkeit, die Sektion *Anthoresis* von den folgenden durch eindeutige morphologische Merkmale zu isolieren.

12–17 mm. Antheren frei, kurz ellipsoidisch. Früchte mit 4 (oder mehr?) kleineren Steinzellkörnern, Fingerhaare. – Afrika.

Sect. *Quadrangulare* Bitt.

13b Blätter ganzrandig. Sprosse ohne deutliche Blattflügel. Pflanzen im vegetativen Bereich mit mehrzelligen verzweigten und unverzweigten Haaren (Finger- und Asthaare), bisweilen Pflanzen nahezu kahl.

14a Blüten an den wickeligen Endinfloreszenzachsen serial angeordnet. Vegetative Sprosse mit kurzen Internodien. Spreiten an der Basis verschmälert, verkehrt eiförmig, oblong oder lanzettlich.

Sträucher mit dicht aufeinanderfolgenden ± lederigen Blättern. Infloreszenzen mit deutlichem Schaft, vielblütig. Teilinfloreszenzen meist dichasial. Kelch kurz becherförmig. Blütenkrone sternförmig, im Durchmesser 10–18 mm. Antheren breit ellipsoidisch, seltener schmaler, frei oder der Länge nach vereinigt. Samen genetzt. Haare unverzweigt bis verzweigt (Finger- bis Asthaare). – Madagaskar.

Sect. *Lemurisolanum* Bitt.

14b Blüten an den wickeligen Endinfloreszenzen doldenähnlich zusammenstehend. Sprosse mit verlängerten Internodien. Spreiten an der Basis verbreitert, herzeiförmig, eiförmig oder eiförmig-lanzettlich.

Meist kletternde Sträucher, seltener Halbsträucher oder kleine Bäume. Spreite häutig oder etwas lederig. Infloreszenzen meist vielblütig. Kelch kurz becherförmig, mit kurzen zugespitzten, fast dreieckigen Zipfeln. Blütenkrone sternförmig, etwa 12–19 mm im Durchmesser. Antheren ellipsoidisch, meist 3–4, selten nur 2 mm lang, frei oder zu einer Röhre vereinigt. Steinzellkörner (soweit untersucht) fehlen. Samenoberfläche filzig. Haare an den Pflanzen unverzweigt oder verzweigt (Finger- bis Asthaare). – Afrika.

Sect. *Afrosolanum* Bitt.

9b Blütenstände mono- bis polychasial, Infloreszenzachse zwischen den Teilinfloreszenzen gestaucht.

10a Blütenstandsschaft mit einem oder wenigen reduzierten Laubblättern.

Nähere Hinweise zur Sektion S. 262

Sect. *Potatoe* Walp.
(Sect. *Tuberarium* (Dun.) Bitt.)

10b Blütenstandsschaft blattlos.

11a An den Sympodialgliedern entfalten sich Tragblatt und erstes Laubblatt des mehrblättrigen Sympodialgliedes fast in gleicher Höhe. Niedrige, kleinblättrige Halbsträucher oder Sträucher. Infloreszenz wenigblütig, Schaft gestaucht.

Niedrige Halbsträucher oder Sträucher mit schmal eiförmigen oder lanzettlichen Blättern. Infloreszenzen wenigblütig, ohne Schaft, oft nur die untere Blüte oder die beiden unteren Blüten fertil. Blütenkrone sternförmig oder fast radförmig. Antheren kurz, ellipsoidisch, kaum doppelt oder dreimal so lang wie breit. Beeren kugelig, rot oder orange. Haare unverzweigt bis verzweigt (Finger- bis Asthaare). – Amerika, Afrika.

Sect. *Pseudocapsicum* (Dun.) Bitt.

11b Tragblatt und erstes Laubblatt der Sympodialglieder nicht annähernd in gleicher Höhe. Ausdauernde Kräuter, Halbsträucher oder Sträucher. Infloreszenz meist mit (bisweilen kurzem) deutlichen Schaft.

12a Halbsträucher oder ausdauernde Kräuter, Blätter oft fiederspaltig.

Nähere Hinweise zur Sektion S. 263

Sect. *Dulcamara* (Dun.) Bitt.

12b Sträucher. Blätter stets ganzrandig.

13a Pflanzen kletternd.

14a Blüten 20–30 (18–30) mm im Durchmesser. Kelch bis zum Grunde gespalten.

Nähere Hinweise zur Sektion S. 264

Sect. *Macronesiotes* Bitt.

14b Blüten 12–19 mm im Durchmesser. Kelch becherförmig, etwa bis zur Mitte gespalten.

Nähere Hinweise zur Sektion S. 269

Sect. *Afrosolanum* Bitt.

13b Aufrechte Sträucher oder Bäume.

14a Blüten an den wickeligen Infloreszenzenden dicht doldenähnlich angeordnet.

Nähere Hinweise zur Sektion S. 269

Sect. *Afrosolanum* Bitt.

14b Blüten an den wickeligen Infloreszenzenden nicht doldenähnlich sondern serial.

Aufrechte Sträucher mit ganzrandigen, breit lanzettlichen, beiderseits verschmälerten Blättern. Sympodialglieder mehrblättrig, unterhalb der Infloreszenz einfach oder mehrfach gegabelt. Blütenstände mono- oder dichasial, meist mit dem letzten vegetativen Trieb konkauleszent vereinigt. Blüten mittelgroß. Krone glockig-sternförmig, stets bis zum Grunde geteilt. Staubblätter gleich groß, nach der Spitze zu allmählich verschmälert. Staubbeutel 7–9 mm lang, alle oder einige miteinander vereinigt. Samen mit netzförmiger Oberfläche. Haare unverzweigt bis verzweigt (Finger- bis Asthaare) oder unverzweigte Drüsenhaare. – Südamerika.

Sect. *Cyphomandropsis* Bitt.

1b Pflanzen mit Sternhaaren, Mittelhaar bisweilen mit einem Drüsenkopf, seltener daneben oder ausschließlich auch Fingerhaare (sect. *Acanthophora*), meist mit Stacheln (ohne Stacheln: sect. *Brevantherum*, sect. *Lepidotum*, sect. *Irenosolanum*, sect. *Somalanum*, sect. *Anisantherum*). Staubbeutel zur Spitze verschmälert (Ausnahme: sect. *Brevantherum* mit zylindrisch-elliptischen Staubbeuteln).

2a Staubbeutel annähernd gleichgroß.

3a Kelch zur Reifezeit stark vergrößert, die Frucht einhüllend.

Kräuter bis Halbsträucher. Sympodialglieder mit drei Laubblättern, das letzte Laubblatt ist Tragblatt des Fortsetzungstriebes, von dem es rekauleszent hochgeführt wird. Die seitlich verdrängte endständige Infloreszenz wickelig, langgestreckt. Kelch bestachelt. Trockenbeeren.

Sect. *Protocryptocarpum* Bitt. ex Marz.

3b Kelch zur Reifezeit die Früche nicht einhüllend, häufig zwar anliegend, die Frucht nicht eingeschlossen.

4a Nur die Endblüte der Sympodialglieder oder die unteren Blüten zwittrig, die oberen durch Reduktion des Fruchtknotens männlich. Endblüte oft länger gestielt und durch einen Schaft von den folgenden Blüten getrennt.

Kräuter oder Sträucher. Sympodialglieder mit 2, 3 oder mehreren Laubblättern. Die Sproßfortsetzung erfolgt aus der Achsel des letzten Laubblattes, das am Tochtersproß zur Entfaltung kommt. Infloreszenzen meist wenigblütig. Kelch der zwittrigen Blüten oft bestachelt, Kelch der männlichen Blüten oft kahl. Beeren groß oder mittelgroß. Laubblattspreiten mittelgroß bis groß, eiförmig oder breit lanzettlich, häufig bis zum Grunde gelappt oder bogig fiederschnittig.

Sect. *Melongena Nees*

4b Alle Blüten zwittrig, Fruchtknoten der oberen Blüten nicht reduziert. Endblüte nicht isoliert.

5a Laubblätter beiderseits der Mittelnerven mit wenigen aufrechten Stacheln, Sprosse mit kräftigen, hakenförmig zurückgebogenen Stacheln, die $^1/_3$ bis $^1/_5$ länger als breit sind.

Sträucher. Infloreszenzen meist wenigblütig. Schaft nicht über 8 mm lang. Mehrere untere Blüten fertil, ihr Durchmesser 17–23 mm. Spreiten klein, nicht über 6,5 cm lang und 3,5 cm breit, ganzrandig oder bogig ausgeschnitten.

Sect. *Ischyracanthum* Bitt.

5b Stacheln an Blättern und Sprossen einförmig und schlank oder Pflanzen ohne Stacheln.

6a Blattunterseiten und bisweilen auch Infloreszenzstiele, Blütenstiele und Kelche mit kleinen zurückgekrümmten Stacheln bewehrt.

Sträucher häufig kletternd. Sympodialglieder mit gepaart stehenden, oft verschieden großen Laubblättern, die aufeinander folgenden Sproßgenerationen angehören, endständige, später durch den Fortsetzungstrieb seitlich verdrängte Infloreszenz in Höhe des Blattpaares oder darüber, oder Sympodialglieder mit mehreren Laubblättern, das Tragblatt des Fortsetzungstriebes entfaltet sich oberhalb der Anlegungsstelle.

Sect. *Micracanthum* (Dun.) Bitt. ex Marz. emend. Seithe-v. Hoff

6b Stacheln nicht gekrümmt oder Pflanzen stachellos.

7a Sprosse, Laubblätter und Kelche mit einzellreihigen Haaren zerstreut oder dicht bedeckt. Drüsenkopf vorhanden oder fehlend. Sternhaare mäßig verbreitet oder völlig fehlend.

Halbsträucher oder hapaxanthe Kräuter. Sympodialglieder mit zwei in annähernd gleicher Höhe stehenden Laubblättern, die verschiedenen Sproßgenerationen angehören, an Sympodialgliedern höherer Ordnung bisweilen nur ein Laubblatt, Blütenstand in Höhe des Blattpaares oder darüber, oder Sympodialglieder mit zwei oder drei Laubblättern, die sich in verschiedener Höhe entfalten. Das letzte Laubblatt mit dem Fortsetzungssproß rekauleszent verwachsen. Infloreszenzen einfache Wickel, wenigblütig, Schaft kurz. Alle Teile der Pflanze bei mehreren Arten violett getönt. Laubblattspreiten im Umriß breit eiförmig oder fast rund, meist handförmig gelappt.

Sect. *Acanthophora* (Dun.) Walp.
(Sect. *Simplicipilum* Bitt.)

7b Pflanzen ohne lange einzellreihige Haare, Sternhaare oder Borsten stets vorhanden.

8a Laubblätter schmal, länglich lanzettlich. Blüten einseitswendig.

Sträucher, Halbsträucher oder Kräuter. Sympodialglieder entweder mit drei oder mehr Laubblättern, das oberste Laubblatt entfaltet sich meist am Fortsetzungstrieb oder (seltener) Sympodialglieder 2-blättrig, an jedem Trieb entfalten sich in gleicher Höhe zwei Laubblätter, die verschiedenen Sproßgenerationen angehören; Blütenstand oberhalb des Blattpaares. Laubblattspreiten ungeteilt oder geschweift, Infloreszenzen einfache Wickel. Blüten relativ klein. Sternhaare oft klein. Stacheln nadel- oder pfriemförmig, bisweilen fehlend.

Sect. *Graciliflorum* (Dun.) Seithe-v. Hoff

8b Laubblätter im Umriß eiförmig, breit elliptisch. Blüten nicht einseitswendig.

9a Große Sträucher, einige baumartig. Pflanzen mit Stacheln oder an deren Stelle mit Borsten.

Sympodialglieder mit zwei Laubblättern, die verschiedenen Sproßgenerationen angehören und sich in gleicher Höhe entfalten, oder mit zwei und mehr zerstreut stehenden Laubblättern, das letzte Laubblatt jeder Sproßgeneration entfaltet sich am Fortsetzungstrieb. Endständige Infloreszenzen seitlich verdrängt, fast stets vielblütig, meist mehrfach gegabelt mit kürzerem oder längerem Schaft. Blütenkrone sternförmig oder rad-sternförmig, 1,4–3,5 cm im Durchmesser. Pflanzen dicht filzig mit Sternhaaren bedeckt, selten Sternhaare fehlend. Laubblattspreiten mittelgroß bis groß, breit lanzettlich und ganzrandig oder breitelliptisch, eiförmig oder breit ei-herzförmig und einfach oder doppelt bogig gelappt.

Sect. *Torvum* Nees
(Sect. *Torvaria* (Dun.) Bitt.)

9b Unbewehrte Sträucher oder kleine bestachelte Sträucher, Halbsträucher, seltener krautige Pflanzen.

10a Kleine bestachelte Sträucher, Halbsträucher oder krautige Pflanzen (einige Arten mit unbewehrten infraspezifischen Sippen).

Sympodialglieder mit gepaart stehenden Laubblättern, die verschiedenen Sproßgenerationen angehören oder mit zwei und mehr zerstreut stehenden Laubblättern, das letzte Blatt entfaltet sich am Fortsetzungstrieb. Die jedes Sympodialglied abschließende Infloreszenz wird durch den Fortsetzungtrieb seitlich verdrängt. Blütenstände meist wenigblütige, einfache Wickel. Infloreszenzschaft oft fast völlig fehlend. Blütenkrone sternförmig, klein oder mittelgroß. Pflanzen dicht mit sitzenden Sternhaaren oder kurzgestielten Haaren bedeckt, selten fast kahl oder mit kleinen Drüsenhaaren. Laubblattspreiten meist klein bis mittelgroß, stumpf eiförmig oder eiförmig elliptisch, meist bogig gelappt, seltener fiederspaltig.

Sect. *Oliganthes* (Dun.) Bitt.

10b Unbewehrte Sträucher

11a Sternhaare mit sehr vielen, meist seitlich miteinander verwachsenen Seitenstrahlen und einem sehr kurzen oder auf eine flache Zelle reduzierten Mitteldorn.

Blätter ungeteilt. Blütenstände endständig an den Sympodialgliedern durch den Fortsetzungstrieb seitlich verdrängt, Blüten relativ klein. – Südamerika.

Sect. *Lepidotum* (Dun.) Seithe-v. Hoff

11b Seitenstrahlen der Sternhaare nicht miteinander verwachsen.

12a Blüten klein, Sternhaare fast nur auf der Blattunterseite und dort nur als dünner Belag.

Blätter lang gestielt, eiförmig-elliptisch bis eiförmig; buchtig, eckig. – Pazifische Inseln.

Sect. *Irenosolanum* Bitt. ex Seithe-v. Hoff

12b Blüten mittelgroß oder ziemlich klein, 2–4 cm im Durchmesser. Sternhaare nicht auf die Blattunterseite beschränkt.

13a Infloreszenzen vielblütig, mit langem Schaft, Staubbeutel elliptisch.

Sträucher. Blätter eiförmig-elliptisch, ungeteilt, filzig behaart, Blütenstände polychasial, endständig, Fortsetzungstriebe gabelästig, an Seitensprossen höherer Ordnung Fortsetzungstriebe monochasial, die Infloreszenzen seitlich verdrängt.

Sect. *Brevantherum* Seithe-v. Hoff

13b Infloreszenzen wenigblütig, mit kurzem Schaft; Staubbeutel im Umriß lanzeolat.

Sträucher. Blätter ganzrandig oder seltener schwach wellig ausgeschweift, klein oder mittelgroß. – Afrika.

Sect. *Somalanum* Bitt.

2b Ein Staubblatt deutlich länger als die übrigen.

3a Pflanzen stachellos. Spreiten ganzrandig. Sternhaare später abfallend.

Strauchig. Laubblätter elliptisch oder oblong. Infloreszenzen terminal an den Sympodialgliedern, später seitlich verdrängt, 16–20-blütig, di- oder trichasial, Schaft kurz. Blütenkrone sternförmig, bis zum Grunde in ungleiche, stumpfe Zipfel geteilt. Staubblätter an der Spitze nur wenig verschmälert. – Asien, Afrika.

Sect. *Anisantherum* Bitt.

3b Pflanzen bestachelt, bei einigen Arten nahezu stachellose infraspezifische Sippen. Pflanzen im allgemeinen nicht verkahlend.

4a Ein Filament doppelt so lang oder mehrfach länger als die vier anderen Staubfäden. Antheren fast gleich lang, lanzettlich – ellipsoidisch, nicht zur Spitze hin verschmälert.

Bewehrte Sträucher und meist niederliegende Kräuter, selten nur der Kelch bestachelt. Sternhaare mehr oder weniger dicht, Oberfläche der Pflanze bisweilen filzig. Laubblattspreite fast immer bogig gelappt oder ausgeschnitten. Griffel und das längste Staubblatt nach innen eingebogen.

Sect. *Monodolichopus* Bitt.

4b Filamente annähernd gleich lang. Antheren von unterschiedlicher Größe, nach oben zu verschmälert.

5a Kleine Bäume, Sträucher oder Stauden, Knospe fast schnabelförmig bogig gekrümmt. Blüten mit fünf- und vierzähligen Kreisen. Blütenkrone mit stumpfen ungleichen Lappen.

Eine Anthere mehr als doppelt so lang wie die übrigen. Blätter ungeteilt bis buchtig fiederspaltig. Griffel und das längste Staubblatt nach oben aufsteigend.

Sect. *Nycterium* (Dun.) Walp.

5b Hapaxanthe Kräuter. Knospe nicht schnabelförmig bogig gekrümmt. Blüten mit fünfzähligen Kreisen. Blütenkrone schief glockig, sternförmig oder stern-radförmig mit ungleich langen Zipfeln.

Blätter einfach oder doppelt fiederspaltig. Sympodialglieder mit zwei Laubblättern, das obere entfaltet sich am Fortsetzungssproß. Kelch zur Fruchtreife vergrößert, die Frucht umhüllend, dicht bestachelt. Trockenbeeren. Sternhaare sitzend bis gestielt, Seitenstrahlen z. T. fehlend, Mitteldorn z. T. mit drüsiger Endzelle.

Sect. *Cryptocarpum* (Dun.) Walp.
(Sect. *Androceras* (Nutt.) Bitt.)

HINWEISE ZU DEN INFRAGENERISCHEN TAXA

Zur näheren Kennzeichnung der einzelnen infragenerischen Taxa werden nachstehend einige ergänzende Hinweise gegeben. Die vollständigen Zitate der Sektionsnamen werden nur angeführt, wenn sich Änderungen gegenüber der Zusammenstellung bei Seithe-v. Hoff (1962) als notwendig erweisen. Im übrigen sei auf diese Publikation sowie auf die einschlägigen Arbeiten von Bitter verwiesen.

Sect. *Dulcamara* (Moench) Bitt. (1917)

Gegenüber Moench, der *S. dulcamara* L. in eine eigene Gattung stellte, hat Dunal (als subsect. unter *Solanum*) diese Gruppe wesentlich erweitert. Bitter hat demgegenüber in einer Reihe von Publikationen seine sect. *Dulcamara* immer stärker eingeschränkt und schließlich nur die (ursprünglich) in Eurasien verbreiteten Sippen von *S. dulcamara* L. s. l. darin belassen.

Nähere verwandtschaftliche Beziehungen zu den Dulcamaren weisen zweifellos die auf Afrika beschränkten Sektionen *Quadrangulare* Bitt. (monotypisch), *Afrosolanum* Bitt., *Benderianum* Bitt. (monotypisch), *Lemurisolanum* Bitt., *Macronesiotes* Bitt. sowie (im weiteren Sinne) die neuweltlichen Taxa der sect. *Episarcophyllum* Bitt., *Jasminosolanum* Bitt. und auch *Aculeigerum* Seithe- v. Hoff auf.

Sect. *Afrosolanum* Bitt. (1917)

Dunal (1852) war nur *S. terminale* Forsk. (S. *bifurcum* Hochst.) aus diesem Verwandtschaftskreis bekannt, den Bitter zu einer selbständigen Sektion zusammenfaßte. Dem strauchigen Charakter der meisten Arten entsprechend wird bei einigen Sippen offenbar in jeder Vegetationsperiode nur ein terminaler Blütenstand an jedem Trieb entwickelt, dessen Achse in der nächsten Vegetationszeit sympodial fortgesetzt wird. Andere *Afrosolana* lehnen sich in der Verzweigung enger an die Dulcamaren an.

Die Arten der Sektion *Afrosolanum* sind auf Afrika und einige umliegende Inselgruppen beschränkt (z. B. Komoren).

Sect. *Lemurisolanum* Bitt. (1917)

Drei Arten, die auf Madagaskar endemisch sind, gehören dieser Sektion an. Die Gruppe steht der sect. *Afrosolanum* Bitt. nahe.

Sect. *Benderianum* Bitt. (1917)

Mir stand Untersuchungsmaterial von dieser nur eine Art umfassenden Sektion nicht zur Verfügung. Sie lehnt sich – nach den Beschreibungen zu urteilen – so eng an die sect. *Afrosolanum* an, daß die Bildung einer eigenen Sektion nicht gerechtfertigt zu sein scheint. Die Struktur der Samenschale und die Blütenform sind gegenüber den *Afrosolana* etwas verschieden, liegen aber vergleichsweise durchaus in der Variationsbreite anderer artenreicher Sektionen innerhalb der Gattung *Solanum*. Auch die drei bekannten Arten der sect. *Lemurisolanum* weichen nicht wesentlich in ihren Merkmalen von S. *benderianum* Bitt. ab.

Sect. *Macronesiotes* Bitt. (1917)

Bitter zählt drei Arten zur sect. *Macronesiotes*, von denen sich *S. imamense* Dun. und *S. humblotii* Damm. ähnlich wie *S. dulcamara* verzweigcn, während *S. truncicolum* Bitt. eine abweichende Ramifikationsform besitzt. Ob diese Art mit den beiden vorgenannten Sippen nahe verwandt ist, scheint fraglich zu sein. Von der Sektion *Afrosolanum* unterscheidet sich diese auf Madagaskar endemische Gruppe nur durch den tiefer gespaltenen Kelch und die (meist) größere Blütenkrone.

Sect. *Episarcophyllum* Bitt. (1912)

Nach den Artbeschreibungen von Bitter (1912) (Repert. spec. nov. 11, 241ff.) dürfte diese Sektion, die nur aus Nordchile, Südbolivien und Nordargentinien bekannt ist, relativ hoch spezialisiert sein (Blattsukkulenz, staudiger Wuchs) und stammesgeschichtliche Zusammenhänge zu den Dulcamaren und verwandten Sektionen aufweisen.

Sect. *Quadrangulare* Bitt. (1917)

Eine monotypische Sippe, die mit der sect. *Afrosolanum* nahe verwandt ist.

Sect. *Jasminosolanum* Seithe-v. Hoff (1962)

Seithe-v. Hoff (1962) hat den Namen dieser von Bitter (1921) vorgeschlagenen Sektion gültig veröffentlicht. Die auffallende Ähnlichkeit zur sect. *Aculeigerum* Seithe-v. Hoff ist wohl als Ausdruck einer phylogenetischen Verwandtschaft und nicht als Konvergenz zu deuten. Weitere Hinweise unter sect. *Aculeigerum*.

Sect. *Aculeigerum* Seithe-v. Hoff (1962)

Alle Arten sind offenbar Spreizklimmer mit gefiederten bzw. tief fiederteiligen (selten auch ganzrandigen) Laubblättern. In dieser gut umgrenzbaren Sektion weist jeder vegetative Fortsetzunggstrieb eine größere Anzahl Blattorgane auf. Die reichblütige Infloreszenz, an deren verlängerter monopodialer Achse eine größere Anzahl wicklig zusammengesetzte Teilblütenstände stehen, ist ein weiteres bemerkenswertes Kriterium dieser Sektion, da in den anderen infragenerischen Gruppen die Blütenstände durch Ausbleiben einer Streckung der Achse polychasial oder (in anderen infragenerischen Taxa) nur einfache Wickel sind. Um so auffallender ist die Übereinstimmung der sect. *Aculeigerum* mit der sect. *Jasminosolanum*, von der sie sich nur durch die hakenförmigen Stacheln unterscheidet. Nur in wenigen Artengruppen ist die Bestachelung nicht mit der Ausbildung apikal verschmälerter Staubbeutel und sternförmiger Haare verbunden. Insofern nimmt die Sektion *Aculeigerum* (und auch die sect. *Jasminosolanum*) eine gewisse Sonderstellung in der Gattung *Solanum* ein.

Sect. *Holophyllum* Walp., Repert. Bot. Syst. III (1844–45) 51. – *Solanum* sect. *Anthoresis* (Dun.) Bitt. (1917) emend. Seithe-v. Hoff in Bot. Jb. 81 (1962) 287.

Gegenüber Dunal (1852), der den Namen *Anthoresis* für eine infragenerische Gruppe seiner subsect. *Micranthes* in der nächst tieferen Rangstufe verwendete, hat Bitter (1917) unter Ausschluß mehrerer Arten für diesen Verwandtschaftskreis die Kategorie einer Sektion vorgeschlagen. Seiner Diagnose, die auch den Vermerk trägt, daß die Arten Sternhaare aufweisen, hat er Deskriptionen von *Solanum erianthum* D. Don [1] (*S. verbascifolium* auct. non L.) und S. mauritianum Scop. angeschlossen, zwei Arten mit stellatem Indument. Später (Bitter 1919) unterschied er drei Serien, die auch Taxa mit einfachen Haaren enthielten. Seithe-v. Hoff hat eine weitere Emendierung vorgenommen und nur Arten mit Finger- und Asthaaren in dieser Sektion belassen. Stellat behaarte Sippen, die Bitter ursprünglich in dieser Gruppe vereinigt wissen wollte, wurden von Seithe-v. Hoff in der sect. *Brevantherum* Seithe-v. Hoff zusammengefaßt mit *S. verbascifolium* auct. non L. als typusführender Sippe, jener Art also, die man als Typus der sect. *Anthoresis* hätte erwarten können.

Eine Umbenennung der Sektion *Brevantherum* in *Anthoresis* würde den Bedingungen des Code entsprechen, aber auch zu Verwirrungen Anlaß geben, zumal der Sektionsname *Brevantherum* sich bereits eingeführt hat (Roe 1967a, 1968). Walpers (1844–45) hat in der Rangstufe einer sectio für die von Dunal 1852 aufgestellte Gruppe *Anthoresis* in ähnlicher Umgrenzung den Namen „*Holophylla*" gültig veröffentlicht. Offenbar ist dieser Name bisher übersehen worden. Da bei Walpers auch *S. cervantesii* Lag., das Seithe-v. Hoff als Typus der Sektion *Anthoresis* ausgewählt hat, aufgeführt ist, setze ich den Sektionsnamen *Holophyllum* Walp. für die von Seithe-v. Hoff emendierte sect. *Anthoresis* ein.

Die Arten der Sektionen *Holophyllum* Walp. emend. sens. Seithe-v. Hoff und *Brevantherum* stimmen in zahlreichen Merkmalen überein (Wuchsform, Blattform, Infloreszenz- und Blütenform, Antherenbau, fehlende Bestachlung), vornehmlich ist es die unterschiedliche Behaarung, auf die eine Zuordnung zu zwei Sektionen, die verschiedenen Untergattungen angehören, begründet ist. Cytologische, anatomische und befruchtungsbiologische Untersuchungen können vielleicht näheren Aufschluß geben, ob es sich um Parallelformen handelt oder ob die beiden Haartypen nur als sekundäre Merkmale anzusehen sind.

Sect. *Archaesolanum* (Bitt. ex Marz.) Danert stat. nov. – *Solanum* subgen. *Archaesolanum* Bitt. ex Marz. in Hegi, Illustr. Flora Mitteleuropa V/4 (1927) 2583.

Dieser gut umgrenzbare natürliche Verwandtschaftskreis ist offenbar das einzige infragenerische Taxon, das auf Australien und Neuseeland beschränkt ist. Die bei allen Arten im Fruchtfleisch zahlreich vorkommenden Steinzellkonkretionen, die als Relikt einer bei den Ursprungssippen der *Solana* verbreiteten hartschaligen Endokarpwand gedeutet werden können (Bitter 1911, 1914; Danert 1969), waren für Bitter der Anlaß zur Namensbildung und zur

[1] Wie Roe (1968) nachweist, ist *S. verbascifolium* L. von späteren Autoren (und auch von Bitter) nicht richtig interpretiert worden. Der regelgemäße Name ist *S. erianthum* D. Don.

Zubilligung der Rangstufe einer Untergattung. Wenn auch hinzukommt, daß die Staubbeutel bei allen Arten nicht miteinander vereinigt sind und ein relativ langes Filament aufweisen, so dürften doch nach dem gegenwärtigen Gliederungsstand der Gattung *Solanum* diese Merkmale zu hoch eingeschätzt sein, um diesen Verwandtschaftskreis gleichwertig neben den anderen subgenera zu plazieren. Die geographisch isolierte Entfaltung der Sippe mag zur Ausprägung der angeführten Eigentümlichkeiten beigetragen haben; Eigenschaften wie die Wuchsform und die fiederlappigen Blätter sind auch in anderen infragenerischen Taxa verbreitet.

Im Zuge der Untersuchung pharmakologisch interessanter Steroid-Alkaloide ist auch die systematische Erfassung der in diesem Verwandtschaftskreis zu vereinigenden Sippen wesentlich gefördert worden (Baylis 1963; Gerasimenko 1965 sowie Gerasimenko und Reznikova 1965). Von besonderer Bedeutung ist der Nachweis einer polyploiden Reihe (Baylis 1954, 1963, Gerasimenko und Reznikova 1965). Danach sind die *Archaesolana* eher eine in Entfaltung begriffene Sippe als eine besonders ursprüngliche Sektion im phylogenetischen Sinne. Auch das nachgewiesene Alkaloidspektrum erbrachte keine zwingende Anhaltspunkte für eine besonders primitive Stellung in der Gattung.

In der Gattung *Solanum* kann als Chromosomen-Grundzahl $n = 12$ angenommen werden. Die Sektion *Archaesolanum* ist mit $n = 23$ die einzige bisher bekannt gewordene Ausnahme. Auch darin spiegelt sich die abgeleitete Stellung der *Archaesolana* wider.

Sect. *Pseudocapsicum* (Med.) Bitt. (1917). – *Pseudocapsicum* Med., Phil. bot. 1 (1789) 122.

Die Arten der sect. *Pseudocapsicum* unterscheiden sich durch ihre eigentümliche Verzweigungsform (Danert 1968), aber auch habituell von anderen Taxa der Gattung *Solanum*. Verwandtschaftliche Beziehungen zu anderen Sektionen lassen sich nicht zwingend belegen.

Sect. *Solanum*. – *Solanum* sect. *Maurella* Nees in Transact. Linn. Soc. London 17 (1834) 37. Solanum sect. Morella (Dun.) Bitt. 1919.

In ihrer Verzweigung sind alle Arten sehr einheitlich. Dabei ist die Form der Ramifikation stark spezialisiert (Danert 1968). Auch die Variationsbreite der Blätter, Blüten und Früchte ist relativ beschränkt. Die nahe Verwandtschaft vieler Taxa hat zur Beschreibung einer ungewöhnlich großen Anzahl von Kleinarten geführt, deren Identifizierung sehr schwierig ist. Die Verbreitung über alle Kontinente hat die Sippenbildung offenbar gefördert, zugleich aber die Übersicht wesentlich erschwert. Sowohl aus Nordamerika (Heiser et al. 1965 als auch aus Indien (Tandon und Rao 1966) sind polyploide Reihen nachgewiesen worden. Um zu einer Übersicht zu gelangen, reicht die Einsichtnahme von authentischem Exsikkaten-Material nicht aus. Die relativ wenigen mitteleuropäischen Sippen hat Wessely (1961) revidiert. In anderen Erdteilen ist auch die genaue Kenntnis der Ploidiestufe für eine Identifizierung erforderlich, da allein nach morphologischen Kriterien eine Unterscheidung der Sippen nicht immer möglich ist.

Sect. *Campanulisolanum* Bitt. (1912)

Nur wenige Arten enthält diese Sektion, die hinsichtlich ihrer Verzweigung zu den Sippen der Sektion *Solanum* (*Morella*) Beziehungen aufweist. Allerdings sind die *Campanulisolana* Halbsträucher, während die Morellen krautigen Charakter haben. *S. codonanthum* Bitt. wird bisweilen in Botanischen Gärten kultiviert.

Sect. *Geminatum* Walp., Repert. bot. syst. III (1844–45) 58. – Solanum sect. Leiodendron (Dun.) Bitt. in Bot. Jb. 54 (1917) 500; *Solanum* sect. *Oppositifolium* (Dun.) Seithe-v. Hoff.

Die Einsetzung des von Walpers eingeführten Namen ist aus Prioritätsgründen erforderlich. In der Umgrenzung geht Walpers über die später von Seithe-v. Hoff vorgeschlagene Fassung hinaus, so daß die Gruppe im Sinne von Seithe-v. Hoff einzuschränken ist.

In der Verzweigung sind alle Arten ziemlich einheitlich. Die Infloreszenz entfaltet sich im allgemeinen in Höhe des „Blattwirtels", der von den Blattorganen aufeinanderfolgender Sproßgenerationen gebildet wird (Sympodialglieder difoliat geminat mit oppositifoliatem Blütenstand).

Seithe-v. Hoff (1962) unterscheidet in dieser Sektion drei Untersektionen.

Sect. *Chamaesarachidium* Bitt. (1917)

Eine monotypische Sektion, die sich eng an die sect. *Solanum* anschließt.

Sect. *Gonatotrichum* Bitt. 1912

Eine der sect. *Solanum* gleichwertige Gruppe, die sich von ihr durch die Infloreszenzstiele sowie die kahlen Filamente und Griffel (nach Bitter) unterscheidet. Auffallend ist das disjunkte Areal im südlichen Süd- sowie in Zentralamerika. Beide Sektionen sind auf gemeinsame Ursprungsformen zurückzuführen.

Sect. *Normania* (Lowe) Bitt. (1912). – *Normania* Lowe, Manual Flora Madeira II/1, 87.

Bitter (1912) gibt für die beiden nur von den Kanaren bekannten Arten dieser Sektion eine entfernte Verwandtschaft mit den knollentragenden Solana an.

Sect. *Potatoe* Walp., Repert. bot. syst. III (1844–45) 38. – *Solanum* sect. *Tuberarium* (Dun.) Bitt. s. str. (1912); *Solanum* subsect. *Tuberarium* Dun.

(1852); *Solanum* sect. *Tuberarium* (Dun.) Bitt. subsect. *Hyperbasarthrum* Bitt. 1912.

Der Name *Potatoe* Walp. ist der älteste in dieser Rangstufe und muß anstelle des Sektionsnamens *Tuberarium* eingesetzt werden. Walpers (1844–45) gibt übrigens Dunal als Autor an, doch weder 1813 noch 1816 wird dieser Name von Dunal verwendet. Erst 1852 werden damit die Kartoffelverwandten im engeren Sinne gekennzeichnet.

Entgegen den meisten Autoren fasse ich die *Basarthra* als selbständige Sektion, wie es auch Bitter in seinen späteren Arbeiten getan hat, und nicht als subsectio der sect. *Potatoe*, auf.

Sect. *Basarthrum* (Bitt.) Bitt. in Bot. Jb. 54 (1917) 499. – *Solanum* sect. *Tuberarium* (Dun.) Bitt. subsect. *Basarthrum* Bitt. in Repert. spec. nov. 11 (1912) 350.

Diese Gruppe wird im allgemeinen als subsectio der *Tuberarien* (sect. *Potatoe*) angesehen, die Rangstufe einer Sektion entspricht besser der vermittelnden Stellung zwischen den Kartoffelverwandten und den Sektionen *Lycopersicon* sowie *Neolycopersicon*.

Sect. *Neolycopersicon* Corr., The potatoe and its wild relatives (1962) 39

Diese monotypische Sektion steht zwischen den Sektionen *Basarthrum* und *Lycopersicon*. Experimentelle Untersuchungen erbrachten den Nachweis der Kreuzbarkeit von *Solanum pennellii* mit einer Tomatenart. Die Stellung der *Lycopersicon*-Sippen als selbständige Gattung kann damit nicht mehr aufrecht erhalten werden.

Sect. *Lycopersicon* (Mill.) Bitt. (1917)

In den vergangenen Jahrzehnten hatte sich mehr und mehr die Überzeugung durchgesetzt, die Tomaten-Verwandten als gut umgrenzbare Gruppe von den Solana generisch zu trennen. Insbesondere die eigentümliche Form der stark verschmälerten Staubblätter sprach zugunsten dieser Auffassung. Indessen hat die Auffindung von *Solanum pennellii* Rick, das der Blattform nach sich an *Lycopersicon*-Sippen anschließen läßt, in der Form der Staubblätter jedoch auf eine nähere Verwandtschaft zu den *Solana* der sect. *Basarthrum* (Bitt.) Bitt. hinweist, zu einer Revision der Stellung der *Lycopersicon*-Arten Anlaß gegeben. Zwar hat *Correll* (1962) für *S. pennellii* die Einführung einer neuen Sektion (sect. *Neolycopersicon* Corr.) vorgeschlagen, doch wurde die Problematik vertieft, als experientell zwischen dieser Art und Tomaten-Verwandten (Hardon 1967 u. a.) sowie Sippen der sect. *Basarthrum* (Wann und Johnson 1963 u. a.) Kreuzbarkeit nachgewiesen werden konnte.

Damit wurde trotz der wesentlichen Unterschiede in der Staubbeutelform eine enge Verwandtschaft zwischen *Lycopersicon*-Sippen und der sect. Neolycopersicon belegt. Selbst als subgenus der Gattung *Solanum*, wie es Seithe-v.

Hoff vor Bekanntwerden der Art *S. pennellii* empfohlen hat, ist die Sippe der Tomaten kaum vertretbar, da alle anderen Sektionen des subgenus *Solanum* der sect. *Neolycopersicon* ferner stehen als die *Lycopersicon*-Arten.

Auf die engen Beziehungen zwischen den Kartoffelverwandten und den Tomatensippen, als deren verbindendes Glied die sect. *Neolycopersicon* angesehen werden kann, wurde wiederholt hingewiesen (Börner 1912, Bitter 1912). Zweifellos bildet diese Gruppe eine Abstammungsgemeinschaft. In diesem Zusammenhang ist darauf hinzuweisen, daß Miller (1768) der Autor von *Lycopersicon* auch die knollentragenden *Solana* unter diesem Namen einschloß, eine Emendierung und Beschränkung des Namens auf die Tomatenverwandten ist erst später erfolgt. Dieser Name müßte eingesetzt werden, wenn es sich als zweckmäßig erweist, die Gattung *Solanum* konsequent in gleichwertige Abstammungsgemeinschaften als selbständige generische Gruppen zu gliedern.

Sect.. *Herposolanum* Bitt. 1912

Diese monotypische Sektion verdient besondere Aufmerksamkeit, da *S. reptans* Bunb. ziemlich spitz auslaufende Antheren aufweist und sich darin den *Lycopersicon*-Sippen nähert. Allerdings öffnen sich die Staubbeutel durch Längsrisse und nicht zusätzlich durch Terminalporen, ein Verhalten, das Bitter veranlaßt hat, eine selbständige Gattung zu vermuten. Die Neigung zur Bildung sproßbürtiger Wurzeln erinnert an die *Solana* aus der Verwandtschaft der Kartoffel, mit denen sie auch in der Entwicklung von Fiederblättern übereinstimmt.

Bitter (Repert. spec. nov. 12, 64) betont die nahe Stellung zur sect. *Rhynchantherum* gitt.

Sect. *Rhynchantherum* Bitt. (1913)

Diese monotypische Sippe ist mit der sect. *Herposolanum* in den Verwandtschaftskreis der knollenbildenden *Solana* (im weitern Sinne) zu stellen.

Sect. *Herpysticum* Bitt. (1921)

Nur wenige Sippen gehören dieser Sektion an, deren Arten kriechende Kräuter mit drei- bis fünfzähligen Laubblättern sind. Es darf ein gemeinsamer Ursprung mit den knollenbildenden *Solanum*-Arten angenommen werden.

Eine lateinisch abgefaßte Diagnose ist für diese Sektion nicht publiziert worden.

Sect. *Cyphomandropsis* Bitt. (1913)

Von der Gattung *Cyphomandra* unterscheiden sich die Arten dieser Sektion vornehmlich nur durch die Form der Staubblätter. Auf Grund morphologischer Merkmale kommt man zu der Folgerung, daß Verwandtschaftsbeziehungen der Sektion *Cyphomandropsis* zur Gattung *Cyphomandra* weit enger sind als zu anderen Sektionen der Gattung *Solanum*. Neben der Blütenform ist die Stellung des Blütenstandes an der Basis des Fortsetzungstriebes in beiden Gruppen gleich. Steinzellkonkretionen, die für *Cyphomandra*-Arten im Fruchtfleisch nachgewiesen wurden, sind bei Sippen der Sektion *Cyphomandropsis* bisher nicht beobachtet worden. Auf ein wesentliches Unterscheidungsmerkmal zwischen den Gattungen *Solanum* und *Cyphomandra* hat kürzlich Roe (1967b) hingewiesen. Er wies nach, daß die Chromosomen von *Cyphomandra betacea* etwa dreimal so lang sind als bei einigen untersuchten *Solanum*-Arten. Leider wurden keine Analysen an Sippen der sect. *Cyphomandropsis* vorgenommen, so daß der Wert dieser Aussage etwas eingeschränkt werden muß.

Sect. *Anarrhichomenum* Bitt. (1912)

Die Arten dieser Sektion weichen in der Ramifikation erheblich von anderen Verwandtschaftskreisen ab. Ob die mit Hochblättern besetzten seitenständigen blühenden Kurztriebe unmittelbar blattachselständig oder nur die seitlich verdrängten Endabschnitte von Sympodialgliedern einer monochasialen vegetativen Achse sind, bedarf noch der Klärung.

Strauchartige Wurzelkletterer, die an ihren stark verholzenden Sprossen homorhize Wurzeln ausbilden, sind relativ selten unter den Solanaceen. In der Gattung *Solanum* nimmt diese Sektion eine recht isolierte Stellung ein.

Sect. *Lysiphellos* (Bitt.) Seithe-v. Hoff (1962). – *Solanum* sect. *Anthoresis* (Dun.) Bitt. subsect. *Lysiphellos* Bitt. (1919).

Solanum decorticans Sendtn., die einzige Art der Sektion *Lysiphellos*, weicht in der Verzweigung (gemeinsam mit den Sippen des subgen. *Bassovia* und der sect. *Anarrhichomenum*) erheblich von den anderen Taxa der Gattung *Solanum* ab. Die mit Blütenständen endenden axillären Kurztriebe entwickeln im unteren Abschnitt des Langtriebes Laub- und Hochblätter, im mittleren Teil des Langtriebes sind es nur Hochblätter, während an den letzten Kurztrieben der Schaft unmittelbar aus der Blattachsel hervorgeht. Ob die Infloreszenzen auch der Anlegung nach seitenständig oder Endabschnitte einzelner Sympodialglieder sind, die den Langtrieb zusammensetzen, muß offen bleiben. Bemerkenswert ist, daß bei den Bassovien und auch in der Sektion *Anarrhichomenum* die seitlichen Kurztriebe gleichwertig sind, während bei *S. corticans* die basalen Blütenstandstriebe von den mehr apikalen deutlich verschieden sind, was mehr für eine seitliche Anlegung spricht.

Subgen. *Bassovia* (Aubl.) Bitt. 1921. – *Bassovia* Aubl. 1775.

Die Form der Verzweigung ist das wichtigste Kriterium dieser Sippe. Nach Bitter (1912a, 1921) ist eine axilläre Stellung der seitenständigen Blütensprosse anzunehmen, doch ist nicht ausgeschlossen, daß die Infloreszenzen die Endabschnitte von Sympodialgliedern sind (Danert 1968). Ob auch die Arten der Sektionen *Anarrhichomenum* und *Herpysticum* in ihrer Ramifikation sich an die Bassovia-Arten anschließen und untereinander nähere evolutionsgenetische Beziehungen aufweisen, bedarf einer Klärung. Insbesondere müßte festgestellt werden, ob die *Bassovia*-Sippen in der Ramifikation tatsächlich eine solche Sonderstellung einnehmen, daß die Rangstufe einer Untergattung gerechtfertigt ist. In der Kategorie einer Sektion müßten die Bassovien den Namen *Polybotryon* (Dun.) Bitt. s. str. (1912a, 1921) führen.

Subgen. *Lyciosolanum* Bitt. (1917)

Solanum guineense L. (*S. aggregatum* Jacq.) ist die einzige Art dieser Sektion. In ihrer Verzweigung weicht diese aus dem südwestlichen Kapland bekannte Art von allen anderen Solanum-Arten ab und stimmt mit der Gattung *Lycium* überein (Danert 1958). Daß die Staubfäden bei *S. guineense* L. so lang wie die Staubbeutel sind, deutet Bitter als Primitivmerkmal. Der Ausschluß dieses Taxon aus der Gattung *Solanum* wäre durchaus zu rechtfertigen.

Sect. *Brevantherum* Seithe-v. Hoff (1962)

Die am besten bekannten Arten dieser Sektion sind *S. mauritianum* Scop. und *S. erianthum* D. Don. Eine monographische Übersicht der mittel- und nordamerikanischen Arten hat Roe (1967) gegeben. Die als relativ ursprünglich anzusehende Wuchsform der Sippen dieser gut umgrenzbaren Sektion ist auch für einige andere infragenerischen Taxa charakteristisch. – Einige Bemerkungen zur Nomenklatur sind unter der Sektion *Holophyllum* Walp. angeführt, mit der die sect. *Brevantherum* früher unter dem Namen *Anthoresis* vereinigt wurde.

Sect. *Torvum* Nees in Transact. Linn. Soc. London 17/1 (1834) 51. – *Solanum* sect. *Torvaria* (Dun.) Bitt. (1921).

Die Sektionsgrenzen dürften nicht mit denen anderer Gruppen dieser Rangstufe vergleichbar sein. So ist *S. giganteum* Jacq. in mehrfacher Hinsicht von *S. torvum* L. verschieden und dürfte weit engere Beziehungen zur sect. *Brevantherum* aufweisen. Dafür spricht sowohl die Verzweigungs- als auch die Staubblattform

Auch Bitter betont, daß diese Sektion sehr heterogen sei und weiterer Bearbeitung bedarf, obwohl er bereits gegenüber Dunal diese Gruppe stark eingeengt hat. Er hat drei in Afrika verbreitete Serien unterschieden, die Hauptentfaltung liegt zweifellos in Süd- und Mittelamerika. Die Verzweigung der von Bitter in dieser Sektion vereinigten Arten ist so unterschiedlich, daß verwandtschaftliche Beziehungen sich nur schwer konstruieren lassen.

Sect. *Anisantherum* Bitt. (1917)

S. somalense Franch. aus Somalia und *S. pubescens* Willd. aus Indien bilden die Sektion *Anisantherum*, die eine bemerkenswerte Mittelstellung zwischen den beiden traditionellen Hauptgruppen einnimmt. Die Staubbeutel sind zwar relativ lang, wie es für die meisten Sippen mit sternförmiger Behaarung charakteristisch ist, doch sind sie zur Spitze hin nur wenig verschmälert. Auch die

Stachellosigkeit trotz stellater Behaarung spricht für eine intermediäre Stellung.

Bitter (1917) vermutet nähere verwandtschaftliche Beziehungen zur sect. *Somalanum*, deren ebenfalls unbewehrte Arten eine ähnliche Antherenform aufweisen. Allerdings sind hier alle Antheren annähernd gleichgroß, während in der Sektion Anisantherum ein Staubblatt deutlich verlängert ist. Dieses Merkmal ist für einige andere Sektionen charkteristisch (*Normania, Nycterium, Monodolichopus*), die ebenfalls mit Sternhaaren ausgestattet sind. Die Annahme evolutionsgenetischer Beziehungen liegt nahe.

Sect. *Somalanum* Bitt. (1917)

Das Fehlen von Stacheln ist für die mit sternförmigen Haaren versehenen Arten (nur drei) dieser Sektion charakteristisch. Sie stimmen darin mit der sect. *Anisantherum* überein, von der sie sich durch die fast gleichgroßen Antheren unterscheiden.

Sect. *Monodolichopus* Bitt. (1923)

Schon allein die geringe Größe der in der sect. *Monodolichopus* vereinigten strauchigen, halbstrauchigen und perennierend-krautigen, auf Ostafrika beschränkten Arten ist ungewöhnlich. Durch die lanzettlich-ellipsoidische Form der Staublätter weichen die stets bestachelten und mit Sternhaaren bedeckten Sippen von anderen Sektionen mit den beiden letztgenannten Eigenschaften etwas ab und vermitteln – ähnlich wie die sect. *Somalanum* – zur Großgruppe mit einfachen bzw. bäumchenförmigen Haaren. Die ungleiche Größe der Staubblätter deutet auf eine nähere Verwandtschaft mit den Sektionen *Nycterium*, *Cryptocarpum* und *Anisantherum*.

Sect. *Nycterium* (Vent.) Nees in Transact. Linn Soc. (1834) 17/1, 60. – *Nycterium* Vent. (1803).

Zwar gibt Nees von Esenbeck (1834) nicht ausdrücklich an, daß er den Gattungsnamen von Ventenat in die Rangstufe einer Sektion überführt wissen wollte, doch wird in einer Anmerkung auf *Nycterium cordifolium* Vent. verwiesen. Von Nees wird übrigens auch *S. pubescens* Willd. (sect. *Anisantherum* Bitt.) in die sect. *Nycterium* einbezogen. Auch Walpers (1844–45) führt den Gattungsnamen Ventenats in der Kategorie einer sectio.

Die Staubbeutel sind in dieser Sektion im Gegensatz zur sect. *Monodolichopus* an der Spitze stark verschmälert.

Sect. *Cryptocarpum* Walp., Repert. bot. system. (1844–45) 90. – *Solanum* sect. *Androceras* (Nutt.) Bitt. ex Marzell in Hegi, Illustr. Flora Mitteleuropa V/4 (1927) 2585; *Androceras* Nutt. (1818).

Durch die zur Reifezeit vom Kelch vollständig eingeschlossenen Früchte sowie durch ein stark vergrößertes Staubblatt hebt sich diese Sektion von verwandten Gruppen ab. Bei den Sippen der sect. *Protocryptocarpum* sind die Staubblätter fast gleich, während bei anderen Taxa mit vergrößerten Antheren die Frucht nicht völlig eingeschlossen wird. Ferner ist die besondere Form der Fiederspaltigkeit eine Eigentümlichkeit der sect. *Cryptocarpum.*

Der Name *Cryptocarpum* wird bereits von Dunal (1813) verwendet, ohne daß eine Rangstufe angegeben wird.

Walpers (1844–45) umgrenzt seine sect. *Cryptocarpum* ähnlich wie es später Bitter für *Androceras* vorgeschlagen hat. Aus Prioritätsgründen muß der Name von Walpers eingesetzt werden.

Sect. *Protocryptocarpum* Bitt. ex Marz. (1927) sine descript. latin.

Enge verwandtschaftliche Verhältnisse zur sect. *Cryptocarpum* Walp. sind unverkennbar. Bemerkenswert ist das Vorkommen von Fingerhaaren, die sich in dieser Sektion von Sternhaaranlagen ableiten lassen (Seithe-v. Hoff 1962). Damit bieten sich Relationen zur sect. *Acanthophora* an, deren Arten im Blattbau eine sehr zarte Textur aufweisen, während die Sippen der sect. *Protocryptocarpum* (z. B. *Solanum symbriifolium* Lam.) weit stärker xeromorph sind.

Sect. *Irenosolanum* Seithe-v. Hoff (1962)

Nur drei Arten, die auf einigen Pazifischen Inseln verbreitet sind, gehören dieser Sektion an. Durch ihre Stachellosigkeit nehmen sie eine interessante Intermediärstellung zwischen den beiden traditionellen Hauptgruppen ein. Eine enge Verwandtschaft zu einer anderen Sektion ist nicht erkennbar.

Sect. *Lepidotum* (Dun.) Seithe-v. Hoff (1962)

Diese Sektion ist durch das Fehlen von Stacheln bemerkenswert. Das von Seithe-v. Hoff in diese Gruppe einbezogene *S. haplophorum* O. E. Schulz weist allerdings Stacheln auf (Herbarium Halle). Die besondere Form der Sternhaare ist eine Eigentümlichkeit dieser Sektion.

Sect. *Melongena* Nees in Transact. Linn. Soc. London 17 (1834) 48. – *Solanum* sect. *Andromonoecum* Bitt. (1923). *Solanum* chor. subgen. *Stellatipilum* Seithe-v. Hoff sect. *Stellatipilum* (1962).

Offenbar stehen bei allen Arten die Blätter verschiedener Sproßgenerationen nie gepaart. Im allgemeinen werden nur zwei bis drei Laubblätter an jedem Sympodialglied angelegt. Dieses Merkmal sowie die besondere Form der Andromonoecie kennzeichnen die Sektion als relativ abgeleitete Gruppe. – Die Einsetzung des Namens *Melongena* Nees, der übrigens auch von Walpers (1844–45) in dieser Rangstufe geführt wird, ist aus Prioritätsgründen erforderlich. Als Typus der Sektion hat Seithe-v. Hoff (1962) *Solanum melongena* L. gewählt.

Sect. *Oliganthes* (Dun.) Bitt. (1923)

Eine der umfangreichsten infragenerischen Gruppen der Gattung *Solanum*. Die große Zahl der dieser Sektion zuzurechnenden Arten wirft die Frage auf, ob sie eine Abstammungsgemeinschaft repräsentieren oder ob Sippen mit konvergenter Entwicklung hier vereinigt sind. Möglicherweise entspricht diese Sektion nicht der Umgrenzung anderer infragenerischer Taxa. Sie weist zur sect. *Melongena*, aber auch zu anderen Gruppen (*Micracanthum*, *Acanthophora*) enge verwandtschaftliche Beziehungen auf.

Sect. *Graciliflorum* (Dun.) Seithe-v. Hoff (1962)

In dieser Sektion sind die Verzweigungsformen sehr verschieden. Die weite geographische Verbreitung spricht für eine relativ alte Gruppe. Gewisse morphologische Beziehungen lassen sich zur sect. *Oliganthes* knüpfen.

Sect. *Ischyracanthum* Bitt. (1923)

Das hervorstechendste Merkmal der drei in der Sektion *Ischyracanthum* vereinigten Arten ist die Heteroacanthie, ferner durfte die geringe Blattgröße bezeichnend sein. Nach Bitter (1923) ist es eine ziemlich isolierte Gruppe, die zwischen den sect. *Oliganthes* und *Melongena* steht.

Sect. *Micracanthum* (Dun.) Bitt. ex Marz. (1927) emend. Seithe-v. Hoff (1962)

Die sehr unterschiedlichen Verzweigungsformen der in dieser Sektion vereinigten Arten erschweren die Annahme einer gemeinsamen Evolution. Eine nahestehende Gruppe dürfte die sect. *Acanthophora* sein.

Sect. *Acanthophora* Walp., Repert. bot. system. III (1844–45) 41. – *Solanum* sect. *Simplicipilum* Bitt. in Repert. spec. nov., Beih. *16* (1923) 147.

Neben Sternhaaren kommen bei diesen Arten (bisweilen sogar fast ausschließlich) einfache Haare vor, die Seithe-v. Hoff (1962) als Mitteldorn von Sternhaaranlagen deutet. Diese Fingerhaare können somit als Konvergenzbildung aufgefaßt werden. Seitenstrahlanlagen typischer Sternhaare an der Basis des Mitteldorns sind jedoch nicht nachweisbar. Es liegt die Vermutung nahe, daß die einfachen Haare in der sect. *Acanthophora* echte Fingerhaare sind und die Sippe eine Zwischenstellung zwischen den infragenerischen Taxa mit den beiden Haartypen einnimmt.

Walpers (1844–45) betrachtet die einfachen Haare als wesentliches Merkmal seiner sect. *Acanthophora*, einige weitere Arten werden nur mit Vorbehalt in diese Gruppe gestellt. Der Sektionsname *Simplicipilum* Bitt. ist aus Prioritätsgründen in die Synonymie zu stellen.

DISKUSSION

Der vorgeschlagene Bestimmungsschlüssel der infragenerischen Taxa in der Gattung *Solanum* soll die Übersicht und die Determination einschlägiger Sippen erleichtern. Dabei drängt sich die Frage auf, welche weiteren Möglichkeiten zur besseren Erfassung von Abstammungsgemeinschaften sich ergeben. Die größte Einförmigkeit im Blütenbau ist die wichtigste Ursache, warum eine Aufteilung in verschiedene Gattungen bisher nicht vorgenommen wurde. Eine Voraussetzung dazu ist die genauere Kenntnis der Verwandtschaftsbeziehungen zwischen den einzelnen infragenerischen Sippen. In der Wuchsform, der Blatt- und Sproßmorphologie ergeben sich so wesentliche Unterschiede, daß eine Begründung von Gattungen durchaus zu rechtfertigen wäre. Hawkes und Tucker (1968) kommen auf Grund serologischer Untersuchungen zu der Schlußfolgerung, daß innerhalb der Gattung *Solanum* einige Arten größere Unterschiede in der Reaktion aufweisen als zwischen einigen Gattungen der Solanaceen.

Immer wieder hat man versucht, durch Abtrennung einzelner Sippen die infragenerische Mannigfaltigkeit einzuengen. Auf diesem Wege sind die Gattungen *Lycopersicon*, *Cyphomandra*, *Lycianthes*, *Nycterium* u. a. gebildet worden. Wie in den Erläuterungen gezeigt wurde, kann ein solches Verfahren nicht vorbehaltlos akzeptiert werden. Wenn z. B. in der Gattung *Lycopersicon* Kreuzbarkeit mit einer der Staubblattform nach eindeutig als Solanum-Art ausgewiesenen Sippe besteht, so ist dies ein Beweis für eine engere Verwandtschaftsbeziehung als etwa zu anderen morphologisch aber ferner stehenden Sippen (wie etwa den bestachelten *Solana*), also Angehörigen derselben Gattung. Auch die Sektion *Cyphomandropsis* kann auf Grund phänischer Verwandtschaft eher in Beziehung zur Gattung *Cyphomandra* gestellt werden, als etwa mit den knollentragenden Arten derselben Gattung.

Somit ergibt sich die Notwendigkeit innerhalb der Gattung Solanum, die Abstammungsbeziehungen der Sektionen näher zu prüfen, um gegebenenfalls infragenerische Gruppen höherer Kategorie zu erfassen. Sie müßten, wenn sich die Notwendigkeit einer generischen Trennung ergibt, logischerweise alle als gleichwertige Gattungen nebeneinander gestellt werden.

Bei Beurteilung der evolutionsgenetischen Beziehungen innerhalb der Gattung ist man fast ausschließlich auf morphologische Merkmale angewiesen. Morton (1944) hat den Vorschlag gemacht, zunächst die beiden traditionellen Hauptgruppen als eigene Gattungen zu behandeln und erst dann eine Abspaltung einzelner Sektionen vorzunehmen, falls dazu zwingende Gründe vorliegen. Die Bestachlung, die Antherenform und die Form der Haare sind die Kriterien, nach denen die Zweiteilung erfolgt ist. Wäre einerseits die Ausbildung von Stacheln stets mit der Ausprägung apikal verschmälerter Antheren und der Entwicklung von Sternhaaren kombiniert, und wäre andererseits Stachellosigkeit stets mit im Umriß elliptischen Staubbeuteln sowie mit Finger- bzw. Asthaaren verbunden, könnte eine generische Trennung der Hauptgruppen als Abstammungsgemeinschaften ausreichend fundiert werden. Eine solche diphyletische Entfaltung hat aber offensichtlich nicht stattgefunden. Das wird dokumentiert durch mehrere infragenerische Taxa, für die abweichende Kombinationen der gegensätzlichen Merkmalspaare charakteristisch sind. In den Ergänzungen zu den Sektionen finden sich entsprechende Hinweise.

So sind in der Sektion *Brevantherum* Arten vereinigt, die auf Grund der Staubblattform und der fehlenden Bestachlung als pachystemone Sippen anzusehen sind, denen jedoch eine Haarform eigen ist, wie sie für die meisten leptostemonen Sippen charakteristisch ist. Die pachystemone Sektion *Aculeigerum* enthält bestachelte Arten mit Finger- bis Asthaaren. Einige infragenerische Taxa mit stellater Behaarung sind stachellos, in anderen sind die Staubblätter annähernd zylindrisch-ellipsoidisch, wie sie für die Sektionen mit Finger- und Asthaaren im allgemeinen charakteristisch sind. Damit steht fest, daß die Zweiteilung der Gattung nicht Abstammungsgruppen widerzuspiegeln vermag. Letztlich ist eine solche Großgliederung nur auf der Basis eines Merkmalskomplexes möglich, was Seithe auch durch Zugrundelegung der Haarform konsequent durchgeführt hat. Eine ähnliche Schwierigkeit ergäbe sich, würde allein die Staubblattform als Einteilungsgrundlage benutzt werden. Folgerichtig wäre es, all jene Gruppen, deren Merkmalskombination abweicht, als in der Rangstufe gleichwertige Taxa anzusehen, wollte man eine künstliche Einteilung vermeiden.

Unter diesem Aspekt gewinnen jene infragenerische Taxa an Interesse, die von Bitter und Seithe-v. Hoff als Untergattungen angesehen werden. Sowohl das subgen. *Bassovia* als auch das subgen. *Lyciosolanum* sind in der Form der Verzweigung so sehr isoliert, daß sie als Abstammungsgemeinschaften angesehen werden müssen, die sehr früh im Verlauf der Evolution entstanden sind. Im Zusammenhang mit der Beurteilung der beiden Untergattungen verdienen die Sektionen *Anarrhichomenum* und *Lyciphellos* besondere Beachtung, da sie sich in ihrer Verzweigung hier anfügen lassen. Näheren Aufschluß über die Verwandtschaftsbeziehungen können nur entwicklungsgeschichtliche Untersuchungen der Sproßbildung ergeben. Beide Sektionen lassen sich in ihrer Ramifikation kaum an andere infragenerische Taxa anschließen.

Das subgen. *Archaesolanum* Bitt. fasse ich als Sektion auf. Die haploide Chromosomenzahl $n = 23$ weist in Anbetracht der für die Gattung *Solanum* anzunehmenden Chromosomengrundzahl $n = 12$ auf eine tetraploide Ausgangssippe (Baylis 1954, 1963) hin. Zwar muß die abweichende Chromosomenzahl als Besonderheit in der Gattung gewertet werden, doch gehören die Arten, von denen die Chromosomenzahl bekannt ist, nur sehr wenigen Sektionen an, so daß bei einer Bewertung der Zahlenabweichung vorerst Zurückhaltung angebracht ist.

In ihrer Verzweigungsform und teilweise auch in der Sproßkonsistenz stimmen die Archaesolana mit anderen infragenerischen Taxa überein (sect. *Holophyllum*, *Brevantherum*, *Cyphomandropsis* sowie einige Arten der sect. *Torvum*), während die vorgenannten Untergattungen in ihrer Ramifikation eine sehr isolierte Stellung einnehmen.

Auch die Sektionen, deren Arten sternförmig behaart sind und die außerdem spitzenwärts verschmälerte Staubbeutel sowie Stacheln aufweisen, aber auch alle infragenerischen Taxa, die bei kritischer Betrachtung eine Intermediärstellung zwischen den beiden Hauptgruppen aufweisen, haben Ramifikationsformen, die bei den Sippen mit Finger- und Asthaaren verbreitet sind. Darüber hinaus kann festgestellt werden, daß in dieser pachystemonen Großgruppe das Merkmalsspektrum weit größer ist. So ist die Fähigkeit zur Homorhizie ausschließlich eine Eigenschaft von Sippen mit Ast- und Fingerhaaren. Dasselbe gilt für die Bildung von Ausläufern, die schließlich in der sect. *Potatoe* (sect. *Tuberarium*) in der Entwicklung von Sproßknollen gipfelt. Die besondere Verzweigungsform ist übrigens eine Eigentümlichkeit dieser Sektion. Auch echte Fiederblätter treten nur bei pachystemonen Taxa auf, während bei sternförmig behaarten Arten fiederspaltige Blätter zu den Ausnahmen gehören und echte Blattfiederung nicht vorkommt. Ferner sind für infragenerische Sippen mit Ast- und Fingerhaaren Blattsukkulenz (sect. *Episarcophyllum*) und die Bildung vielblättriger Sympodialglieder, die in den sect. *Jasminosolanum* und *Aculeigerum* zu lianenartigen Pflanzen und Spreizklimmern führt, zu erwähnen.

Die geringere Formenmannigfaltigkeit der stellatipilen Taxa spricht für eine Ableitung von Ursprungssippen mit Finger- und Asthaaren (bzw. *pachystemonen* Taxa). Zu dieser Auffassung kamen auch Bitter und ganz besonders Seithe-v. Hoff (1962), die beobachten konnten, daß bei mehreren Sippen mit sternförmiger Behaarung an Jungpflanzen zunächst einfache Haare nachweisbar sind (in der sect. *Acanthophora* werden auch an erwachsenen Pflanzen vorzugsweise Fingerhaare entwickelt).

Kann man pachystemone, unbestachelte, mit Finger- und Asthaaren versehene Sippen vornehmlich als mesophile Taxa ansehen, so sind leptostemone, bestachelte und mit Sternhaaren ausgestattete Taxa bevorzugt xerophil. Als xeromorphe Merkmale können angesehen werden die Kryptokarpie (sect. *Cryptocarpum* und *Protocryptocarpum*), der starke Indumentfilz in mehreren Gruppen, die Verbreitung schmalblättriger Sippen sowie die ledrige Konsistenz der Blätter in einigen Sippen. Auch die Stachelbildung und die Entwicklung von Sternhaaren sprechen für die Xeromorphie.

Aus der Erkenntnis, daß sich die Sektionen mit Übergangsmerkmalen zu den beiden Hauptgruppen nur bei Bevorzugung eines Merkmalspaares[1] (Sternhaare – Finger- und Asthaare, elliptisch-zylindrische Staubbeutel – spitzenwärts verschmälerte Staubbeutel, Stachelbildung – Stachellosigkeit) zuordnen lassen, eine solche Gliederung somit künstlich sein muß, schlage ich vor, diese Sektionen als gleichwertig nebeneinander zu stellen. Statt dessen soll versucht werden aufzuzeigen, welche Sektionen miteinander näher verwandt sind. Damit soll eine Vorarbeit für eine sich künftig als wahrscheinlich notwendig erweisende Teilung der Gattungen in mehrere möglichst gleichwertige genera geleistet werden. Im beigefügten Schema sind die Sektionen mit den auf Grund morphologischer

[1] Der Begriff Merkmalspaar wird hier nicht im genetischen Sinne verwendet, da im einzelnen die Variationsbreite innerhalb der diagnostischen Eigenschaften relativ groß ist.

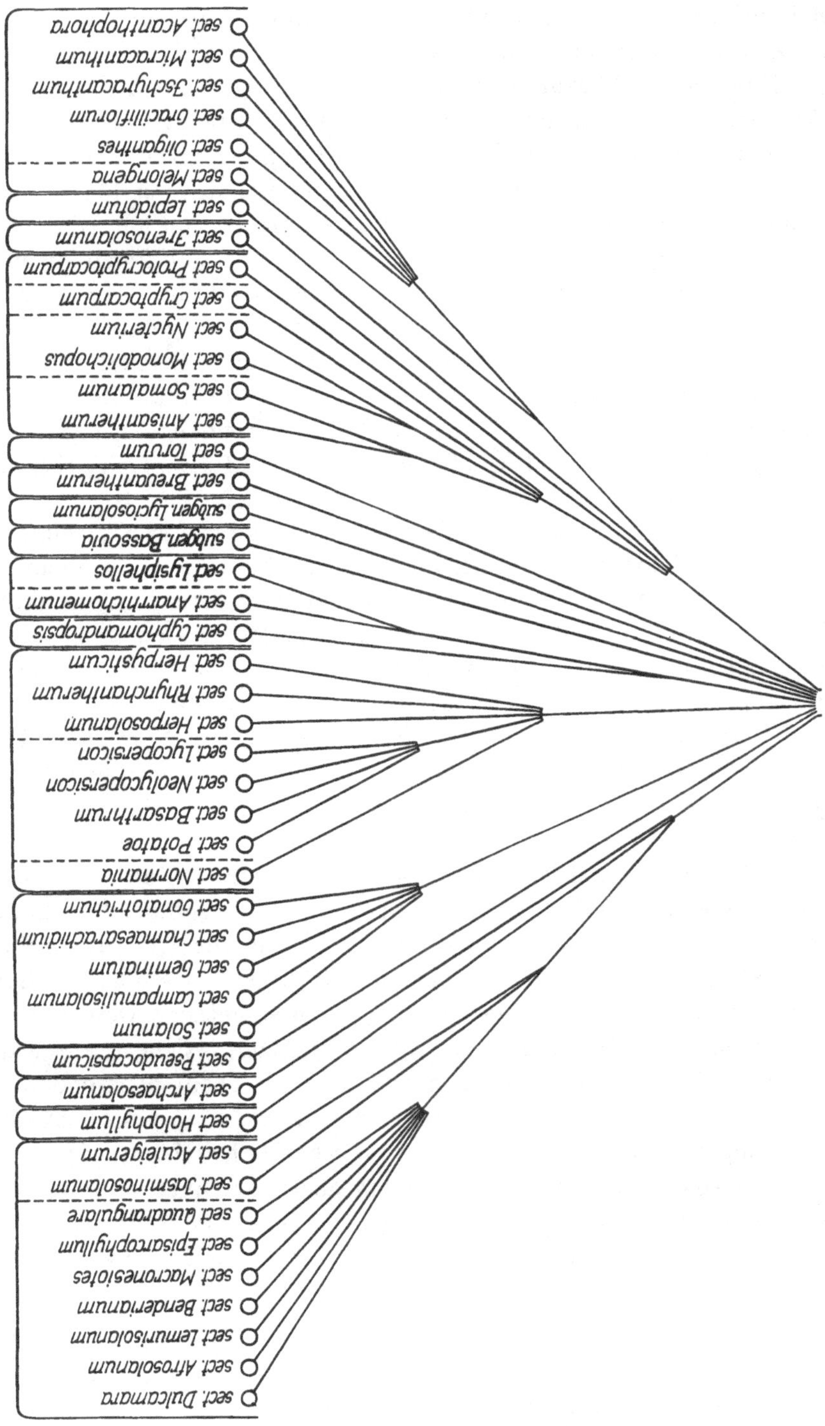

Schema zur Charakterisierung der Verwandtschaftsbeziehungen zwischen den infragenerischen Taxa der Gattung *Solanum*.

Merkmale sich ergebenden Verwandtschaftsbeziehungen in Gruppen zusammengefaßt. Verständlicherweise kann diese Ableitung nur als ein Entwurf gewertet werden. Hinweise zur Begründung dieser Übersicht sind aus den ergänzenden Bemerkungen zu den einzelnen infragenerischen Gruppen zu entnehmen. Die infragenerischen Taxa Südamerikas, dem Mannigfaltigkeitszentrum der Gattung, sind im Vergleich zu den altweltlichen Sippen weniger klar umgrenzt. Insbesondere bei den afrikanischen Verwandtschaftskreisen hat Bitter einen verhältnismäßig engen Maßstab bei der Aufstellung von Sektionen angewandt, während eine adäquate Bearbeitung für die südamerikanischen infragenerischen Taxa noch aussteht. Sie sind daher verhältnismäßig weit gefaßt, und bei Beurteilung einiger Gruppen (z. B. sect. *Torvum*) kommen Zweifel auf, ob eine echte Abstammungsgemeinschaft vorliegt[1]. Die im Schema skizzierten Entwicklungslinien und Verwandtschaftsbeziehungen können daher nur als ein Versuch angesehen werden. Mutmaßliche jüngere und ältere phylogenetische Zusammenhänge sind durch die Strichführung angedeutet.

Sippen mit einer spezialisierten Verzweigung werden als abgeleitet angesehen. In einigen Sektionen, so in der sect. *Torvum*, sind Arten mit recht unterschiedlicher Ramifikation vereinigt. Zwischen einigen Artengruppen sind sehr klare Verwandtschaftsbeziehungen erkennbar, andere lassen eine zwingende Anschlußmöglichkeit nicht zu. Völlig offen ist die Frage nach den gemeinsamen Ausgangssippen. Dementsprechend ist das Schema gestaltet.

Eine Teilung der Gattung dürfte unumgänglich sein. Vorerst sind dafür aber die Voraussetzungen – klare Umgrenzung der infragenerischen Taxa und eine genauere Kenntnis der Verwandtschaftsbeziehungen – noch nicht erfüllt.

Ergänzende Anhaltspunkte für eine Beurteilung von Abstammungsgemeinschaften bieten einige Publikationen über biochemische Untersuchungen. Zwar ist die Literatur über die Steroid-Alkaloide in der Gattung *Solanum* sehr umfangreich, doch nur aus wenigen Sektionen sind die Inhaltsstoffe der Arten so gleichwertig bekannt, daß allgemeingültige Schlüsse gezogen werden können. Nicht immer dürfte die Identität der analysierten Arten gesichert sein. Für eine unkontrollierte Übernahme von Pflanzennamen sprechen insbesondere auch relativ viele verballhornte Namen untersuchter Taxa. Eine Übersicht der auf ihren Alkaloidgehalt geprüften *Solanum*-Sippen hat Schreiber (1968) gegeben. Nicht nachweisbare Namen sind besonders gekennzeichnet. Neben den Alkaminen werden auch die Aglycone angegeben. Eine erste taxonomische Einschätzung chemisch-analytisch darstellbarer Merkmale hat Sander (1963) veröffentlicht.

[1] Auch in der Sektion *Geminatum* Walp. sind offenbar Arten vereinigt, die nicht unmittelbar miteinander verwandt sind. Seithe-v. Hoff führt den Namen sect. *Oppositifolium* (Dun.) Seithe-v. Hoff für diese Gruppe ein und stellte auch jene Sippen dazu (subsect. *Oppositifolium*) für die Bitter (1917) bereits die Bezeichnung sect. *Leiodendron* (Dun.) Bitt. (Bot. Jb. *54*, 500) kombiniert hat.

Von über 150 *Solanum*-Arten liegen qualitative Alkaloid-Analysen vor. Der weitaus größte Teil der untersuchten Sippen gehört den Sektionen *Potatoe, Lycopersicon, Solanum* und *Archaesolanum* an. Aus anderen infragenerischen Taxa liegen nur wenige Ergebnisse vor, und aus mehr als der Hälfte der hier unterschiedenen Sektionen und Untergattungen sind die Inhaltsstoffe bisher gänzlich unbekannt.

Unter den Spirosolanen ist Solasodin das am weitesten verbreitete Alkamin. Es wurde bisher bei über 80 Arten, die verschiedenen Sektionen angehören, nachgewiesen. Tomatidin wurde bei 19 Arten gefunden. Die angeführten Zahlen sind allein wenig aussagekräftig, aufschlußreicher ist die Stellung der betreffenden Arten innerhalb der Gattung. In Anbetracht der weiten Verbreitung des Solasodins sind für die Beurteilung von Verwandtschaftsbeziehungen solche Gruppen von bevorzugtem Interesse, in denen dieses Steroid bisher nicht nachgewiesen werden konnte. Weder die Arten der sect. *Potatoe* noch die der sect. *Lycopersicon* führen Solasodin.

Sowohl die Kartoffel- als auch die Tomatenverwandten nehmen somit eine gewisse Sonderstellung ein. Bezeichnenderweise sind sie auch morphologisch von anderen infragenerischen Taxa durch einige gemeinsame Merkmale verschieden. So sind in beiden Gruppen Fiederblätter mit Zwischenfiedern verbreitet, das Indument besteht aus unverzweigten Haaren. Durch ein weiteres chemisches Merkmal wird die nahe Verwandtschaft unterstrichen. Alle Sippen der sect. *Lycopersicon* enthalten Tomatidin, das auch beim größten Teil der knollentragenden Solana nachgewiesen wurde. Unter den Angehörigen anderer Sektionen der Gattung tritt dieses Steroid nach vorliegenden Ermittlungen nur noch bei wenigen Sippen der sect. *Solanum* auf.

Schon Miller (1768) der Autor des Gattungsnamens *Lycopersicon* vereinigte darunter sowohl die Tomatenverwandten als auch die knollentragenden *Solanum*-Arten. Ferner sind Alkaloide der Solanidan-Gruppe auf diese beiden infragenerischen Taxa beschränkt, die offensichtlich eine Abstammungsgemeinschaft repräsentieren.

Unter den Steroidalkaloiden nimmt das Solanocapsin in der Gattung *Solanum* insofern eine Sonderstellung ein, als es nicht an Glycoside gebunden ist, sondern frei vorkommt. Es ist bisher allein von Arten der sect. *Pseudocapsicum* bekannt. Auch auf Grund morphologischer Merkmale ist dieses infragenerische Taxon als eine isolierte Sippe anzusehen.

Mehrere Steroidalkaloide sind bei Arten verschiedener Sektionen nachgewiesen worden, ohne daß Parallelen zu diagnostisch-morphologischen Merkmalen erkennbar sind, von anderen Steroidalkaloiden sind unsere Kenntnisse über deren Verbreitung innerhalb der Gattung nicht ausreichend, um eine taxonomische Wertung zu begründen. Immerhin ist bemerkenswert, daß die traditionelle Gliederung der Gattung in zwei Großgruppen auf der Basis der Staubblattform, der Bestachelung und Haarformen sich nach biochemischen Merkmalen nicht untermauern läßt, wenn auch besonders unter den stellatipilen, bestachelten infragenerischen Sippen mit verschmälerten Antheren einzelne Arten erfaßt wurden, die nach dem gegenwärtigen Stand unserer Kenntnisse spezifische Alkaloide aufweisen.

In wachsendem Umfang werden Untersuchungsergebnisse über Steroidsapogenine in der Gattung *Solanum* bekannt. Mit diesem Merkmalskomplex bietet sich künftig eine weitere Möglichkeit zu einer Gegenüberstellung morphologischer und biochemischer Eigenschaften. Leider sind nur wenige Arten dieser großen Gattung chemisch analysiert, aber auch für cytologische Untersuchungen und genetische Experimente ist nur ein relativ kleiner Ausschnitt der vorhandenen Mannigfaltigkeit verfügbar, so daß auch in absehbarer Zeit morphologische Kriterien die Grundlage zur Erfassung von Abstammungsgemeinschaften bleiben müssen.

Zusammenfassung

Die *Solana* sind eine der größten Gattungen des Pflanzenreiches. Zahlreiche infragenerische Taxa sind beschrieben worden, doch fehlte bisher eine Grundlage zur Orientierung in der Mannigfaltigkeit. Für die Untergattungen und Sektionen wird ein Bestimmungsschlüssel vorgeschlagen.

Da in der Vergangenheit mehrere Sektionen als selbständige Gattungen abgetrennt wurden, ist zu prüfen, ob die beiden traditionell unterschiedenen Hauptgruppen als Abstammungsgemeinschaften in der Rangstufe einer Gattung bewertet werden können. Es gibt aber einige Sektionen, die eine Zwischenstellung einnehmen (sect. *Brevantherum*, *Aculeigerum*, *Acanthophora*, *Somalanum*, *Anisantherum*, *Irenosolanum*, *Lepidotum*) und gegen einen diphyletischen Verlauf der Evolution sprechen. Die Verwandtschaftsverhältnisse der Sektionen werden diskutiert, um gleichwertige infragenerische Taxa oberhalb dieser Rangstufe zu erfassen.

Einige bislang übersehene Sektionsnamen mußten aus Prioritätsgründen eingesetzt werden (sect. *Geminatum*, *Torvum*, *Potatoe*, *Holophyllum*, *Cryptocarpum*, *Acanthophora*).

Summary

Infrageneric taxa of the genus *Solanum*

The *Solana* are one of the largest genera in the plant kingdom. Numerous infrageneric taxa had been described, but till now no basis exist for orientation in the diversity. For the subgenera and sections a key for determination is proposed. Because in the past time several sections have been seperated as own genera examinations are necessary for judging both the traditional distinguished maingroups as taxa in the rank of a genus. But there are some sections with an intermediate position (sect. *Brevantherum, Aculeigerum, Acanthophora, Somalanum, Anisantherum, Irenosolanum, Lepidotum*), documenting that the course of evolution can not be interpreted as diphyletically. The relations between the sections are discussed to outline equal infrageneric taxa above this rank.

Some till now not used names of sections had to be introduced from reasons of priority (sect. *Geminatum, Torvum, Potatoe, Holophyllum, Cryptocarpum, Acanthophora*).

Краткое содержание

Таксоны внутри рода *Solanum* L.

Род *Solanum* – один из самых крупных родов растительного мира. Внутри этого рода описано множество таксонов, но до сих пор не существовало пособия для ориентировки в этом многообразии. В настоящей работе автор предлагает определительные таблицы для подродов и секций рода.

Так как в прошлом многие секции были выделены в самостоятельные роды, следует проверить, можно ли обе, традиционно различаемые, главные группы рассматривать как имеющие общее происхождение или оценивать их как роды. Некоторые секции (sect. *Brevantherum*, *Aculeigerum*, *Acanthophora*, *Somalanum*, *Anisantherum*, *Irenosolanum*, *Lepidotum*) занимают промежуточное положение, что является аргументом против признания дифилетического процесса эволюции. Обсуждаются родственные связи секций с целью выявления внутриродовых таксонов, объединяющих эти секции в эквивалентные группы.

Некоторые названия секций пришлось изменить на основании закона приоритета (sect. *Geminatum*, *Torvum*, *Potatoe*, *Holophyllum*, *Cryptocarpum*, *Acanthophora*).

Literatur

Baylis, G. T. S., 1954: Chromosome number and distribution of *Solanum aviculare* Forst. and *S. laciniatum* Ait. – Transact. Roy. Soc. New Zealand *82*, 639–643.

– 1963: A cytogenetical study of the *Solanum aviculare* species complex. – Austr. J. Bot. *11*, 168–177.

Bitter, G., 1911: Steinzellkonkretionen im Fruchtfleisch beerentragender Solanaceen und deren systematische Bedeutung. – Bot. Jb. *45*, 483–507.

– 1912: *Solana* nova vel minus cognita IV. – Repert. spec. nov. *11*, 241–260.

– 1912a: *Solana* nova vel minus cognita VI. – Repert. spec. nov. *11*, 431–473.

– 1913: *Solana* nova vel minus cognita X. – Repert. spec. nov. *12*, 49–90.

Bitter, G., 1914: Weitere Untersuchungen über das Vorkommen von Steinzellkonkretionen im Fruchtfleisch beerentragender Solanaceen. – Abh. Naturwiss. Ver. Bremen *23*, 114–163.
– 1917: *Solana* africana II. – Bot. Jb. *54*, 416–506.
– 1919: Solana nova vel minus cognita XVIII. Ergänzungen zur Sektion: Anthoresis. – Repert. spec. nov. *16*, 79–103.
– 1921: Aufteilung der Gattung *Bassovia* (im Dunalschen Sinne) zwischen *Solanum*, *Capsicum* und *Lycianthes*. – Repert. spec. nov. *17*, 328–335.
– 1923: *Solana* africana. IV. – Repert. spec. nov., Beih. *16*, 1–320.
Börner, C., 1912: *Solanum* L. und *Solanopsis* gen. nov. – Abh. Naturw. Ver. Bremen *21*, 282.
Brücher, H., 1953: Über das natürliche Vorkommen von Hybriden zwischen *Solanum simplicifolium* und *Solanum subtilius* im Aconquija-Gebirge. – Z. indukt. Abst. – und Vererbungslehre *85*, 12–19.
– 1954: Cytologische und ökologische Beobachtungen an nordargentinischen *Solanum*-Arten der Sektion *Tuberarium*. Teil I. Die Wildkartoffel-Arten des Aconquija-Gebirges. – Züchter *24*, 281–295.
– 1956: Kritische Betrachtungen zur Nomenklatur argentinischer Wildkartoffeln. I. Die Serie Commersoniana. – Züchter *26*, 97–106.
– 1957a: Kritische Betrachtungen zur Nomenklatur argentinischer Wildkartoffeln. III. Die Serie Cuneoalata. – Züchter *27*, 77–80.
– 1957b: Kritische Betrachtungen zur Nomenklatur argentinischer Wildkartoffeln. IV. Die Serie Tuberosa. – Züchter *27*, 353–357.
– 1966: Kritische Betrachtungen zur Nomenklatur argentinischer Wildkartoffeln. VIII. *Solanum bijugum* und dessen Synonyma. – Züchter *36*, 103–106.
Bukasov, S. M., 1933: The potatoes of South America and their breeding possibilities. – Trudi prikl. bot., genet. i selek., Suppl. *58*.
Correll, D. S., 1952: Section *Tuberarium* of the genus *Solanum* in North America and Central America. – US-Dep. Agric., Agric. Monogr. *11*.
– 1962: The Potato and its wild relatives. – Tex. Res. Found., Bot. Studies *4*.
Danert, S., 1958: Die Verzweigung der Solanaceen im reproduktiven Bereich. – Abh. Dt. Akad. Wiss. Berlin, math.-naturwiss. Kl. 1957, Nr. *6*, 1–183.
– 1967: Die Verzweigung als infragenerisches Gruppenmerkmal in der Gattung *Solanum* L. – Kulturpflanze *5*, 275–292.
– 1969: Über die Entwicklung von Steinzellkonkretionen in der Gattung *Solanum*. – Kulturpflanze *17*, 299–311.
Dunal, M. F., 1813: Histoire naturelle, médicale et économique des *Solanum*. – Montpellier.
– 1816: Solanorum generumque affinum synopsis. – Monspelii.
– 1852: Solanaceae. – In: De Candolle, A. (edit.): Prodromus systematis naturalis regni vegetabilis *XIII/1*. – Parisii.
Gerasimenko, I. I., 1965: Novyl formy Solanum podroda *Archaesolanum* Bitter. – Bjull. glavn. bot. sada (Moskva) *59*, 71–73 [russisch].
Gerasimenko, I. I., y S. A. Reznikova, 1965: K sistematike vidov *Solanum* L. podroda *Archaesolanum* Bitt. – Bjull. glavn. bot. sada (Moskva) *59*, 74–77 [russisch].
Gottschalk, W., 1954: Die Chromosomenstruktur der Solanaceen unter Berücksichtigung phylogenetischer Fragestellungen. – Chromosoma *6*, 539–626.
Hardon, J. J., 1967: Unilateral incompatibility between *Solanum pennellii* and *Lycopersicon esculentum*. – Genetica 57, 795–808.
Hawkes, J. G., 1944: Potato collecting expeditions in Mexico and South America. II. Systematic classification of the collections. – Imp. Bur. Pl. Breed. Genet., Cambridge.

Hawkes, J. G., 1962a: The origin of *Solanum iuzepczukii* Buk. and *S. curtilobum* Juz. et Buk. – Z. Pflanzenzücht. *47*, 1–14.

– 1962b: Introgression in certain wild potato species. – Euphytica *11*, 26–35.

– 1963: A revision of the tuber-bearing Solanums. – Rec. Scott. Pl. Breed. Stat. 76–181.

Hawkes, J. G., and W. J. Tucker, 1968: Serologicae assessment of relationships in a flowering plant family (Solanaceae). – In: Hawkes, J. G. (edit.): Chemotaxonomy and Serotaxonomy. The Systematics Assoc., spec. vol. *2*, 77–88. – London-New York.

Hawkes, J. G., and J. P. Hjerting, 1969: The potatoes of Argentina, Brazil, Paraguay, and Uruguay. – Annals of Botany Memoirs (Oxford) No. *3*.

Heiser, Ch. B., J. Sorik and D. L. Burton, 1965: A numerical taxonomic study of *Solanum* species and hybrids. – Amer. Naturalist *99*, 471–488.

Juzepčuk, S. W., 1937: Neue Arten der Gattung *Solanum* aus der Gruppe *Tuberarium* Dun. – Izv. Akad., Nauk SSSR 2, 295–331.

Juzepčuk, S. W., and S. M. Bukasov, 1929: A contribution to the question of the origin of the potato. – Proc. USSR congress genet., plant and anim. Breed. 3, 593–

Linnaeus, C., 1753: Species plantarum. – Holmiae.

Marzell, H., 1927: Solanaceae. – In: Hegi, G.: Illustrierte Flora von Mittel-Europa. Bd. *V/4*. – München.

Miller, Ph., 1768: Gardener's Dictionary; edit. german. 1776. – Nürnberg.

Morton, C. V., 1944: Taxonomic studies of tropical American plants. – Contrib. U. S. Nat. Herbarium, Washingt. *29/1*, 1–86.

Nees von Esenbeck, Chr. G., 1834: Monograph of the East Indian Solaneae. Transact. Linnean Soc. London *17*, 37–77.

Ochoa, C. M., 1960: Nuevas especies de *Solanum* (*Tuberarium* subsect. *Hyperbasarthrum*) del Peru IV. – Agronomia, Lima *27*, 363–372.

1962: Ros Salonum tuberiferos silvestres del Peru.– Lima.

Roe, K. E., 1967a: A Revision of *Solanum* sect. *Brevantherum* (Solanaceae) in North and Central America. – Brittonia *19*, 353–373.

– 1967b: Chromosome seize in *Solanum* and *Cyphomandra*: Taxonomic and phylogenetic implications. – Amer. Naturalist *101*, 295–297.

– 1968: *Solanum verbascifolium* L., a misidentification and misapplication. – Taxon *17*, 176–178.

Sander, H., 1963: Zur Chemotaxonomie der Gattung *Solanum* (sensu ampl.). – Bot. Jb. *82*, 404–428.

Schreiber, K., 1968: Steroidalkaloids: The *Solanum*-Group. – In: Manske, R. H. F. (edit.): The Alkaloids. Bd. *X*. – New York, London.

Seithe, A., 1962: Die Haararten der Gattung *Solanum* L. und ihre taxonomische Verwertung. – Bot. Jb. *81*, 261–336.

Simmonds, N. W., 1962: The classification of the cultivated potatoes. – John Innes Institute, fifty-second annual report 1961, 20–21.

Sims, J., 1816: *Nycterium amazonium*. – Curtis's Bot. Magaz. *43*, Nr. 1801.

Tandon, S. L., and G. R. Rao, 1966: Interrelationship within the *Solanum nigrum* complex. – Indian J. Genet. *26*, 130–141.

Walpers, G. G., 1844–45: Repertorium botanicas systematicae III. – Lipsiae.

Wann, E. V., and K. W. Johnson, 1963: Intergeneric hybridization involving species of *Solanum* and *Lycopersicon*. – Bot. Gaz., Chicago *124*, 451–455.

Wessely, I., 1961: Die mitteleuropäischen Sippen der Gattung *Solanum* Sektion *Morella*. – Feddes Repert. *63*, 290–321.

II. DAS INSTITUT IM JAHRE 1969

A. Kolloquien; Vortragsabende

6. 1. 1969 Lehmann, Christian, O., und Hans-Dieter Koch (vorgetragen von Chr. O. Lehmann): Kälteresistenz-Untersuchungen am Wintergerstensortiment.

20. 1. 1969 Schreiber, Klaus: Steroidhormone aus Pflanzen.

3. 2. 1969 Danert, Siegfried: Gliederungsprobleme in der Gattung *Solanum*.

17. 2. 1969 Siegel, Manfred: Die Entwicklung der Tomatenfrucht.

10. 3. 1969 Prof. Dr. Kurt Unger, Institut für Pflanzenzüchtung Quedlinburg: Experimentelle und theoretische Probleme in der Biophysik pflanzlicher Systeme.

31. 3. 1969 Schöneich, Jörg: Zur Problematik von Mutagenitätsuntersuchungen am Säugetier und am Menschen.

7. 4. 1969 Prof. Dr. Helmut Haenel, Institut für Ernährung der DAW Potsdam-Rehbrücke: Entwicklungstendenz auf dem Gebiet neuer Nahrungsmittel – mögliche Konsequenzen für die Pflanzenproduktion.

28. 4. 1969 Prof. Dr. H. Linskens, Botanisch Laboratorium der Faculteit der Wiskunde en Natuurwetenschappen Katholieke Universiteit Nijmegen: Physiologie der Befruchtungs-Inkompatibilität.

5. 5. 1969 Dr. Karl-Hermann Engel, Institut für Pflanzenzüchtung Groß-Lüsewitz: Vorstellungen zur Modellierung der pflanzlichen Ertragsbildung.

16. 6. 1969 Prof. Dr. Dimitri Constantinowitsch Beljajev, Institut für Zytologie und Genetik der Sowjetischen Akademie der Wissenschaften Nowosibirsk: Evolutionsgenetische Probleme bei der Domestikation von Tieren.

30. 6. 1969 Prof. Dr. Heinz Bielka, Direktor des Instituts für Zellphysiologie der DAW Berlin-Buch: Struktur der Ribosomen.

28. 7. 1969 Schneider, Gernot: Über mikrobielle Umwandlung von Gibberellinen.

4. 8. 1969 Adler, Klaus: Die Bedeutung von Blaulicht für die Sauerstoffentwicklung bei der Photosynthese.

15. 9. 1969 Benedix, Erich Heinz: Pilzgifte und Pilztaxonomie.

13. 10. 1969 Heidecker, Ulrike: Letale Mutanten bei höheren Pflanzen unter entwicklungsphysiologischem Aspekt.

20. 10. 1969 Prof. Dr. Hans D. Berendes, Zoologisches Laboratorium der Katholischen Universität Nijmegen: Genaktivierung bei *Drosophila*.

24. 10. 1969 Dr. Bryn A. Bridges, Medical Research Council Radiobiological Research Unit Harwell, Didcot, Berks: Problems in UV-Mutagenesis.

1. 11. 1969 Scholz, Günther: Über den Stand der Untersuchungen an der Tomatenmutante *chloronerva*.

24. 11. 1969 Danert, Siegfried: Numerische Taxonomie bei Kulturpflanzen.

8. 12. 1969 Hanelt, Peter: Über einige aktuelle Probleme der Evolutionsforschung.

Vortragsabende

23. 1. 1969	Klavierabend:	Oxana Jablonskaja
26. 3. 1969	Konzert des Gewandhaus-Bläserquintetts	
23. 4. 1969	Solistenkonzert:	Fred Teschler, Baß Reinhard Ulbricht, Violine Hans Otto, Cembalo
24. 9. 1969	Solistenkonzert:	Sieglinde Goßmann, Alt Eberhard Grünenthal, Flöte Werner Pauli, Gitarre
22. 10. 1969	Klavierabend:	Günter Kootz
26. 11. 1969	Duo-Abend:	Hanna Dippner, Klavier Josef Schwab, Violincello
17. 12. 1969	Solistenkonzert:	Lin Jaldati, Gesang Eberhard Rebling, Klavier.

B. Verzeichnis der Veröffentlichungen aus dem Institut 1969

Apel, Peter: Zum systematischen Aspekt des Sauerstoffeinflusses auf die apparente CO_2-Aufnahme höherer Pflanzen. – Kulturpflanze *17* (1969) 192–204.

Apel, Peter, und Christian O. Lehmann: Variabilität und Sortenspezifität der Photosyntheserate bei Sommergerste. – Photosynthetica *3* (1969) 255–262.

Bannier, Erich, und Friedrich Scholz: Standfestigkeit und Ertrag einiger *erectoides*-Mutanten der Gerste bei hohen Stickstoffgaben. – Kulturpflanze *17* (1969) 121–139.

Benedix, Erich Heinz: Pilze jederzeit. 13., umgearb. Aufl. (Kurzfassung). – Forkel-Verlag, Pößneck (1969), 31 S.

– Pilze überall. 4., durchges. Aufl. – Forkel-Verlag, Pößneck (1969), 31 S.

– Art- und Gattungsgrenzen bei höheren Discomyceten, III. – Kulturpflanze *17* (1969) 253–284.

Benkert, Dieter, Uwe Karsten, Wolfgang R. Müller-Stoll und Heinz-Dieter Krausch: Die xerotherme Hügelflora im Potsdam-Brandenburger Havelgebiet. Beiträge zur Flora und Vegetation Brandenburgs 41. – Wiss. Z. pädag. Hochschule Potsdam, math.-naturwiss. R., *13* (1969) 331–358.

Bergmann, Harry: Über den Einfluß niedriger Temperaturen auf den Stoffwechsel von Purin- und Pyrimidin-Verbindungen bei Keimlingen von *Zea mays* L. – Biol. Zbl. *88*, (1969) 348–356.

Bergmann, Harry, und Wolfgang R. Müller-Stoll: Zur Bedeutung der Gibberelline für das Keimlingswachstum. I. Versuche über die Wirkung applizierter Gibberellinsäure auf isolierte Roggen-Embryonen. – Beitr. Biol. Pflanzen *45* (1969) 377–393.

Bergmann, Harry, Gerhard Lerch, Klaus Müntz und Jorge Ramon: Café „Caturra" – Crecimiento y desarrollo en el vivero experimental del Wajay. I. Plan del experimento – Germination. – Serie Biologia (Habana) *3* (1969) 1–12.

Danert, Siegfried: Dr. h. c. Kurt Wein (1883–1968). – Kulturpflanze *17* (1969) 25–35.

– Über die Entwicklung der Steinzellkonkretionen in der Gattung *Solanum*. – Kulturpflanze *17* (1969) 299–311.

Faraj Salman, Abdul Ghani: In vivo Photosensibilisierung der lichtabhängigen Koremienbildung von Pilzen durch Methylenblau. – Arch. Protistenk. *111* (1969) 264–269.

Grebenščikov, Igor: Arten, Rassen oder Aberrationen? – Abh. Ber. Naturkundemus. Görlitz *44* (1969) 175–179.

– Notulae cucurbitologicae VII. Unterteilung von *Cucurbita moschata* Duch. ex Poir. – Kulturpflanze *17* (1969) 109–120.

Gröber, Kurt: Somatische Spaltung in dem heterozygoten Genotyp der Chlorophyllmutation *Xanthophyllic* von *Lycopersicon esculentum* Mill. IV. Differenzierte Aktivität des Xa_3-Locus in verschiedenen Karyotypen. – Kulturpflanze *17* (1969) 179–185.

Hanelt, Peter: Revision der mongolischen Taxa von *Papaver* L. sect. *Scapiflora* Rchb. sowie Studien zur Systematik und Evolution dieser Sektion. – Habilitationsschrift bei der Martin-Luther-Universität in Halle.

Helm, Johannes: David Redtel, der bisher unbekannte Künstler des handgemalten „Kreutterbuches" von Johannes Kentmann aus dem Jahre 1563. Hinweise und Belege. – Sudhoffs Archiv für Geschichte der Medizin und Naturwissenschaft *59* (1969) 301–317.

Hofemeister, Jürgen, und Rigomar Rieger: Die Chromosomen der Pro- und Eukaryoten: Strukturelle Aspekte. – Wissensch. u. Fortschr. *19* (1969) 275–281.

Künzel, Gottfried: Der Einfluß von Äthylendiaminotetraessigsäure auf die Wirkung verschiedener mutagener Agenzien bei Gerste. – Biol. Zbl. *88* (1969) 313–333.

Lerch, Gerhard, Klaus Müntz, Harry Bergmann und Jorge Ramon Cuevas: Café Caturra – crecimiento y desarrollo en el vivero experimental del Wajay. I. Plan del experimento – Germinación. – Academia de Ciencias de Cuba, Instituto de Biología, Serie Biologica No. *3* (1969).

– Café Caturra – crecimiento y desarrollo en el vivero experimental del Wajay. II. Crecimiento. – Academia de Ciencias de Cuba, Instituto de Biología Serie Biologica No. *5* (1969).

Machold, Otto: Protein- und Chlorophyll-Synthese bei verändertem Eisenstoffwechsel. – Agrochimica *13* (1969) 64–74.

Machold, Otto, und Günter Scholz: Eisenhaushalt und Chlorophyllbildung bei höheren Pflanzen. – Naturwissenschaften *56* (1969) 447–452.

Machold, Otto, and Udo W. Stephan: The Function of Iron in Porphyrin and Chlorophyll Biosynthesis. – Phytochemistry *8* (1969) 2189–2192.

Maslova, Tamara G., und Armin Meister: Einfluß einiger Faktoren auf die lichtinduzierten Absorptionsänderungen des Blattes im blauen Spektralbereich. – Z. Pflanzenphysiol. *60*, 2 (1969) 114–122.

Meister, Armin, und Tamara G. Maslova: Spektroskopische Untersuchung der Formen von Chlorophyll im Blatt unter dem Einfluß einiger schädigender Faktoren. – Photosynthetica *3*, 1 (1969) 63–68.

Mittelstädt, Horst: Gefriervorgänge in Pflanzenzellen. – Dtsch. Akad. Landwirtschaftswiss. Berlin, Tagungsber. *96* (1969) 149–173.

Müller, Andreas J.: Mutation induction by fractioned doses of isopropyl methanesulfonate in Arabidopsis. – Arabidopsis Inform. Serv. *6* (1969) 28.

– The influence of dimethyl sulfoxide on the mutagenic activity of two alkylating agents. – Arabidopsis Inform. Serv. *6* (1969) 28.

– Untersuchungen zur chemischen Mutagenese bei höheren Pflanzen. – Habilitationsschrift bei der Martin-Luther-Universität in Halle.

– Mutationen als erbliche DNS-Veränderungen. – Wiss. u. Fortschr. *19* (1969) 485–489.

Müller-Stoll, Wolfgang R., und Erika Mädel-Angeliewa: *Actinidioxylon princeps* (Ludwig) n. comb., ein Lianenholz aus dem Pliozän von Dernbach im Westerwald. – Senckenbergiana lethaea *50* (1969) 103–115.

Müntz, Klaus: Über den Einfluß der Kälte auf Wachstum und Stoffwechsel von *Chlorella pyrenoidosa* Chick. – Veröffentlichung der Vorträge auf der V. Koordinierungstagung zum Thema VI. 5. 5 des RGW, 25.–29. Sept. 1967, Bukarest. – Hrsg. Institut für Biologie „Trajan Sevulescu" der Akademie der Wissenschaften der Sozialistischen Republik Rumänien, Bukarest 1969, 203–221.

– Über Wachstum und Stoffwechsel von *Chlorella pyrenoidosa* während Kälteeinwirkung im Dunkeln. – Flora (Jena) Abt. A, *60* (1969) 139–157.

Müntz, Klaus, Harry Bergmann und Jorge Ramon Cuevas: La aplicación del rapido tes de germinación con cloruro de 2, 3, 5-trifenil-tetrazolio (CTT) a las semillas de café. – Academia de Ciencias de Cuba, Instituto de Biología, Serie Biologica No. *4* (1969).

Nover, Ilse, und Christian O. Lehmann: Resistenzeigenschaften im Gersten- und Weizensortiment Gatersleben. 11. Prüfung von Wintergersten auf ihr Verhalten gegen Flugbrand (*Ustilago nuda* (Jens.) Rostr.). – Kulturpflanze *17* (1969) 233–240.

– 12. Prüfung von Weizen-Neuzugängen auf ihr Verhalten gegen Mehltau (*Erysiphe graminis* DC. f. sp. *tritici* Marchal). – Kulturpflanze *17* (1969) 241–251.

Nover, Ilse, und Friedrich Scholz: Genetische Untersuchungen zur Resistenz der Gersten gegen Gelbrost (*Puccinia striiformis* West.). – Theoret. Appl. Genet. *39* (1969) 150–155.

Panitz, Reinhard, und Rigomar Rieger: Zellkern und Chromosomen. Kap. 9 in „Molekulare Biologie der Zelle" (H. Bielka, Herausgb.)

Peisker, Martin: Der Einfluß einer Lagerungsperiode zwischen Trocknung und Bestrahlung auf die Röntgenstrahlenwirkung bei ruhenden Gerstensamen. 2. Änderungen der Strahlenempfindlichkeit unter verschiedenen Lagerungsbedingungen. – Studia biophysica *13* (1969) 127–134.

– Änderungen der Strahlenempfindlichkeit ruhender Gerstensamen während der Lagerung zwischen Trocknung und Bestrahlung und ihr Zusammenhang mit dem Sauerstoffeffekt. – Kulturpflanze *17* (1969) 225–231.

Polter, Conrad: Einfluß von Aminosäuren auf das Wachstum in vitro kultivierter Wurzeln von *Pisum sativum* L. – Kulturpflanze *17* (1969) 163–177.

– Änderungen des Entwicklungsverlaufes der Zellen von Erbsenwurzeln bei Kultur in vitro nach Erstisolierung. – Kulturpflanze *17* (1969) 205–224.

– Einfluß von Endoxydationshemmstoffen und 2,4-Dinitrophenol auf die Sauerstoffaufnahme von Erbsenwurzeln nach Anzucht unter verschiedenen Bedingungen. – Biol. Zbl. *88* (1969) 551–570.

Polter, Conrad, und Wolfgang R. Müller-Stoll: Zur Frage der Identität und Homologie der durch Acrylamid-Scheibenelektrophorese getrennten Proteine aus Leguminosenwurzeln. – Z. Naturforsch. *24b* (1969) 333–341.

– Über das Verhalten der in Acrylamid getrennten löslichen Proteine aus Erbsenwurzeln bei verlängerter Elektrophorese-Dauer. Z. Naturforsch. *24b* (1969) 1180–1183.

Rammelt, Rolf: Frostresistenz von Getreidekeimlingen und ihr Purin- und Pyrimidinstoffwechsel unter besonderer Berücksichtigung der Adenin-Derivate. – Dtsch. Akad. Landwirtschaftswiss. Berlin, Tagungsber. *96* (1969) 181–190.

Rammelt, Rolf, und Wolfgang R. Müller-Stoll: Einfluß einer Kälteabhärtung auf den Gehalt an löslichen Nukleinsäure-Bausteinen bei Weizensorten verschiedener Winterfestigkeit. – Flora (Jena) Abt. A, *160* (1969) 234–252.

Rieth, Alfred: Beiträge zur Kenntnis der Vaucheriaceen. XIV. Über das Auftreten von Sexualorganen an Vernarbungsmembranen im Thallusinneren. – Kulturpflanze *17* (1969) 103–107.

– Beiträge zur Kenntnis der Vaucheriaceen. XV. Über *Vaucheria prolifera* Dangeard (1939) in Kuba und die Beziehungen dieser Art zu *Vaucheria jaoi* Ley (1944). – Arch. Protistenk. *111* (1969) 252–263.

Rieth, Alfred: Beobachtungen über Polarität und Regeneration an Vaucherien. – Kulturpflanze *17* (1969) 141–161.

– Die Kubanisch-Deutsche „Alexander-von-Humboldt-Expedition I 1967/68“ in der Republik Kuba. – Kulturpflanze *17* (1969) 67–86.

– Süßwasseralgenarten in Einzeldarstellung. II. *Oocardium* in Kuba. – Gedächtnisband zum 200. Geburtstag Alexander von Humboldts.

– Über eine auf Vaucherien im Arterner Salzgebiet epiphytische Alge und die durch sie aufgeworfene Problematik. – Arch. Protistenk. *111* (1969) 129–137.

Sagromsky, Herta: Ansprache anläßlich der Gedenkfeier für Prof. Dr. Paul Metzner. – Kulturpflanze *17* (1969) 17–24.

– Stoffproduktion, Sproß-Wurzel-Verhältnis, Pigmentgehalt und Lichtfeld bei Mutanten der Kulturtomate *Lycopersicon esculentum* Miller. – Kulturpflanze *17* (1969) 285–297.

– Herabsetzung der Empfindlichkeit gegenüber Röntgenstrahlen durch wiederholte Bestrahlung von *Ankistrodesmus braunii* (Naeg.) Brunnth. – Arch. Protistenk. *111* (1969) 270–274.

Salzer, Josef: Beziehungen zwischen Temperaturresistenz und verschiedenen Arten der Abhärtung bei Weizen. – Dtsch. Akad. Landwirtschaftswiss. Berlin, Tagungsber. 96 (1969) 191–204.

Schäfer, Helga: der Bau des Gynoeceums bei *Nicandra physaloides* (L.) Gaertner (Solanaceae). – Kulturpflanze *17* (1969) 187–189.

Scholz, Friedrich: Significance of induced macro-mutations in plant breeding. – Japan. J. Genet. *44*, Suppl. 1 (1969) 417–424.

– Einige aktuelle Fragen der Mutationszüchtung bei Getreide. – Ber. f. Pflanzenzüchter *I*/1968 (1969) 53–58.

Scholz, Günter: Chemisch-physiologische Untersuchungen an der Mutante *chloronerva* von *Lycopersicon esculentum* Mill. – Habilitationsschrift bei der Martin-Luther-Universität in Halle.

Schubert, Rudolf, und Siegfried Danert: Über die Wälder Kubas. – Gedächtnisband zum 200. Geburtstag Alexander von Humboldts.

Serfling, Edgar, Reinhard Panitz und Ulrich Wobus: Die experimentelle Beeinflussung des Puffmusters von Riesenchromosomen. I. Puffinduktion durch Oxytetracyclin. – Chromosoma *28* (1969) 107–119.

Stephan, Udo W., und Otto Machold: Über die Funktion des Eisens bei der Porphyrin- und Chlorophyll-Biosynthese. – Z. Pflanzenphysiol. *61*, 2 (1969) 98–113.

Stubbe, Hans: Stand und wichtige Entwicklungstendenzen der Sozialistischen Landwirtschaft der DDR. – Wiss. u. Menschheit (1969) 83–99.

Stubbe, Hans, und Christian O. Lehmann: Das Internationale Biologische Programm. Vorträge und Schriften der DAW, *106*, (1969).

Stubbe, Hans, und Jörg Schöneich: Moderne Genetik und ihre Bedeutung für die Menschheit. – Wiss. u. Fortschr. *8* (1969) 350–356.

Süß, Herbert: Über reniforme Gefäßdurchbrechungen im Holz einiger Kakteen. – Ber. Dt. bot. Ges. *82* (1969) 183–188.

– Beiträge zur quantitativen Anatomie des Holzes unter besonderer Berücksichtigung der Holzfasern. – Dissertation, Pädagogische Hochschule Potsdam.

Süß, Herbert, und Wolfgang R. Müller-Stoll: Über das Faserwachstum, seine Beziehungen zum jahresperiodischen Dickenwachstum und die Faserüberlappung bei einigen Laubhölzern. – Holzforschung *23* (1969) 145–152.

Wuttke, Werner: Morphologische und physiologische Untersuchungen an der Jugend- und Altersform des Apfels. – Dt. Akad. Landwirtschaftswiss. Berlin, Tagungsber. *96* (1969) 127–134.

Zacharias, Martin: Biologie III, „Grundlagen der Vererbungslehre“. – Lehrbuch für Agraringenieurschulen 1969, 119 S.

C. Vorträge von Mitarbeitern bei wissenschaftlichen Veranstaltungen anderer Institutionen

Adler, Klaus: Untersuchungen über die Wirkung von Blaulicht auf die Photosynthese von *Ankistrodesmus braunii* (Naegeli) Collins. Botanische Anstalten der Martin-Luther-Universität, Halle (8. Januar 1969).

Apel, Peter, und Christian O. Lehmann (vorgetragen von Chr. O. Lehmann): Die nach ertragsphysiologischen Gesichtspunkten ideale Weizenpflanze und Wege zu ihrer Verwirklichung. Weiterbildungsveranstaltung der Getreidezüchter der DDR Magdeburg (28. Februar 1969).

Baudisch, Walter: Untersuchungen zur biochemischen Charakterisierung der Speicheldrüsen von *Acricotopus lucidus*. Karolinska Institut Histologiska Institutionen Stockholm (30. Oktober 1969).

Benedix, Erich Heinz: Pilze zu ungewöhnlicher Jahreszeit, ihre Lebensweise und ökologischen Voraussetzungen. Deutscher Kulturbund, Fachgruppe Mykologie, Dresden (28. Januar 1969).

– Die Knollenblätterpilze in Botanik, Volkswirtschaft und Medizin. BAG Mykologie des IRO-Instituts Dresden-Klotzsche (31. Januar 1969).

– Die Knollenblätterpilze in Botanik, Volkswirtschaft und Medizin. Deutscher Kulturbund, Fachgruppe Mykologie, Dresden (27. März 1969).

Böhme, Helmut: On repair-defect mutants of *Proteus mirabilis*. Ciba-Symposium, London (11. Februar 1969).

– Über Beziehungen zwischen DNS-Reparaturvorgängen und spontaner Mutabilität. Biochemisches Kolloquium der Karl-Marx-Universität Leipzig (14. April 1969).

– Untersuchungen an reparatur-defekten Mutanten von *Proteus mirabilis*. V. Internationales UV-Kolloquium „Grundlagen der UV-Wirkung". Gesellschaft für reine und angewandte Biophysik, Berlin. Kühlungsborn (21. Oktober 1969).

Helm, Johannes: Die Autobiographie und die wiederaufgefundenen Tier- und Pflanzenbilder von Johannes Kentmann. Gedächtnistag für Prof. Dr. Rudolph Zaunick, Halle (15. November 1969).

Lehmann, Christan O.: Über die Kombinationseignung bei Winterweizen. Institut für Getreideforschung Bernburg-Hadmersleben (12. Februar 1969).

Lerch, Gerhard, Klaus Müntz, Harry Bergmann und Jorge Ramon Cuevas (vorgetragen von K. Müntz): Café Caturra – crecimiento y desarrollo en el vivero experimental del Wajay. Reunión Nacional de Suelos, Academia de Ciencias de Cuba, La Habana (10. Juli 1969).

Müller-Stoll, Wolfgang R.: Ökophysiologische Grundlagen der klimatischen Resistenz der Pflanzen. – Jahrestagung der Biologischen Gesellschaft in der DDR, Rostock (29. September 1969).

Meister, Armin: Zur Plastidenpigmentfunktion am Beispiel von Chlorophyll b-freien Mutanten. II. Karotinoide. RGW-Tagung „Einfluß des Zustandes des Chlorophylleiweißkomplexes auf die Intensität und Produktivität der Photosynthese", Minsk (15. Oktober 1969).

Sagromsky, Herta: To the importance of chlorophyll b for dry matter production and photosynthesis. Symposium über die theoretischen Grundlagen der Optimierung der photosynthetischen Aktivität und Produktivität der Pflanzen, Moskau (24. September 1969).

– Zur Plastidenpigmentfunktion am Beispiel von Chlorophyll b-freien Mutanten. I. Chlorophyll b. RGW-Tagung „Einfluß des Zustandes des Chlorophylleiweißkomplexes auf die Intensität und Produktivität der Photosynthse", Minsk (15. Oktober 1969).

Scholz, Friedrich: Utilization of induced mutations in barley. Second International Symposium of Barley Genetics, Pullman/USA (8. Juli 1970).

Schöneich, Jörg: Mutageneseforschung an Gewebekulturen. Jahresversammlung der Biologischen Gesellschaft in der DDR, Rostock (30. September 1969).

Stubbe, Hans: Experimentelle Mutationsforschung an Kulturpflanzen. 20. Arbeitstagung der Vereinigung Österreichischer Pflanzenzüchter in Steinach-Irdning, Steyermark (25. November 1969).

– Molekulargenetische Probleme der Mutationsforschung und über ein Modell der Entstehung einer Kulturpflanze aus einer Wildpflanze. Sektion Biowissenschaften, Fachbereich Genetik der Ernst-Moritz-Arndt-Universität in Greifswald (3. Dezember 1969).

Wobus, Ulrich: Grundzüge der Molekulargenetik. Forschungsinstitut für Impfstoffe Dessau (16. Dezember 1969).

Festveranstaltung aus Anlaß des 20. Jahrestages der Übernahme des Instituts für Kulturpflanzenforschung in die Deutsche Akademie der Wissenschaften zu Berlin und des 25. Jahrestages seiner Gründung

vom 25. bis 27. Juni 1968 in Gatersleben

Herausgegeben von Prof. Dr. HANS STUBBE

(Die Kulturpflanze, Beiheft 6)

1969. 173 Seiten – 43 Abbildungen – gr. 8° – Halbleinen 36,– M; Bestell-Nr. 2052/B 6

Im Jahre 1968 beging das Institut für Kulturpflanzenforschung ein Doppeljubiläum, den 25. Jahrestag seiner Gründung und den 20. Jahrestag seiner Übernahme in die Deutsche Akademie der Wissenschaften zu Berlin.
Diesem Anlaß war eine Festveranstaltung vom 25.–27. Juni in Gatersleben gewidmet.
Der Festvortrag des Institutsdirektors gab einen Rückblick auf die in den vergangenen 25 Jahren geleistete Arbeit und einen Ausblick auf die sich hieraus ergebenden künftigen Forschungsschwerpunkte des Instituts.
Die Vorträge der Gäste behandelten einige aktuelle Probleme der Kulturpflanzenforschung.
Die Vorträge sind in diesem Beiheft der „Kulturpflanze" zusammengestellt und sollen damit einem weiteren Kreis von Fachkollegen zugänglich sein.

Bestellungen durch eine Buchhandlung erbeten

THEORIA CUM PRAXI

AKADEMIE-VERLAG · BERLIN

Merkmalsanalyse und Gruppenbildung bei Mutanten von *Lycopersicon esculentum* Miller

VON DR. JOACHIM KRUSE

(Die Kulturpflanze, Beiheft 5)

1968. 227 Seiten – 92 Abbildungen – 13 Tafeln – gr. 8° – 48,– M;
Bestell-Nr. 760 802 1 (2052/B5)

Die Kulturtomate, *Lycopersicon esculentum* Miller, ist ein intensiv bearbeitetes Objekt der genetischen Forschung. In den vergangenen zwanzig Jahren sind zahlreiche spontane und induzierte Mutanten bekannt geworden. In dem vorliegenden Band sind die morphologischen Untersuchungen an 250 Mutanten des Gaterslebener Mutantensortiments zusammengefaßt. Durch die vergleichende Darstellung der Wuchsform-, Blatt-, Infloreszenz- und Blütenmerkmale wird ein Überblick über ihre Formenmannigfaltigkeit gegeben. Vergleiche mit einigen Wildsippen und entwicklungsgeschichtliche Untersuchungen ergänzen diese Übersicht. Abschließend werden die Umweltabhängigkeit der Merkmalsausprägung und die Möglichkeiten der Gliederung der Mutanten erörtert.

Bestellungen durch eine Buchhandlung erbeten

A K A D E M I E - V E R L A G · B E R L I N

FSC
www.fsc.org
MIX
Papier | Fördert gute Waldnutzung
FSC® C083411

Kolibri 360 GmbH
Ferdinand-Jühlke-Straße 7
99095 Erfurt, Deutschland
produktsicherheit@kolibri360.de